U0174970

现代地图学原理

邱春霞　编著

科学出版社

北　京

内 容 简 介

本教材全面、系统地介绍了地图的基本理论、制作技术和使用方法，以及地图学的发展前沿。全书共五篇十章。其中，前三章为第一篇——地图基本知识，包括地图与地图学、地图的数学基础、地图语言；第四和第五章为第二篇——地图类型，包括地图的两大图种，即普通地图和专题地图的内容、设计与制作；第六～八章为第三篇——地图制作，包括制图综合、地图编制、数字地图与电子地图；第九章为第四篇——地图应用，主要介绍地图分析与应用；第十章为第五篇——地图前沿，主要介绍地图学发展前沿与发展趋势。本书不仅力求模块化介绍地图学的理论和技术，而且针对地图符号设计、普通地图和专题地图编制，强调了相关软件的具体操作，使读者既能熟知地图的理论和技术，又能进行具体的地图制作实践。

本教材可作为高等院校测绘工程、地理信息科学、地理科学、遥感科学与技术、土地管理、地质工程、资源勘查工程、林业、城市规划、环境、建筑、旅游管理、园林、生态学等相关专业和方向的本科生或研究生教材，也可作为上述行业科技工作者的参考书。

图书在版编目（CIP）数据

现代地图学原理/邱春霞编著. —北京：科学出版社，2021.4
ISBN 978-7-03-068307-6

Ⅰ. ①现…　Ⅱ. ①邱…　Ⅲ. ①地图学-高等学校-教材　Ⅳ. ①P28

中国版本图书馆 CIP 数据核字（2021）第 043537 号

责任编辑：杨　红　程雷星/责任校对：杨　赛
责任印制：张　伟/封面设计：迷底书装

科学出版社 出版
北京东黄城根北街 16 号
邮政编码：100717
http://www.sciencep.com
北京中石油彩色印刷有限责任公司 印刷
科学出版社发行　各地新华书店经销
*
2021 年 4 月第　一　版　开本：787×1092　1/16
2023 年 7 月第二次印刷　印张：16 1/2
字数：409 000

定价：59.00 元
（如有印装质量问题，我社负责调换）

前　言

陈述彭院士认为“地图是永生的”。纵观地图发展史，地图在国防建设、国民经济、人们日常生活等诸多方面，一直发挥着重要且特殊的作用，是不可替代的。

随着地图理论、计算机技术、地理信息系统不断发展，大数据时代的地图制作更加科学、品种更加多样、应用更加广泛。网络地图、导航地图、三维地图、全息地图等地图新品种如雨后春笋般涌现，作为地表信息的可视化产品，地图必将以更加强大的生命潜能，给人们的工作、生活和交流带来更多便利。

作为多年从事地图学课程教学的教师和有八年资格的国家注册测绘师，作者一直想结合自己的地图学课堂教学和地图制作实践，撰写一部既有系统理论知识和较强的实际操作，又能反映最新地图学发展的实用版教材，这个愿望终于在此时实现，激动心情无以言表！

本教材坚持“理论为本、突出原理，强调技术、重视应用，重新轻旧、展现前沿”的原则，博众家之长，补自己之短。相比于其他同类地图学教材，本教材的特点主要体现在三个方面：

（1）介绍地图学的理论和技术时，采用模块化方式，即分为地图基本知识、地图类型、地图制作、地图应用和地图前沿等五个模块，使读者学习时思路清晰、框架分明。

（2）只有理论和实践有效结合，才能使读者既掌握基本理论知识，又能提高应用水平。基于此，在第三章地图语言中，介绍了 AutoCAD 软件制作点状、线状、面状地图符号的方法；在第四章普通地图中，介绍了 MapGIS 软件的 1∶1 万地形图数字化；在第五章专题地图中，介绍了利用 ArcGIS 软件制作陕西省行政区划图等实例。

（3）一门学科的介绍，既要有远古渊源，又要有目前现状和面临问题，还应有对未来的展望。所以，本书着重撰写了第十章地图学面临的问题与发展趋势，使读者对地图学的热点有所了解，方便读者的后续研究。

本教材在编写过程中，承蒙西北大学李天文教授的大力支持和热心指导，在此表示衷心的感谢！西安科技大学测绘科学与技术学院研究生席敏哲、雷蕾、毛琴琴参与了插图绘制和表格制作工作，在此一并表示感谢！

由于作者的水平有限，书中难免会有不足之处，恳请读者批评指正！

作　者

2020 年 10 月于西安

目　　录

第三篇 地图制作

第四篇 地图应用

第五篇 地图前沿

第一篇　地图基本知识

第一章　地图与地图学

地图与人类社会的发展密切相关，追溯地图的历史，可谓源远流长。而地图学作为一门学科，记录了地图的整个发展历程和学术成果。

第一节　地图的历史

在漫漫的历史长河中，人类的祖先对于自己生息的地球，一直在探索它的表述方式。地图作为描述地球表面复杂信息的载体，随着人类社会文明的进步应运而生。地图的发展经历了萌芽、古代地图、近代地图和现代地图等四个阶段。

一、地图的萌芽

历史学家王庸说："地图的起源很早，可能在人类发明象形文字以前就有地图了。"因为原始地图和图画一样，把山川、道路、树木如实地画进地图里，是外出狩猎和出门劳作的指南。千百年来，我国民间就广泛流传着"河伯献图"的神话故事。传说大禹治水三过家门而不入的精神感动了河伯。河伯是黄河的水神，大禹为治水踏遍山川、沼泽，忽然有一天看见河伯从黄河中走出来，献出一块大青石，大禹仔细一看，原来是治水用的地图。大禹借助地图，因势利导，治水取得了成功。"传说"虽然不能证实地图起源的具体年代，但从侧面说明，约在4000年前，我们的祖先就已经使用地图了。

据史籍记载，早在公元前1000多年以前，我国就诞生了地图。《汉书·郊祀志上》中有："禹收九牧之金，铸九鼎，象九州"的记载。《左传》中有："昔夏之方有德也，远方图物，贡金九牧，铸鼎象物，百物而为之备，使民知神奸"。意思是说，在夏朝极盛时期，远方的人把地貌、地物以及禽兽画成图，而九州的长官把图和一些金属当作礼品献给夏禹，禹收下"九牧之金"铸成鼎，并把远方人画的画铸在鼎上，以便百姓从这些图画中辨别各种事物。文中的"百物而为之备"，很明显是说供牧人、旅行者使用的图。可惜，原物流传至2000多年前的春秋战国时，因战乱被毁而失传。

据宋代思想家朱熹推断，后来的《山海经图》是从夏朝九鼎图演变而来的，也是一种原始地图。在《山海经图》的"五藏山经图"上，画着山、水、动物、植物、矿物等，而且注记着道里的方位，是较规范的地图形式。由此可以说，我国在夏朝已经有了原始的地图。

世界上现存最古老的地图是在古巴比伦北部的苏古巴城（今伊拉克境内）发掘的刻在陶片上的古巴比伦地图。据考证，这是4500多年前古巴比伦城及其周围环境的地图，底格里斯河和幼发拉底河发源于北方山地，流向南方的沼泽，古巴比伦城位于两条山脉之间。古巴比伦地图如图 1-1 所示。刻在陶片上的古巴比伦地图如图 1-2 所示，这张陶片图上刻画着山脉、河谷、聚落，展示了古巴比伦附近的一个城市。

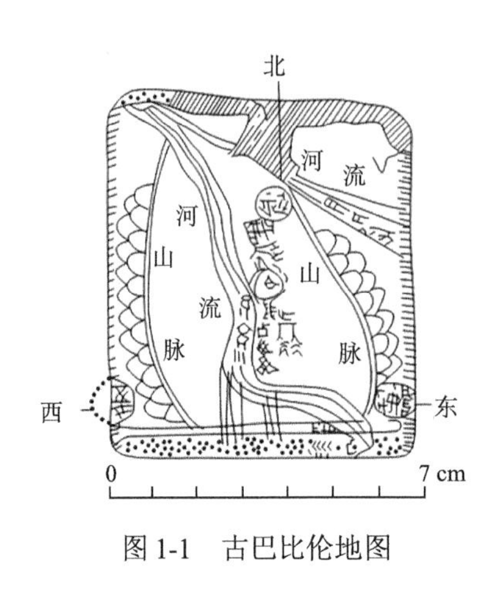

图 1-1　古巴比伦地图

图 1-2　陶片上的古巴比伦地图

二、古代地图

（一）我国古代地图

春秋战国时期，我国地图在内容的选取和表示上有了不少改进。秦统一全国后，对地图的需求量大增，从划分郡县、修筑长城到兴修水利、开凿运河都离不开地图。到汉灭秦时，秦地图的数量已相当可观。

汉代，我国出现了世界最早的军事地图。1973 年 12 月，长沙马王堆汉墓出土了三幅绘制在帛上的军事地图，绘制年代约为公元前 168 年，分别是《地形图》、《驻军图》和《城邑图》。三幅地图中，两幅已基本复原，《城邑图》由于破损严重，还没有修复。马王堆汉墓出土的《地形图》如图 1-3 所示，《驻军图》如图 1-4 所示。

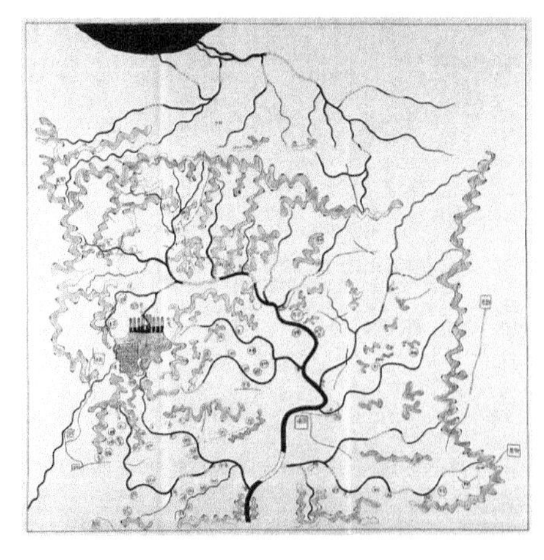
图 1-3　马王堆汉墓出土的《地形图》

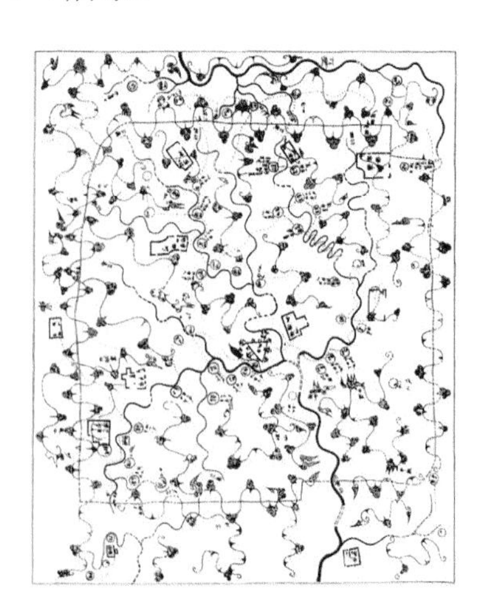
图 1-4　马王堆汉墓出土的《驻军图》

马王堆汉墓出土的《地形图》图幅为86cm×96cm，是彩色普通地图，所辖范围相当于现在的湖南、广东、广西的交界地带，比例尺大约为1∶18万，地图的主区为西汉初年长沙国南部。《地形图》内容丰富，包括9座山脉、30多条河流、80多个居民地和20多条道路，是其他古代地图无法比拟的。不仅如此，各种地理要素的表示方法和地图符号的设计都达到了相当高的水平。例如，地貌要素采用闭合曲线表示山体的轮廓及延伸方向，而国外等高线法表示地貌乃是19世纪的新技术，我国早在2100年前就出现了类似的方法。居民地划分等级为县级和乡里级，县级用矩形符号表示，乡里级用圈形符号表示。道路用实线和虚线表示不同的等级，水系从支流到干流线状符号由细到粗，自然弯曲，一气呵成，而这些在现代地图中仍然使用。

马王堆汉墓出土的《驻军图》图幅为98cm×78cm，是用黑、朱红、田青三色彩绘的军事地图，比例尺大约为1∶10万。该图突出表现了九支驻军的名称、防区界线、指挥城堡、军事要塞等军事要素，用朱红色突出表现在第一层面上，河流、道路、居民地等地图要素则运用田青、黑色表示在第二层面上，这与现代地图的多层面设置是类似的。不仅如此，军事要素符号的设计具有明显的科学性和象征性，战术思想标绘得清晰明确。

马王堆汉墓出土的《城邑图》，也称为《园寝图》《园庙图》，图幅为40cm×45cm左右，这幅图幅面小，损坏严重，图上无文字，绘有城墙，用蓝色画出城门上的亭阁，红色表示街坊和庭院，按正方形画出街道等，排列整齐，是一幅彩色地图，编制十分精美。

长沙马王堆汉墓出土的地图是2100多年前我国测绘技术和地图制作的杰出代表作，是当时世界的最高水准。

我国最早提出地图制图理论的是晋朝的裴秀，他创立了“制图六体”，即编制地图时应遵循的六条原则，分别是分率、准望、道里、方邪、高下和迂直。“分率”即比例尺，用来确定图上距离与实地的比较和量测；“准望”即方位，确定各种要素的相对位置；“道里”即距离，确定地图上各种地理事物的远近；“方邪”即地面坡度起伏；“高下”即相对高程；“迂直”即实地的高低起伏距离与平面图上距离的换算。距离必须靠“高下”“方邪”“迂直”等来校正，遇高取下、遇方取邪、遇迂取直，才能和实际距离相符。“六体”互相联系、互相制约，在绘制地图中缺一不可，而且裴秀将这一理论应用在他的地图作品《禹贡地域图》（18篇）中，这是我国地图学的基石。裴秀采用的计里画方方法影响我国约1400年间（西晋到明末）绘制地图的格局，“制图六体”理论也奠定了我国古代制图的理论基础。“计里画方”是按比例尺绘制地图的一种方法。绘图时，先在图上布满方格，方格中边长代表实地里数，相当于现代地形图上的方里网格；然后按方格绘制地图内容，以保证一定的准确性。裴秀的《禹贡地域图》是我国见于文字记载的最早的一部地图集，不但开创了我国制图理论的先河，而且首次采用了古今地图同绘一图的表示方法，对于用图者了解历史、了解古地名的变迁具有重要意义，具有历史沿革地图的性质。

裴秀的制图理论创立以后，在唐朝得到了迅速发展，出现了一些较好的以裴秀制图理论为指导的地图作品，最有代表性的是贾耽的《海内华夷图》。《海内华夷图》现已遗失，但可以从贾耽写的《献图表》中得知，其继承了裴秀制图理论的优点，如“一寸折百里”，重新把“分率”纳入地图绘制中，而且古今地名分色注记，“古郡国题以墨，今州县题以朱”，也具有历史地图的性质。

宋朝对地图一向非常重视，统一后不久便编绘出第一幅规模巨大的全国总舆图《淳化天下图》，但现已遗失。现存的宋代地图有《华夷图》《禹迹图》《地理图》等，从中可以看出宋代地图的发展。陕西西安碑林保存有一块南宋年间的石碑，碑的两面分别刻着《华夷图》和《禹迹图》，图上的一些唐代地名和图上的说明，可以证明是唐代贾耽《海内华夷图》的缩绘，是唐、宋两代地图学的混合体。《华夷图》图幅为 79cm×78cm，定向为上北下南，图上没有方格，图名位于最上方的中央，图右角刻“阜昌七年十月朔岐学上石”，即刻石时间为1136年农历十月初一，比《禹迹图》晚 5 个月，图上绘有山脉、河流、湖泊、长城等要素，以及标注了各州府的名称。地图要素位置准确，符号接近现代地图的符号。该地图不仅继承了裴秀的制图理论，还有所创新，从理论发展、绘制技术、内容选择到符号设计，都是西晋以来没有的。《华夷图》是我国地图史上的又一伟大作品。《禹迹图》上画有很多网格，是我国发现现存最早的采用计里画方方法绘制的地图，每一方格折合 100 里（1 里=0.5 km），制图范围比《华夷图》小，着重表示水系、各条河流的位置和形状，湖泊的位置和海岸线的轮廓都与现代地图比较接近，特别是长江、黄河、太湖、洞庭湖，可见当时的测量技术已达到一定的水平。但《禹迹图》的最珍贵之处在于，它是发现最早的带有数学基础的全国性地图。

元代，推动地图发展的是朱思本地图系统。朱思本地图系统的三大支柱是朱思本的《舆地图》、罗洪先的《广舆图》和陈祖绶的《皇明职方地图》。特别是朱思本的《舆地图》的绘制成功，使唐、宋以来的地图为之一震，并影响了明代的地图制作。朱思本是元朝著名的地图学家，他在参阅大量古今图书、地图的基础上，结合自己的实地考察，花费 10 年时间著成了《舆地图》。朱思本仍采用我国传统的计里画方方法，并侧重山脉、河流的绘制，十分强调其精度，对先人所绘地图中位置、内容等错误之处加以改正，提高了地图的科学性。但《舆地图》图幅面积太大，不便翻刻，这也是此图现已不存的原因。《舆地图》流传到明代，罗洪先增补修编成《广舆图》。《广舆图》在制图方法上仍继承朱思本的计里画方方法，但把大图幅的地图改制成地图集的形式，便于使用和保存，这也是我国出现的第一本刻本地图集。《广舆图》还增加了《舆地图》之外的很多图集，丰富了地图的内容，曾被前后翻刻六次，广为流传。不仅如此，罗洪先在《广舆图》中最早创立了 24 种地图符号图例，使地图图例符号由象形过渡到几何图案，很多符号在现代地图中仍然使用，这在中国地图与测量史上是一次重大的飞跃。继《广舆图》之后，对朱思本地图系统做出重大贡献的是明末地图学家陈祖绶，其地图作品是《皇明职方地图》。《皇明职方地图》既弥补了《舆地图》中只重山川河流、不重郡县的缺点，又克服了《广舆图》中只表示郡县、不重视山势地形的弱势，提出山川郡县都是“不可不备”的地理要素，还增添了军事要素的绘制。另外，符号设计美观大方，注记文字较小，地理要素清晰，不失为一幅优秀的古代地图作品。

明代出现了一位推动我国地图学，特别是航海地图发展的著名航海家——郑和。郑和曾经七下西洋，游历 30 多个国家，最远到达非洲的蒙巴萨，编制成《郑和航海图集》。图上画有从我国到亚、非各国的许多航线，绘有礁石、港口、海岛、山脉和居民地等地理要素，并用“更”表示航海量测距离的单位。但其绘制方法并非采用传统的“计里画方”，而是采用“对景法”（按照地物的特征形象绘制符号）。因此，《郑和航海图集》不仅是我国劳动人民航海技术的总结，也是我国地图史上的一大创举，是我国地图史上“一幅真正的航海图”。

自晋朝裴秀创立“制图六体”后，我国古代地图的绘制方法一直遵循计里画方方法。到明末，意大利传教士利玛窦把西方科学的经纬度制图法传入我国，但并没有引起重视。最早采用经纬度法测绘的是清朝康熙年间的《皇舆全览图》，该图采用天文方法和三角测量测出经纬度，开辟了我国实测经纬度地图的先河。《皇舆全览图》所绘范围东北至库页岛，东南至台湾，西至伊犁河，北至北海（贝加尔湖），南至崖州（今海南岛），是一幅比较完整的中国地图。《皇舆全览图》投影方法为西方的伪圆柱投影，为使我国在图上处于中央位置，中央经线选在通过北京的子午线上，轮廓形状基本正确。

乾隆年间，对新疆、西藏进行新的实测工作，在《皇舆全览图》的基础上，编制成一部新的地图集《乾隆内府舆图》，至此，我国实测地图最终完成。《乾隆内府舆图》不仅是对新疆、西藏的补充，而且面积比《皇舆全览图》大一倍以上，北至北冰洋，南抵印度洋，西至地中海、红海，显然不是一幅中国全图，而是一幅当时世界上最完备的亚洲大陆全图。

康、乾年间实测地图的完成，极大地影响了我国地图集的编制，特别是光绪年间的《大清会典舆图》，把我国传统的计里画方方法与西方的经纬度制图法混用，是传统方法向现代方法的转变。真正采用科学方法绘制的世界地图集是清末地图学家魏源的《海国图志》，该图在地图投影的选择上趋于现代化，与现代地图中根据区域位置和轮廓选择投影基本吻合，地图符号的设计与现代地图有类似之处，不同国家采用不同的比例尺，是中国制图史上一部关于世界地图集方法开创性的著作。

（二）国外古代地图

古希腊是世界文明中一颗璀璨的明珠，古希腊人在文学、艺术、哲学、史学、地学和科学技术等方面创造的辉煌成就，在世界文化史上占有十分重要的地位。同样，在地图学领域，古希腊也出现了一批伟大的学者，他们对地图的发展做出了重要贡献。

公元前 6 世纪至前 4 世纪，古希腊学者已发现地球是一个椭球体，并将地球划分出经度、纬度，到公元前 2 世纪已将利用天文法测定的经度、纬度绘制到地图上，作为定向、定位的依据，还创立了圆锥和圆柱投影法，这两种地图投影方法是世界上最早的地图制图的数学基础。

古希腊著名的数学家、天文学家、地图学家托勒密（约 90—168 年）对古代地图的发展产生了重大影响，他撰写了《地理学指南》（8 卷），这部著作主要以马里努斯的工作为基础，参考亚历山大城图书馆的资料编成。托勒密提出了编制地图的方法，采用了新的经纬线网，创造了两种新的世界地图投影，即普通圆锥投影和球面投影，并绘制了新世界地图，该图在西方古代地图史上具有划时代意义，一直被使用到 16 世纪。托勒密《地理学指南》中的世界地图原绘于公元 2 世纪，托勒密的世界地图如图 1-5 所示，这张图是 1486 年的复制本。

托勒密时代以后，即公元 300～1300 年前后（中世纪），罗马成为西方世界的政治文化中心，宗教力量主导了政治和社会发展，神话代替了科学，是历史上，也包括地图科学史上一个漫长的黑暗时代。欧洲的地图制图发展进入了大中断时期，这时科学的地图学几乎完全被宗教寰宇观制图传统所取代，地图不再是反映地球的地理表象，而是成为神学著作中的插图。这些图把世界绘成一个大圆盘，耶路撒冷在大圆盘的中心。这类地图几乎千篇一律，为数不少，中世纪术语称为“寰宇图”。这种状况一直延续到 15 世纪，这个时期是欧洲地图史上的一个大倒退时期。古罗马圆盘地图如图 1-6 所示，“丁”字形寰宇图如图 1-7 所示。

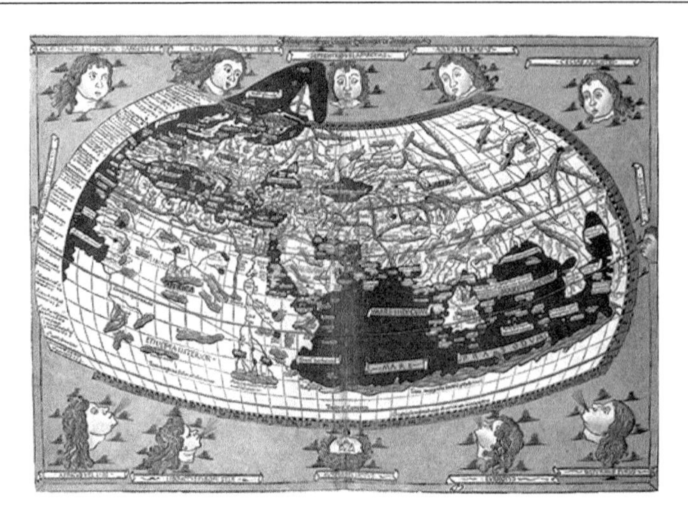

图 1-5　托勒密的世界地图

图 1-6　古罗马圆盘地图

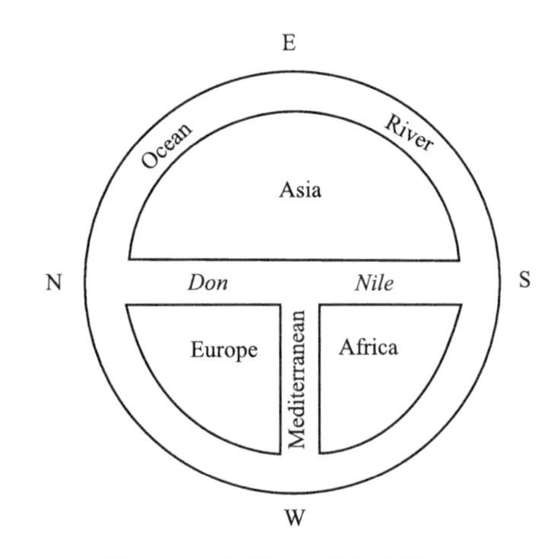

图 1-7　“丁”字形寰宇图

伟大的探险时代始于 14 世纪中叶，欧洲的航海家们憧憬着富饶的东方，寻找着新的航线。哥伦布发现了美洲，达伽马、麦哲伦等先后完成了环球航行。随着欧洲进入文艺复兴时期，航海事业日益发达，航海家们探索了海路与各洲的沿海海湾与海港，新大陆南、北美洲的发现，使人们对世界地理有了新的较完整认识，这是完善世界地图的基础，也是地图发展的动力。

公元 16 世纪，荷兰地图学家墨卡托（Mercator，1512—1594 年）创立了正轴等角圆柱投影（墨卡托投影），并利用这种投影于 1568 年编制成著名的航海地图“世界平面图”，该地图可使航海者用直线（即等角航线）导航，并且第一次将世界完整地表现在地图上，1630 年以后被普遍采用，对世界性航海、贸易、探险等有重要作用，至今仍为最常用的海图投影。

三、近代地图

（一）我国近代地图

我国近代一般指从 1840 年第一次鸦片战争开始，一直到 1949 年中华人民共和国成立这个时期。虽然我国古代历史上出现了一些著名的地图学家和一批有很高水平的地图作品，但是到了近代，由于外来的侵略，当时政府的腐败，国势日衰，我国地图制图水平要比西方落后。尽管如此，我国地图制作也取得了一定的进步。

公元 1886 年即清光绪十二年，我国开始了全国规模的《大清会典舆图》省图集编制工作，各省用了 3～5 年时间分别完成省域地图集的编纂。这次图集编绘在中国地图发展史上有极为重要的意义，它是中国传统古老的计里画方制图法向现代的经纬网制图法转变的标志。光绪年间绘制的陕西地图如图 1-8 所示。

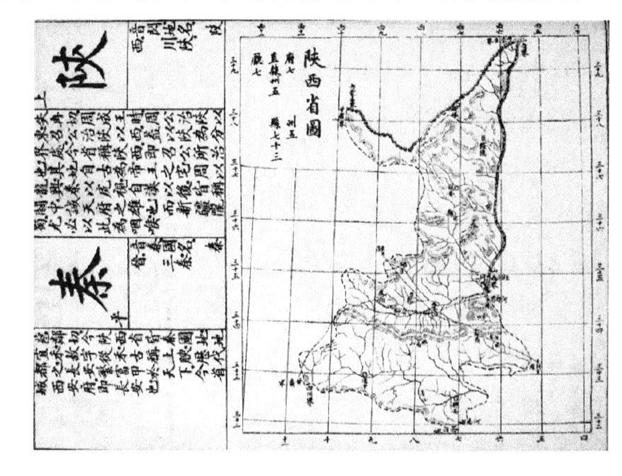

图 1-8 光绪年间绘制的陕西地图

民国时期的地图编制方面，由丁文江、翁文灏、曾世英等编纂的《中国分省新图》于 1933 年由《申报》馆出版发行。这部地图集在位置的准确、高度的分明方面，超过了以往的地图。

（二）国外近代地图

17 世纪以后，为了国家管理、瓜分控制殖民地以及战争的需要，大规模的三角测量和基本地形图测绘逐渐形成地图科学发展的主流。各方面技术的进步，如望远镜的发明改进了罗盘仪、平板仪和经纬仪；微积分等数学的成就，促进了地图投影学的发展；具有计量概念的等高线成为具有压倒性优势的地形表示方法，地图要素和符号比例分级概念逐渐加强，这一切奠定了近代地图学的基础。地形图测绘以西欧各国为最早，其中，卡西尼兄弟 1730～1780 年在法国测绘的地图精度最高。大革命之后不久，法国即完成了全国 1∶5 万的地形图，在当时已是最精详的地形图了。卡西尼兄弟测制的法国地图如图 1-9 所示。

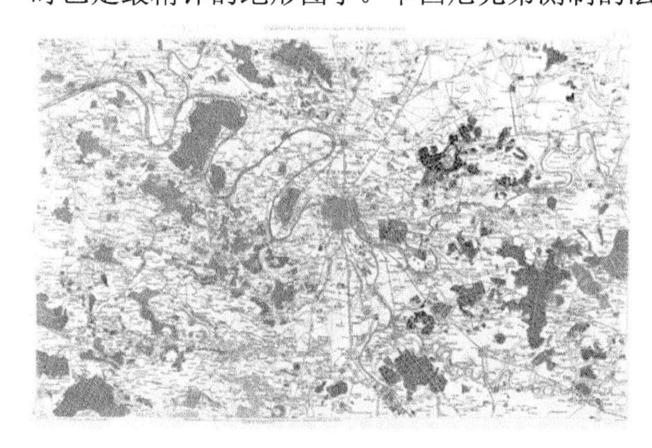
图 1-9 卡西尼兄弟测制的法国地图

18～19 世纪，人们对地球表面的位置和轮廓已基本清楚，对各区域不同领域的深入研究显得更加重要。加之自然科学的急剧分化和分工，印刷技术的改进等，出现了专门地图的编制。德国自然科学家洪堡创造了气候等值线图专题制图方法，并于 1849 年绘制了全球等温线图；1881 年俄罗斯帝国的卡宾斯基提出了国际统一地质符号的建议；德国伯尔和斯《自然地图集》的问世，基本上形成了专题地图集的雏形。

四、现代地图

1903 年美国莱特兄弟发明了飞机，1909 年 4 月 23 日，莱特兄弟在意大利训练海军军官时，在机翼上安放照相机，拍下了世界上第一张航空影像。第一次世界大战期间，为了军事侦察，飞机摄影才受到重视，并获得了迅速发展，于是诞生了航空摄影测量。此后，世界主要国家都进行了航空摄影测量制图。

1957年10月4日，苏联发射了人类第一颗人造地球卫星，标志着遥感新时期的开始。1959年，苏联宇宙飞船“月球3号”拍摄了第一批月球像片。20世纪60年代初，人类第一次实现了从太空观察地球，并获得了第一批从宇宙空间拍摄的地球卫星影像。美国于20世纪70年代初发射了用于探测地球资源和环境的地球资源卫星“ERTS-1”（即Landsat-1）。我国于1970年4月24日发射了“东方红一号”人造地球卫星。至今，世界各国发射的各种人造地球卫星已超过3000颗。人造地球卫星的上天，开创了遥感制图的新时期。

我国从20世纪70年代开始陆续开展卫星影像制图试验研究，利用染印法彩色合成技术，编制了1∶400万全国范围的卫星影像图、《中国影像》、《1∶50万京津唐渤张地区卫星影像图》，以及专题地质图等，开创了我国卫星影像制图的先河。

利用摄影测量与遥感技术，我国绘制了各种比例尺地形图，包括覆盖全国陆地面积的1∶100万、1∶50万、1∶25万、1∶10万比例尺地形图。“十一五”以来，经国务院批准，国家测绘地理信息局（2018年与国土资源部、国家海洋局合并为自然资源部）组织实施了西部测图和1∶5万更新两个重大工程，我国测绘地理信息工程技术人员历时5年，于2011年完成全国1∶5万地形图“一张图”，西部青藏高原、南疆沙漠和横断山脉等200多万平方千米的“无图区”不再空白。至此，我国实现了1∶100万、1∶50万、1∶25万、1∶10万、1∶5万比例尺地形图覆盖全国陆地。20世纪90年代以来，我国相继建立了全国1∶100万、1∶25万、1∶5万比例尺基础地理信息数据库和一批省级1∶1万比例尺基础地理信息数据库、市县级1∶500～1∶2000比例尺基础地理信息数据库。

21世纪，我国测绘事业发展步入以数据获取实时化、数据处理自动化、数据传输网络化、信息服务社会化为特征的信息化测绘体系建设新阶段。在此期间，我国测绘科技工作者经过长期不懈努力，取得了诸多令国际同行刮目相看的摄影测量与遥感科技成果，自主研发了数字摄影测量工作站、数字航空摄影仪、无人机低空遥感系统、地理信息系统软件平台等一大批具有自主知识产权的科研成果，不但取得了显著的社会经济效益，而且为我国测绘事业持续发展提供了实力保障。目前，我国已建成1∶100万、1∶25万和1∶5万比例尺全国空间数据库，包括的数据产品有数字正射影像（digital orthophoto map，DOM）、数字高程模型（digital elevation model，DEM）、数字线划图（digital line graphic，DLG）和数字栅格图（digital raster graphic，DRG），还有地名数据库和土地利用数据库等。各省市已经或正在建立1∶1万比例尺空间数据库，许多大中城市建立了1∶500～1∶2000比例尺空间数据库，成为构建数字中国、数字省区和数字城市的重要基础。

地图的发展离不开地图制作技术的变革。直至20世纪60年代，地图制作都是采用传统的手工清绘方式；70年代开始，计算机制图由实验发展到试用阶段；80年代，计算机制图与地理信息系统技术迅速发展，建立了基于地图数据库的机助制图系统；90年代以后，地图电子编辑出版系统相继问世，彩色地图桌面出版技术广泛应用，实现了全数字化地图生产，彻底摆脱了传统的手工编制和制版工艺，地图生产技术出现了一次革命性的变革，极大地提高了地图生产效率和印刷质量。

地图制作技术的进步促使地图产品形式发生了翻天覆地的变化。自20世纪80年代以来，地图产品形式由单一的传统纸质地图向数字地图、多媒体电子地图、导航地图、互联网地图等多种形式共存发展；地图内容表示从二维、静态向多维、动态演进；分发途径由单一的印刷地图以实物分发方式到通过计算机存储介质（光盘）交换，进而发展到通过网络实时分发的模式。导航地图如图 1-10 所示，三维地图如图 1-11 所示。

图 1-10 导航地图

图 1-11 三维地图

总之，人类获取信息手段的革新，航空、航天遥感技术的发展，极大地丰富了地图的信息源。大规模地学调查研究和国内外科技交流的开展，扩展了人类认识世界的视野，地图作为信息的载体，其内容涉及自然、经济、社会和环境等多个领域，地图将为人类的进步和发展做出不可磨灭的贡献！

第二节 地图的基本特征与定义

从古到今，地图的发展经历几千年而长盛不衰，说明即使到未来，地图也是不可替代的。地图承载了人类对客观世界的不断认知，表现了人类文明的不断进步。随着科技的日新月异，地图的制图理论、制作技术、表示方法等飞速发展，人们对地图的理解不断深化，地图的含义被赋予了新的内容。如果要给地图下一个科学的定义，就需要先了解地图的基本特征。

一、地图的基本特征

地图是地球表面在平面上的“缩写”，这种说法简单明了，易为一般人所了解，但此说法往往会和照片、写景图、航空像片、卫星影像等混淆。下面来看看地图的基本特征。

（一）严密的数学法则

地球的自然表面是一个高低起伏极不规则的球面，编制地图是将地球曲面上的事物和现象绘制到地图平面上，这就需要将地球曲面的地理坐标转换为地图的平面直角坐标，也就是建立起地球球面和地图平面点与点之间的函数关系式，这种方法就是地图投影。而且，有限的地图平面在表达广大的地球曲面的事物和现象时，需要以缩小的方式呈现，也就是地图绘制要按照一定的比例尺。另外，还需要确定地球曲面的事物和现象的方位，也就是通过地图定向，确定地图上图形的地理方向。因此，地图投影、比例尺、地图定向就构成了地图严密的数学法则。地图的可量测性，就是因为地图具有严密的数学法则。

（二）科学的地图概括

地图需要按照一定的比例尺绘制，而地球上的地理事物纷繁复杂，若将所有地理事物都绘制在地图上，势必使地图图面拥挤不堪，使一些事物无法在图面上表达清楚，这就产生了地球上繁多的地理事物与图面有限容量的矛盾。那么，哪些应该表示，哪些不应该表示，应该表示的又该详细到何种程度，这就需要地图概括来解决。地图概括的实质就是有目的地力求表达地球上最重要、最本质的事物和它们的特征，舍去或简化次要的、非本质的内容。无论地图缩小到何种程度，其内容都要与地图比例尺及用途相适应，力求反映制图区域的地理特征，并保持图面清晰易读。

（三）完整的符号系统

地理事物的形状、大小、性质等特征千差万别，十分复杂。如果全部按地理事物的原貌绘制在地图上，既杂乱无章也不可能，必须运用地图概括的原则和方法，对地理事物按某些共同特征进行分类和分级，加以典型化，并采用各种颜色、形状、大小和不同晕线的图案等组成完整的地图符号，再配合相应的文字和数字说明，组成一个体系，即地图符号系统。地图符号也称地图语言，以此向地图读者传输地理事物的空间分布和数量、质量特征。这种形象语言，使地图具有一目了然的直观性，这是任何文字描述所无法达到的。

（四）特殊的地理信息载体

地图容纳和储存了数量巨大的地理信息，而地理信息属于空间信息，它同一般意义上的信息的本质不同是具有空间概念和属性概念。地图作为地理信息的载体，可以是传统概念上的纸质地图、实体模型，也可以是各种可视化屏幕影像、声像地图、触觉地图，以及电子地图、网络地图和虚拟地图等。

二、地图的定义

随着人类社会实践、生产实践和科学技术的进步，人们对地图的认识也在深化。因此，不同的社会发展阶段，人们对地图的定义也在不断演变和进步。

20 世纪 30 年代，由于当时技术水平的限制，还没有涉及地图投影、地图概括和符号系统等基本概念，人们普遍认为地图是“地球表面在平面上的缩写”或“地球在平面上的缩影”。例如，张资平在《地图学及地图绘制法》一书中把地图定义为：“在平面画上，以图式描绘地球表面的全部或一部分，是谓地图”。显然，这种定义是表面的、肤浅的，对地图仅仅做了描述性的论述，并没有涉及地图内在的本质。

20 世纪 40 年代，对地图的定义影响力比较大的是萨里谢夫，其在《制图原理》一书中定义地图为：“根据一定的数学法则，将地球表面以符号综合缩绘于平面上，并反映出各种自然和社会现象的地理分布与相互联系”。从这个定义中，可以很明显地看到这种定义方法已经在某种程度上揭示了地图的本质，反映出了地图的数学法则、符号系统和制图综合，但也存在一定的局限性，即并没有反映出地图上的自然和社会现象在时空上的发展和变化，也没有反映出地图在传递空间信息上的载体功能。

20 世纪 70 年代，萨里谢夫又对此定义做了改进，将地图定义为：“借助于特殊的形象符号模型（地图图形）来表示和研究自然与社会现象的空间分布、组合和相互联系及其随时间变化的科学。”尤其值得一提的是，萨里谢夫在阐述这个定义时引入了“模型”的概念。他指出，为了理解地图的实质和意义，可以将地图视为所表示现象的模型，换句话说，就是地图是空间形象符号模型、思维模型。引入“模型”的概念，对于地图的定义意义极其深远，使人们对地图功能的理解得到了进一步深化。但是，这一定义也存在局限性，即萨里谢夫并没有明确地把模型作为地图的特征进行分析。

到了现代，随着信息论、系统论、传输论等横断科学的引入，地图的功能从最初的信息获取功能逐步推移到信息存储（载体）的功能，进化到信息分类、分级的检索功能，移向分析、模拟、设计、预测的功能，因而地图的定义也发生了深刻的变化。现代社会人们对地图的定义为：地图是根据一定的数学法则和符号系统，利用制图综合来记录空间地理环境信息的载体，是传递空间地理环境信息的工具，它能反映各种自然和社会现象的空间分布、组合、联系和制约及其在时空中的变化和发展。

根据地图的基本特征，综合不同时期的地图定义，本书给地图的定义为：地图是将地球（或其他星球）表面上的地理空间信息，按照严密的数学法则，经过科学的地图概括，并采用地图符号系统，缩小表达在一定载体上的图形模型，用以传输、模拟和认知客观世界的时空信息。

第三节　地图的基本内容

地图作为空间信息的载体，是制图者和用图者相互交流沟通的语言，承载了丰富的地理信息内容。将地图的基本内容概括起来，一般包括三个方面，即数学要素、地理要素和辅助要素。

一、数学要素

地图的数学要素是构成地图的数学基础，它保证了地图的精确性，是地图上量取点位、高程、长度、面积等的可靠依据，是大范围内多幅地图拼接使用的保证。数学要素包括地图投影、坐标网、控制点、比例尺和地图定向。

（一）地图投影

地球表面是一个不可展开的曲面，而地图是一个平面，要将地球上的空间信息绘制到地图上，需要将曲面展开成一个平面，也就是建立曲面上的点与平面上的点之间的函数关系式，这个过程就是地图投影。

（二）坐标网

地图投影在地图上的表现形式为坐标网，坐标网有地理坐标网和平面直角坐标网两种形式。地理坐标网是由经线、纬线构成的坐标网，平面直角坐标网（也称方里网）是由一定间距相互垂直的水平线和铅垂线构成的坐标网。根据地图的不同要求，地图上可同时绘出两种坐标网，也可只绘制一种坐标网。

（三）控制点

控制点是以一定精度测得平面位置、高程或重力加速度等数据的固定点，通常需要在控制点上埋设标石或设置其他标志。控制点按性质分为平面控制点、高程控制点、天文点和重力点；按精度和用途分为大地控制点、地形控制点和工程控制点。

常用的控制点还有三角点、导线点、水准点、全球导航卫星系统（global navigation satellite system，GNSS）控制点和图根点等。三角点是在三角测量、三边测量、边角测量中位于三角网点上的平面控制点；导线点是在导线测量中位于导线转折点上的平面控制点；水准点是用水准测量方法测定的高程控制点；GNSS 控制点是用 GNSS 技术测定其点位的控制点；图根点是专为测绘地形图布设的控制点。

（四）比例尺

将地球表面的空间信息绘制在地图上，需要按照一定的比例尺缩小。缩小时，必须使地图上的长度与相应实地的距离保持一定的比例关系，并以这种比例关系作为两者之间的量算尺度，这个尺度称为地图比例尺。地图比例尺就是图上某线段的长度与相应实地水平距离之比。

（五）地图定向

地图定向就是确定地图上图形的地理方向。为了满足地图使用需要，规定在大于 1∶10 万的各种比例尺地形图上要绘出三北方向和三个偏角的图形，这样不仅便于确定图形在图纸上的方位，还可用于在实地使用罗盘标定地图的方位。

二、地理要素

地理要素是地图上最主要的内容，在不同类型的地图上表现为不同的形式。

普通地图上的地理要素分为自然要素和社会经济要素，其中，自然要素是地球表面自然形态所包含的要素，如地貌、水系、植被和土壤等；社会经济要素是人类在生产活动中改造自然界所形成的要素，如居民地、道路网、通信设备、工农业设施、经济文化和行政标志等。

专题地图上的地理要素分为专题要素和底图要素，其中，专题要素是专题地图重点和突出表达的内容，是图面的主体部分；底图要素是制作专题地图的地理基础，一般选择普通地图上和主题相关的一部分地理要素，底图要素对专题要素起衬托作用。

三、辅助要素

辅助要素是指位于内图廓以外，为阅读和使用地图而提供的具有一定参考意义的说明性内容或工具性内容。

内外图廓间的辅助要素有地图本身的内容、本图与邻图有关的内容。其中，地图本身的内容包括内图廓线、经纬度注记、分度带及本带（或邻带）、直角坐标网（方里网）和注记；本图与邻图有关的内容包括行政区划名称（图名及各级行政区名）、大居民地名称注记、道路通达地及里程注记、邻图图号注记等。

外图廓以外的辅助要素有地图工具、文字说明。其中，地图工具包括图例、比例尺、坡度尺、三北方向图、接图表及行政区划略图等；文字说明包括编图与出版单位、航摄与成图时间、地图投影、平面与高程坐标系、资料说明及资料略图等。

第四节　地图的分类

随着经济建设需求的日益增多和地图制作技术的不断进步，地图的种类呈现出多元化的景象，二维地图、三维地图、导航地图、网络地图等图种层出不穷。面对种类繁多的地图产品，需要根据地图的某些特点与指标对其进行归并与区分。一般采用的地图分类标准有比例尺、内容、制图区域、用途和使用方式等。

一、按比例尺分类

地图比例尺决定了地图表示内容的详细程度和地图的量测精度。按比例尺分类，地图分为以下三类：大比例尺地图，≥1∶10 万的地图；中比例尺地图，介于 1∶10 万和 1∶100 万之间的地图；小比例尺地图，≤1∶100 万的地图。

需要注意的是：地形图的比例尺划分与普通地图的比例尺划分标准不同。一般情况，大比例尺地形图是指 1∶500、1∶1000、1∶2000、1∶5000 的地形图；中比例尺地形图是指

1∶1 万、1∶2.5 万、1∶5 万、1∶10 万的地形图；小比例尺地形图是指 1∶25 万、1∶50 万、1∶100 万的地形图。

二、按内容分类

地图按内容分为普通地图和专题地图两大类。

（一）普通地图

地图上表示的地理要素主要有两种，一种为水系、地貌、土质与植被等自然要素，另一种为居民地、交通、境界等社会经济要素。普通地图是相对均衡地表示自然要素和社会经济要素的地图。

普通地图按内容的概括程度、区域及图幅的划分状况，分为地形图和地理图。

地形图是将地面上一系列地物和地貌点的位置，通过综合取舍，垂直投影到一个水平面上，再按比例尺缩小绘制在图纸或薄膜上的普通地图。国家对地形图编制有统一的编图规范和地形图图式。我国把 1∶500、1∶1000、1∶2000、1∶5000、1∶1 万、1∶2.5 万、1∶5 万、1∶10 万、1∶25 万、1∶50 万、1∶100 万这 11 种比例尺的地形图称为国家基本比例尺地形图。

地理图是侧重反映制图区域地理现象的主要特征、分布规律及其相互关系的普通地图。虽然地理图上描绘的内容与地形图相同，但地理图涵盖的制图区域范围大，常常为一个流域、一个国家、一个大洲或全球，对内容和图形的概括综合程度比地形图大得多。地理图的比例尺通常都小于 1∶100 万，如全国地理图一般为 1∶150 万、1∶200 万、1∶250 万、1∶300 万、1∶400 万、1∶600 万等，但也有些省区县域地理图的比例尺大于 1∶100 万，在 1∶20 万～1∶75 万之间。

需要注意的是，地形图和地理图不能简单地以比例尺来区分，两者的主要区别在于地理图概括程度比较高，以反映地理要素的基本分布规律为主。

（二）专题地图

专题地图是指突出而尽可能详尽地表示制图区域的一种或几种自然或社会经济要素的地图。专题地图的制图领域宽广，凡是具有空间属性的信息数据都可表示。专题地图的内容、形式多样，能够广泛应用于国民经济建设、教学和科学研究、国防建设等行业部门。

专题地图按内容性质可分为自然地图、社会经济地图（人文地图）和其他专题地图。

自然地图是表示制图区域自然要素的空间分布规律及其相互关系的地图，如地质图、地貌图、地势图、水文图、气象气候图等；社会经济地图（人文地图）是表示制图区域社会、经济等人文要素的地理分布、区域特征和相互关系的地图，如人口图、城镇图、行政区划图、交通图、文化建设图等；其他专题地图是指具有专门用途的地图，如航海图、航空图、规划图、教学图、旅游图等。

专题地图按内容结构分为分布图、区划图、类型图、趋势图、统计图等。

三、按制图区域分类

地图按制图区域分类时，可按区域范围大小、自然区域、政治行政区域、经济区等标准进行划分。

地图按区域范围大小可分为世界地图、半球地图、大洋地图、大洲地图、分国地图、省

（区）地图、县市地图、乡镇地图等。

地图按自然区域划分时，是以高原、平原、盆地、流域等为范围，如欧亚大陆地图、太平洋地图、长江流域地图、四川盆地地图、陕西自然区划地图等。

地图可按政治行政区域划分，如世界政区地图、中国政区地图、陕西省政区地图、泾阳县政区地图、城关乡（镇）政区地图等。

地图可按经济区划分，如西安经济区地图、汉中经济区地图等。

四、按用途分类

地图按用途可分为通用地图和专用地图。

通用地图是为广大读者提供科学或一般参考的地图，如地形图、中国地图、陕西地图、西安地图等；专用地图是为各种专门用途制作的地图，如航海图、航空图、宇航图、交通图、旅游图、导航图、教学图等。

五、按使用方式分类

地图按使用方式可分为挂图、桌面用图、屏幕图和携带图。

挂图是挂在墙壁上使用的地图，包括供人们近距离阅读的宣传展览挂图、供人们远距离阅读的教学挂图等。

桌面用图是放在桌子上供人们在明视距离内阅读的地图，如地形图和地图集等。

屏幕图是用计算机控制的电视屏幕图，如电视天气预报地图。

携带图是随身携带，供人们外出随时查阅的地图，如袖珍地图册、绸质地图或折叠的旅游地图等。

六、按其他标志分类

地图按其感受方式，分为视觉地图、触觉地图（盲文地图）。

地图按其结构，分为单幅图、多幅图、系列图和地图集等。

地图按其图型，分为线划地图、影像地图、数字地图。

地图按其外形特征，分为平面地图、三维地图、地球仪等。

地图按其印色数量，分为单色图、彩色图。

地图按其出版形式，分为印刷地图、电子地图、网络地图。

地图按其历史年代，分为古代地图、近代地图、现代地图。

地图按空间信息数据可视化程度，分为实地图和虚地图。实地图是指空间信息数据可以直接目视到的地图，如包括线划地图和影像地图在内的传统地图作品；虚地图是指空间信息数据存储在人脑或计算机中目视不到的地图，其中存入人脑的地图称为心象地图，依一定格式存入计算机的地图称为数字地图。

地图按其显示空间信息的时间特征，分为静态地图和动态地图。常用的传统地图都是静态地图，它是现实的瞬间记录；动态地图是反映空间信息历史变化，连续呈现的一组地图，可表现出地理环境的时间变化或发展趋势。

第五节　地图的功用

地图经历几千年的发展而长盛不衰，即使在未来，地图仍然有不可替代的作用。而地图的存在与发展，是因为地图本身具有很多强大的功能，这些功能是人们认识客观规律，能动地利用客观规律改造社会的必然结果。随着计算机制图技术的发展，地图制作工艺、表示方法、艺术感染力的改进和提高，信息论、模型论的应用，以及各门学科的相互渗透，地图的功能被赋予了新的内容。

一、地图的功能

地图的功能主要表现在四个方面，即模拟功能、信息载负功能、信息传输功能和认识功能。

（一）模拟功能

地图具有严格的数学基础，是经过科学的制图综合，采用特定的地图符号，按照一定的比例尺缩绘而成的。地图上所表示的内容实际上就是对地表空间信息的一种模拟，即以公式化、符号化和抽象化的方式表达地表空间信息的某些特征及其内在联系，如等高线图形就是对实际地形的模拟。地图成为再现或预示地理环境的一种形象符号式的空间模型，与空间信息间保持着相似性。

把地图看成是地表空间信息客观存在的一种物质模型，这是容易理解的。因为地图，特别是用来表示各种基本地理要素（如水文、地形、交通网、居民地等）的普通地图，可以使人直观地感受到其是制图区域的一种实体模型。作为物质模型的地图还可以代替实地调查与测量，用来做各种模拟量的测定或分析。可以把地图看作是一种“虚拟的模型”。

（二）信息载负功能

地图储存着空间信息，是空间信息的载体，具有载负信息的功能。这种载负功能是通过应用地图语言——符号与注记系统，将制图区域内有关空间信息储存于纸或其他介质上而实现的。

地图作为信息的载体，有不同的载负手段，通常是载于纸平面上，也可以载于磁带、磁盘、缩微胶卷、移动硬盘等介质上。

需要注意的是，地图信息可看作是由直接信息（第一信息）和间接信息（第二信息）两部分组成的。直接信息是地图上用图形符号直接表示的地理信息，如道路、河流、居民地等；间接信息是经过分析解释而获得的有关现象或物体规律的信息，如通过对等高线的量测、剖面图的绘制等获得坡度、切割密度、通视程度等信息。

（三）信息传输功能

地图的信息载负功能为地图具备信息传输功能奠定了坚实基础。信息论是现代通信技术和电子计算技术领域使用的概念和理论，将地图与信息论结合，就成为地图信息论。地图成为空间信息图形传输的一种形式，是信息传输的工具之一。

众所周知，信息的一个重要特点是可传递性。信息是对客观世界中各种事物的运动状态和变化的反映，其作用在传递过程中能得到充分发挥。将大量客观存在的信息用一种易被人们接受的图形符号载负于地图上，然后“流向”人类，使人们从中获益。在信息传递和接受的方式上，语言、电信号等常以线性方式进行，而地图则具有不同的方式与特点，即人们阅读地图时，通常是总览全图，然后根据自己的需要，按一定区域或某个要素分析、研究。换句话说，地图在传递信息时，在传输方式上具有层次性，比线性传递方式具有更宽的传输通道和更高的传输效率。

（四）认识功能

地图的认识功能是由地图的基本特性决定的。地图用符号和注记系统，按比例描绘出地理环境中的空间信息，给人一种形象直观和一目了然的感受效果。因此，地图不但具有突出的认识功能，成为人类认识空间的工具，而且在很多方面优于传递空间信息的其他形式。

地图不仅能直观地表示任何范围制图对象的质量特征、数量差异和动态变化，还能反映各种现象的分布规律及其相互联系。地图不仅是区域性学科调查研究成果的表达形式，还是科学研究的重要手段。

二、地图的用途

正因为地图有强大的功能，地图的用途也非常广泛，大到国民经济建设、国防建设、科学教育，小到人们的日常生活，地图无处不在。

随着计算机的普及和地理信息系统（geographic information system，GIS）技术的发展，目前，人们对地图已比较熟悉，而 GIS 又进一步加强了人类与地图之间的相互作用。在 GIS 中，人们可以非常容易地确定信息在地图上的表达方式，也可以很方便地通过查询和分析选择位置或目标。

地图具有以多种方式表达现实世界的独特功能。地图可以识别在某一位置上有什么东西；在地图上，指向图上任何位置，都能够知道这个地方或对象的名称以及其他相关的属性信息。可以在地图上标明你所处的位置，如果可以实时输入 GNSS 数据，就能看到你在哪里、以多快的速度在旅行，以及你的目的地在何方。

地图可以让你识别用其他方式不能体现的空间分布、关系和趋势。例如，人口统计学家通过比较过去编制的城区地图和现在的城区地图，支持公共决策；流行病学家通过把罕见疾病暴发地点与周围环境因素相关联，找出可能的致病因素。

地图可以将不同来源的数据集成到同一地理参考坐标系中。例如，市政府可以将街道分布图与建筑布局图结合起来以调整市政建筑结构；农业科学家可以把气象卫星影像图与农场、作物分布图结合起来，通过分析可以获得提高作物产量的有效措施。

通过不同地图数据的合并或叠加来帮助人们分析空间问题。例如，政府部门可以通过合并多层数据来找到合适的废弃物处理地点。

地图可以用来确定两地之间的最佳路径。通过地图，包裹速递公司能够找到最有效的运输路径；公共交通设计者也能设计出最优的公交路线。

地图可以用来模拟未来情况。公共事业服务公司可以模拟新设施添加后会产生怎样的效果，并根据这个效果判断是否需要进行投入。市政规划者也可以模拟一些严重的意外事故，如有毒物质泄漏等，从而得出相应的解决方案。

地图可以理解为“地理信息”与“人类对信息理解”之间的媒介。地图借用人类特有的可识别空间格局的感知能力，提供地理对象和地点的有关情况的可视化信息。

地图是地理信息的抽象。地图的使用者不同，所得到的对地图信息的理解也会不同。对于特定的使用目的，地图将表现特定的信息。地图可以将一些复杂的并且内部结构隐藏着的数据进行简化，也可以对数据进行描述。例如，用标注（label）表示名称、种类（categories）、类型（types）和其他信息。

地图在国民经济建设中发挥着重要作用。从地质勘探、矿藏开发、铁路与公路的勘测选线，到工矿企业的规划与设计、农业资源的调查与区划、森林的普查与更新，以及荒地垦殖、水土保持、农田水利基本建设等，都离不开地图。

军队打仗总是离不开地图。有人把地图比作是“协同作战的共同语言”“行军的无声向导”“军队的眼睛”等。这些比喻生动、恰当地表明了地图在军队作战行动中的重要作用。《管子》一书中说，在计划战斗行动的时候，首先要在图上分析研究地形，弄清哪里地形险要，哪里有不便车辆通行的河流，哪里是制高点，谷地、平原、丘陵和村镇都在什么位置，然后决定战斗行动。只有这样，才能立于主动，恰当处置各种情况，正确利用地形的有利条件。现代战争，各军兵种协同作战，战场范围广阔，战争的突然性增大，情况复杂多变，组织指挥复杂，对地图的依赖性更大，地图是军队组织指挥作战必不可少的工具。经验证明，指挥员如能正确地利用地图，就能顺利地完成战斗任务，如不能正确地利用地图，就可能在战争中遭受挫折。

地图也是文化教育的有效工具。广泛地应用地图，不但能够加深学生对地理事物的空间理解，而且在读图中能够培养学生的形象思维能力和逻辑思维能力，以及形象思维和逻辑思维的有效结合能力。

目前，电子地图和地理信息系统已经逐渐由两个单独的体系融合在一起，电子地图具备了地理信息系统的大多数功能，智能交通系统的大部分信息都需要通过电子地图来表示。电子地图能够把数字信号和模拟信号显示在计算机屏幕上。电子地图主要有两方面作用：一是多维地图的静态显示和动态显示作用；二是动态环境下空间数据库与专题数据库的交流作用。两方面相互作用，共同完成地理信息系统中空间数据视觉化的任务。智能交通中的电子地图作为空间信息，特别是交通信息的可视化产品，将交通路线及周围环境以视觉，甚至是听觉感受的方式传输给用户，成为智能交通系统与用户交流的最重要工具。

总之，地图不仅是国民经济建设、国防建设、科学研究和文化教育的有力工具，还是人们日常生活中不可或缺的有效帮手，在多方面、多领域发挥着巨大作用。

第六节　地图的成图方法

由于地图按照比例尺分为大比例尺、中比例尺和小比例尺地图，按内容分为普通地图和专题地图，而且测图仪器的精度也是有差异的，因此，根据地图成图方法的不同，一般分为实测成图法和编绘成图法。大比例尺普通地图（主要是地形图）采用实测成图法，中、小比例尺普通地图和专题地图采用编绘成图法。

一、实测成图法

实测成图法是在野外现场或立体模型上，使用各种测图仪器，基于不同成图技术，将地表的空间信息缩绘到介质上的地图制作方法。实测成图法测制地图时，需要利用国家大地控制网和国家高程控制网，在大地控制测量的基础上，进行图根控制测量，然后通过地形测量、内业制图和制版印刷完成整个成图工作。

根据数据获取手段和测图仪器的不同，实测成图法可分为野外地形测图和摄影测量成图两种方式。

（一）野外地形测图

野外地形测图是利用全站仪、GPS RTK、CORS 系统等直接在现场实测，通过采集地物、地形测量数据，来绘制地形图的测图方法。野外地形测图的过程如图 1-12 所示。首先，在大地控制网的基础上做图根控制测量，然后进行碎部测量，记录各特征点的空间位置和属性，最后到室内按照地形图图式符号绘制成图。

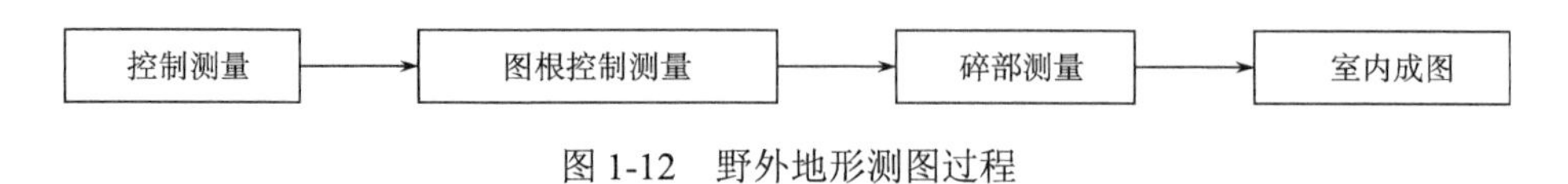

图 1-12　野外地形测图过程

（二）摄影测量成图

摄影测量成图是在飞机、无人机或其他飞行平台上搭载摄影机对地面摄影，获得航摄影像，通过相关处理建立立体模型，并结合像片控制测量、像片野外调绘信息，在立体模型上进行地物、地形要素的数据采集，再经过地图编辑、修改，最终绘制成图。摄影测量成图过程如图 1-13 所示。

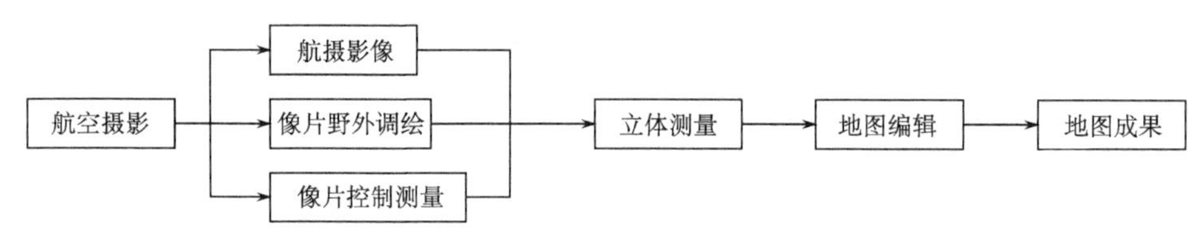

图 1-13　摄影测量成图过程

二、编绘成图法

编绘成图法是根据多种制图资料，主要在室内作业的成图方法，用来编制中、小比例尺普通地图和专题地图。传统的编绘成图法一般要经过地图设计、原图编绘、出版准备和地图制印等四个阶段。

地图设计就是在对制图区域地理特征研究的基础上，搜集相关制图资料，通过对资料的整理、分析，确定地图的内容、表示方法、数学基础、图式符号、地图概括指标，以及作业方案，制定出地图编图大纲或地图编绘设计书，作为地图编绘的指导性文件。原图编绘是编绘成图法的中心工作，主要是根据地图编绘设计书和编辑计划要求，将加工处理后的各种制图资料，按照一定的技术方法转绘到新编地图上，并经科学概括，编制成新编地图的编绘原图。出版准备是对编绘原图复制晒蓝，按照地图编绘设计书分色清绘或刻绘，并制作出出版原图、分色样图和试印样图。地图制印是通过印刷复制大量地图成品。我国主要采用平版制版印刷，作业过程包括原图复照、翻版、分涂、晒版、打样、审校、修版、印刷、检查和包装等工序。目前制印工艺出现了电子分色制版、静电复印、缩微、无压力印刷等新技术，为简化制印过程，实现制印工艺标准化与自动化提供了可能。

三、遥感制图法

遥感制图法是利用航空或航天遥感影像，通过图像处理和分析，用于更新地形图、制作影像地图、编制专题地图的一种成图方法。

利用遥感影像更新地形图时，首先要对遥感影像进行几何纠正，然后将纠正后的遥感影像与数字地形图叠加配准，采用屏幕矢量化的方式对变化地物，如居民地、道路、水系、植被等进行更新，对于影像上无法判读的地物必须借助外业调绘确定，对于地物变更范围比较大的地区、没有地形图的区域，则应该采用补测的方式。

遥感影像地图是一种以遥感影像和一定的地图符号来表现制图对象地理空间分布和环境状况的地图。遥感影像地图的制作过程主要为：遥感影像的选择、遥感影像的几何纠正、遥感影像的镶嵌、空间要素的选取、影像地图的图面配置等。

遥感专题地图的制作过程主要为：信息源的选择、遥感影像处理、遥感影像解译、编制基础底图、专题解译图与地理底图的复合。其中，遥感影像处理主要是遥感影像的几何纠正、影像增强处理等；遥感影像解译是对增强处理后的遥感影像进行专题信息提取。

四、计算机地图制图法

计算机地图制图法是根据地图原理，以电子计算机的硬、软件为工具，应用数学逻辑方法，研究地图空间信息的获取、变换、存储、处理、识别、分析和图形输出的理论方法和技术工艺。

计算机地图制图的基本过程为：编辑准备、数据采集、数据编辑和符号化、图形输出等。其中，编辑准备与传统的制图过程基本相同，包括收集、分析评价和确定编图资料，根据编图要求选定地图投影、比例尺、地图内容、表示方法等，并按自动制图的要求做些编辑准备工作。数据采集是将具有模拟性质的图形和具有实际意义的属性转化为计算机可接受的数据。数据编辑和符号化是计算机地图制图的核心工作。数字化信息输入计算机后要进行两方面处理，一方面是对数字化信息本身做规范化处理，主要有数据检查、纠正，重新生成数字化文件，转换特征码，统一坐标原点，进行比例尺的变换，不同资料的数据合并归类等；另一方面是为实施地图编制而进行的数据处理，包括地图数学基础的建立，不同地图的投影变换，对数据进行选取和概括，各种专门符号、图形和注记的绘制处理。图形输出是将经计算机处理后的数据转换为图形，可以在显示器的屏幕上显示、存储在硬盘、U 盘上，也可以通过绘图仪或打印机以纸质输出。

第七节　地图的分幅与编号

为了编图、印刷、保管和使用的方便，需要对地图进行分幅和编号。

一、地图的分幅

地图的分幅就是将整个制图区域按一定的方法分割成多幅地图。一般采用图廓线分割，图廓线圈定的范围为一幅地图，地图间沿图廓线相互拼接。地图的分幅方法有矩形分幅和梯形分幅两种方式。

（一）矩形分幅

矩形分幅是用矩形图廓线分割图幅，分幅后的每幅地图的图廓都是一个矩形，图幅大小根据图纸规格、用户使用方便，以及编图的需要确定。矩形分幅时，经常采用正方形图廓。挂图、地图集中的地图多用矩形分幅。矩形分幅的优点是图幅间拼接方便、各图幅面积相对平衡、充分利用图纸和印刷版面、图廓线可避免分割重要地物；缺点是制图区域只能一次投影，变形较大。

（二）梯形分幅

梯形分幅是按照一定的经差和纬差划分制图区域，分幅后的每幅地图的图廓由经线和纬线组成，大多数情况下表现为上下图廓为曲线的梯形。地形图、大区域的分幅地图多用梯形分幅。梯形分幅的优点是图幅有明确的地理范围、可分开多次投影、变形较小；缺点是图廓为曲线时拼接不便、高纬度地区图幅面积缩小、不利于纸张的使用和印刷。

二、地图的编号

地图的编号就是给每幅地图设计一个编号。地图编号方法一般有行列式编号法和自然序数编号法，或者两种方法的结合。

（一）行列式编号法

行列式编号法是将制图区域划分成若干行和列，并相应地按数字或字母顺序编上号码，以行号和列号组合构成地图的图幅编号。一般横向为行，纵向为列，也可以横向为列，纵向为行。

（二）自然序数编号法

自然序数编号法是将分幅地图按照从左到右、自上而下或其他自然序数顺序依次编号的方法。挂图、小区域的分幅地图常采用这种地图编号方法。

三、我国地形图的分幅与编号

在我国的 1∶500、1∶1000、1∶2000、1∶5000、1∶1 万、1∶2.5 万、1∶5 万、1∶10 万、1∶25 万、1∶50 万、1∶100 万等 11 种基本比例尺地形图中，1∶500、1∶1000、1∶2000、1∶5000 等比例尺的地形图采用矩形分幅，1∶5000、1∶1 万、1∶2.5 万、1∶5 万、1∶10 万、1∶25 万、1∶50 万、1∶100 万等比例尺的地形图采用梯形分幅。其中，1∶5000 地形图可采用矩形分幅和梯形分幅两种地图分幅方法。

（一）1∶500、1∶1000、1∶2000、1∶5000 地形图的分幅与编号

1∶500、1∶1000、1∶2000 比例尺的地形图一般采用 50cm×50cm 的图幅大小，也可采用 40cm×50cm 的图幅大小；1∶5000 地形图一般采用 40cm×40cm 的图幅大小。1∶500～1∶5000 比例尺地形图的图幅大小、实地面积等见表 1-1。

表 1-1 不同比例尺图幅大小、实地面积

比例尺	图幅大小/（cm×cm）	实地面积/km^2	一幅 1∶5000 图幅包含的本图幅数目
1∶500	50×50	0.0625	64
1∶1000	50×50	0.25	16
1∶2000	50×50	1	4
1∶5000	40×40	4	1

1∶500、1∶1000、1∶2000、1∶5000 等比例尺地形图的编号一般采用图廓西南角的坐标公里数编号。其编号方法为 *X-Y*，即 *X* 坐标在前，*Y* 坐标在后，中间为一小短线。注意，编号 *X-Y* 中，*X*、*Y* 坐标为测量坐标，以千米为单位，1∶500 地形图 *X*、*Y* 坐标取至 0.01km，1∶1000、1∶2000 地形图取至 0.1km，1∶5000 地形图取至整千米数。

（二）1∶5000～1∶100 万地形图的分幅与编号

1∶5000～1∶100 万比例尺地形图的分幅与编号有新旧两种方式。20 世纪 90 年代以前，1∶100 万地形图用列行式编号，其他比例尺地形图在 1∶100 万地形图的基础上加自然序数，属于旧的地形图编号方法；20 世纪 90 年代后，1∶100 万地形图用行列式编号，其他比例尺地形图均在其后再叠加行列号，属于新的地形图编号方法。

1. 旧的分幅与编号

1∶5000～1∶100 万比例尺地形图为梯形分幅，均以 1∶100 万地形图为基础，按照规定的经差和纬差来划分图幅。

每幅 1∶100 万地形图的范围是经差 6°、纬差 4°；纬度 60°～76°为经差 12°、纬差 4°；纬度 76°～88°为经差 24°、纬差 4°（在我国范围内没有纬度 60°以上需要分幅的图幅）。

各比例尺地形图的经纬差、行列数和图幅数呈简单的倍数关系，各比例尺地形图图幅范围大小及相互间的数量关系见表 1-2。

表 1-2　各比例尺地形图图幅范围大小及相互间的数量关系

比例尺		1∶100 万	1∶50 万	1∶25 万	1∶10 万	1∶5 万	1∶2.5 万	1∶1 万	1∶5000
图幅范围	经差	6°	3°	1°30′	30′	15′	7′30″	3′45″	1′52.5″
	纬差	4°	2°	1°	20′	10′	5′	2′30″	1′15″
行列数量关系	行数	1	2	4	12	24	48	96	192
	列数	1	2	4	12	24	48	96	192
图幅数量关系		1	4	16	144	576	2304	9216	36864
			1	4	36	144	576	2304	9216
				1	9	36	144	576	2304
					1	4	16	64	256
						1	4	16	64
							1	4	16
								1	4

1）1∶100 万地形图的分幅与编号

1∶100 万地形图从赤道起算，每纬差 4°为一行，至南纬 88°、北纬 88°各分为 22 行，依次用大写拉丁字母（字符码）A、B、C、…、V 表示其相应行号；从 180°经线起算，自西向东每经差 6°为一列，全球分为 60 列，依次用阿拉伯数字（数字码）1、2、3、…、60 表示其相应列号，由经线和纬线所围成的每一个梯形小格为一幅 1∶100 万地形图，其编号由该图所在的列号与行号组合而成，横为列，纵为行，列号、行号间加“-”。例如，北京所在的 1∶100 万地形图的编号为 J-50。北半球 1∶100 万地形图分幅与编号如图 1-14 所示。

我国地处东半球赤道以北，图幅范围在东经 72°～138°、北纬 0°～56°内，包含行号为 A、

B、C、…、N 的 14 行、列号为 43、44、…、53 的 11 列。

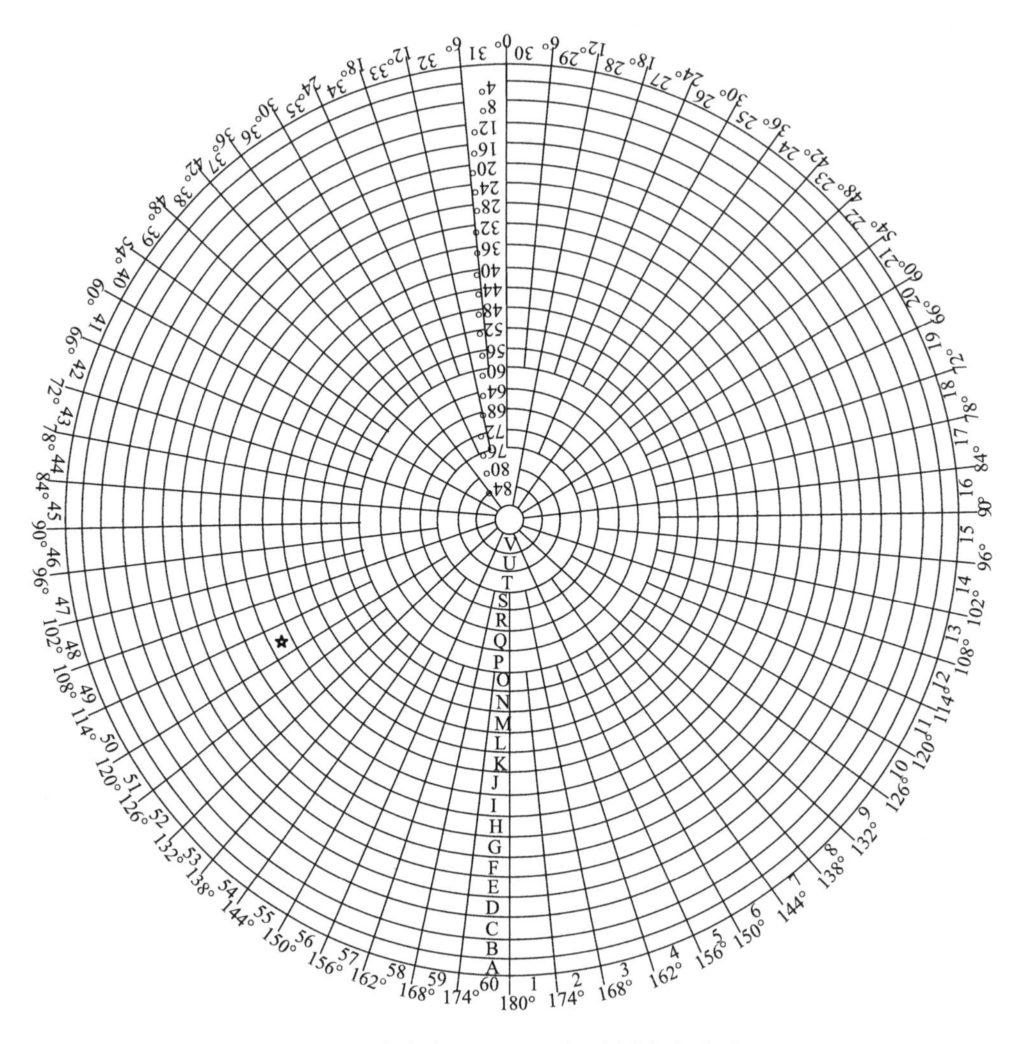

图 1-14　北半球 1∶100 万地形图分幅与编号

2）1∶50 万、1∶25 万、1∶10 万地形图的分幅与编号

1∶50 万地形图按照纬差 2°、经差 3°分幅，一幅 1∶100 万地形图可分为 4 幅 1∶50 万地形图，其编号是在 1∶100 万地形图图号后，分别加上 A、B、C、D，如图 1-15 所示（J-50-A）。

1∶25 万地形图按照纬差 1°、经差 1°30′分幅，一幅 1∶100 万地形图可分为 16 幅 1∶25 万地形图，其编号是在 1∶100 万地形图图号后，分别加上[1]、[2]、[3]、…、[16]，如图 1-15 所示（J-50-[2]）。

1∶10 万地形图按照纬差 20′、经差 30′分幅，一幅 1∶100 万地形图可分为 144 幅 1∶10 万地形图，其编号是在 1∶100 万地形图图号后，分别加上 1、2、3、…、144，如图 1-15 所示（J-50-5）。

3）1∶5 万、1∶2.5 万、1∶1 万、1∶5000 地形图的分幅与编号

1∶5 万地形图按照纬差 10′、经差 15′分幅，一幅 1∶10 万地形图可分为 4 幅 1∶5 万地

形图，其编号是在 1∶10 万地形图图号后，分别加上 A、B、C、D，如图 1-16 所示（J-50-5-B）。

1∶2.5 万地形图按照纬差 5′、经差 7′30″分幅，一幅 1∶5 万地形图可分为 4 幅 1∶2.5 万地形图，其编号是在 1∶5 万地形图图号后，分别加上 1、2、3、4，如图 1-16 所示（J-50-5-B-4）。

1∶1 万地形图按照纬差 2′30″、经差 3′45″分幅，一幅 1∶10 万地形图可分为 64 幅 1∶1 万地形图，其编号是在 1∶10 万地形图图号后，分别加上(1)、(2)、(3)、…、(64)，如图 1-16 所示[J-50-5-(24)]。

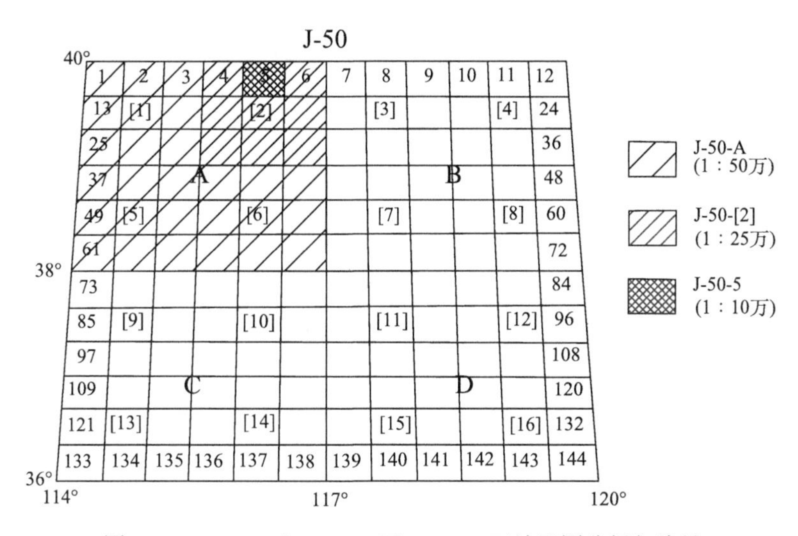

图 1-15　1∶50 万、1∶25 万、1∶10 万地形图分幅与编号

1∶5000 地形图按照纬差 1′15″、经差 1′52.5″分幅，一幅 1∶1 万地形图可分为 4 幅 1∶5000 地形图，其编号是在 1∶1 万地形图图号后，分别加上 a、b、c、d，如图 1-16 所示[J-50-5-(31)-c]。

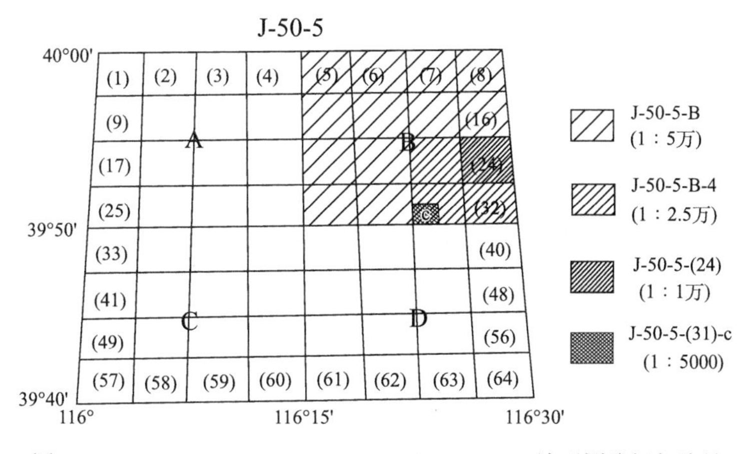

图 1-16　1∶5 万、1∶2.5 万、1∶1 万、1∶5000 地形图分幅与编号

2. 新的分幅与编号

1992 年 12 月 17 日，国家技术监督局发布了《国家基本比例尺地形图分幅和编号》(GB/T 13989—1992)，1993 年 3 月 1 日起开始实施。新国标的地形图分幅方法没有做任何变动，但

编号方法有了较大变化。

1）1∶100 万地形图的编号

1∶100 万地形图编号时，由旧的横为列、纵为行改为横为行、纵为列，并去掉了列号、行号间的“-”，即编号由该图所在的行号（字符码）和列号（数字码）组成，如北京所在的 1∶100 万地形图图号为 J50。

2）1∶50 万～1∶5000 地形图的编号

1∶50 万～1∶5000 地形图的编号还是以 1∶100 万地形图编号为基础，采用行列编号法，即将 1∶100 万地形图按所含各比例尺地形图的经差和纬差划分为若干行和列，横行从上到下、纵列从左到右按顺序分别用三位阿拉伯数字（数字码）表示，不足三位者前面补零，取行号在前、列号在后的排列形式标记；各比例尺地形图分别采用不同的字符作为其比例尺的代码（表 1-3）；1∶50 万～1∶5000 地形图的图号均由其所在的 1∶100 万地形图图号、比例尺代码和各图幅的行列号组成，共 10 位码，如图 1-17 所示。

表 1-3　比例尺代码

比例尺	1∶50 万	1∶25 万	1∶10 万	1∶5 万	1∶2.5 万	1∶1 万	1∶5000
代码	B	C	D	E	F	G	H

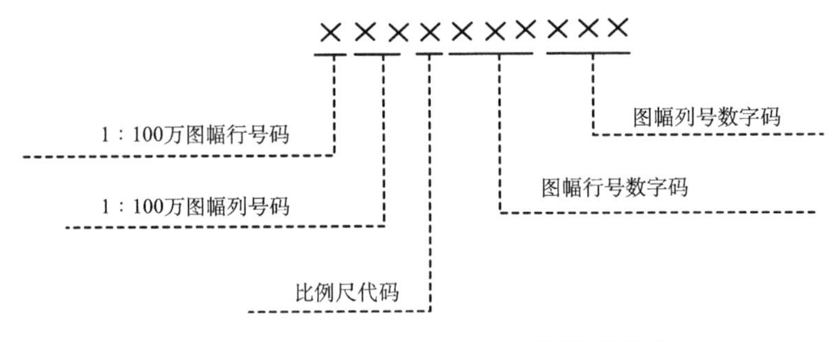

图 1-17　1∶50 万～1∶5000 地形图图号组成

1∶100 万～1∶5000 地形图的分幅与行、列编号如图 1-18 所示。

（三）查询地形图

实际中，有时需要根据某地的经纬度坐标，查询该地所在的某一比例尺（一般指 1∶5000～1∶100 万）的地形图编号，或者根据某一比例尺（一般指 1∶5000～1∶100 万）的地形图编号，查询该地形图西南图廓点的经纬度坐标。

1. 查询地形图编号

当已知某地的经纬度坐标时，首先要根据式（1-1）计算其所在 1∶100 万地形图的编号，然后利用式（1-2）计算其所需要查询的比例尺的地形图行、列编号，最后按照地形图的编号方法获得查询比例尺的地形图编号。

计算某点 1∶100 万地形图编号的公式为

$$\begin{cases} a=[\varphi/4^\circ]+1 \\ b=[\lambda/6^\circ]+31 \qquad \text{西经范围用} b=30-[\lambda/6^\circ] \end{cases} \tag{1-1}$$

式中，a 为 1∶100 万地形图所在纬度带字符相对应的数字码；b 为 1∶100 万地形图所在经度带的数字码；λ 为某点的经度；φ 为某点的纬度；[ ]为数值取整数。

计算出该点所在 1∶100 万地形图编号后，求其余各种比例尺（1∶5000～1∶50 万）的地形图行、列编号的公式为

$$\begin{cases} c = 4°/\Delta\varphi - [(\varphi/4°)/\Delta\varphi] \\ d = [(\lambda/6°)/\Delta\lambda] + 1 \end{cases} \tag{1-2}$$

式中，c 为所求地形图行号数字码；d 为所求地形图列号数字码；φ、λ 分别为已知点的纬度、经度；$\Delta\varphi$ 为所求地形图纬差；$\Delta\lambda$ 为所求地形图经差；[ ]为数值取整数；( ) 为整除后，商取所余的经、纬度数。

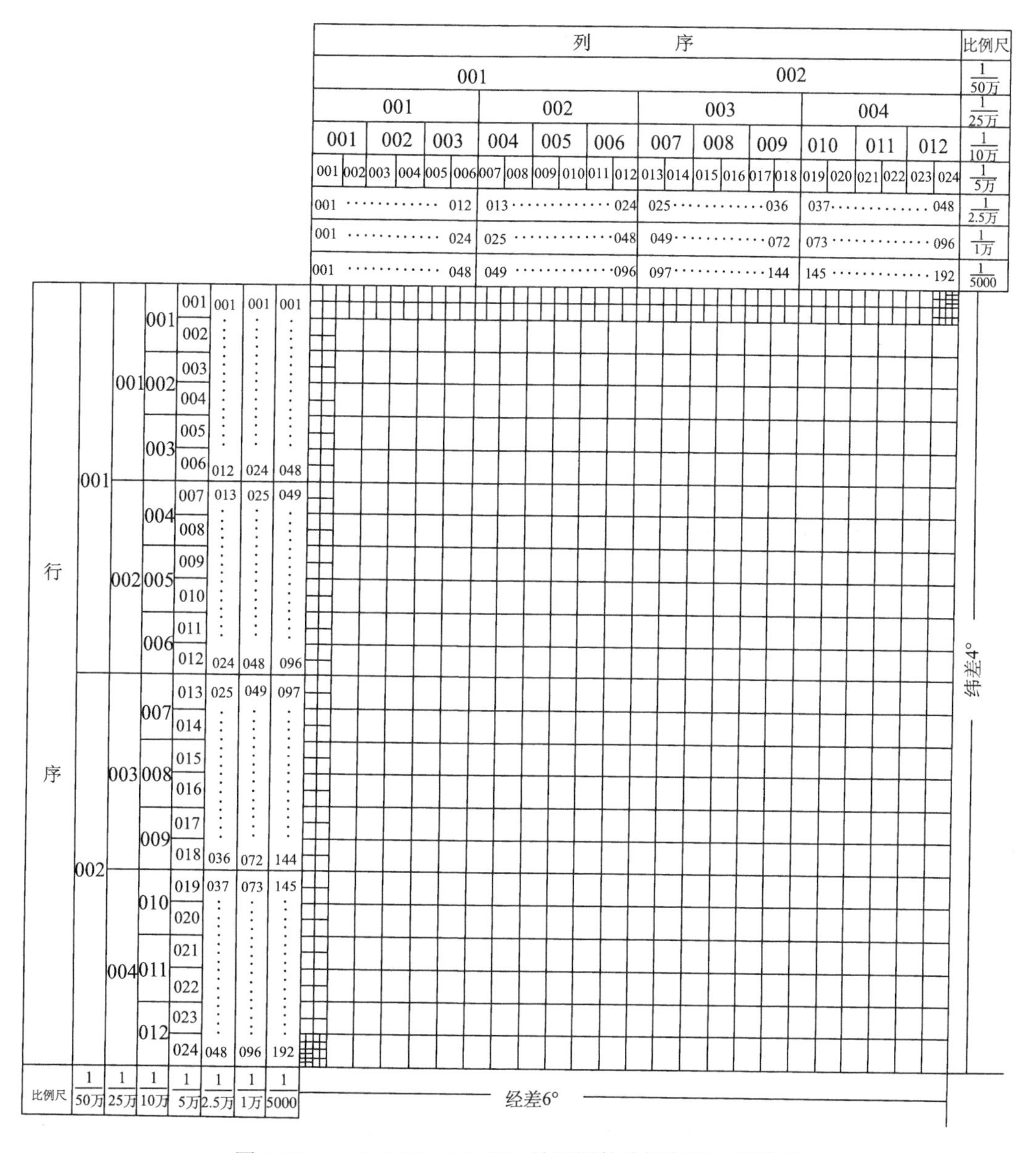

图 1-18 1∶100 万～1∶5000 地形图的分幅与行、列编号

例 1. 已知 A 点的纬度为 32°45′34″，经度为 108°36′20″，求 A 点所在的 1∶100 万、1∶25 万、1∶1 万的地形图编号。

解：A 点所在 1∶100 万的地形图编号按式（1-1）计算得

$$\begin{cases} a=[32°/4°]+1=9(\text{即字符I}) \\ b=[108°/6°]+31=49 \end{cases}$$

A 点所在的 1∶100 万地形图的编号为 I49。

1∶25 万的地形图编号按式（1-2）计算得

$$\begin{cases} c=4°/1°-[(32°45'34''/4°)/1°]=4-0=004 \\ d=[(108°36'20''/6°)/1°30']+1=0+1=001 \end{cases}$$

A 点所在的 1∶25 万地形图的编号为 I49C004001。

1∶1 万的地形图编号按式（1-2）计算得

$$\begin{cases} c=4°/2'30''-[(32°45'34''/4°)/2'30'']=96-18=078 \\ d=[(108°36'20''/6°)/3'45'']+1=9+1=010 \end{cases}$$

A 点所在的 1∶1 万地形图的编号为 I49G078010。

2. 查询地形图经纬度

当已知地形图的编号时，可利用式（1-3）计算出该地形图西南图廓点的经纬度坐标。

$$\begin{cases} \lambda=(b-31)\times 6°+(d-1)\times \Delta\lambda \\ \varphi=(a-1)\times 4°+(4°/\Delta\varphi-c)\times \Delta\varphi \end{cases} \tag{1-3}$$

式中，φ、λ 分别为图幅西南图廓点的纬度、经度；a 为 1∶100 万地形图所在纬度带字符相对应的数字码；b 为 1∶100 万地形图所在经度带的数字码；c、d 分别为已知比例尺地形图的行、列号数字码；$\Delta\varphi$ 为已知比例尺地形图的纬差；$\Delta\lambda$ 为已知比例尺地形图的经差。

例 2. 已知 B 点所在地形图的编号为 I48G005038，求该图西南图廓点的经纬度。

解：B 点所在地形图的编号为 I48G005038，可知该图为 1∶1 万地形图，而且

$$a=9，b=48，c=005，d=038，\Delta\varphi=2'30''，\Delta\lambda=3'45''$$

$$\begin{cases} \lambda=(48-31)\times 6°+(38-1)\times 3'45''=104°18'45'' \\ \varphi=(9-1)\times 4°+(4°/2'30''-5)\times 2'30''=35°47'30'' \end{cases}$$

因此，B 点所在地形图西南图廓点的经度为 104°18′45″，纬度为 35°47′30″。

第八节　地　图　学

一、地图学定义及现代特征

地图经过了漫长的发展阶段，对地图的研究，人类始终没有间断。而地图学作为一门研究地图的理论、技术和应用的学科，也随之不断发展和进步。

（一）传统地图学

地图学脱胎于地理学，但随着社会生产力的不断进步，人类制作地图、应用地图的经验与技术有了很大发展，人类生产、生活对地图的需要量不断增加，20 世纪初地图学作为一门独立的学科从地理学中分化出来，形成了传统的地图学。传统地图学是 20 世纪之前关于地图

制作、地图应用的理论与技术的总结。传统地图学的基本理论体系大约维持到20世纪50年代末，此期间没有大的变革，只是有一些局部的调整，而且这种调整没有冲破其作为一门独立学科形成以来所建立的框架体系。

传统地图学是研究地图及其编制和应用的一门学科，主要研究用地图图形符号反映自然界和人类社会各种现象的空间分布、相互关系及其动态变化，具有区域性学科和技术性学科的双重性。传统地图学的核心在于地图生产中的技术革新。在传统地图学中，地图表示的对象是地球表面，地图形式单一，地图应用研究没有形成一定的理论体系，地图学研究介入其他学科的成果较少。另外，传统地图学采用手工工艺与光学设备及机械相结合的形式，主要制图工具为各种绘图笔、刻图工具、照相设备、制版设备及印刷设备，地图学理论研究仅表现为地图学概论、地图投影及用人工完成的制图综合理论，地图制作技术表现为人工进行普通地图、专题地图的编制，而且缺少对地图符号的系统研究。

传统地图学的学科体系主要包括地图学概论、地图投影学、地图编制、地图整饰、地图制印和地图应用等六部分。

（二）现代地图学

现代地图学概念起源于20世纪50年代末60年代初，是由科学技术进步引起人类社会活动在广度和深度上的发展、学科之间交叉渗透、新理论兴起及在地图学研究的介入，从而促进地图学研究深化的结果。这种深化打破了传统地图学的局限性，拓宽了地图学研究范围及地图应用的领域，给地图学注入了新的内容。自现代地图学概念提出后，其内涵一直在不断发展。

1. 现代地图学的特征

现代地图学的特征可归纳为以下几点。

（1）地图表示对象突破了传统地图学中限定于地球表面的局限。这种约束的打破始于20世纪50年代航天技术的发展，航天技术进步使人类实现了对月球的观测及登陆，自此开始了月球制图，以及近年来对太阳系其他星球的观测。现代地图表示的对象延伸到太阳系的其他星球，地图投影的研究也涉及月球及太阳系其他星球。

（2）地图表示对象在太空拓展的同时，也渗透到地球内部。从原来仅限于表示地球表面及近表面扩大到对地球深部的研究与详细制图，如利用声波技术与计算机断层成像（computed tomography，CT）技术可以探测地下深层处的特征。

（3）近景摄影测量（非地形摄影测量）理论与技术的应用，进一步打破了地图过去仅表示地球表面上现象、要素及过程的状态，实现了对地图形式的再次拓展，如乐山大佛垂直面的凹凸变化情况、建筑物的外观。此外，这一技术还可用于医学和动物学中，研究对象的器官形状、大小，可采用地图类似方法得以表示。

（4）地图形式打破了传统地图为线划图的限制，形成了立体地图、影像地图、盲文地图、电子地图、数字地图，而且专题地图对环境因素表示的内容更加广泛，科学性更强。

（5）现代地图学研究应用了生理学、心理学的理论，出现了地图感受论，并用此理论指导地图图形和色彩的设计，提高了地图的表现效果。

（6）将信息论思想应用于现代地图学研究中，产生了地图信息论、地图信息传输论，这可以定量确定地图信息量及信息测度，以及地图信息的传输过程，也就是从信息角度探讨地图、地图制作和地图应用等。

（7）把系统论、控制论中模型的概念引入现代地图学中，形成了地图模型论，应用模型分析法研究地图性质、解释地图制作和地图应用，进一步形成了地图概念模型、地图图形模型、地图数学模型和地图数据模型等。

（8）将符号论应用于现代地图学中，形成了地图符号论。地图符号论系统研究地图符号的语义、符号的关系，以及符号的效用，以此指导地图符号的设计及地图符号的使用规则。

（9）计算机技术在地图研究及地图制作中的渗透产生了数字地图、电子地图，并进一步加深了数学在制图及地图分析中的应用，出现了计算机地图制图、地图分析的自动化等。

（10）数字地图、电子地图的出现使地图显示具有动态性、信息容量具有“无限性”，也就是某要素属性数据具有多样性，而且可以是较长的文本、一幅更详细的照片、视频图像和声音，从而出现多媒体地图显示，用户可以在屏幕上有选择性地显示地图上要素的这些属性数据，使其形式及内容带有动态性及不定性。

（11）遥感技术的利用促进了环境信息采集手段的革新，出现了遥感制图。遥感技术与计算机技术结合，使遥感制图从目视解译走向了计算机化的轨道，并为地图更新、研究环境因素随时间的变化情况提供了技术支持。

（12）由于计算机技术在制图及地图分析中的应用，形成了地理信息系统。GIS 技术、遥感（remote sensing，RS）技术、全球导航卫星系统（GNSS）技术等 3S 技术的集成化不断提高，进一步拓展了地图学在环境管理、空间决策中的应用。可以说，GIS 技术的出现是地图学对地学和环境科学研究应用的一大贡献。

2. 地图学的定义

根据以上现代地图学的特征，综合近年来各国地图学家对地图学的定义，本书推荐采用我国一些地图学家对地图学所下的定义：地图学是以地理信息传递为中心的，探讨地图的理论实质、制作技术和使用方法的综合性科学。这个定义概括总结了现代地图学的学科特点和研究内容，有利于地图学理论及地图学学科体系的探讨。

作者根据自己多年来对地图的认识和研究，认为地图学是以地理空间信息的表达、存储和传输为目的，研究地图的理论实质、制作技术和应用方法，揭示各种自然现象和社会现象的空间分布、相互联系及其动态变化的技术性、区域性学科。

二、现代地图学的基本研究内容

现代地图学是一门研究利用空间图形科学、抽象概括地反映自然和社会经济现象的空间分布、相互联系、空间关系及其动态变化，并对空间地理环境信息进行获取、智能抽象、存储、管理、分析、利用和可视化，以图形和数字形式传输空间地理环境信息的科学与技术。现代地图学的理论、技术和应用与传统地图学相比都发生了深刻的变化。

下面分别从理论和技术方法两方面来介绍现代地图学的基本研究内容。

（一）现代地图学理论的主要研究内容

现代地图学理论主要是用地图的方法研究地理环境信息的表示和变换的一些理论问题。随着地理信息系统和数字制图学的发展，许多过去传统地图学不被重视的问题提上研究日程。

1. 地图认知理论

地图认知就是通过地图阅读、分析与解释，充分发挥图形思维与联想思维，形成对制图对象空间分布、形态结构与时空变化规律的认识，为科学规律的发现与社会经济可持续发展提供科学依据。地图认知理论是地图应用的理论基础。

2. 地图信息论

地图信息论是研究以地图图形显示、传递、存储、处理和利用空间信息的理论。地图信息论研究空间信息的形成机理与传输模式，信息流与物质流、能量流之间的关系，信息流对物质流与能量流的调控作用；研究地图信息，特别是潜在信息的挖掘与深层次开发，以及知识发现的原理与方法。

3. 地图传输论

地图传输论是研究地图信息传输过程与方法的理论，也就是把编图与用图两者统一为地图信息传输过程的理论。首先考虑用图者的需要，用图者把使用中的问题反馈给编图者，编图者和用图者都发挥认知的能动作用，编好图、用好图。在地图传输过程中，认知具有重要意义。地图传输论是地图编制与地图应用的基本理论之一。

4. 地图模式论

地图模式论是研究建立再现客观实际的形象符号模型，并且经过地图图形模式化，进而建立图形数学模型，经过数字化建立数字模型，实现自动处理，并在研究与实际中应用的理论。地图模式论是地图信息处理与地图应用的基础理论。

5. 数学制图原理

数学制图原理主要研究地图学中数学方法的应用原理与方法，包括地图投影理论、地图的各种数学模型方法、地图概括中数理统计原理和方法，以及表示数量特征的地图、合成地图的数学原理与分析方法，还包括计算机制图软件设计的数学方法、地图量算的数学原理和方法等。

6. 地图语言学

地图语言学主要研究和建立作为地图语言的地图符号系统的理论与方法及其应用的法则。地图语言学包括地图句法（地图符号的结构）、地图语义（地图符号的意义）、地图语用（地图符号的效用）。地图语言学的内容涉及符号与符号、符号与制图对象、符号与用图者之间的关系。研究地图语言和设计地图符号时，必须考虑和处理好这三个关系。

7. 地图可视化理论

地图作为图形语言，本身就是可视化产品，美国国家科学基金会的图形图像专题组提出“科学计算可视化”概念后，将大量的抽象数据表现为人的视觉可以直接感受的计算机图形图像，为人们提供了一种可直观地观察数据、分析数据，揭示数据间内在联系的方法，使得通过计算机实现地图的可视化成为可能。

地图可视化理论包括信息表达交流模型和地理视觉认知决策模型，并将其应用于计算机技术支持的虚拟地图、多维地图、动态地图、交互交融地图及超地图的制作和应用中。

8. 地图感受论

地图感受论研究地图使用者对地图的感受过程与特点，分析用图者对图像的心理感受和视觉感受。地图感受论与地图符号学是地图整饰设计的理论基础。

9. 地图概括理论

地图概括理论研究地图编制过程中内容的取舍与概括的原理和方法。地图概括是地图制图的创作过程，主要是地理真实性、地理规律性的体现和数理统计方法的运用与结合。

10. 综合制图理论

综合制图理论是反映自然环境或人类社会各要素和现象及其相互联系的制图理论。综合制图理论以自然综合体和地带规律、自然环境中物质迁移与能量转换规律、生态系统与人地关系等理论为依据，以综合分析、系统分析为方法论基础。制图综合在内容上可反映各种现象的空间结构特征和时间序列变化。

11. 地学信息图谱理论

图是指空间信息图形表现形式的地图，谱是指众多同类事物或现象的系统排列，图谱是指经过综合的地图和图像图表形式，兼有图形与谱系的双重特性，同时反映并揭示了事物和现象空间结构特征与时空动态变化规律。地学信息图谱是由遥感、地图数据库、地理信息系统与数字地球的大量数字信息，经过图形思维与抽象概括，并以计算机多维与动态可视化技术，显示地球系统及各要素和现象空间形态结构与时空变化规律的一种手段与方法。地学信息图谱是地图学更高层次的表现形式与分析研究手段。

12. 地图模式识别

地图模式识别研究用计算机来对地图进行识别与理解，并借助一定的技术手段，研究和分析地图上的各种模式信息，获取地图要素的质量意义。地图模式识别是实现扫描方式地图自动化和计算机地图自动综合智能化的关键技术，对地图数据库的建立、GIS 数据的快速采集等，均具有非常重要的意义和价值。

（二）现代地图学的主要技术方法

当前，地图学的着重点已由信息源获取的一端向信息的智能化加工和实用的最终产品生成的一端（用户端）转移。除了用地图、系列地图和地图集综合表达各种自然和社会经济现象外，数字地图和电子地图也得到了迅速发展，静态地图扩展为动态地图，平面地图扩展为立体地图，进而利用虚拟现实（virtual reality，VR）技术生成可“进入”地图，并通过互联网进行地图网络发布，达到最大范围的信息共享。地图学的主要技术方法包括以下几个方面。

1. 地图制图的数字化、自动化

传统的地图生产工艺是利用各种绘图或刻图工具手工制图，随着计算机技术和计算机图形学在地图制图中的应用，数字化的生产方式已贯穿了地图生产的各个环节。利用 GNSS、全站仪、数字摄影测量系统可实现大比例尺地图信息的自动获取。利用模式识别技术可实现地图数据采集的自动化；在地图数据库和符号库的支持下，可以快速自动生成地图；地图制图综合专家系统已经在许多地图要素层上实现了自动化。目前，出现了众多商业化的功能强大的桌面制图软件；随着地图印刷技术的发展，印前系统的不断完善，地图生产的全过程（包括地图设计、地图编绘、地图复制）已经可以实现数字环境下人机协同的半自动甚至完全自动化。

2. 电子地图技术

电子地图是一种以可视化数字地图为背景，以文本、照片、图表、声音、动画、视频等多媒体为表现手段，展示城市、企业、旅游景点等区域综合面貌的现代信息产品，是数字化技术与古老地图学相结合而产生的新的地图品种。它通过人机交互手段实时、动态地提供信息检索、数值分析、过程模拟、未来预测、决策咨询和定位导航等功能，可以存储在计算机外存，以只读光盘、网络等形式传播，以桌面计算机或触摸屏计算机等形式提供给大众使用。目前，随着信息技术的发展，电子地图的产品模式、技术手段、信息组织、功能都得到了进一步拓展。在产品模式方面，光盘电子地图广泛普及，网络电子地图逐渐成长，移动信息服务逐渐广泛。未来电子地图将克服信息表现单调、缺少动态因素等不足，就像手机工业的多元繁荣一样，实现个性化服务。在技术手段方面表现为准确、精致可视化；自动化、标准化数据库访问；实用空间分析；人性化用户接口。信息组织方面可实现多源、多维数据集成；多尺度空间信息集成；多媒体数据库集成；坐标系由“平面”向“球面”转换；超媒体组织模型。在功能方面主要有导航、无线通信、设施管理和办公自动化等。

3. 遥感信息快速提取和成图技术

遥感制图是指利用航天或航空遥感图像资料制作或更新地图的技术。遥感制图的具体成果包括遥感影像地图和遥感专题地图。随着遥感技术的兴起，传统的地图编制理论和方法发生了重大变革。遥感技术可以多平台、多时相、多波段地获取影像，快速而真实地获取地面的制图信息，从而为提高成图质量，加快成图速度，扩大制图范围创造了条件。

在遥感信息快速提取和成图技术中，遥感信息的快速自动提取是一个研究热点。从 20 世纪 70 年代起，人们就开始利用计算机进行卫星遥感图像的分类研究。由于地表许多地物存在着“同谱异物、同物异谱”现象，遥感图像分类方法除了基于光谱特征的统计分类法外，还有利用影像空间、纹理及分形信息进行分类的方法，基于知识和证据推理的分类方法，以及人工神经网络分类方法等。

4. 地理信息多维可视化和虚拟现实技术

可视化是指运用计算机图形学和图像处理技术，将测量或科学计算过程中产生的数据及计算结果转换为图形或图像在屏幕上显示出来，并进行交互处理的理论、方法和技术。地图作为图形语言本身就是地理信息的可视化产品。在现代理论技术支持下，地图可视化技术已超出了传统的符号化及视觉变量表示法的水平，进入了在动态、时空变化、多维的可交互的地图条件下探索地理信息表达视觉效果和提高视觉功能的阶段。地理信息视觉的主要技术有多媒体技术、虚拟现实技术和万维网技术等。

目前，地理信息的表达主要是通过投影用二维方式进行表达，但这种方式未能表达现实世界的第三维信息。因此，出现了对地理信息多维可视化的研究，如三维地理信息的可视化，即三维 GIS 和时空 GIS 的研究。

虚拟现实技术是在可视化技术的基础上发展起来的，是指运用计算机技术生成一个逼真的，具有听觉、视觉、触觉等效果的，可交互的、动态的世界，人们可以对虚拟对象进行操纵和考察。虚拟现实技术的特点是可利用计算机生成一个具有三维视觉、立体听觉和触觉效果的逼真世界；用户可以通过各种感官与虚拟对象进行交互，在操纵由计算机生成的虚拟对象时，能产生符合物理的、力学的和生物原理的行为和动作；具有观察数据空间的特征，在不同的空间漫游；借助三维传感技术，用户可以产生身临其境的感觉。虚拟现实技术所支持的多维信息空间，为人类认识世界和改造世界提供了一种强大的工具。

5. 网络地图发布技术

网络地图是指在万维网上浏览、制作和使用的地图。作为新一代地图产品，其在空间信息的可视化和传播方面的作用越来越受到重视。互联网地图在经历了从简单到复杂、从静态到动态、从二维平面到三维立体的发展过程后，传输和浏览速度也得到了迅速的提高。网络地图具有远程传播、动态、交互、超媒体结构，以及简便快捷的分发形式等特点。网络地图的发展表现为种类日趋多样化、使用日趋大众化、功能日趋完善、更新日趋及时和信息构成日趋丰富等特点。

（三）现代地图学的主要研究热点与难点问题

1. 地图自动概括

地图概括是地图的三个基本特性之一。当从较大比例尺地图或地图数据库派生出较小比例尺地图或数据库时，受图面信息载负量限制和地图/数据库用途的影响，必须进行地图内容的选取和概括。地图概括贯穿于制图活动的始终，也是多比例尺 GIS 中的重要研究内容。地图自动概括一直是国内外研究的热点和难点，主要原因在于该问题对于人脑判断的高度依赖性，而人们还不能清晰整理和阐述该过程中的知识法则，因而，要实现完全的地图自动概括还相当困难。

2. 地理信息的多维可视化和虚拟现实

地理信息的多维可视化是指采用 2.5 维、3 维、4 维等地图表现形式来反映地理客体的多维特征。地理信息的多维可视化在地球科学中具有重要意义，它对于动态地、形象地、多视角地、全方位地、多层面地描述客观现实，对于虚拟化研究、再现和预测地学现象，都具有十分重要的科学价值和明显的实用意义。虚拟现实是现代地图学的一个新生长点，一个新发展方向。它使地图超出了传统地理信息符号化、空间信息水平化和地图内容凝固化、静止化的状态，进入了在动态、时空变换、多维的可交互的地图条件下，探索通过多感觉通道，模拟人的地理空间认知方式以及各种地理空间分析的阶段。

三、地图学与其他学科的关系

地图学的发展经历了一个漫长的阶段，其间与多个学科有着密切的关系。测量学、地理学、数学是地图学发展的基础，计算机技术、遥感技术、地理信息系统进一步促进了地图学的发展，而符号学、地名学、心理学、色彩学与美学决定了地图的艺术性，其发展影响着地图学。地图学与这些学科的关系如图 1-19 所示。

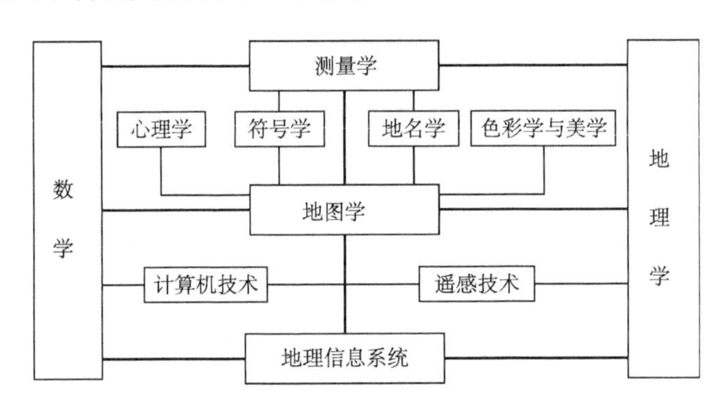

图 1-19　地图学与其他学科的关系图

（一）地图学与测量学

测量学是研究地球的形状、大小以及地球表面各种形态的科学，地图学与测量学组成了测绘学。测量学为地图绘制提供了精确的地理坐标或平面直角坐标，以及高程数据，而地图是测量数据成果的直接表现形式，使测量数据具体化、形象化。所以说，测量学是地图学的基础和数据来源。

（二）地图学与地理学

地理学是研究地理环境的科学。地理环境各要素具有空间分布规律，即地域性。正确表达地理环境各要素的空间分布规律，仅靠文字叙述很难全面、正确地反映出来，必须借助地图来表示。而地图学正是研究地图的实质与发展，构成地图各要素的表示方法，以及地图编制与使用等方面的科学。所以说，地理学研究的地理环境是地图表示的内容，地图是表述地理环境空间分布的直观手段，地理学与地图学之间是相辅相成的关系。

（三）地图学与地理信息系统

地理信息系统（GIS）是有关空间数据管理和空间信息分析的计算机系统。GIS 是地图学的理论、功能、方法和技术在信息时代的应用和延伸。地图学和 GIS 都是空间信息处理和应用的科学，不同的是地图学突出对图形信息的采集、处理和传输，而 GIS 强调对空间数据的处理与分析。地图学与 GIS 的融合，充实了地图学的理论体系，丰富了地图学的研究内容，扩展了地图学的应用功能，拓宽了地图学的应用范围，赋予地图学以新的发展空间。现代地图学“已经不是一般的应用科学，而是可以作为用以表现事物空间分布的共同拥有的工具科学了”。

（四）地图学与遥感技术

遥感影像因其信息量丰富、现势性强，是编制地图的重要数据源。遥感与地图学结合，形成了遥感制图学这一新学科。遥感制图是指通过对遥感影像目视判读或利用影像处理系统对各种遥感信息进行增强、几何纠正，并加以识别、分类和制图的过程。遥感影像有航空遥感影像和卫星遥感影像，制图方式有计算机制图和常规制图。目前，遥感影像主要用于编制各种专题地图，制作影像地图，修测或更新地形图。将遥感技术应用于地图制图，不仅大大提高了地图信息获取的数量和质量，还加快了地图成图周期。遥感是地图制作不可或缺的重要技术。

（五）地图学与数学

数学是研究现实世界中的数量关系和空间形式的一门学科。数学在地图学中的应用广泛且有悠久的历史，数学与地图学的关系密切。一方面，处理制图资料，需要各种数学方法；解决制图问题，涉及各种数学模型；以数学形式表述地图学概念，会更加简洁明白；地图制图学的基本原理，某些地图学现象的产生机制，可用数学揭示其本质特征和内在联系。在地图学理论研究和实践应用中引入数学思维，往往会带来新的突破。另一方面，地图学又为数学的应用提供了广阔的舞台，甚至像解决曲折海岸线的量测问题而导致分形几何产生那样，催生了新的学科。

思　考　题

1. 什么是地图？地图有哪些基本特征？
2. 地图的基本内容有哪些？
3. 按照比例尺，地图如何分类？按照地图内容，地图如何分类？
4. 简述地图的功能和用途。
5. 地图的成图方法有哪些？并对每种方法做简要说明。
6. 地图为什么要分幅？地图的分幅方法有哪些？
7. 某地的纬度为 36°30′26″，经度为 112°35′18″，计算该地 1∶1 万、1∶5 万、1∶10 万的地形图编号（新图号）。

8. 某地形图的编号为 J49G012018，计算该图西南图廓点的经纬度坐标。

9. 什么是地图学？说明地图学研究的主要问题。

10. 简述目前地图学的研究难点，以及可能的解决途径。

11. 说明地图学与其相关学科的关系。

12. 举例说明地图学在你所学专业中的作用。

第二章　地图的数学基础

地图的数学基础是地图表示中非常重要的内容。地图的数学基础可以说是地图的生命，没有数学基础的图不是地图，只能算是一幅示意图，不能在其上进行地图分析和各种量算。

地图的数学基础主要包括坐标系统、地图投影和地图比例尺。

第一节　坐 标 系 统

地面上任意一点的位置都是用坐标来表示的，而不同的坐标系统表示的点位数值是不一样的。为了明确确定点位在确定坐标系中的位置，必须清楚了解地球的自然表面、地球的模拟表面，以及在地球表面建立的坐标系统的相关知识。

一、地球椭球体

地球的自然表面分布有各种地理要素，如水系、地貌、土质植被、居民地、交通线、境界线和独立地物等，这些地理要素都是通过对地球自然表面的测量，然后进行各种归算，最终在地图上绘制出来，再应用于各种工程建设中。

从公元前 3 世纪，希腊学者亚里士多德认为大地是个球体，到 17 世纪牛顿假设地球是均质流体，论证地球是一个椭球体，人类对地球的形状和大小的认识经历了漫长过程。

测量工作都是在地球的自然表面上进行的，对地球自然表面的科学认识是进行测量工作的前提。

（一）地球的自然表面

在浩瀚的宇宙中，地球是一个表面光滑、蓝色美丽的正球体。从机舱窗户俯视大地， 地表是一个有些微起伏、极其复杂的表面。而立足于地球上，地球的自然表面是一个起伏不平，十分不规则的表面。地球表面上，71%是海洋，29%是陆地。陆地上有山地、丘陵、平原、峡谷，最高的珠穆朗玛峰 8848.86m，最低的马里亚纳海沟–11034m，两者相差近 20000m。地球实际上不是一个正球体，而是一个极半径略短、赤道半径略长，北极略突出、南极略扁平，近似梨形的椭球体。地球的实际形状如图 2-1 所示。

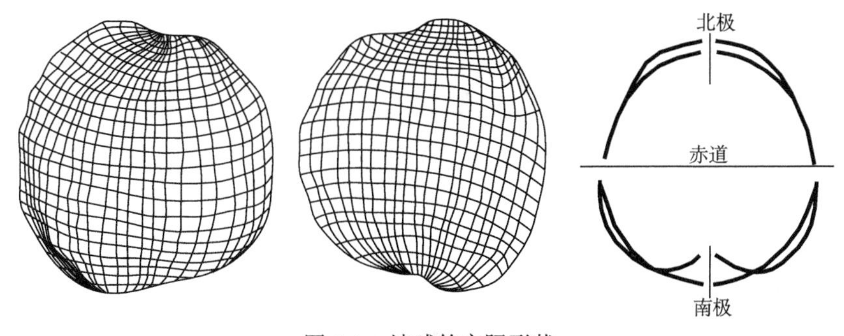

图 2-1　地球的实际形状

对于地球测量而言，需要实际地表是一个能够用数学公式表达的曲面。但是，因为实际地表的高复杂度，无法用数学公式表达。所以，地球的实际表面不能作为测量和制图的基准面，需要对地表进行人工模拟。

（二）地球的物理表面

面对地球表面这样一个梨形椭球面，科学家对地球表面进行了第一次人工模拟，即采用大地水准面来模拟地球表面。

大地水准面是指处于静止平衡状态的平均海水面向陆地内部延伸所形成的封闭曲面。大地水准面实际上是一个起伏不平的重力等位面，因此也将大地水准面称为地球的物理表面。大地水准面所包围的形体称为大地体。

大地水准面所包围的大地体是对地球形状的很好近似，但是，受地球内部物质密度分布不均等的影响产生的重力异常，致使铅垂线的方向发生了不规则的变化，故处处与铅垂线方向垂直的大地水准面仍然是一个不规则的、不能用数学公式表达的曲面。因此，地球的物理表面——大地水准面也不能作为测量和制图的基准面，需要对地表进行第二次人工模拟。

（三）地球的数学表面

科学家将地球的自然表面模拟为大地水准面，是测绘领域一次大的进步，但是由于重力方向的问题没有成功。不过，大地水准面从整体来看，起伏是微小的，它的表面接近于一个扁率极小的椭圆绕大地球体的短轴旋转而成的规则椭球体面。因此，科学家对地球形体的数学模拟，采用了人工定义的地球椭球体作为实际地球的数学椭球体，也就是将地球椭球面作为地球的数学表面。地球椭球面是一个人工模拟的数学表面，自然可以用数学公式表达，能够作为测量和制图的基准面。

地球椭球体是用一个扁率极小、接近地球经圈大小的椭圆，绕着地球的短轴旋转一周而形成的一个椭球。表征地球椭球体的参数包括长半径 a 、短半径 b 、扁率 f 、第一偏心率 e、第二偏心率 e' 。其中， $f=\dfrac{a-b}{a}, e^2=\dfrac{a^2-b^2}{a^2}, e'^2=\dfrac{a^2-b^2}{b^2}$。地球椭球体的三要素为长半径 a、短半径 b 和扁率 f。地球椭球体的大小由两个元素确定，即长半径 a 或短半径 b，再加上扁率 f、第一偏心率 e、第二偏心率 e' 中的一个。地球椭球体如图 2-2 所示。

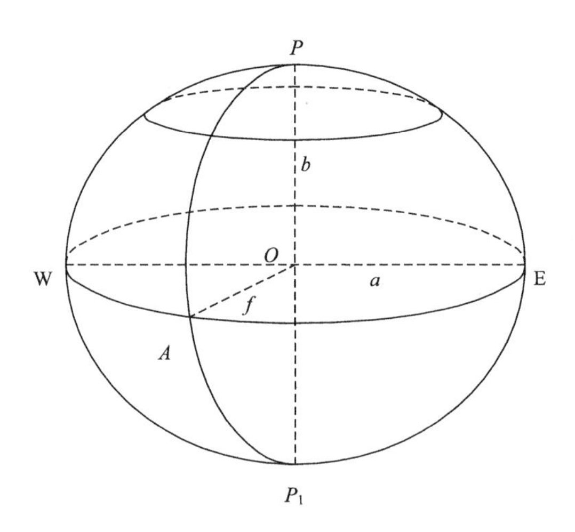

图 2-2　地球椭球体

地球椭球体既然是一个人工模拟的数学球，因此各国在不同年代，基于不同的技术方法，依据各自不同的地理位置，所采用的地球椭球体的大小肯定是不同的。也就是说，地球的自然表面只有一个，而地球的数学表面是多个。据统计，世界上推出的地球椭球体参数达到了几十种。我国先后采用的地球椭球体有四个，即 1952 年以前采用的海福特椭球体，1953 年起采用的克拉索夫斯基椭球体，1978 年采用的第十六届国际大地测量与地球物理联合会（IUGG/IAG）推荐的 IAG-75 椭球体，2008 年起采用的 2000 国家大地坐标系（China Geodetic Coordinate System 2000，CGCS2000）椭球体。常见的地球椭球体参数见表 2-1。

表 2-1　常见的地球椭球体参数

椭球体	年份	长半径/m	短半径/m	扁率	备注
白塞尔	1841	6377397	6356079	1∶299.15	
克拉克Ⅰ	1866	6378206	6356534	1∶295.0	
克拉克Ⅱ	1880	6378249	6356515	1∶293.47	
海福特	1910	6378388	6356912	1∶297.0	
克拉索夫斯基	1940	6378245	6356863	1∶298.3	
1975 年国际椭球	1975	6378140	6356755	1∶298.257	IAG-75 椭球
1980 年国际椭球	1980	6378137		1∶298.257	
WGS-84 椭球	1984	6378137		1/298.257223563	
CGCS2000 椭球	2008	6378137		1∶298.257222101	

地球的自然表面经过了两次模拟，得到了地球的数学表面，即测量和制图采用的基准面。地球自然表面、大地水准面、地球椭球面三者的关系如图 2-3 所示。

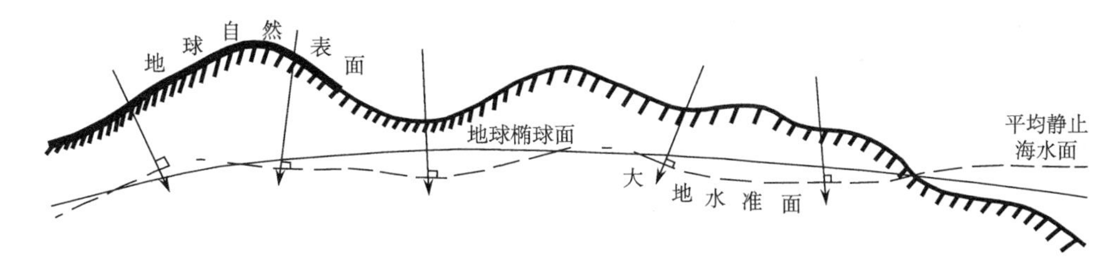

图 2-3　地球自然表面、大地水准面、地球椭球面的关系

（四）参考椭球面

当地球椭球体的形状、大小确定后，还需要进行椭球定向，即确定地球椭球体与大地体的相关位置，才能获得测量计算的基准面。经过椭球定向的地球椭球体称为参考椭球体。也就是说，参考椭球体是形状、大小和定位都确定了的地球椭球体。参考椭球体的表面称为参考椭球面。

地球椭球体定位的原则是在一个国家或地区范围内，使参考椭球面与大地水准面最为吻合。地球椭球体定位的方法是：首先使地球椭球体的中心与大地体的中心重合，然后在一个国家或地区范围内选定一个合适的地面点，保证该点处地球椭球面与大地水准面重合。这个用于地球椭球体定位的点称为大地原点，而此时的地球椭球体成了参考椭球体。参考椭球面是测量计算的基准面，参考椭球面的法线（过参考椭球面上一点所做的该面切线的垂线）是测量计算的基准线。

外业测量的基准面是大地水准面，内业计算的基准面是参考椭球面。

二、坐标系统

表达地表点的位置时，需要采用坐标，而不同的坐标系统，表示的点位参数是不同的。在测量工作中，通常采用地面点在基准面（如椭球体面）上的投影位置及该点沿投影方向到基准面（如椭球体面、水准面）的距离来表示。

下面分别来介绍地理坐标系、空间直角坐标系和平面直角坐标系。

（一）地理坐标系

地理坐标系是用经纬度来表示地面点位置的球面坐标系统。在大地测量学中，地理坐标系中的经纬度分为天文经纬度、大地经纬度、地心经纬度。因而，地理坐标系也可分为天文坐标系、大地坐标系、地心坐标系。

1. 天文坐标系

天文坐标系是以大地水准面和铅垂线为基准建立起来的坐标系统，地面点位可用天文经度（λ）、天文纬度（φ）和正高（$H_{高}$）来表示。

天文经度是在大地水准面上本初子午面与过某点的子午面所夹的二面角，天文纬度是在大地水准面上过某点的铅垂线与赤道面的交角，正高是地面上某点沿该点的铅垂线方向到大地水准面的距离。

地面点位的天文坐标是用天文测量的方法实地测定的，精确的天文坐标可作为大地测量中的定向控制及校核数据。

2. 大地坐标系

大地坐标系是以参考椭球面和法线为基准建立起来的坐标系统，地面点位可用大地经度（L）、大地纬度（B）和大地高（H）来表示。

包含参考椭球体短轴的平面称为大地子午面，大地子午面与参考椭球面的交线称为大地子午线或大地经线。世界各国把经过英国格林尼治天文台的子午面称为大地首子午面或大地起始子午面，大地起始子午面与参考椭球面的交线称为大地首子午线或大地起始子午线。垂直于参考椭球体短轴的任一平面与参考椭球面的交线称为大地纬线或大地纬圈。过参考椭球体短轴中心且垂直于短轴的平面称为大地赤道面，大地赤道面与参考椭球面的交线称为大地赤道。

大地经度是过地面上某点 M 的大地子午面与大地起始子午面所夹的二面角 L，大地纬度是过地面上某点 M 的法线与大地赤道面的夹角 B，大地高是地面上某点 M 沿该点的法线方向到参考椭球面的距离。大地坐标系如图 2-4 所示。

地面点位的大地坐标只能推算，不能直接测量。地图上常采用大地坐标系。

3. 地心坐标系

地心坐标系是在参考椭球面上建立的坐标系统。其中，地心是指地球椭球体的质量中心。地心经度等同于大地经度，地心纬度是指参考椭球面上任意一点和地心的连线与大地赤道面的夹角。当进行地理研究和小比例尺地图制图时，常把地球椭球体当作正球体，此时经纬度可采用地心经纬度。

一般来说，在参考椭球面上，测量中的地心坐标系是将地心作为坐标系原点，平面位置采用大地经度、大地纬度，高程采用大地高。测量中的参心坐标系是将参考椭球体的中心作为坐标系原点。

注意，天文纬度（φ'）、大地纬度（B）、地心纬度（φ''）的区别如图 2-5 所示。

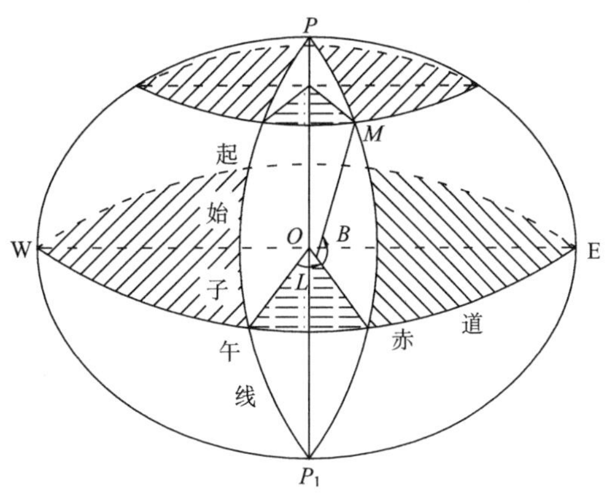

图 2-4　大地坐标系

（二）空间直角坐标系

空间直角坐标系的原点 O 可位于地心或参考椭球体的中心，Z 轴为椭球体的旋转轴，X 轴为起始子午面与赤道面的交线，Y 轴为赤道面上与 X 轴正交的方向，构成右手坐标系。在该坐标系中，某点 P 的位置可用其在 3 个坐标轴上的投影 x、y、z 来表示。空间直角坐标系如图 2-6 所示。

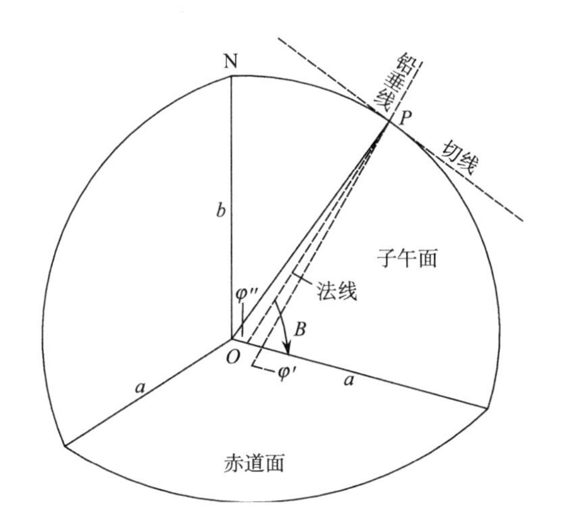

图 2-5　天文纬度（φ'）、大地纬度（B）、地心纬度（φ''）的区别

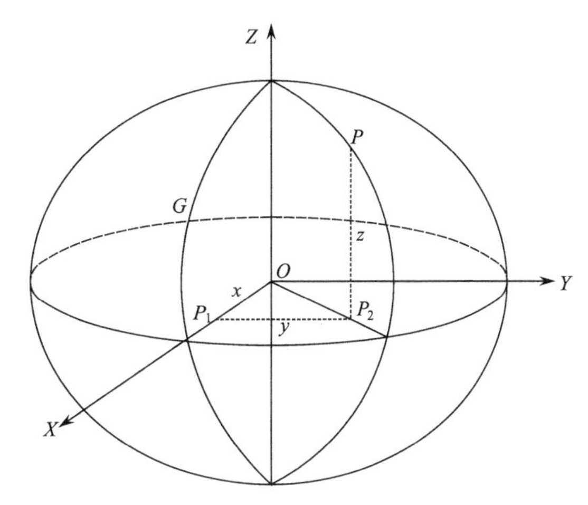

图 2-6　空间直角坐标系

地面上任一点的大地坐标和空间直角坐标可以进行相互转换。

（三）平面直角坐标系

一般的工程规划、设计和施工放样都是在平面上进行的，采用大地坐标系、空间直角坐标系均不方便，需要采用平面直角坐标系。

平面直角坐标系由平面上两条相互垂直的直线构成，南北方向的直线为 X 轴（纵轴），向北为正，东西方向的直线为 Y 轴（横轴），向东为正，纵、横坐标轴的交点 O 为坐标原点。坐标轴将整个坐标系分为 4 个象限，象限的顺序是从东北象限开始，依顺时针方向计算。

测量上的平面直角坐标系与数学上的笛卡儿坐标系不同，主要表现在两坐标系的 X 轴、Y 轴相反，坐标的象限顺序也相反。测量上的平面直角坐标系如此定义的原因是：测量中以极坐标表示点位时，其角度值以纵轴起按顺时针方向计算，而解析几何中以横轴起按逆时针方向计算，当 X 轴与 Y 轴互换后，所有平面三角公式均可用于测量计算中。

三、高程系统

高程就是地面上某点到其高度起算面（高程基准面）的距离。选用的高程基准面不同，对应的高程也不同。某点沿铅垂线方向到大地水准面的距离称为该点的绝对高程或海拔。

建立全国统一的高程系统，必须确定出一个高程基准面。通常采用大地水准面作为高程基准面，而大地水准面的确定是通过验潮站的长期验潮来求定的。

我国的验潮站设在青岛，青岛地处黄海，我国的高程基准面是以黄海平均海水面为基准的。为了将高程基准面可靠地标定在地面上和便于联测，在青岛的观象山设立了永久性“水准点”，用精密水准测量方法联测，求出该点至平均海水面的高程。我国的高程都是从该“水准点”推算的，该点称为“水准原点”。

我国常用的高程系统为 1956 年黄海高程系和 1985 国家高程基准。

（一）1956 年黄海高程系

我国根据青岛验潮站 1950～1956 年 7 年间的验潮资料推算出黄海的平均海水面，将该平均海水面作为全国的高程起算面，并测得“水准原点”的高程为 72.289m。凡以此值计算的高程统称为 1956 年黄海高程系。

（二）1985 国家高程基准

青岛验潮站多年观测资料显示，黄海平均海水面发生了微小的变化。为了提高大地水准面的精度，我国根据 1952～1979 年 28 年间的青岛验潮观测值，再次推算出了黄海的平均海水面，并求得“水准原点”的高程为 72.260m。由于该高程系统是我国在 1985 年确定的，故将以此值推求的高程统称为 1985 国家高程基准。

四、我国采用的坐标系统

我国采用的坐标系统主要有 1954 北京坐标系、1980 西安坐标系、2000 国家大地坐标系（CGCS2000），以及 WGS-84 坐标系和独立坐标系。

（一）1954 北京坐标系

1954 年，我国以苏联 1942 年坐标系的坐标为起算数据，联测并经平差计算延伸到我国，建立了 1954 北京坐标系。由于苏联的 1942 年坐标系采用的是克拉索夫斯基椭球，坐标原点位于苏联的普尔科沃，所以 1954 北京坐标系也采用的是克拉索夫斯基椭球，大地坐标原点也在普尔科沃。1954 北京坐标系属于参心坐标系。

1954 北京坐标系是苏联 1942 年坐标系的延伸，对于我国不太适用，存在的主要问题是采用的克拉索夫斯基椭球面与我国的大地水准面不能很好地吻合，产生的误差较大；采用的大地控制点坐标多为局部平差逐次获得，不能连成一个统一的整体。因此，1954 北京坐标系目前在我国的国民经济建设中很少使用。

（二）1980 西安坐标系

为了适应我国经济建设和国防建设发展的需要，以及鉴于 1954 北京坐标系的问题，我国在 1972～1982 年期间进行了天文大地网整体平差，利用新的大地基准建立了新的坐标系统，即 1980 西安坐标系。1980 西安坐标系属于参心坐标系。

1980西安坐标系是采用1975年第十六届国际大地测量与地球物理学联合会（International Union of Geodesy and Geophysics，IUGG）推荐的IAG-75椭球，以陕西省泾阳县永乐镇北洪流村某点为大地原点建立起来的坐标系统。1980西安坐标系采用的IAG-75椭球与我国的大地水准面吻合较好，椭球参数（既含几何参数又含物理参数）精度高，天文大地坐标网和天文重力水准路线的传算误差都不太大，而且天文大地坐标网经过了全国性整体平差，坐标统一，精度优良。1980西安坐标系原点为IAG-75椭球的球心；Z轴平行于由地球球心指向1968.0地极原点的方向；X轴在大地起始子午面内，与Z轴垂直，指向经度为零的方向；Y轴与Z轴、X轴构成右手系。

1980西安坐标系是我国自主建立的坐标系统，在我国的经济建设和国防建设中发挥了重要作用。但是，随着卫星定位导航技术的飞速发展和我国各项建设需求的提高，1980西安坐标系逐渐显现了不足，主要问题表现在三个方面：一是1980西安坐标系提供的是二维坐标，不能满足目前三维坐标的要求；二是1980西安坐标系的点位精度为3×10^{-6}，而卫星定位技术的点位精度为10^{-7}～10^{-8}，1980西安坐标系的点位精度偏低；三是1980西安坐标系为参心坐标系，而空间技术、地球科学、资源、环境等方面需要的是地心坐标系。基于以上原因，需要寻求新的大地坐标系统来取代1980西安坐标系。

（三）2000国家大地坐标系

随着社会的进步，国民经济建设、国防建设和社会发展、科学研究等对国家大地坐标系提出了新的要求，迫切需要采用原点位于地球质量中心的坐标系统作为国家大地坐标系。采用地心坐标系，有利于采用现代空间技术（如GNSS技术）对坐标系进行维护和快速更新，测定高精度大地控制点三维坐标，并提高测图工作效率。

2008年3月，国土资源部正式上报国务院《关于中国采用2000国家大地坐标系的请示》，并于2008年4月获得国务院批准。自2008年7月1日起，我国全面启用2000国家大地坐标系，国家测绘局（2011年5月更名为国家测绘地理信息局，2018年3月合并到自然资源部）组织实施。

2000国家大地坐标系是全球地心坐标系在我国的具体体现，其原点为包括海洋和大气的整个地球的质量中心。2000国家大地坐标系采用的地球椭球为CGCS2000椭球，其主要参数为：长半轴a=6378137m；扁率α=1/298.257222101；地心引力常数GM=$3.986004418\times10^{14}\mathrm{m^3/s^2}$；自转角速度$\omega$=$7.292115\times10^{-5}$rad/s。

2000国家大地坐标系具体定义为：原点为地心；Z轴为国际地球自转服务局（International Earth Rotation Service，IERS）参考极（IERS reference pole，IRP）方向；X轴为IERS的参考子午面（IERS reference meridian，IRM）与垂直于Z轴的赤道面的交线；Y轴与Z轴和X轴构成右手正交坐标系。

2000国家大地坐标系的意义主要体现在以下几方面。

（1）2000国家大地坐标系具有科学意义。随着经济发展和社会的进步，我国航天、海洋、地震、气象、水利、建设、规划、地质调查、国土资源管理等领域的科学研究需要一个以全球参考基准为背景的、全国统一的、协调一致的坐标系统，来处理国家、区域、海洋与全球化的资源、环境、社会和信息等问题，需要采用定义更加科学、原点位于地球质量中心的三维国家大地坐标系。

（2）2000国家大地坐标系可对国民经济建设、社会发展产生巨大的社会效益。2000国家大地坐标系，可用于防灾减灾、公共应急与预警系统的建设和维护。

（3）2000 国家大地坐标系将进一步促进遥感技术在我国的广泛应用，发挥其在资源和生态环境动态监测方面的作用。例如，汶川大地震发生后，国内外遥感卫星等科学手段为抗震救灾分析及救援提供了大量的基础信息，显示出科技抗震救灾的威力，而这些遥感卫星资料都是基于地心坐标系。

（4）2000 国家大地坐标系是保障交通运输、航海等安全的需要。车载、船载实时定位获取精确的三维坐标，能够准确地反映其地理位置，配以导航地图，可以实时确定位置、选择最佳路径、避让障碍，保障交通安全。随着我国航空运营能力的不断提高和港口吞吐量的迅速增加，2000 国家大地坐标系可保障航空和航海的安全。

（5）卫星导航技术与通信、遥感和电子消费产品不断融合，将会创造出更多新产品和新服务，市场前景更为看好。

现已有相当一批企业介入相关制造及运营服务业，并可望在近期形成较大规模的新兴高技术产业。卫星导航系统与 GIS 的结合使得以计算机信息为基础的智能导航技术，如车载 GPS（global positioning system）导航系统和移动目标定位系统应运而生。移动手持设备如移动电话和 PDA 已经有了非常广泛的使用。

（四）WGS-84 坐标系

WGS-84（World Geodetic System 1984）坐标系是美国全球定位系统（GPS）采用的坐标系，属于地心坐标系。WGS-84 坐标系采用的地球椭球为 WGS-84 椭球，其椭球参数为国际大地测量与地球物理学联合会（IUGG）第十七届大会推荐的参数值。其中，长半轴 $a=(6378137\pm2)$ m；扁率 $\alpha=1/298.257223563$；地心引力常数 $GM=(39686005\times10^{8}\pm0.6\times10^{8})$ m^3/s^2；正常二阶带谐系数 $C_{2.0}=-484.16685\times10^{-6}\pm0.6\times10^{-6}$；自转角速度 $\omega=(7292115\times10^{-11}\pm0.15\times10^{-11})$ rad/s。

WGS-84 坐标系的原点为地球质心，Z 轴指向 BIH1984.0 定义的协议地极（coventional terrestrial pole，CTP）方向，X 轴指向 BIH1984.0 的零子午面与 CTP 赤道的交点，Y 轴垂直于 X 、Z 轴，X 、Y 、Z 轴构成右手直角坐标系。

（五）独立坐标系

独立坐标系是为城市工程建设或工程专用控制网建立的坐标系，一般分为地方独立坐标系和局部独立坐标系。

在我国许多城市和工程测量中，若直接采用国家坐标系，可能会因为远离中央子午线或测区平均高程较大，导致长度投影变形较大，难以满足工程上或实际的精度要求。另外，对于大桥施工测量、水利水坝测量等一些特殊性质的测量，若采用国家坐标系也极不方便。因此，根据限制变形、方便、实用、科学的目的，常常会建立适合本地区的地方独立坐标系。

地方独立坐标系是以当地的平均海拔高程面为基准面，以过当地中央的某一条子午线为高斯投影带的中央子午线而建立的坐标系统。地方独立坐标系隐含着一个与当地平均海拔高程面对应的地方参考椭球，该椭球的中心、轴向和扁率与国家参考椭球相同，只是长半轴加了一个改正数。

大多数工程专用控制网采用的是局部独立坐标系。局部独立坐标系一般选择测区的平均海拔高程面或某一特定的高程面作为投影面，以工程的主要轴线作为坐标轴。例如，隧道工程，可选择隧道的平均高程面作为投影面，与隧道贯通面垂直的一条线作为 X 轴。

五、全球导航卫星系统

全球导航卫星系统（GNSS），又称全球卫星导航系统。GNSS 在测绘领域主要用于定位，即以卫星作为位置已知的空间观测目标，通过测定卫星瞬间与地面观测点的距离，再进行一系列严密解算，从而确定地面观测点的位置。

20 世纪 90 年代中期开始，欧洲联盟（简称欧盟）为了打破美国在卫星定位、导航、授时市场中的垄断地位，获取巨大的市场利益，增加欧洲人的就业机会，一直致力于民用全球导航卫星系统计划。该计划分两步实施：第一步是建立一个综合利用美国 GPS 和俄罗斯 GLONASS 的第一代全球导航卫星系统；第二步是建立一个完全独立于美国 GPS 和俄罗斯 GLONASS 系统之外的第二代全球导航卫星系统，即伽利略卫星导航系统（Galileo satellite navigation system）。由此可见，GNSS 从问世起，就不是一个单一星座系统，而是一个包括 GPS、GLONASS、中国北斗和 Galileo 等在内的综合星座系统。卫星是在天空中环绕地球而运行的，其全球性是不言而喻的；而全球导航是相对于陆基区域性导航而言的，以此体现卫星导航的优越性。

GNSS 有四大全球系统，即美国的 GPS、俄罗斯的 GLONASS、欧洲的 Galileo 和我国的北斗卫星导航定位系统（BeiDou satellite navigation system，BDS）。GNSS 正在步入以这四大系统为主，涵盖其他卫星导航系统的多系统并存时代。

（一）GPS

GPS 是美国的第二代卫星导航定位系统，是以 GPS 卫星为基础的无线电导航定位系统，可提供高精度、全天候、实时动态定位、定时及导航服务。

GPS 全球导航定位系统是美国 1973 年开始筹建，1994 年投入使用的，经历 20 多年，耗资达 300 亿美元，是继阿波罗登月计划和航天飞机计划之后的第三项庞大空间计划。

GPS 系统主要由空间部分、地面监控部分和用户三部分组成。其中，空间部分由 24 颗卫星组成，卫星分布在高度为 20200km 的六个近圆形轨道上，轨道倾角 55°，两个轨道面在经度上相隔 60°，每个轨道面上布放四颗卫星。卫星在空间的这种配置，保障了在地球上任意地点、任意时刻，至少同时可见到四颗卫星。地面监控系统由 1 个主控站、3 个注入站和 5 个监测站组成。主控站在美国本土科罗拉多；3 个注入站分布在太平洋、大西洋和印度洋的美国海军基地上，即太平洋的卡瓦加兰、大西洋的阿森松岛、印度洋的迭戈伽西亚岛；5 个监测站为科罗拉多、3 个注入站，再加上夏威夷。用户部分为 GPS 接收机，主要是接收卫星信号，经数据处理得到接收机所在点位的导航和定位信息。GPS 接收机通常会显示出用户的位置、速度和时间，还可显示一些附加数据，如到航路点的距离和航向，或提供相关图示。GPS 的坐标系统采用的是 WGS-84 坐标系，时间系统采用 GPS 时系。

GPS 的优点为：全球性连续覆盖，全天候工作；定位精度高；观测时间短；测站间无须通视；可提供三维坐标；操作简便；功能多，用途广。正是由于 GPS 具备这些众多优点而被广泛应用于诸多方面。GPS 的主要应用方面为：大地控制测量、精密工程测量及变形监测、航空摄影测量、线路勘测及隧道贯通测量、地形地籍及房地产测量、海洋测绘、智能交通系统、地球动力学及地震研究、气象信息测量、航海航空导航，以及农业、林业管理、旅游及野外考察等其他领域。

（二）GLONASS

GLONASS 是俄罗斯的第二代卫星导航定位系统，该系统类似于 GPS。

苏联（1991 年解体，GLONASS 由俄罗斯继承）20 世纪 70 年代中期开始启动 GLONASS 计划，1982 年 10 月 12 日发射第一颗 GLONASS 卫星，1996 年 1 月 18 日完成 24 颗卫星的布局，从而建成了全球导航定位系统。

GLONASS 系统也是由空间部分、地面监控部分和用户部分组成。有关 GPS 与 GLONASS 的参数比较见表 2-2。

表 2-2　GPS 与 GLONASS 的参数比较

	GPS	GLONASS
卫星星座	24	24
轨道平面	6 个	3 个
轨道倾角	55°	64.8°
轨道高度	20200km	19123km
运行周期	11 小时 58 分	11 小时 15 分
星历数据	轨道开普勒根数	地心直角坐标
卫星寻址	CDMA（码分多址）	FDMA（频分多址）
载波频率	L1：1575.42MHz L2：1227.6MHz	1602.5625～1615.5MHz 1246.4375～1256.5MHz
基准坐标系	WGS-84	PZ-90
测距码	伪随机噪声码	伪随机噪声码
码元数	1023 bit	511 bit
码周期	1ms	1ms
码频率	1.023MHz	0.511MHz
时间基准	GPS 时系，与 UTC 保持一定的差值，无跳秒	GLONASS 时系，经常调整与 UTC 保持一致，有跳秒
导航电文	37500bit，持续 750s	7500bit，持续 150s

（三）伽利略卫星导航系统

伽利略卫星导航系统是由欧盟研制和建立的全球卫星导航定位系统。该系统由 30 颗卫星组成，其中 27 颗工作卫星，3 颗备份卫星。卫星轨道高度约为 2.4 万 km，位于 3 个倾角为 56° 的轨道平面内。截至 2016 年 12 月，已经发射了 18 颗工作卫星，具备了早期操作能力，原计划在 2019 年具备完全操作能力，全部 30 颗卫星（调整为 24 颗工作卫星，6 颗备份卫星）于 2020 年发射完毕，全面建成伽利略系统。

伽利略卫星导航系统有“欧洲版 GPS”之称，也是继美国 GPS、俄罗斯 GLONASS 外，第三个可供民用的导航定位系统。伽利略卫星导航系统的基本服务有导航、定位、授时；特殊服务有搜索与救援；扩展应用服务系统有在飞机导航和着陆系统中的应用、铁路安全运行调度、海上运输系统、陆地车队运输调度、精准农业等中的应用。

伽利略卫星导航系统是世界上第一个基于民用的全球卫星导航定位系统，投入运行后，全球用户将使用多制式的接收机，获得更多的卫星导航定位信号，将极大地提高导航定位的精度。

伽利略卫星导航系统是欧洲自主、独立的全球多模式卫星定位导航系统，提供高精度、高可靠性的定位服务，实现完全非军方控制和管理，具备覆盖全球的导航和定位功能。该系统还能够和美国的GPS、俄罗斯的GLONASS系统实现多系统内的相互合作，任何用户将来都可以用一个多系统接收机采集各个系统的数据，或者各系统数据的组合来实现定位导航的需要。

伽利略卫星导航系统可以发送实时的高精度定位信息，这是现有的卫星导航系统所没有的，同时该系统能够保证在许多特殊情况下提供服务，如果失败也能在几秒钟内通知客户。与美国的GPS相比，伽利略卫星导航系统更先进、更可靠。

（四）北斗卫星导航定位系统

北斗卫星导航定位系统是我国的第二代卫星导航定位系统，有三种轨道面设计，中轨道卫星高度为1.9万～2.02万km，全球范围内全天候、全天时为各类用户提供高精度、高可靠性的定位、导航、授时服务，并具有短报文通信能力。北斗卫星导航定位系统提供两种服务方式，即开放服务和授权服务。开放服务是在服务区免费提供定位、测速和授时服务，定位精度为10m，授时精度为50ns，测速精度为0.2m/s。授权服务是向授权用户提供更安全的定位、测速、授时和通信服务，以及系统完好性信息。北斗卫星导航定位系统在2020年年底逐步开始提供服务。

北斗卫星导航定位系统与GPS和GLONASS系统最大的不同，在于它不仅能使用户知道自己的所在位置，还可以实时告诉别人自己的位置在什么地方，而且可以进行短信息联络，特别适用于需要导航与移动数据通信场所，如军队指挥、交通运输、调度指挥、搜索营救、地理信息实时查询等。

总的来说，北斗系统与GPS系统相比具有很强的竞争力，完全可以替代GPS。可以预见，在不久的将来，北斗系统在民用授时领域的应用和发展将进入一个快速增长期和暴发期。

第二节 地 图 投 影

一、地图投影的概念

将地球的梨形自然表面通过人工模拟，获得了地球的数学表面，即地球椭球面。地球椭球面作为地球的数学表面可以用数学公式表达，但它仍是一个曲面。而目前地图是在二维平面上绘制的，这就需要将地球椭球曲面通过一定的方法转化为平面（或可展曲面）。从几何意义上来说，曲面是无法展开为平面的。若需要强行将曲面展开为平面，势必会产生断裂和褶皱。在断裂和褶皱的平面上是无法绘制地图的，因此，必须采用科学的方法将曲面转化为平面，而这种方法就是地图投影。

地球椭球面上任意点的位置是用地理坐标(λ,φ)来表示的，而平面上的点位是用平面直角坐标(x,y)或极坐标(ρ,θ)来表示的，要将地球椭球面上的点表达到平面上，就必须建立地理坐标与平面直角坐标或极坐标之间点、线、面的一一对应关系。其中，点是最基本的，因为点连续移动成为线，线连续移动成为面。因此，地球椭球曲面到地图平面的转化，只需要找出点的对应关系即可。而这种在地球椭球面和平面之间建立点与点之间函数关系的数学方法，就是地图投影。

地球椭球面上的点位用经纬度描述，要将点位的经纬度表示在地图上，地图平面上应该绘制出经纬线网。而经纬线网是由经线、纬线构成的，经线与纬线是根据经纬线交点绘制的。因此，地图投影就是研究将地球椭球面上的经纬线网按照一定的数学法则转化到投影平面上的方法，以及其中的变形问题。地图投影的数学表达式为

$$\begin{cases} x = f_1(\lambda, \varphi) \\ y = f_2(\lambda, \varphi) \end{cases} \tag{2-1}$$

式中，(λ,φ)为地球椭球面上点的地理坐标；(x,y)为地球椭球面上点在投影平面上的投影平面坐标；f_1、f_2为单值连续函数。式（2-1）是地图投影的基本公式，根据地图投影的性质和条件的不同，投影公式的具体形式是多种多样的。

地图的投影面可以采用平面、圆柱面和圆锥面。

根据地图投影的一般公式[式（2-1）]，可先把地球椭球面上一定间隔的经纬线交点的(λ,φ)换算为投影平面坐标(x,y)，并将(x,y)展绘在地图投影面上，绘制出经纬线网。地图投影面上绘制出经纬网，标志着地图的“骨架”构成。经纬网是制作地图的基础，是地图的主要数学要素。然后，按同样的方法，可将地球椭球面上任意点的位置转绘到地图投影面上的经纬网中。至此，完全实现了地球椭球面到地图投影面上点的转化。

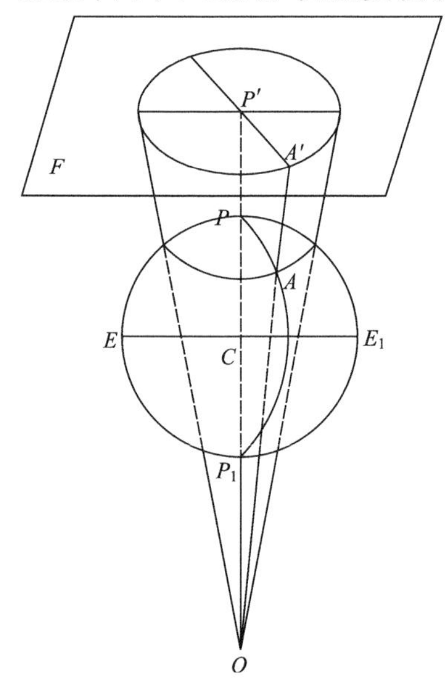

图 2-7　几何透视地图投影法示意图

地图投影是地图学的重要组成部分，是构成地图的数学基础，在地图学中的地位是相当重要的。

二、地图投影的基本方法

地图投影的基本方法分为几何透视法和数学分析法。

（一）几何透视法

几何透视法是利用透视关系，将地球椭球面上的任意点转化到投影平面上的方法。几何透视地图投影法如图 2-7 所示，投影面 F 为一平面，F 垂直于地轴，视点 O 在地轴或其延长线上。假设 O 点是一光源，地球椭球面上有一点 A，OA 是从 O 点射向 A 点的光线，并延长与 F 面交于 A' 点，A' 点即为 A 点在投影面 F 上的投影。

几何透视法是一种简单且原始的地图投影方法，精度较低，只用于绘制小比例尺地图。随着测绘技术的发展和地图精度要求的提高，几何透视法已不能满足地图制作要求，需要寻求其他的地图投影方法。

（二）数学分析法

数学分析法是通过建立地球椭球面上的点与投影平面上的点之间严密的函数关系式，实现地球椭球曲面到地图平面点间转化的一种地图投影方法。数学分析法采用的函数关系式为式（2-1）。当某种地图投影方法确定后，式（2-1）中的 f_1、f_2 函数即为确定的函数。

数学分析法是一种高精度的地图投影方法，在目前的地图制图中有广泛的应用。

三、地图投影的变形

将地球椭球面按照地图投影的方式展开为平面，必然要发生断裂或褶皱。无论是将地球椭球面沿经线切开展平，还是沿纬线切开展平，或是在极点结合，或是在赤道结合，它们都是有裂隙的，如图 2-8 所示。

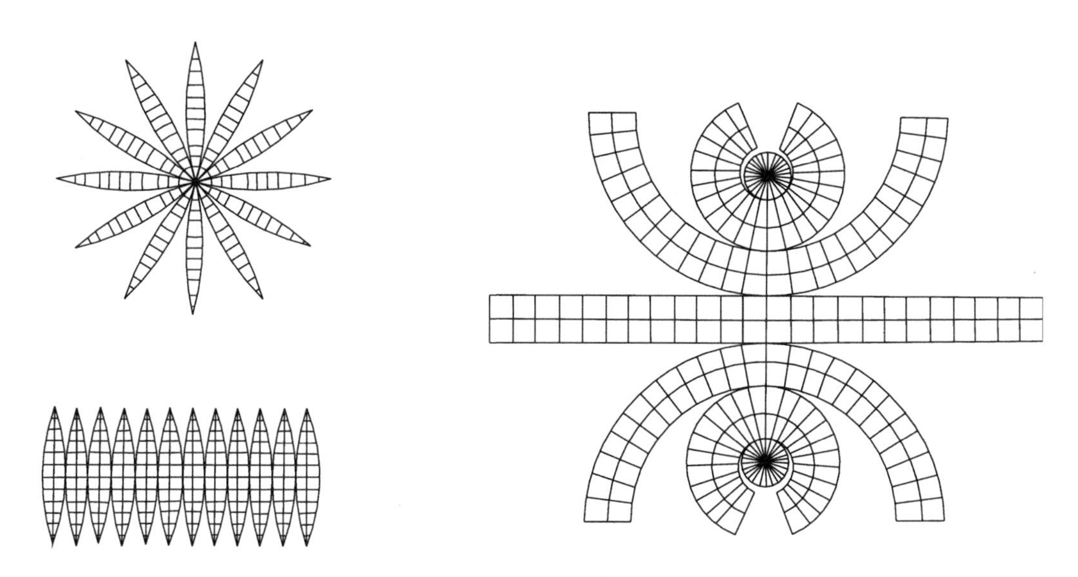

图 2-8　切开展平的有裂隙的地球椭球面

地表是连续的，将连续地表的地物、地貌要素绘制在有裂隙的平面上是不行的。因此，需要消除这些裂隙。消除裂隙采用的方法为：沿着经线方向均匀地拉伸，如图 2-9 所示；或沿着纬线方向均匀地拉伸，如图 2-10 所示，通过拉伸消除裂隙，形成完整平面。

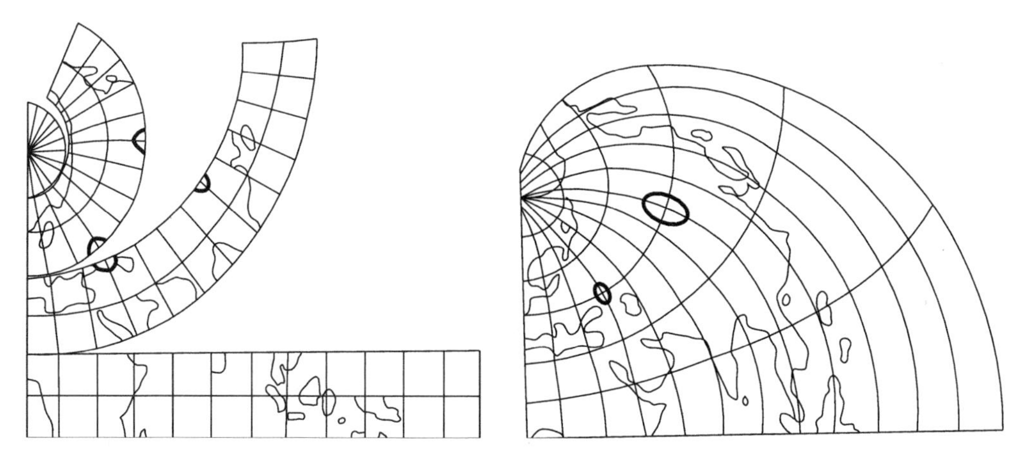

图 2-9　沿经线方向均匀拉伸

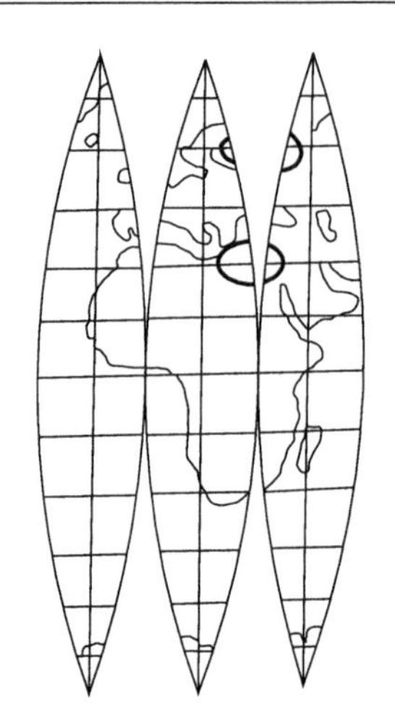

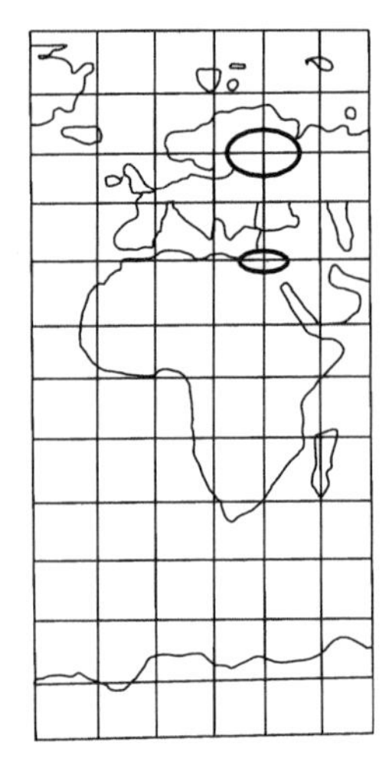

图 2-10　沿纬线方向均匀拉伸

一种地图投影的不同部位，往往是有的要拉伸，有的要缩短。如割圆锥投影，所有纬线投影后都与所割的纬线（标准纬线）等长，即在两条割纬线之外的纬线都需要均匀拉伸，两条割纬线之间的纬线都需要均匀缩短，如图 2-11 所示。只有通过这种有条件的均匀拉伸和缩短，才能实现地球椭球曲面到地图平面的转化，从而保证地图的完整性和连续性。

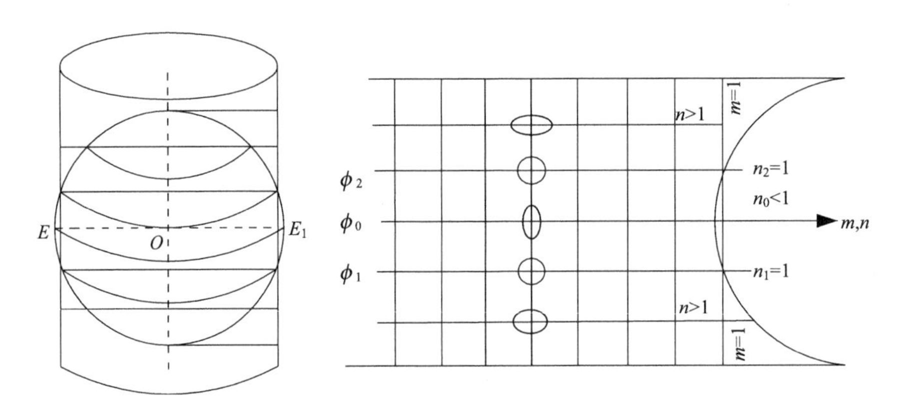

图 2-11　割圆锥投影变形示意图

虽然经过有条件的拉伸和缩短，可使地图平面上的图形完整和连续，但是经过地图投影绘制的地图与地球椭球面上相应的距离、面积和形状不能保持完全的相等和图形的完全相似。通过地图投影并按照比例尺缩小绘制的地图，必然存在长度、面积和形状（角度）的变化，这种变化称为地图投影的变形。也就是说，地图投影的变形是指地球椭球面转换成平面后，地图上所产生的长度、角度和面积误差。

地图投影的变形是不可避免的，一种地图投影不是存在着长度变形，就必然存在着面积变形或角度变形。只有对地图投影的变形加以人为的支配和控制，才能满足地图绘制的精度要求。

针对地图投影变形，首先需要了解变形椭圆。

（一）变形椭圆

变形椭圆是指地球椭球面上的一个微分圆，投影到平面上后，一般为微分椭圆，特殊情况下为圆。变形椭圆是对一点上的地图投影变形大小的量化表达。

下面介绍变形椭圆是椭圆的证明。

如图 2-12 所示，地球椭球面上的微分圆，投影到平面上为一微分椭圆。

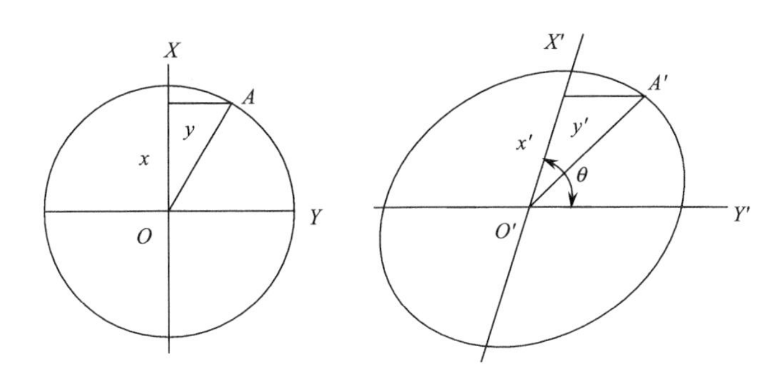

图 2-12　地球椭球面上的微分圆投影到平面上为微分椭圆

在图 2-12 中，设 OX、OY 为通过圆心 O 的正交直径并作为坐标轴。为讨论方便，把 OX、OY 看作通过 O 点的经线和纬线的微分线段。A 为微分圆上的一点。地球椭球面上的微分圆心 O、直径 OX 和 OY、A 点在平面上的投影分别为 O'、$O'X'$、$O'Y'$、A'。

一般情况下，$O'X'$、$O'Y'$ 不一定正交，设其交角为 θ，则 $O'X'$、$O'Y'$ 为斜坐标轴。

设 m、n 分别为 $O'X'$、$O'Y'$ 方向的长度比（即 m 为经线长度比，n 为纬线长度比），则

$$\begin{cases} m = \dfrac{x'}{x} \\ n = \dfrac{y'}{y} \end{cases} \tag{2-2}$$

以 O 为圆心，OA 为半径的微分圆（微分圆的半径为 1）的方程为

$$x^2 + y^2 = 1 \tag{2-3}$$

由此，可推得微分圆投影后的表象方程为

$$\frac{x'^2}{m^2} + \frac{y'^2}{n^2} = 1 \tag{2-4}$$

式（2-4）为一个以 O' 为原点，以交角为 θ 的两个共轭直径为坐标轴的椭圆方程式。此时，证明了地球椭球面上的一微分圆投影到平面上一般为微分椭圆（特殊情况下为圆）。这个微分椭圆可以表示投影变形的性质和大小，所以称为变形椭圆。变形椭圆的理论是法国数学家底索于 1881 年提出的，变形椭圆也称为底索指线。

变形椭圆主要有两个特点：一是在变形性质不同的地图投影中表现为不同的形状和大小；二是在同一变形性质不同位置点的地图投影中表现为不同的形状和大小。

变形椭圆可以描述一点上的地图投影变形大小，若需要描述一个区域的地图投影变形情况，则应绘制出等变形线。而等变形线则是变形相等的点连成的闭合曲线。

（二）地图投影变形的几个重要概念

1. 长度变形

1）长度比

地球椭球面上有一微分线段 ds，它在地图投影平面上的长度为 ds'，ds' 与 ds 之比为长度比 μ，即

$$\mu = \frac{ds'}{ds} \tag{2-5}$$

长度比表示了某一方向上长度变化的情况。当 $\mu>1$ 时，说明投影后长度拉长了；当 $\mu<1$ 时，说明投影后长度缩短了；当 $\mu=1$ 时，说明投影后长度没有变化。长度比只代表一个比例，不能代表长度变形的值。

2）长度变形计算

长度变形 v_μ 为长度比与 1 之差，即

$$v_\mu = \frac{ds' - ds}{ds} = \frac{ds'}{ds} - 1 = \mu - 1 \tag{2-6}$$

长度变形值有正有负，正值表示投影后长度拉长，负值表示投影后长度缩短，零值表示投影后长度没变。长度变形是长度变形程度的相对概念。

3）经线长度比、纬线长度比

经线长度比是地球椭球面上一经线方向的微分线段与投影到平面上的长度之比，一般用 m 表示。纬线长度比是地球椭球面上一纬线方向的微分线段与投影到平面上的长度之比，一般用 n 表示。

4）极值长度比

前面说过，变形椭圆可以表示地图投影变形的性质和大小，是对地球椭球面上一点的地图投影变形的量化表达。

在变形椭圆上，长轴方向的长度比为极大长度比 a，短轴方向的长度比为极小长度比 b。如果投影后经纬线正交，则经纬线长度比就是极大、极小长度比。

经纬线长度比与极值长度比的关系为

$$a^2 + b^2 = m^2 + n^2 \tag{2-7}$$

$$ab = mn\sin\theta \tag{2-8}$$

5）主方向

地球椭球面上某点两相互垂直的微分线段，投影到平面上仍保持垂直，而且具有极大、极小长度比，这两条微分线段的方向即为主方向。

在地球椭球面上的经线和纬线是相互垂直的，若经纬线投影到平面上仍保持垂直，则经纬线方向就是主方向。

6）任意方向的长度比

根据长度比的定义，长度比是一个变量，不同点位的长度比是不一样的，同一点位不同方向的长度比也是不一样的。

下面直接给出任意方向长度比 μ 的计算公式（有关推导可参考地图投影相关教材）。

$$\mu = \frac{r'}{r} = \sqrt{a^2 \cos^2 \beta + b^2 \sin^2 \beta} \tag{2-9}$$

式中，r 为微分圆的半径；r' 为 r 在平面上的投影；a 为极大长度比；b 为极小长度比；β 为微分圆半径 r 与 OX 轴的交角。

7）主比例尺与局部比例尺

主比例尺是地图上直接标注的比例尺，如 1∶300 万、1∶600 万。主比例尺只在计算投影展绘经纬网时使用，不能按主比例尺研究地图投影的变形。

根据长度比，将地球椭球面上的微分线段投影到平面上，是等大投影，即 1∶1 投影。因为投影的长度变形，不仅随点位的不同而不同，而且在同一点上的不同方向也不同，所以地图上的比例尺不是处处相等的。只有在无变形点和无变形线上才能保持投影长度比为 1，即与主比例尺一致。

地图上大于或小于主比例尺者，则为局部比例尺。

2. 角度变形

1）角度变形的概念

角度变形是指地球椭球面上任意两方向线的夹角与投影平面上相应两方向线的夹角之差。

过地球椭球面上一点可以引许多方向线，每两条方向线构成一个角度，它们投影到平面上后，一般不与原来的角度相等。研究一点上的角度变形时，不可能每个角度都计算角度变形，最重要的是研究一点上的最大角度变形。

2）最大角度变形

如图 2-13 所示，地球椭球面上的一个微分圆投影到平面上成为一个微分椭圆。

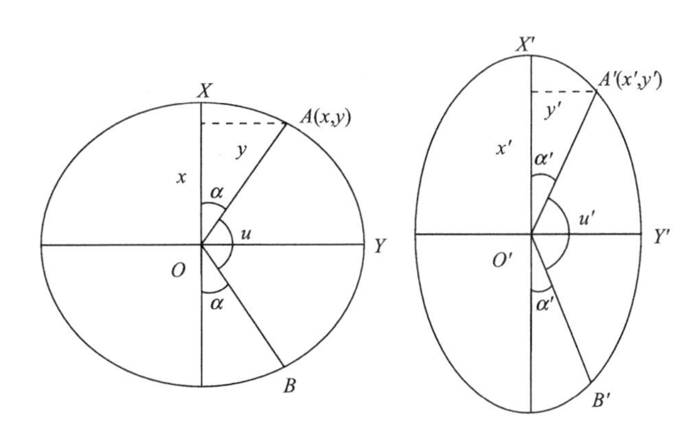

图 2-13 角度变形

图 2-13 中，X轴、Y 轴的方向为地球椭球面上的主方向，X'轴、Y' 轴的方向为主方向的投影。微分圆上任一方向线 OA 与主方向 OX 的夹角为 α，其投影为 α'。设 A 点的坐标为 (x, y)，A' 点的坐标为 (x', y')，则

$$\begin{cases} \tan \alpha = \dfrac{y}{x} \\ \tan \alpha' = \dfrac{y'}{x'} \end{cases} \tag{2-10}$$

而主方向的长度比为

$$\begin{cases} a = \dfrac{x'}{x} \\ b = \dfrac{y'}{y} \end{cases} \tag{2-11}$$

则

$$\begin{cases} x' = ax \\ y' = by \end{cases} \tag{2-12}$$

所以

$$\tan\alpha' = \frac{by}{ax} = \frac{b}{a}\tan\alpha \tag{2-13}$$

将上式反号和不反号后再分别加 $\tan\alpha$，则

$$\begin{cases} \tan\alpha - \tan\alpha' = \tan\alpha - \dfrac{b}{a}\tan\alpha \\ \tan\alpha + \tan\alpha' = \tan\alpha + \dfrac{b}{a}\tan\alpha \end{cases} \tag{2-14}$$

经推导得出

$$\sin(\alpha - \alpha') = \frac{a-b}{a+b}\sin(\alpha + \alpha') \tag{2-15}$$

式（2-15）表明的是一条方向线 OA 与主方向 OX 的夹角的变形情况，即方向变形。可以设想在相邻象限内，一定有一个方向线 OB 与主方向 OX 的夹角也是 α，投影到平面上也为 α'。在微分圆上，OA 与 OB 的夹角为 u，投影到平面上为 u'，$u' - u$ 就是角度变形。

由图 2-13 可知，

$$\begin{cases} u' - u = (180° - 2\alpha') - (180° - 2\alpha) = 2(\alpha - \alpha') \\ \sin\dfrac{u' - u}{2} = \sin(\alpha - \alpha') \end{cases} \tag{2-16}$$

在式（2-15）中，当 $\alpha + \alpha' = 90°$ 时，$\sin(\alpha - \alpha') = \dfrac{a-b}{a+b}$，即为其最大值。若用 ω 代表 $u' - u$ 的最大值，即最大角度变形，则

$$\sin\frac{\omega}{2} = \frac{a-b}{a+b} \tag{2-17}$$

由式（2-17）可以得出，角度变形与变形椭圆的长短轴差值成正比，即长短轴差值越大，角度变形越大，形状变形也越大。

3. 面积变形

1）面积比

地球椭球面上的一微小面积 $\mathrm{d}F$，投影到平面上的面积为 $\mathrm{d}F'$，$\mathrm{d}F'$ 与 $\mathrm{d}F$ 之比为面积比 P，即有

$$P = \frac{\mathrm{d}F'}{\mathrm{d}F} \tag{2-18}$$

设地球椭球面上半径为r的微分圆，投影到平面上成为长轴为ar、短轴为br的微分椭圆，则

$$P=\frac{\mathrm{d}F'}{\mathrm{d}F}=\frac{\pi arbr}{\pi r^2}=ab \tag{2-19}$$

若经纬线投影后正交，则经纬线方向为主方向。此时，$ab=mn$，则

$$P=mn \tag{2-20}$$

若经纬线投影后不正交，夹角为θ，则

$$P=mn\sin\theta \tag{2-21}$$

面积比P是一个变量，不同点位的面积比不同。

2）面积变形计算

面积变形v_P为面积比与1之差，即

$$v_P=\frac{\mathrm{d}F'-\mathrm{d}F}{\mathrm{d}F}=\frac{\mathrm{d}F'}{\mathrm{d}F}-1=P-1 \tag{2-22}$$

面积变形有正有负，正值表示投影后面积增大，负值表示投影后面积缩小，零值表示投影后面积不变。

四、地图投影的分类

地图投影的分类标准有两种，一种是按照投影的内在条件分类，即投影的变形性质分类；另一种是按照投影的外在条件分类，即投影的构成方法分类。

（一）按投影变形性质分类

地图投影的变形主要表现为长度变形、角度变形和面积变形，所以按照投影的变形性质分类，地图投影分为等角投影、等积投影和任意投影（主要为等距投影）。

1. 等角投影

等角投影是地球椭球面上两方向线的夹角与投影到平面上的相应两方向线的夹角相等的地图投影。

等角投影的最大角度变形$\omega=0$；等角投影在一点上各方向线的长度比一致，变形椭圆是圆，即$a=b$或$m=n$。等角投影的变形椭圆如图2-14所示。

等角投影的特点是面积变形大。等角投影在同一点任何方向的长度比都相等，但在不同地点长度比是不同的。

等角投影多用于编制方向要求高的地图，如交通图、洋流图、风向图等。

2. 等积投影

等积投影是地球椭球面上任意一块图形的面积与投影到平面上相应图形的面积相等的地图投影。

等积投影的面积比$P=1$，面积变形$v_P=P-1$，或者$a=\dfrac{1}{b}$或$b=\dfrac{1}{a}$。等积投影的变形椭圆一般是椭圆，如图2-15所示。

等积投影的特点是角度变形大。等积投影可以保持面积没有变形，故有利于在图上进行面积对比。

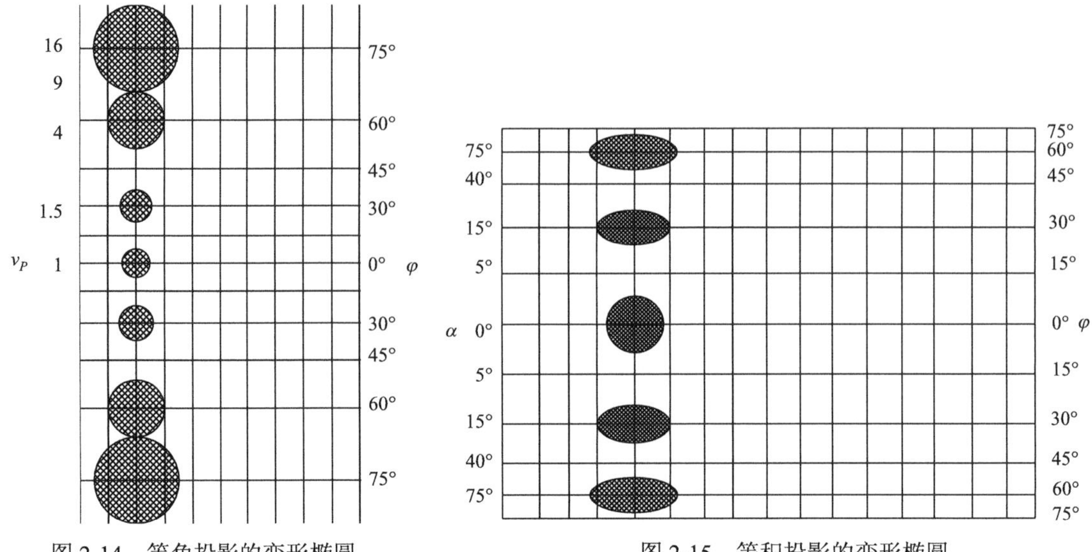

图 2-14　等角投影的变形椭圆　　　　图 2-15　等积投影的变形椭圆

等积投影多用于绘制对面积精度要求较高的自然地图和经济地图，如地质图、土壤图、行政区划图等。

3. 任意投影

任意投影是既不等角又不等积的投影。任意投影存在着角度、面积和长度变形，变形椭圆的形状和大小随着投影条件和点位不同而变化，变形椭圆一般为椭圆。

等距投影是任意投影中的一种特殊投影。因为长度变形与点位和方向有关，所以等距投影应该表明方向，不能单独属于一类投影，只能属于任意投影。等距投影的条件是：在正轴投影中经线长度比 $m=1$（或纬线长度比 $n=1$）；在斜轴或横轴投影中垂直圈长度比 $\mu_1=1$（或等高圈长度比 $\mu_2=1$）。

在目前现有的投影中，等距投影只存在于方位投影、圆柱投影和圆锥投影中，它们的变形情况介于等角投影和等积投影之间。等距圆柱投影的变形椭圆如图 2-16 所示，变形椭圆在经线方向的直径都相等，在不同点位的形状和面积都有变化。

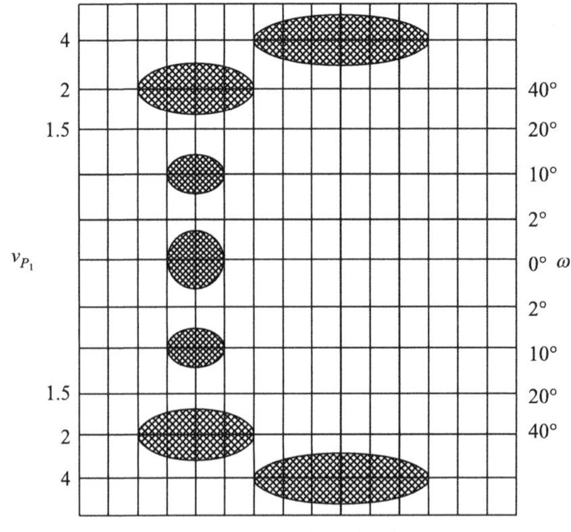

图 2-16　等距圆柱投影的变形椭圆

任意投影的特点是面积变形、角度变形都不大，即面积变形小于等角投影，角度变形小于等积投影。

任意投影多用于编制投影变形要求适中或区域较大的地图，如教学地图、科学参考图、世界地图等。

（二）按投影构成方法分类

地图投影是将地球椭球面上的经纬线网按照一定的条件转换到地图平面上，在转换过程中，一种方式是将经纬线网直接投影到几何面（平面、圆柱面、圆锥面）上，并将几何面展平；一种方式是将经纬线网附加某种条件投影到几何面（平面、圆柱面、圆锥面、多个圆锥面）上，并将几何面展平。这两种转换方式，构成了两类不同的投影，即几何投影和条件投影。

1. 几何投影

几何投影是将地球椭球面上的经纬线网直接转换到几何面上，并将几何面展平而形成的地图投影。

因为几何面为平面、圆柱面和圆锥面，所以几何投影又分为方位投影、圆柱投影和圆锥投影。

1）方位投影

方位投影是以平面为投影面，使平面与地球椭球面相切或相割，将地球椭球面上的经纬线网投影到平面上的地图投影。根据投影平面与地球椭球面的位置不同，又可分为正轴方位投影、横轴方位投影和斜轴方位投影。

正轴方位投影的纬线投影为同心圆，经线投影为同心圆的直径，两经线间的夹角与相应的经差相等。方位投影及其经纬线投影形状如图 2-17（a）所示。

2）圆柱投影

圆柱投影是以圆柱面为投影面，使圆柱面与地球椭球面相切或相割，将地球椭球面上的经纬线网投影到圆柱上，并将圆柱面展平的地图投影。根据投影圆柱面与地球椭球面的位置不同，又可分为正轴圆柱投影、横轴圆柱投影和斜轴圆柱投影。

正轴圆柱投影的纬线投影为平行直线，经线投影为与纬线垂直且间隔相等的平行直线，两经线间的距离与相应的经差成正比。圆柱投影及其经纬线投影形状如图 2-17（b）所示。

3）圆锥投影

圆锥投影是以圆锥面为投影面，使圆锥面与地球椭球面相切或相割，将地球椭球面上的经纬线网投影到圆锥上，并将圆锥面展平的地图投影。根据投影圆锥面与地球椭球面的位置不同，又可分为正轴圆锥投影、横轴圆锥投影和斜轴圆锥投影。

正轴圆锥投影的纬线投影为同心圆弧，经线投影为同心圆的半径，两经线间的交角与相应的经差成正比。圆锥投影及其经纬线投影形状如图 2-17（c）所示。

2. 条件投影

条件投影是不借助几何面，而在相应投影的基础上附加某种投影条件，将地球椭球面上的经纬线网转换到几何面上，并将几何面展平而形成的地图投影。

因为几何面为平面、圆柱面和圆锥面，附加的投影条件不同，所以条件投影可分为伪方位投影、伪圆柱投影、伪圆锥投影和多圆锥投影。

1）伪方位投影

伪方位投影是在方位投影的基础上，纬线投影仍为同心圆，中央经线投影仍为直线，而非中央经线投影改为对称于中央直经线的曲线的地图投影。伪方位投影的经纬线投影形状如图 2-18（a）所示。

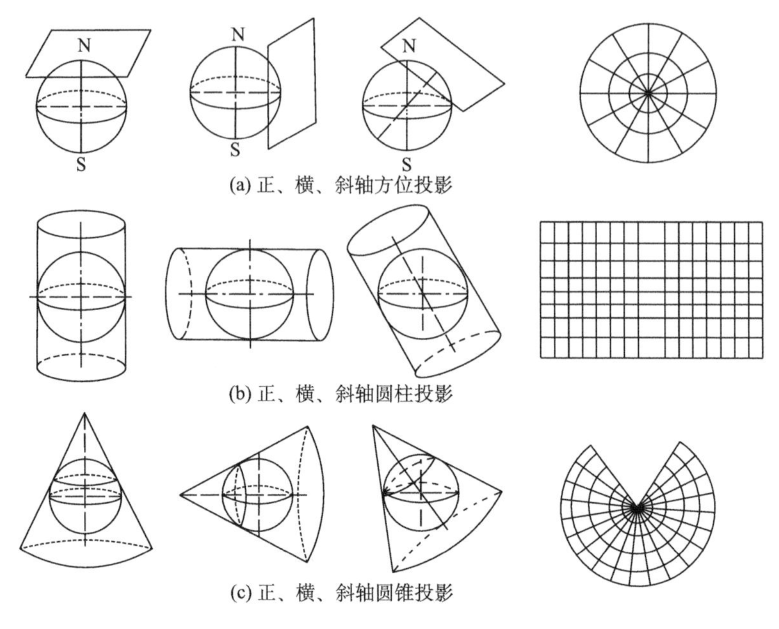

图 2-17　几何投影及其投影形状

2）伪圆柱投影

伪圆柱投影是在圆柱投影的基础上，纬线投影仍为平行直线，中央经线投影仍为直线，而非中央经线投影改为对称于中央直经线的曲线的地图投影。伪圆柱投影的经纬线投影形状如图 2-18（b）所示。

3）伪圆锥投影

伪圆锥投影是在圆锥投影的基础上，纬线投影仍为同心圆弧，中央经线投影仍为直线，而非中央经线投影改为对称于中央直经线的曲线的地图投影。伪圆锥投影的经纬线投影形状如图 2-18（c）所示。

4）多圆锥投影

多圆锥投影是假设多个大小不同的圆锥面，分别与地球椭球面相切，将地球椭球面上的经纬线网投影到多个圆锥面上，然后把多个圆锥面展平的地图投影。

多圆锥投影的纬线投影为同轴圆弧，其圆心位于投影成直线的中央经线上，非中央经线的投影为对称于中央直经线的曲线的地图投影。多圆锥投影的经纬线投影形状如图 2-18（d）所示。

在四种条件投影中，中央经线的投影均为直线。带“伪”字的伪方位、伪圆柱、伪圆锥等三种地图投影与不带“伪”字的方位、圆柱、圆锥等三种地图投影相比，纬线投影形状没变，中央经线投影形状没变，只是非中央经线投影形状均变为对称于中央直经线的曲线。带“多”字的多圆锥投影与圆锥投影相比，中央经线投影形状没变，纬线投影形状由同心圆弧变为同轴圆弧，非中央经线投影形状变为对称于中央直经线的曲线。

(a) 伪方位投影

(b) 伪圆柱投影

(c) 伪圆锥投影

(d) 多圆锥投影

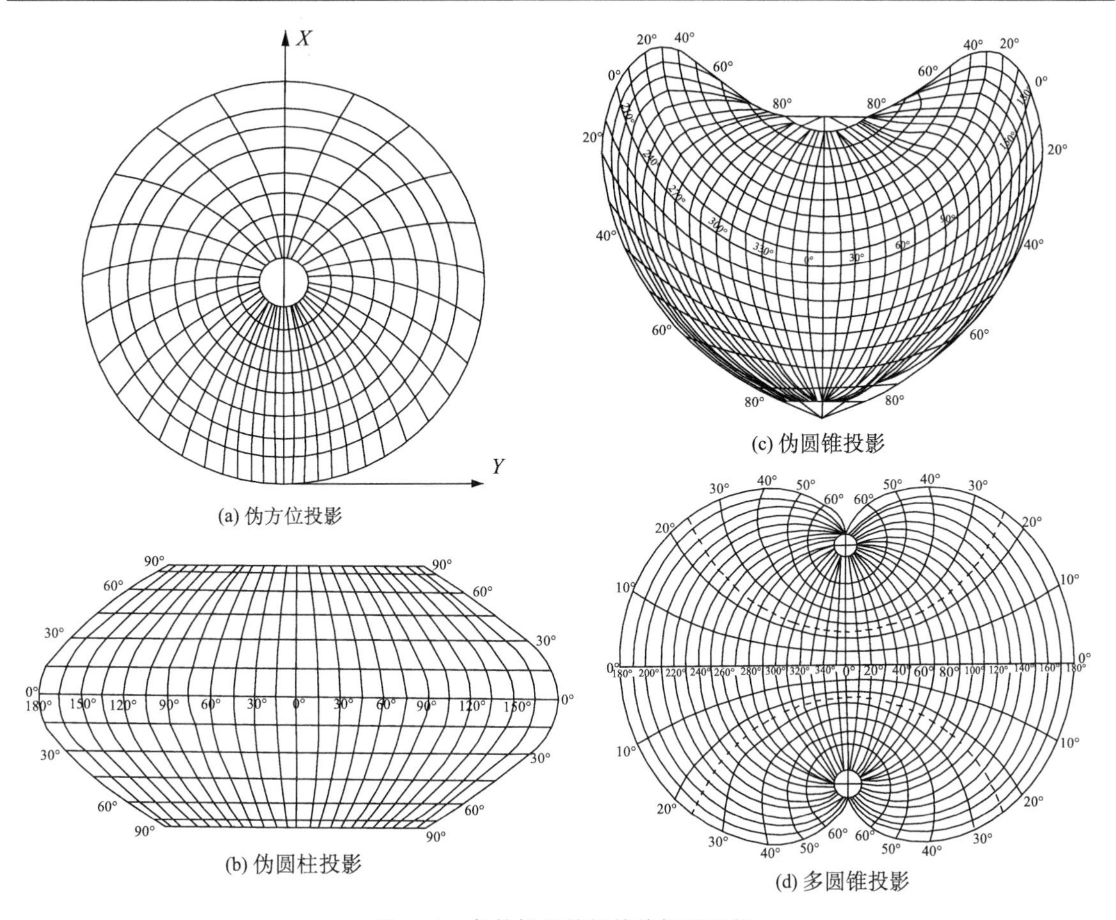

图 2-18 条件投影的经纬线投影形状

（三）地图投影的完整名称

地图投影既可按照投影的变形性质分，也可按照投影的构成方法分，对于一种确定的地图投影方式，投影的完整名称应该包括这两种分类标准。

一种确定的地图投影方式的完整名称如图 2-19 所示。其中，××轴是指正轴、横轴、斜轴；等××是指等角、等积、等距；××投影是指方位投影、圆柱投影、圆锥投影、伪方位投影、伪圆柱投影、伪圆锥投影、多圆锥投影等。

× × 轴等 × × 切/割 × × 投影

图 2-19 地图投影的完整名称

例如，墨卡托投影为正轴等角切/割圆柱投影，高斯-克吕格投影为横轴等角切椭圆柱投影，UTM 投影为横轴等角割椭圆柱投影。

五、高斯-克吕格投影与通用横轴墨卡托投影

在我国 11 种基本比例尺地形图中，除 1∶100 万地形图采用兰勃特投影外，其他 10 种比例尺地形图均采用高斯-克吕格（Gauss-Krüger）投影。通用横轴墨卡托投影也称 UTM （universal transverse Mercator）投影，是美国、德国等 60 多个国家的基本地形图采用的地图投影方式。

（一）高斯-克吕格投影

1. 高斯-克吕格投影的概念

高斯-克吕格投影，简称为高斯投影，是德国高斯和克吕格两位科学家于 19 世纪 20 年代共同创立的一种地图投影方式，它是一种横轴等角切椭圆柱投影。高斯投影是假设一个椭圆柱面横切于地球椭球面的一条经圈上，椭圆柱的中心轴位于赤道上，并通过地球椭球球心，将地球椭球面上的经纬线网按等角条件投影到椭圆柱面上，并将椭圆柱面沿着母线剪开，展开成平面的地图投影。高斯投影如图 2-20 所示。

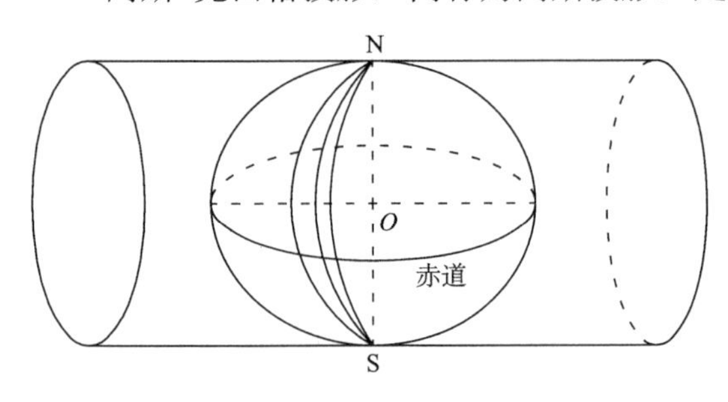

图 2-20　高斯投影示意图

高斯投影的椭圆柱面横切于地球椭球面的一条经圈上，到底是切在了哪条经线上呢？这个问题后面回答，先提醒读者注意。

2. 高斯投影的分带投影方式及变形情况

高斯投影是按照一定的经差分带投影的。为了控制变形，保证一定的地形图精度，分带带宽不宜太宽，一般采用 6°或 3°，有时也采用 1.5°。高斯投影的分带像切西瓜一样，将切下的每一块展平，然后连接起来，如图 2-21 所示。

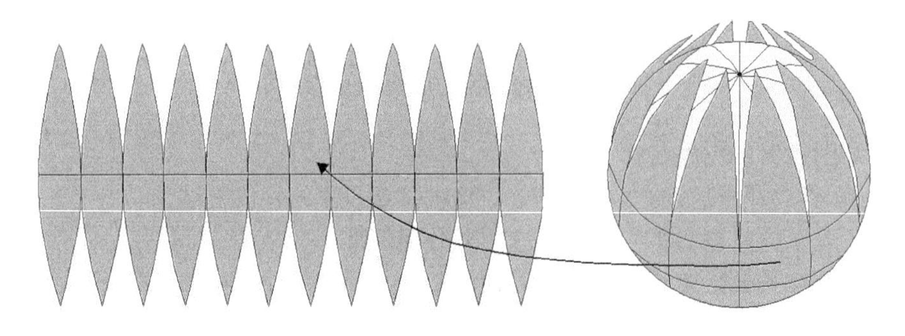

图 2-21　高斯投影的分带方法

6°分带是从 0°子午线起，由西向东每隔 6°为一带，将全球划分为 60 带。凡 6°的整倍数的子午线为分界子午线。每带的中央经线 $L_0=6n-3$（n 为带号 1,2,3,…,60）。

3°分带是从东经 1°30′起，由西向东每隔 3°为一带，将全球划分为 120 带。每带的中央经线 $L_0=3n'$（n'为带号 1,2,3,…,120）。

3°分带从东经 1°30′起算，可以使 6°分带的分界子午线和中央经线，均为 3°分带的中央经线，便于计算和使用。

高斯投影需要满足三个条件：每带的中央经线和赤道投影后为互相垂直的直线，而且为投影的对称轴；投影无角度变形；每带的中央经线投影后长度保持不变。

高斯投影的 6°和 3°分带投影方式如图 2-22 所示，上部为 6°分带方式，下部为 3°分带方式。

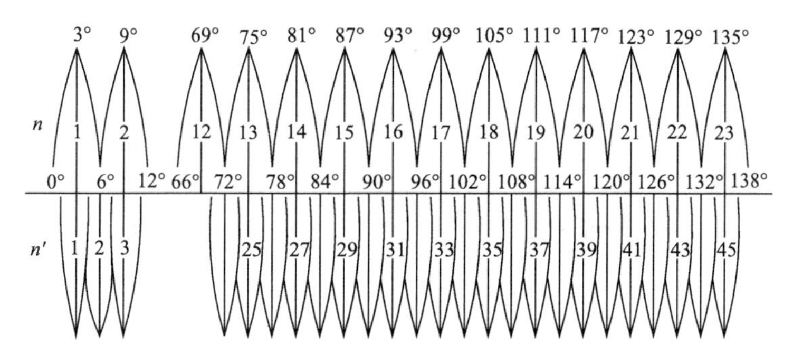

图 2-22　高斯投影的 6°和 3°分带投影方式

在高斯投影中，每带的中央经线的投影为长度比为 1 的直线，其他经线的投影为凹向并对称于中央直经线的曲线；赤道投影为直线，纬线投影为凸向并对称于赤道的曲线，经纬线投影后正交。高斯投影的经纬线投影形状如图 2-23 所示。

前面提出的高斯投影定义中，椭圆柱面横切于地球椭球面的哪条经线上的问题，现在读者应该能够回答了。其实，高斯投影的椭圆柱面横切在了地球椭球面每带的中央经线上。

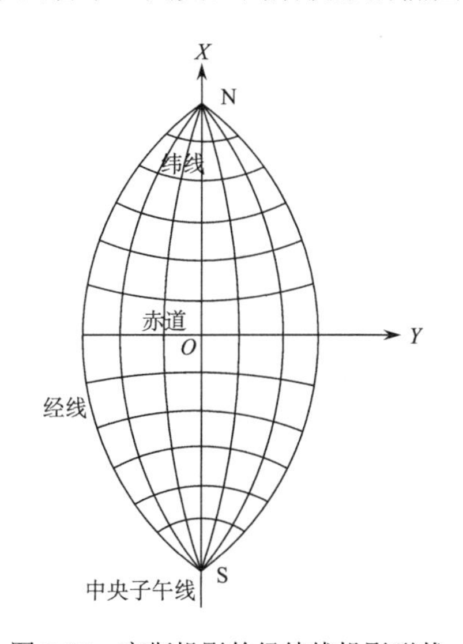

图 2-23　高斯投影的经纬线投影形状

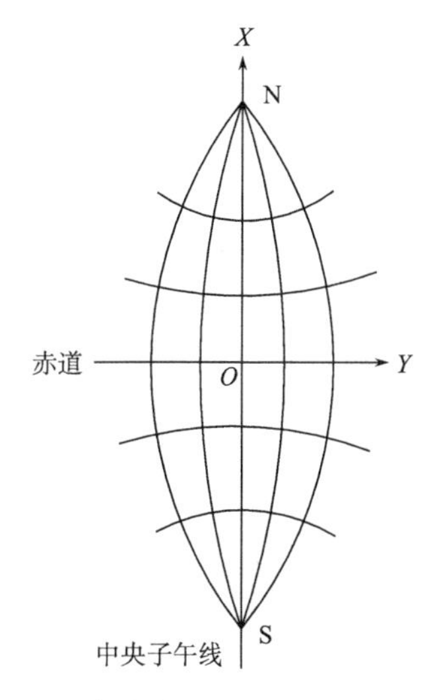

图 2-24　高斯投影的平面直角坐标系

高斯投影中，每带的中央经线投影无长度变形，除中央经线外，其他经线都变长了；距离中央经线越远，变形越大；在同一条纬线上，随着经差的增大，长度变形越来越大；在同一条经线上，随着纬差的增大，长度变形越来越小。

3. 高斯投影平面直角坐标系的建立

高斯投影中，每带的中央经线和赤道投影为互相垂直的直线，该投影的平面直角坐标系规定为：以每带中央经线的投影为 X 轴；赤道的投影为 Y 轴；两轴的交点为坐标原点 O。高斯投影平面直角坐标系的规定如图 2-24 所示。

按照高斯投影平面直角坐标系的规定，6°带中有 60 个平面直角坐标系，3°带中有 120 个平面直角坐标系。

由于我国位于北半球，处于中纬度地区，在高斯投影的平面直角坐标系中，X 坐标均为正值，而 Y 坐标有正有负。为了避免负值在使用上的不便，规定将每带的坐标纵轴（X 轴）向西平移 500km，如图 2-25 所示。

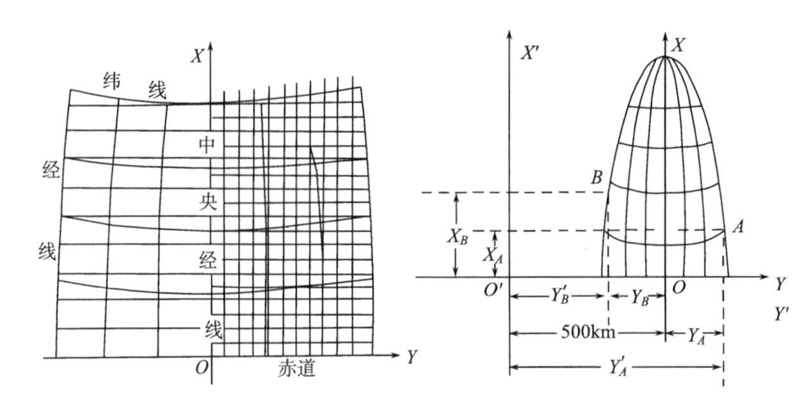

图 2-25　高斯投影平面直角坐标系的纵轴向西平移 500km

在高斯投影的平面直角坐标系中，我国将 Y 坐标统一加了 500km，从而避免了 Y 坐标的负值问题。但是，按照高斯投影的分带法，各带投影完全相同，坐标成果各带通用，一带内的某一定点，在 6°带中有 60 个对应点，在 3°带中有 120 个对应点。这样，在使用上会产生混乱。为了加以区分，高斯投影的平面直角坐标规定 Y 坐标加上 500km 后，再在百公里位数前加上带号。例如，某点的真实坐标为（3658293.4m,248539.6m），该点位于高斯投影 3°带的第 36 带，则该点的通用坐标为（3658293.4m,36748539.6m）。

4. 高斯投影的优点及用途

高斯投影的优点为：具有等角性质，适用于系列比例尺地图的使用与编制；经纬网与直角坐标网的偏差较小，可以实现全球阅读使用；计算工作量小，直角坐标和子午线收敛角值只需计算一个带，全球通用。

高斯投影适用于中纬度地区，在中纬度 6°带每带边缘上的最大长度变形约为 0.08%。我国自 1953 年开始采用高斯投影作为 1∶50 万及其以上更大比例尺地形图系列的数学基础。

在我国的 11 种基本比例尺地形图中，1∶2.5 万～1∶50 万地形图均采用高斯投影的 6°带，1∶500～1∶1 万地形图均采用高斯投影的 3°带。

5. 高斯投影的换带

因为高斯投影的 6°带和 3°带均是采用分带投影，而且每一带均独立建立投影平面直角坐标系，所以在测绘生产实践中，经常会遇到点位或地图跨越高斯投影相邻带，而需要做换带处理的问题。

高斯投影的换带是将某一带的点位坐标或地图转换到相邻带的过程。高斯投影换带的方法是：首先将需要换带的点位坐标或地图的平面直角坐标，通过高斯反算，计算出其地理坐标，然后通过高斯正算，计算出其在投影带的平面直角坐标。高斯投影的换带过程，其实主要是利用了地理坐标的绝对性和投影平面直角坐标的相对性特点，即将需要换带的点位或地图的相对平面直角坐标先反算为地球椭球面上的大地经纬度，再将其大地经纬度投影到所求投影带，从而完成整个高斯投影换带工作。

如图 2-26 所示，需要将高斯投影 6°带第 12 带的某点转换到第 13 带。

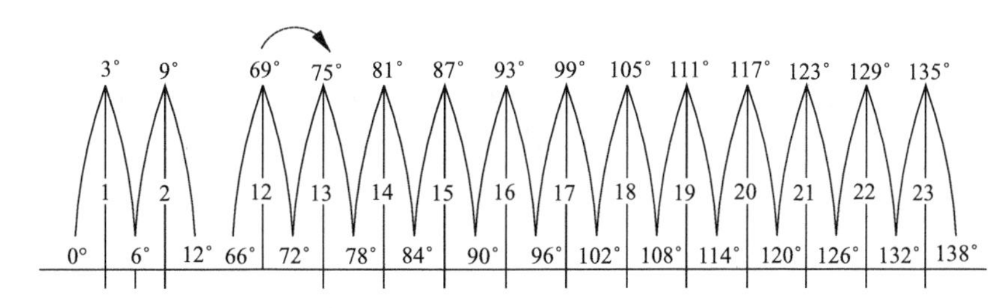

图 2-26　高斯投影 6°带的第 12 带的某点转换到第 13 带

图 2-26 中采用的换带过程如图 2-27 所示，即将第 12 带某点的高斯投影平面直角坐标 (X_{12},Y_{12})，通过高斯反算计算出该点的大地坐标 (L_{12},B_{12})，然后通过高斯正算计算出该点在第 13 带的高斯投影平面直角坐标 (X_{13},Y_{13})，即完成了该点从第 12 带到第 13 带的换带。

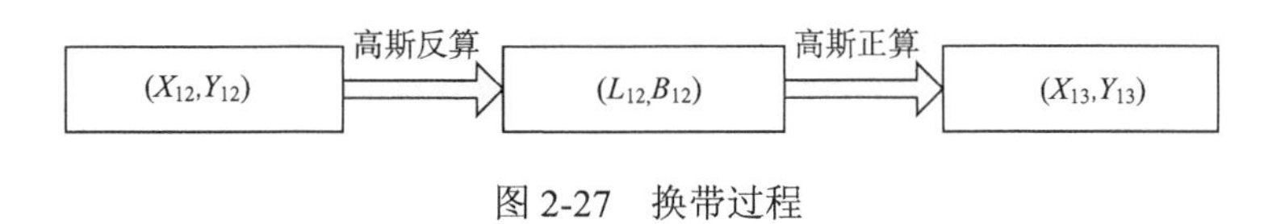

图 2-27　换带过程

（二）通用横轴墨卡托投影——UTM 投影

1. UTM 投影的概念

UTM 投影是假设一个椭圆柱面横割于地球椭球面的两条等高圈上，椭圆柱的中心轴位于赤道上，并通过地球椭球球心，将地球椭球面上的经纬线网按等角条件投影到椭圆柱面上，并将椭圆柱面沿着母线剪开，展开成平面的地图投影。UTM 投影如图 2-28 所示。

2. UTM 投影满足的三个条件

UTM 投影也是采用分带投影的方式，该投影需要满足的三个条件为：每带的中央经线和赤道投影为互相垂直的直线，且为投影的对称轴；具有等角投影的性质；每带的中央经线投影后的长度比为 0.9996。

按照 UTM 投影的三个条件，只要将高斯投影的直角坐标 X，Y 的公式与长度比 m 的公式分别乘以 0.9996，便可得到 UTM 投影的 X，Y 公式和 m 公式，子午线收敛角 γ 公式两者一致。

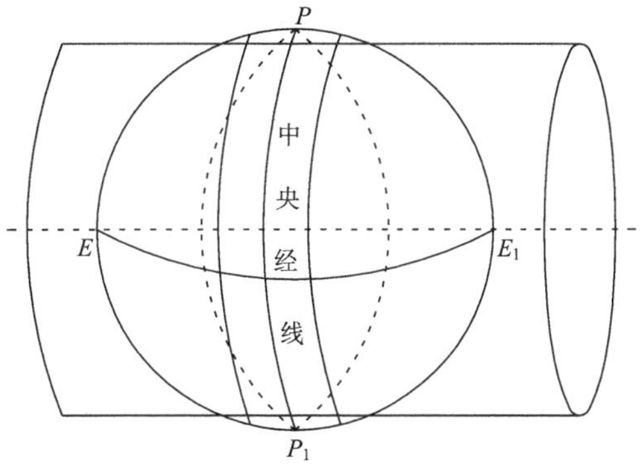

图 2-28　UTM 投影示意图

3. UTM 投影与高斯投影的不同

UTM 投影和高斯投影的不同主要体现在以下两个方面。

1）带的划分相同而带号的起算不同

UTM 投影与高斯投影带的划分方式是相同的，都是采用 6°带、3°带或 1.5°带。但是，两种投影的带号起算是不同的。UTM 投影的 6°分带是从 180°起向东每 6°为一带。也就是说，高斯投影的第 1 带（0°～6°E）为 UTM 投影的第 31 带，UTM 投影的第 1 带（180°～174°W）为高斯投影的第 31 带。

2）中央经线的长度比不同

投影后每带中央经线的长度比不同是高斯投影和 UTM 投影的根本差别。高斯投影每带中央经线的长度比为 1，而 UTM 投影每带中央经线的长度比为 0.9996。

UTM 投影中每带的中央经线长度比选择为 0.9996，可以使 6°带的中央经线与边缘经线的长度变形的绝对值大致相等。因此，在中央经线和边缘经线之间，可以求得两条无长度变形的线，其位置距离中央经线以东、以西 180000m，相当于经差±1°40′。这样，UTM 投影的椭圆柱面不通过地球椭球的两极，在两条割线上的长度比为 1。

4. UTM 投影平面直角坐标系的建立

UTM 投影中，每带的中央经线与赤道的投影为互相垂直的直线。UTM 投影平面直角坐标系的规定为：每带的中央经线的投影为 X 轴；赤道投影为 Y 轴。UTM 投影与高斯投影的平面直角坐标系的建立方法相同。

为了避免出现坐标负值，UTM 投影的 Y 坐标起始点加 500km。但是，X 坐标北半球的原点为 0，南半球的原点为 10000km。因此，在实际使用时

北半球：$x_{实} = x$；

南半球：$x_{实} = 10000000\text{m} - x$；

经差为正：$y_{实} = y + 500000\text{m}$；

经差为负：$y_{实} = 500000\text{m} - y$。

5. UTM 投影的优点及用途

UTM 投影起初是为世界范围设计的一种地图投影，但由于统一分带等原因并未被世界各国普遍采用。目前，美国、德国等 60 多个国家以 UTM 投影作为本国的国家基本比例尺地形图的数学基础，但又因为各国使用的地球椭球体不同而略有差异。

在中纬度和低纬度地区，UTM 投影的每带边缘上的最大长度变形约为 0.04%，优于高斯投影的 0.08%。因此，有人曾建议我国最好也改用 UTM 投影作为国家基本比例尺地形图投影。

（三）兰勃特投影

兰勃特投影也称正轴等角割圆锥投影，是目前我国国家基本比例尺 1∶100 万地形图采用的地图投影方式。

我国 1∶100 万地形图采用分带投影方式，即从 0°开始，每隔纬差 4°为一个投影带，每个投影带单独计算坐标，建立数学基础，同一投影带内再按经差 6°分幅，各图幅大小完全相同；每幅图的坐标系建立是以图幅的中央经线为 X 轴，中央经线与图幅南纬线交点为原点，过原点的切线为 Y 轴；每带有两条标准纬线 $\varphi_1 = \varphi_S + 30'$，$\varphi_2 = \varphi_N - 30'$（$\varphi_1$ 和 φ_2 为两条标准纬线的纬度值，φ_S 和 φ_N 为图幅南、北纬线的纬度值）。

我国 1∶100 万地形图采用的兰勃特投影，每带变形几乎相等，最大长度变形不超过±0.03%（南北图廓和中间纬线），最大面积变形不大于±0.06%。

六、世界地图、半球地图、分洲和分国地图采用的地图投影方式

世界地图、半球地图、分洲和分国地图等在进行地图编制时，采用的是一些比较特殊的地图投影方式。

（一）世界地图

世界地图采用的地图投影方式有墨卡托投影、空间斜轴墨卡托投影、桑逊投影、摩尔维特投影、古德投影和等差分纬线多圆锥投影等。下面主要介绍墨卡托投影和等差分纬线多圆锥投影。

1. 墨卡托投影

墨卡托投影是正轴等角切/割圆柱投影，是荷兰航海学家墨卡托创立的一种地图投影方式。墨卡托投影是设想与地轴方向一致的圆柱与地球椭球相切或相割，将地球椭球面上的经纬线网按等角条件投影到圆柱面上，然后把圆柱面沿一条母线剪开并展成平面的投影。

墨卡托投影的经纬线投影后为相互垂直的平行线，经线间隔相等，纬线间隔由赤道向两极逐渐扩大。墨卡托投影的经纬线投影形状如图 2-29 所示。

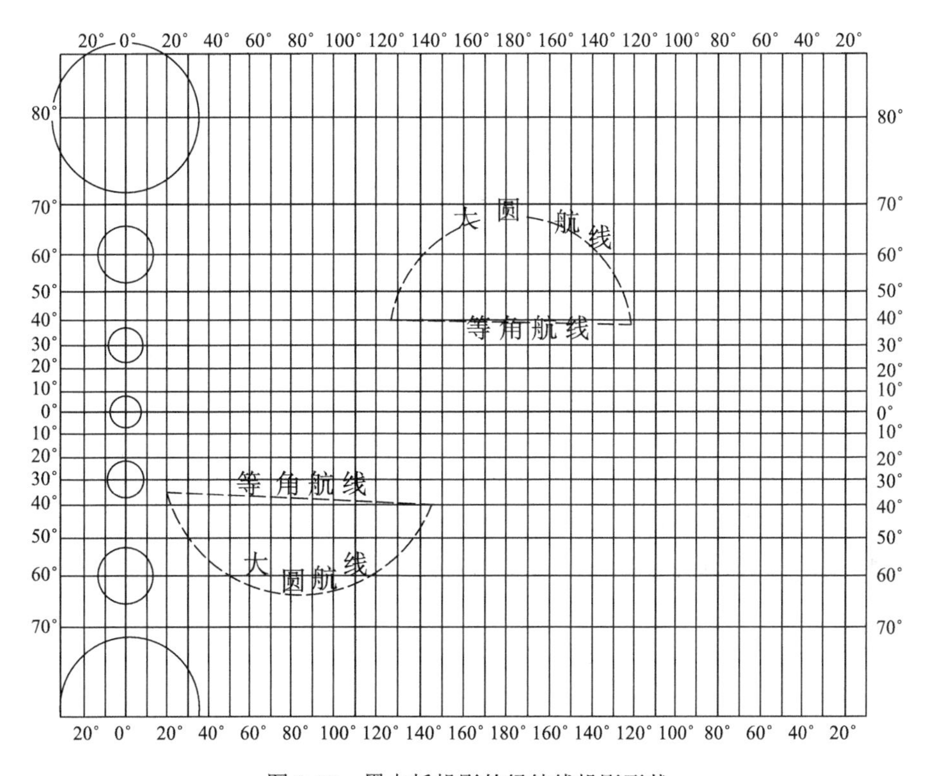

图 2-29　墨卡托投影的经纬线投影形状

墨卡托投影的特点如下。

（1）无角度变形，面积变形最大。在纬度为 60°的地区，经线和纬线比都扩大了 2 倍，面积比 $P=m\times n=2\times 2=4$，扩大了 4 倍，越接近两极，经纬线扩大的越多，在 $\varphi=80°$时，经纬线都扩大了近 6 倍，面积比扩大了 33 倍，所以墨卡托投影在 80°以上的高纬度地区通常就不绘出来了。

（2）等角航线投影为直线。等角航线是指地球椭球面上与经线交角都相同的曲线，或者说是地球椭球面上两点间的一条等方位线。

等角航线在墨卡托投影中表现为直线。也就是说，船只要按照等角航向航行，不用改变方位角就能从起点到达终点。因为经线是收敛于两极的，所以地球椭球面上的等角航线是除经线和纬线以外，以极点为渐近点的螺旋曲线。因为墨卡托投影是等角投影，而且经线投影为平行直线，所以两点间的那条等方位螺旋线在投影中只能是连接该两点的一条直线。

等角航线在墨卡托投影的地图上表现为直线，这一点对于航海航空具有重要意义。航行时，在墨卡托投影的地图上，只要将出发地和目的地连成一直线，用量角器测出直线与经线的夹角，船上的航海罗盘按照这个角度指示船只航行，就能到达目的地。

等角航线不是地球椭球面上两点间的最短距离，地球椭球面上两点间的最短距离是通过两点的大圆弧（又称大圆航线或正航线）。大圆航线与各经线的夹角是不相等的，因此它在墨卡托投影的地图上为曲线。

远航时，完全沿着等角航线航行，走的是一条较远的路线，是不经济的，但船只不必时常改变方向；大圆航线是一条最近的路线，但船只航行时要不断改变方向。例如，从非洲的好望角到澳大利亚的墨尔本，沿等角航线航行，航程是 6020 n mile（海里，1n mile=1852m），沿大圆航线航行 5450 n mile，二者相差 570 n mile（约 1000 km）。

实际上，远洋航行时，一般把大圆航线展绘到墨卡托投影的海图上，然后把大圆航线分成几段，每一段连成直线，就是等角航线。船只航行时，总的来说，大致是沿大圆航线航行。而船只走的是一条较近的路线，但就每一段来说，走的又是等角航线，不用随时改变航向，从而领航十分方便。

墨卡托投影主要用来编制航海图、航空图，赤道附近国家及一些区域的地图。

2. 等差分纬线多圆锥投影

等差分纬线多圆锥投影是 1963 年我国地图出版社在普通多圆锥投影的基础上设计的一种地图投影，该投影是我国编制各种世界政区图和其他类型世界地图最主要的地图投影方式。

根据我国的地理位置和疆域形状，等差分纬线多圆锥投影指定变形分布。该投影的直角坐标和变形值全部用解析计算式获得。该投影的设计过程大致分为以下几个阶段：①确定中央经线上的 x_0 坐标公式和边经线上 x_n 、y_n 坐标公式。②计算各纬线的极距（投影半径）ρ 和边缘经线的极角 δ_{φ_n} 。③确定不等分纬线的函数式 δ_{φ_i} 和赤道上的 y_0 坐标公式。④计算投影直角坐标 x 、 y 的值。⑤计算投影变形值。

等差分纬线多圆锥投影的经纬线投影形状如图 2-30 所示。

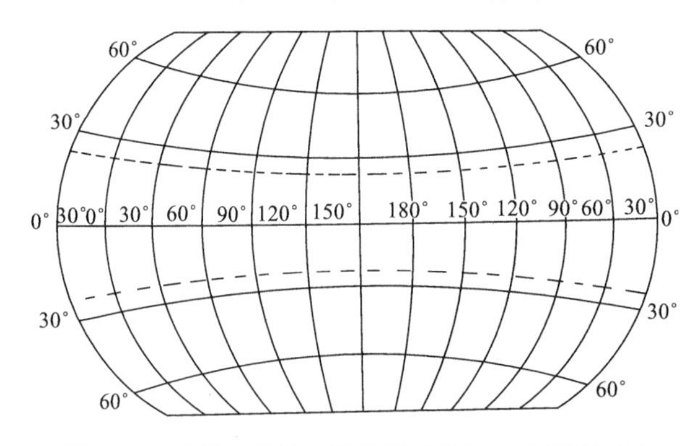

图 2-30　等差分纬线多圆锥投影的经纬线投影形状

由图 2-30 可知，等差分纬线多圆锥投影的特点为：①赤道投影为直线，其他纬线投影为同轴圆圆弧，并对称于赤道；中央经线投影为直线，并与赤道投影相互垂直，中央经线长度比为 1，且为各纬线投影中心所在之轴；其余经线为对称于中央直经线的曲线，各经线间的间隔，随着与中央经线距离的增大而成比例地逐渐减小。②极点的投影为圆弧，其长度为赤道的一半。③变形性质属于面积变形不大的任意投影。

等差分纬线多圆锥投影在我国绝大部分地区的面积变形小于 10%，少数地区的面积变形为 20%左右，面积比等于 1 的等变形线，横穿我国中部；位于中央经线和南北纬约 44°的交点附近无变形。所以说，等差分纬线多圆锥投影比较适合我国编制世界地图。

（二）半球地图

半球地图采用的地图投影方式主要为正轴等距切方位投影、横轴等角切方位投影和横轴等积切方位投影。

1. 正轴等距切方位投影

正轴等距切方位投影是数学家波斯托于 1581 年创立的地图投影，故又称波斯托投影。正轴等距切方位投影的经纬网形状如图 2-31 所示。

由图 2-31 可知，正轴等距切方位投影中纬线投影为同心圆，经线投影为交于圆心的放射状直线，其夹角等于相应的经差。

正轴等距切方位投影的变形特点是：经线方向上没有长度变形，故纬线间距与实地相等；切点在极点，极点为无变形点；有角度变形和面积变形，等变形线为同心圆，与纬圈形状一致。

正轴等距切方位投影多用于编制南极、北极地图和南半球、北半球地图。

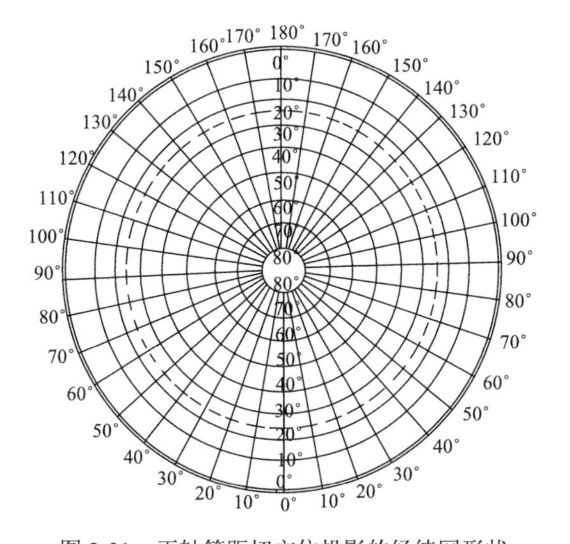

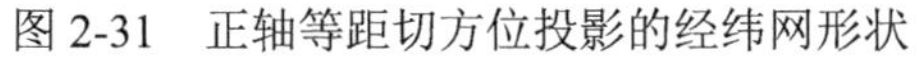
图 2-31 正轴等距切方位投影的经纬网形状

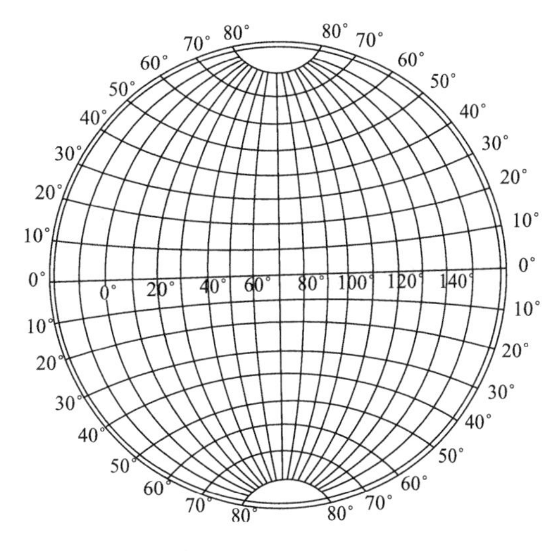

图 2-32 横轴等角切方位投影的经纬线形状

2. 横轴等角切方位投影

横轴等角切方位投影也称球面投影，是视点在地球面上的透视方位投影。横轴等角切方位投影的中央经线和赤道投影为相互垂直的直线，纬线投影为凸向并对称于赤道的曲线，非中央经线投影为凹向并对称于中央直经线的曲线。横轴等角切方位投影的经纬线形状如图 2-32 所示。

横轴等角切方位投影的变形特点是：没有角度变形，但面积变形明显；赤道上的投影切点为无变形点；面积等变形线以切点为圆心，为同心圆分布。

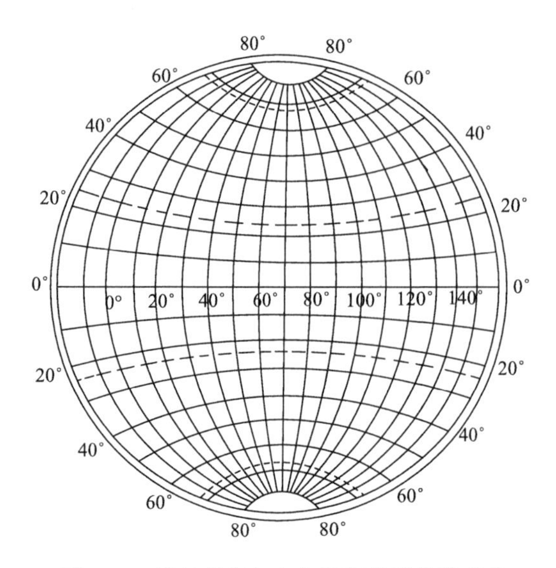

图 2-33 横轴等积切方位投影的经纬线形状

3. 横轴等积切方位投影

横轴等积切方位投影也称兰勃特方位投影。该投影的中央经线和赤道投影为相互垂直的直线，纬线投影为凸向并对称于赤道的曲线，非中央经线投影为凹向并对称于中央直经线的曲线。横轴等积切方位投影的经纬线形状如图 2-33 所示。

横轴等积切方位投影的变形特点是：没有面积变形，但角度变形明显；赤道上的投影切点为无变形点；角度等变形线以切点为圆心，为同心圆分布。

横轴等积切方位投影常用于编制东、西半球地图，东半球的投影中心为 70°E 与赤道的交点，西半球的投影中心为 110°W 与赤道的交点。

（三）分洲、分国地图

分洲、分国地图采用的地图投影方式主要为正轴等角圆锥投影、斜轴等积切方位投影和等积伪圆锥投影。

1. 正轴等角圆锥投影

正轴等角圆锥投影包括正轴等角切圆锥投影和正轴等角割圆锥投影。

正轴等角切圆锥投影中，圆锥与地球椭球面相切的纬线没有变形，为标准纬线，其长度比为 1；其他纬线的长度比大于 1，纬线都变长了。正轴等角割圆锥投影中，圆锥与地球椭球面相割的两条纬线没有变形，为标准纬线，其长度比为 1；两条相割纬线之间的纬线，长度比小于 1，纬线都变短了；两条相割纬线之外的纬线，长度比大于 1，纬线都变长了。

正轴等角切圆锥投影和正轴等角割圆锥投影的纬线投影为同心圆弧，经线投影为放射状直线。

正轴等角切圆锥投影和正轴等角割圆锥投影的非标准纬线的长度比都有变化，为了保证等角性质，只能改变经线长度比。也就是说，使经线长度比等于纬线长度比。

我国 1∶100 万地形图采用的就是正轴等角割圆锥投影。正轴等角切圆锥投影和正轴等角割圆锥投影还可用于编制全国性的 1∶400 万、1∶600 万挂图，以及全国性普通地图和专题地图。

2. 斜轴等积切方位投影

斜轴等积切方位投影的投影平面与地球椭球面相切于极地与赤道之间的任一点（投影中心）上，其中央经线的投影为直线，非中央经线的投影为凹向并对称于中央直经线的曲线；纬线投影为凹向极地的曲线；中央经线上的纬线间距，从投影中心向南、向北逐渐缩短。

斜轴等积切方位投影没有面积变形，中央经线上的投影中心无变形，长度和角度变形随着远离投影中心而逐渐增大，等变形线为同心圆。

斜轴等积切方位投影常用于编制非洲以外的各大洲地图，各洲的投影中心一般采用下列位置。

亚洲图：φ_0=44°N， λ_0=90°E

欧洲图：φ_0=52.5°N，λ_0=20°E

北美洲图：φ_0=45°N，λ_0=100°W

南美洲图：φ_0=20°S，λ_0=60°W

3. 等积伪圆锥投影

等积伪圆锥投影也称彭纳投影。彭纳投影是一种等积切伪圆锥投影，它是法国水利工程师彭纳于 1752 年为制作法国地图而创立的地图投影方式。1832 年法国曾使用彭纳投影测制了 1∶8 万的地形图；19 世纪中叶欧洲一些国家使用彭纳投影测制地形图，后因非等角投影不适合地形图而被逐步放弃；20 世纪 50 年代，我国出版的分省地图集中，采用彭纳投影编制了中国政区图。

彭纳投影满足的条件为：中央经线投影为直线，且无长度变形；纬线投影为同心圆圆弧，且无长度变形；中央经线与所有纬线正交，中间纬线（切纬线）与所有经线正交；经线投影是对称于中央直经线并向外突出的曲线；面积比为 1。

彭纳投影除了中央经线与各纬线、中间纬线与各经线正交外，其余经纬线都不正交，因此经纬线方向不是主方向。沿中央经线和中间纬线无投影变形，离开这两条线越远，其经线长度和角度的变形越大。彭纳投影的经纬线形状如图 2-34 所示。

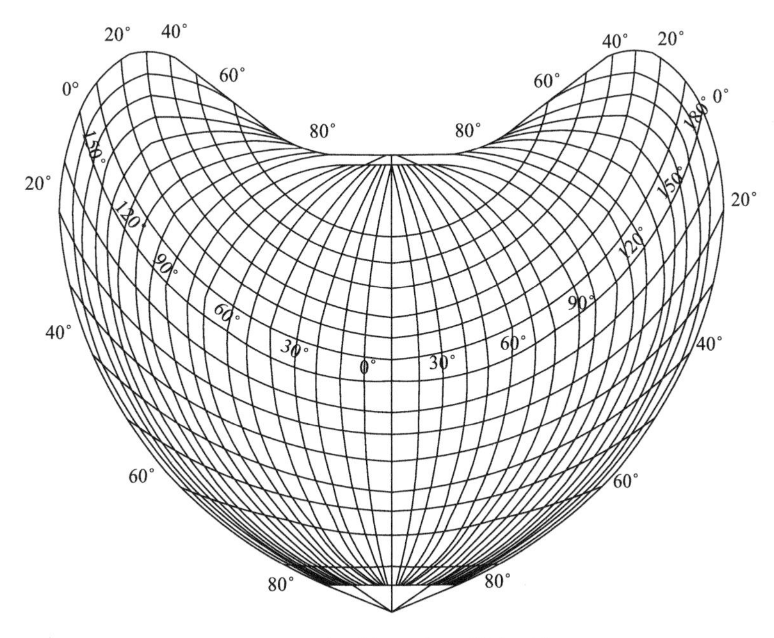

图 2-34　彭纳投影的经纬线形状

彭纳投影常用于中纬度地区的小比例尺地图。我国出版的《世界地图集》中的亚洲政区图、英国出版的《泰晤士世界地图集》中的澳大利亚与西南太平洋地图，采用的都是彭纳投影。

七、地图投影的识别、选择及投影变换

不同类型的地图、同一类型不同比例尺的地图或同一类型相同比例尺不同区域的地图，采用的地图投影方式都有可能是不同的。面对众多的地图，面对众多的地图投影方式，需要

能够识别已有地图的投影方法、选择编制地图的投影方法，而且对地图的不同投影方法进行投影变换。

（一）地图投影的识别

地图投影的识别，主要是针对小比例尺地图，因为大、中比例尺地图一般属于国家基本比例尺地形图，这些地图的投影方式国家已有相关规定。

识别地图投影方式，主要是通过一定的分析、量算和推断，确定以下三个问题：①投影种类，属于方位、圆柱、圆锥或其他投影；②变形性质，属于等角、等积或等距投影；③投影方式，投影面与地球椭球面的相关位置，属于相切还是相割、中心点和标准线的位置。

当确定了一幅地图的投影种类、变形性质和投影方式等三个问题后，这幅地图的投影就识别出来了。

1. 识别投影种类

不同种类的地图投影方式，其投影后的经纬线形状是不同的。因此，要识别出地图的投影种类，应该主要从地图的经纬线形状来判断。

识别地图的投影种类，就是需要对地图上展示的经纬线形状是直线还是曲线、是同心圆弧还是同轴圆弧，以及相邻两条经线夹角与实地经差是否相等这一系列的问题，都能明确判定。

关于地图投影后的经纬线形状是直线还是曲线，比较容易判断，可以用直尺直接在地图上比量。若判读地图投影后的经纬线形状为曲线，则需要进一步明确该曲线是圆弧还是其他曲线。此时可用一片塑料片或透明纸先在地图上沿一条曲线的一段距离定出三个以上的点，然后沿曲线移动此透明纸。若在曲线的不同部位，所定的几个点处处都与曲线吻合，则这条曲线为圆弧，否则为其他曲线。

关于地图投影后的经纬线形状是同心圆弧还是同轴圆弧的判断，可量测相邻圆弧间的垂直距离是否处处相等。若处处相等，则为同心圆弧，否则为同轴圆弧。

正轴方位投影和正轴圆锥投影的经纬线形状基本相似，所不同的仅在于两经线间的夹角投影后不一样。这两种投影区分时，可采用两种方法。第一种方法是：量测相邻两条经线的交角是否与实地相等，若相等，则为正轴方位投影，否则为正轴圆锥投影。第二种方法是：根据制图区域所在的地理位置，若制图区域处于极地位置，则为正轴方位投影，否则为正轴圆锥投影。

2. 识别投影变形性质

当识别出投影的种类为某一系统的投影后，就可以进一步确定投影的变形性质是等角、等积还是任意投影。

识别投影的变形性质时，投影后的经纬线形状仍然是判断的重要标志。例如，若投影的经纬线的交角不正交，则不是等角投影；同一条纬度带内，经差相同的球面梯形间面积相差较大，则不是等积投影；同一条经线上相同纬差的经线长度不相等，则不是等距投影。

值得注意的是，等角投影的经纬线正交，但经纬线正交的投影不一定是等角投影。例如，正轴方位投影、正轴圆柱投影、正轴圆锥投影的经纬线都是正交的，但不全为等角投影，而是各有等积投影和等距投影。所以，识别投影的变形性质需要将经纬线形状和其他量算条件综合使用。

有的投影需要量算经纬线的长度比，才能确定投影的变形性质。具体量算方法是：过经纬线的交点作经线和纬线的切线，判断两切线的夹角是否为 90°；若两切线正交，则再量测交点上下和左右等长的一段经线和纬线弧长，从制图用表中查取地球椭球面上相应的这段经线和纬线弧长，并按地图主比例尺分别计算出经纬线长度比 m 、 n 。为了便于比较，需要在一幅图的不同部位取经纬线交点，计算出多个经纬线长度比 m 、 n 。若 $m=n$ ，则为等角投影；若 $m\times n=1$ 或为一常数，则为等积投影；若 $m=1$ 或为一常数，则为等距投影。

当地图的经纬线不正交时，还需要量测经纬线的交角 θ ，由 m、n、θ 计算出极值长度比 a、b ，然后判断投影是等积还是任意投影。

3. 识别投影方式

识别投影方式，就是要找出投影的中心点、标准纬线和其他无变形线等。

对于一些常见的地图投影，如方位投影，中心点在中央经线上。可量算中央经线上与各纬线交点间的长度比 m ，根据 m 的变化是对称于中心点的性质，可找出中心点的位置，中心点一般在制图区域的中部。

在正轴圆柱投影中，赤道以外的各纬线长度比都大于 1，则为切圆柱投影。若赤道及其邻近的纬线长度比小于 1，逐步随纬度的增加计算各长度比 n ，则可以找到 $n=1$ 的纬线，即标准纬线。

在圆锥投影中，一般采用双标准纬线的圆锥投影。可根据经线上各点的纬线长度比变化规律，即双标准纬线间，纬线长度比 $n<1$ ；双标准纬线外，纬线长度比 $n>1$ 。在 n 大于 1 和小于 1 之间，可找到 $n=1$ 的两条标准纬线。

（二）地图投影的选择

地图投影作为地图的数学基础之一，具有非常重要的作用。地图投影选择的是否合适，关系地图编制的精度和地图的实用价值。

关于地图投影的选择，不包括国家基本比例尺地形图。因为国家基本比例尺地形图的投影方式，国家测绘主管部门已有规定，作为国家基本测绘法颁布执行。地图投影的选择主要是针对全国或地区的中、小比例尺的地图或地图集。

选择地图投影时，需要考虑的因素主要有：地图的用途，制图区域的大小、形状和地理位置，地图的出版方式，以及其他特殊要求等。

1. 地图的用途

编制地图选择地图投影时，首先需要考虑的问题就是地图的用途。

例如，航海图、航空图、天气图和军事地图等，都要求方位正确，应该选择等角投影；行政区划图、自然区划图和土地利用图等，都要求面积正确，应该选择等积投影；城市防空图、雷达站图和地震监测站图等，都要求以某点为中心与四周不同半径范围内有密切联系，应该选择等距方位投影。

在考虑地图用途时，还应顾及用图对象的感受能力。对于中、小学生用的地图，应选择有球形感的地图投影；对于大学生和科技人员用的地图，应选择投影变形小的地图投影。

没有要求的普通地图，可根据图上量算的精度要求选择地图投影。例如，高精度量测的地图，要求长度与面积变形在±0.5%和角度变形在 0.5°以内；中等精度量测的地图，要求长度与面积变形在±（1%～2%）和角度变形在 1°～2°；近似量测的地图，要求长度与面积变形在±（3%～4%）和角度变形在 3°～5°。

2. 制图区域的大小、形状和地理位置

选择地图投影主要是针对大区域的小比例尺地图。

关于制图区域，最大的是整个世界，其次为半球、各大洲，以及各个国家、各省等。世界地图、半球地图、大洲地图和国家地图等的地图投影方式，前文已做阐述，在此不再赘述。

根据制图区域的形状选择地图投影方式，应该遵循的原则是：选择投影的等变形线与制图区域轮廓线的形状基本上一致的投影，就是这一区域最合适的地图投影。根据这一原则，并结合制图区域的地理位置，可选择合适的地图投影方式。例如，制图区域近于圆形，应采用方位投影；中心点在两极附近，选择正轴方位投影；中心点在赤道附近，选择横轴方位投影。制图区域沿着纬线延伸的中纬度地区，如我国、美国、俄罗斯等，应选择正轴圆锥投影。制图区域沿着经线方向延伸的地区，如智利、阿根廷等，应选择横轴圆柱投影或多圆锥投影。制图区域沿着任一方向延伸的地区，如我国的东北各省，应选择斜轴圆柱投影或正轴圆锥投影。

3. 地图的出版方式

根据地图的出版方式选择地图投影，主要是针对地图集。

地图集是一批或几组地图的系统汇编，各图组或各幅图的内容、区域可能不同，对投影的要求也随之不同。例如，经济地图组一般要求面积正确，但其中的交通运输图，则要求方向、距离正确；自然地图组的投影要求也不相同。一本地图集中，不能采用多种地图投影方式。

地图集中地图投影的选择，一般遵循的原则是：对于没有特殊要求的图幅，选择面积和角度变形都不太大的等距投影；对于面积和角度有要求的图幅，选择等积和等角投影；尽可能选择一致的投影系统（如采用圆锥投影系统中的等角、等积、等距投影）。

有时，同一制图区域，由于编制地图的主题和范围略有不同，需要选择不同的地图投影方式。例如，编制中国全图时，将南海诸岛作为插图，选择正轴圆锥投影；不将南海诸岛作为插图，选择斜轴方位投影。

总之，对于某一制图区域选择地图投影时，应该选择两种以上的地图投影方案，通过计算，展绘经纬网略图和等变形线分布略图等，并进行详细的分析、比较，从而选择出最合适的地图投影方式。

（三）地图投影变换

地图投影变换就是将资料地图的地图投影变换为新编地图的地图投影的过程。例如，将高斯投影的地图变换为 UTM 投影的地图，或将墨卡托投影的地图变换为高斯投影的地图。在资料地图和新编地图间进行投影变换，是测绘数据生产实践中经常遇到的问题。

地图投影变换方法主要有解析变换法和数值变换法。

1. 解析变换法

解析变换法是根据资料地图和新编地图的两种投影的坐标方程式，以及已知有关常数，直接建立投影变换的解析计算公式，从而完成地图投影变换的方法。解析变换法分为反解变换法和正解变换法。

反解变换法是按照资料地图的投影坐标公式，反解出资料地图投影的地理坐标（φ，λ），然后代入新编地图的投影坐标公式中，求得新投影点的直角坐标的方法。正解变换法是在确定资料地图和新编地图相应直角坐标关系式的基础上，直接利用两种地图的直角坐标关系式进行投影变换的方法。

下面来介绍解析变换法进行地图投影变换的方法。

设资料地图投影的坐标公式为

$$\begin{cases} x = f_1(\varphi, \lambda) \\ y = f_2(\varphi, \lambda) \end{cases} \tag{2-23}$$

设新编地图投影的公式为

$$\begin{cases} X = \phi_1(\varphi, \lambda) \\ Y = \phi_2(\varphi, \lambda) \end{cases} \tag{2-24}$$

按照解析变换法，由式（2-23）反解出φ、λ，则有

$$\begin{cases} \varphi = \psi_1(x, y) \\ \lambda = \psi_2(x, y) \end{cases} \tag{2-25}$$

将式（2-25）代入式（2-24），得到新编地图的坐标公式

$$\begin{cases} X = \phi_1\left[\psi_1(x, y), \psi_2(x, y)\right] \\ Y = \phi_2\left[\psi_1(x, y), \psi_2(x, y)\right] \end{cases} \tag{2-26}$$

式（2-26）是解析变换法进行地图投影变换采用的数学模型。

2. 数值变换法

当资料地图投影点的直角坐标解析式无法求得，或不易求出资料地图和新编地图两种投影间的平面直角坐标关系式时，可采用数值变换法进行地图投影变换。

数值变换法一般采用三次多项式模型，即

$$\begin{cases} X = a_{00} + a_{10}x + a_{01}y + a_{20}x^2 + a_{11}xy + a_{02}y^2 + a_{30}x^3 + a_{21}x^2y + a_{12}xy^2 + a_{03}y^3 \\ Y = b_{00} + b_{10}x + b_{01}y + b_{20}x^2 + b_{11}xy + b_{02}y^2 + b_{30}x^3 + b_{21}x^2y + b_{12}xy^2 + b_{03}y^3 \end{cases} \tag{2-27}$$

式中，(X,Y)为新编地图上的点坐标；(x,y)为资料地图上的点坐标；$a_{00}, a_{10}, a_{01}, \cdots, a_{03}$和$b_{00}, b_{10}, b_{01}, \cdots, b_{03}$为三次多项式系数，为未知数，共有 20 个。

数值变换法进行地图投影变换的具体过程如下。

（1）已知 10 个以上的重合点坐标。重合点，就是该点位具有资料地图和新编地图的两套坐标值。重合点需要在地图投影变换范围均匀分布。

要求重合点的个数为 10 个以上的原因是：一个重合点按照式（2-27）可以列出 2 个方程式，10 个以上的重合点可以列出 20 个以上的方程式；需要解算的三次多项式系数为 20 个；20 个以上的方程式可以解算出 20 个未知数，而且能够对解算值进行检验并提高解算精度。

（2）将 10 个以上重合点的坐标代入式（2-27），解算 20 个三次多项式系数。

（3）将解算出的 20 个三次多项式系数代入式（2-27），进行资料地图与新编地图的投影变换。

利用数值变换法进行地图投影变换时，若需要变换的制图区域较大，可采用分块地图投影变换的方法，以提高地图投影变换精度。

目前，地图投影变换多采用数值变换法。

第三节　地图比例尺

随着国民经济的快速发展以及人们生活条件的不断改善，我国城市化水平得到了很大的

提高，城市规模也越来越大。规划和管理城市区域，需要绘制具有一定比例尺的地图产品。地图比例尺决定着实地面积反映到地图上面积的大小，随着地图比例尺的缩小，制图区域表现在地图上的面积呈等比级数被缩小，这直接影响着地图内容表达的详细程度。

一、地图比例尺的概念

地球表面是一个极不规则，有高低起伏且不可展平的曲面，如果按照一定的方法将地表展平到平面上，地形图上各部分的比例尺必然发生分异，这种分异可能是水平方向的，也可能是垂直方向的，与制图区域的大小有很大的关系。

下面分两种情况讨论地图比例尺的概念。

（一）制图区域较小

当制图区域较小（制图区域半径小于 20km）时，地图平面和地球椭球面之间的一些差异可以忽略不计，也就是说，地图投影变形较小，地图上各方向长度缩小的比例近似相等。此时，地图比例尺是指地图上某线段的长度与其相应的实地长度之比。这种地图比例尺的概念适合于大比例尺地图。

其数学表达式为

$$\frac{1}{M}=\frac{L}{D} \tag{2-28}$$

式中，L 为地图上某线段的长度；D 为相应线段在实地上的长度；M 为地图比例尺分母。

例如，地形图某线段长为 L=1.0cm，其在实地的长度为 D=500m，则该地形图的比例尺为 $\frac{1}{M}=\frac{L}{D}=\frac{1.0\text{cm}}{500\text{m}}=\frac{1}{50000}$。

（二）制图区域较大

当制图区域较大（制图区域半径大于 20km）时，随着制图区域的扩大，地图平面和地球椭球面之间的差异逐渐明显，不可忽略不计，采用的地图投影也会比较复杂，地图上的长度因所在位置和方向不同而发生了变化。当地球椭球面被展平缩小到平面上时，就会产生不均等的变化，使地图上出现了不同的比例尺。有的点或线在地图投影后没有发生变形，这些点或线上的比例尺为主比例尺。而地图上其他位置的比例尺大于或小于主比例尺，这种比例尺是局部比例尺。有主比例尺和局部比例尺之分的地图主要是中、小比例尺地图。

针对制图区域较大的地图比例尺，因为地图上的比例尺不一致，所以有关地图比例尺的概念若沿用小区域的地图比例尺，显然是不合适的。

通过综合分析，无论是较小还是较大的制图区域，地图比例尺的概念可以统一定义，即地图比例尺是地图上沿某方向的微分线段和地面上相应的微分线段水平长度之比。

地图比例尺是一个没有单位的比值。一般来说，根据地图的用途和制图区域的大小、图幅的尺寸等来选用相应的比例尺。在相同大小的图幅上，比例尺越小，地图上所表示的范围越大，精度越低，地图要素的细节表达越粗略；比例尺越大，地图所表示的范围越小，精度越高，地图要素的细节表达越精细。

二、地图比例尺的类型

地图比例尺主要有三种形式；数字比例尺、文字比例尺和图解比例尺。

（一）数字比例尺

数字比例尺是指用阿拉伯数字表示的比例尺。一般写成比值形式，如 1∶500、1∶10000、1∶50000 或写成 1∶500、1∶1 万、1∶5 万，也可以写成分式的形式，如 $\frac{1}{500}$、$\frac{1}{10000}$、$\frac{1}{50000}$。

数字比例尺简单易读、便于运算、有明确缩小的概念。

（二）文字比例尺

文字比例尺也称说明比例尺，是指用文字进行描述的比例尺。可以分成两种表示：一种是写成“一万分之一”“十万分之一”等；另一种是写成“图上 1mm 等于实地 10m”“图上 1mm 等于实地 100m”等。

（三）图解比例尺

图解比例尺是指用某种图形来表示图上距离和实地距离的关系的一种比例尺。图解比例尺可分为三种，即直线比例尺、斜分比例尺和复式比例尺。

1. 直线比例尺

直线比例尺是指以直线线段的形式来表示图上距离与实地距离关系的一种比例尺形式。直线比例尺如图 2-35 所示。

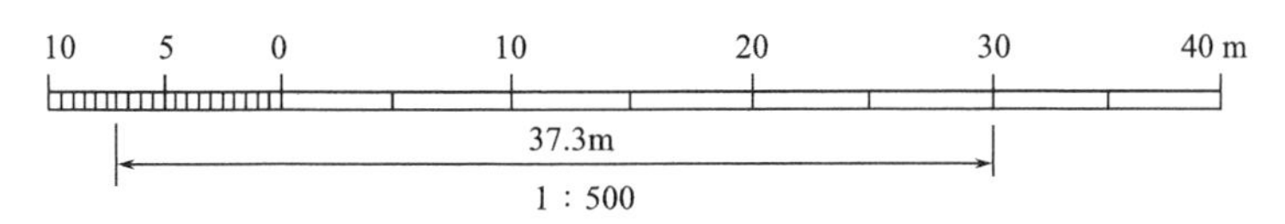

图 2-35　直线比例尺

直线比例尺又称为图式比例尺，可直接量取图内直线的水平距离，量距直接方便，不必进行换算，而且减小了因图纸伸缩而引起的量距误差。如图 2-35 所示，1∶500 的直线比例尺上量取的线段的实地长度为 37.3m。

2. 斜分比例尺

斜分比例尺又称为微分比例尺，是一种依据三角形相似原理而制成的图解比例尺。

斜分比例尺的制作方法是：先作一直线比例尺为基尺，以 2cm 长度为单位将基尺划分为若干尺段，过各分点作 2cm 长的垂线并 10 等分，连接各等分点成平行线；再对左端副段的上下边 10 等分，错开一格连成斜线，注上相应的数字即成。斜分比例尺如图 2-36 所示。

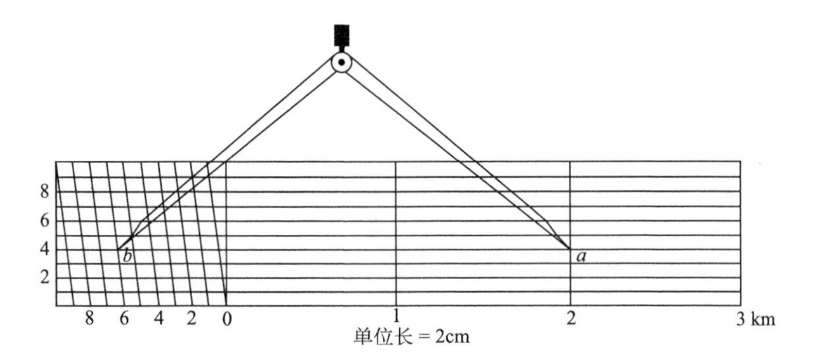

图 2-36　斜分比例尺

斜分比例尺可以准确读出百分之一基本单位，估读出千分之一。如图 2-36 所示，*ab* 线段为 2.64 个单位长度，若地图比例尺为 1∶5 万，则其实地长度为 2.64km；若比例尺为 1∶10 万，则其实地长度为 5.28km。

直线比例尺和斜分比例尺主要用于大、中比例尺地图。对于小比例尺地图，由于地图投影变形，每条经线（或纬线）的变形不同，不能采用直线比例尺和斜分比例尺进行地图量算，而应该采用复式比例尺。

3. 复式比例尺

复式比例尺也称投影比例尺，是一种由主比例尺和局部比例尺组合而成的比例尺。复式比例尺如图 2-37 所示。

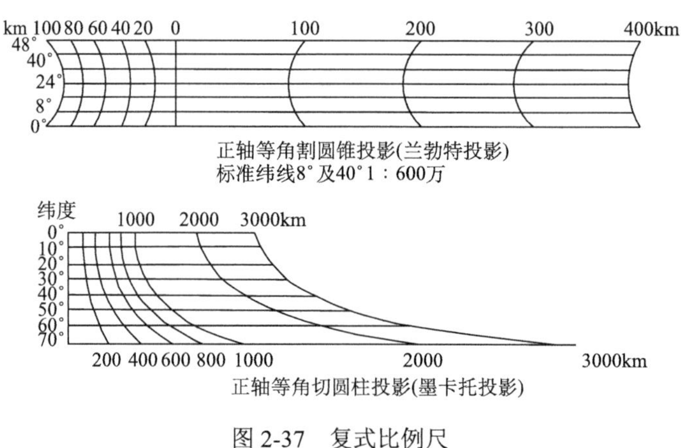

图 2-37　复式比例尺

绘制地图必须用地图投影来建立数学基础，但每种投影都存在变形。在大于 1∶100 万的地形图上，投影变形非常微小，故可用同一个比例尺——主比例尺表示或进行量测；但在小于 1∶100 万的更小比例尺的地图上，不同部位则有明显的变形，不能用同一比例尺表示和量测。因此，利用根据地图投影变形和地图主比例尺绘制成的复式比例尺，才能进行合理的地图量算。

复式比例尺由主比例尺和若干条局部比例尺构成，分为经线比例尺和纬线比例尺两种。以经线长度比计算基本尺段相应实地长度所作出的复式尺，称为经线比例尺，用于量测沿经线或近似经线方向某线段的长度；以纬线长度比计算基本尺段相应实地长度所作出的复式尺，称为纬线比例尺，用于量测沿纬线或近似纬线方向某线段的长度。量测标准线上某线段的长度，则用主比例尺尺线。

三、地图比例尺系统

各个国家的地图比例尺不尽相同，我国采用十进制米制长度单位。我国国家基本比例尺地形图见表 2-3。

小比例尺地图没有固定的比例尺系统，它根据地图的用途、制图区域的大小以及形状等条件来确定采用的比例尺大小。

表 2-3　我国国家基本比例尺地形图

数字比例尺	文字比例尺	图上 1mm 相当于实地/m	实地 1m 相当于图上/mm
1∶500	五百分之一	0.5	2
1∶1000	一千分之一	1	1
1∶2000	两千分之一	2	0.5
1∶5000	五千分之一	5	0.2
1∶10000	一万分之一	10	0.1
1∶25000	两万五千分之一	25	0.04
1∶50000	五万分之一	50	0.02
1∶100000	十万分之一	100	0.01
1∶250000	二十五万分之一	250	0.004
1∶500000	五十万分之一	500	0.002
1∶1000000	百万分之一	1000	0.001

四、地图比例尺的作用

地图比例尺的作用主要体现在以下五个方面。

1. 比例尺决定着地图图形的大小

地图比例尺标志着地图对地面的缩小程度，直接影响着选取、化简和概括地图表示内容的可能性。对于同一地区，比例尺越大，地图图形越大，反之亦然。地面上 $1km^2$，在 1∶1 万地图上为 $100cm^2$，在 1∶5 万地图上为 $4cm^2$，在 1∶10 万地图上为 $1cm^2$，在 1∶25 万地图上为 $0.16cm^2$。

2. 比例尺反映地图的量测精度

地图的精度就是地图的精确度，即地图的误差大小，是衡量地图质量的重要标志之一，它与地图投影、比例尺等有关。由于正常人的视力在一定的距离内只能分辨出地图上不小于 0.1mm 的两点间距离，当把地面上水平长度按比例尺缩绘到地图上时，就会存在 0.1mm 的误差。这种相当于图上 0.1mm 的地面水平长度，称为比例尺精度。根据比例尺精度，可以确定在实地测量时所能达到的准确精度。例如，在绘制 1∶1 万地形图时，其比例尺精度为 $0.1mm \times 10000=1m$，实际水平长度的量测精度只有 1m，即小于 1m 的地物就可以不用表示在 1∶1 万的地形图上。

3. 比例尺决定着地图内容的详细程度

同一地区或同类型的地图上，比例尺越大，地图上表示的内容越详细，误差越小，精度越高；比例尺越小，地图上表示的内容越简略，误差越大，精度越低。制作地图时，不能为了精度盲目地去选择大比例尺，而应该从实际需要的精度去选择合适的比例尺。如果一幅地图上没有标明比例尺，用图者将无法从图上获取有关地理信息的数量特征。

4. 比例尺在地理信息综合中的作用

对于地图来说，由于用途不同而需要确定不同的比例尺，即地图比例尺是地图用途的主要反映。大比例尺地形图作为数字城市基础地理信息系统的主要空间数据，在城市规划管理、交通中有着很重要的作用。中比例尺和小比例尺的区域地理图在区域发展与宏观决策中具有重要作用。这些都表现出比例尺既是地图用途的主要体现者，又是地图内容详细程度的主要决定者。

5. 比例尺在制图综合中的作用

地图制图的基本目的是通过缩小图形来显示客观世界，但是仅仅缩小图形并不能实现人们想要看到的地理现象的各种特征和分布规律，可能还会产生一些人们不需要的结果，如相邻的离散地物挤在一起，复杂的地物轮廓增加了事物的复杂性。为了使人们能够看到清晰的图形，比例尺在制图综合中的作用就体现出来了，地图比例尺决定着实地面积反映到地图上面积的大小，它对制图综合的制约主要反映在综合程度、综合方向和表示方法等方面。

第四节　地 图 定 向

地图定向，就是确定地图上图形的地理位置方向。为了满足地图使用的要求，规定在比例尺大于 1∶10 万的各种地形图上绘制出三北方向和三个偏角的图形。

一、地图的三北方向

地图的三北方向是指真北方向、磁北方向和坐标纵线北方向。

真北方向是过地面某点真子午线的切线北端所指示的方向，其方向线称为真北方向线或真子午线。地形图上东西内图廓线就是真子午线。

磁北方向是地形图上磁南、磁北两点连线所指示的方向，其方向线称为磁子午线。

坐标纵线北方向是平面直角坐标系中坐标纵轴正向所指示的方向，其方向线称为坐标纵线。

一般情况下，地图的三北方向线——真子午线、磁子午线和坐标纵线是不重合的。

二、地图的三种偏角

由地图的三北方向线彼此构成的夹角称为偏角，偏角有以下三种。

（1）子午线收敛角是指过某点的真北方向与坐标纵线北方向之间的夹角，以真北方向为起始轴，顺时针为正，逆时针为负，一般用 γ 表示。

（2）磁偏角是指过某点的真北方向与磁北方向之间的夹角，以真北方向为起始轴，顺时针为正，逆时针为负，可用 β 表示。

（3）磁坐偏角是指过某点的坐标纵线北方向与磁北方向之间的夹角，以坐标纵线北方向为起始轴，顺时针为正，逆时针为负，可用 θ 表示。

三、地图的三种方位角

从直线一端的基本方向起，顺时针方向转至与该直线重合的水平角度称为该直线的方位角。方位角的取值范围为 0°～360°，方位角有真方位角、磁方位角和坐标方位角。

真方位角是指由真北方向起算的方位角，磁方位角是指由磁北方向起算的方位角，坐标方位角是指由坐标纵线北方向起算的方位角。这三种方位角之间有以下关系：

真方位角=磁方位角+磁偏角

真方位角=坐标方位角+子午线收敛角

磁方位角=坐标方位角−磁坐标偏角

坐标方位角=磁方位角+磁偏角–子午线收敛角

地图的三北方向、三种偏角、三种方位角如图 2-38 所示。

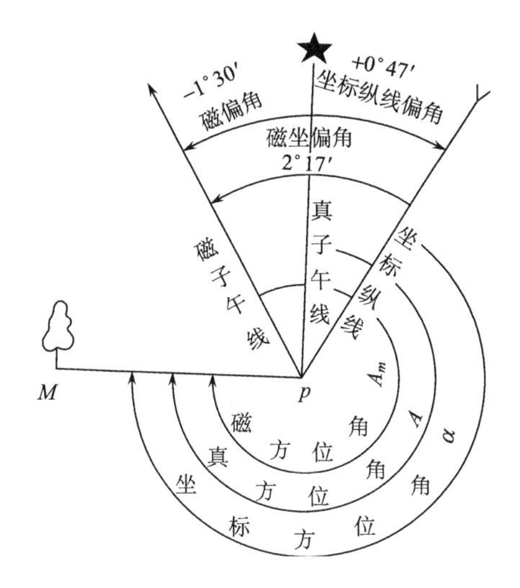

图 2-38　地图的三北方向、三种偏角、三种方位角

四、地图的三种定向方法

地图的定向方法有三种，即一般定向法、指向标定向法和经纬网定向法。

一般定向法就是在没有指向标也没有经纬网的地图上，采用“上北下南，左西右东”的地图定向方法。

指向标定向法就是在有指向标的地图上，以指向标的方向进行地图定向的方法。地图上的指向标一般指向北。

经纬网定向法是在有经纬网的地图上，纬线切线指向东西，经线切线指向南北。

在三种地图定向方法中，经纬网定向方法比较精确。

在一些地图上，用指向标来表示方向。而对于一些小比例尺地图，有时图上的经线不是平行直线，纬线也是一些弯曲的弧线，这时，只能通过经线和纬线的切线来判断方向。对于大比例尺地图，尤其是远离极地地区的地图，经线和纬线几乎接近直线，在地图上可以“上北下南，左西右东”来进行地图定向。有时，由于地图比例尺太大，图上没有画出经线和纬线，这种情况下，地图的左右图廓线就是经线方向，上下图廓线就是纬线方向。

思　考　题

1. 我国采用过的国家坐标系统有哪些？

2. 什么是地图投影？为什么说地图投影的变形是不可避免的？如何描述地面一点的投影变形？如何描述地面一个区域的投影变形？

3. 地图投影按变形性质分为哪几类？它们的特性是什么？

4. 简述高斯投影和 UTM 投影的区别。

5. 一个地图投影的完整名称应该包括什么？举例说明。

6. 说明高斯投影的变形性质、变形分布规律及其用途。

7. 为什么我国编制的世界地图一般采用等差分纬线多圆锥投影？

8. 假设 *A* 点在高斯投影 35 带的坐标为（5278543.1m，35641380.7m），计算：

（1）*A* 点的真实坐标；

（2）若需要将 *A* 点投影换带到 36 带，说明换带方法；

（3）*A* 点的 UTM 投影坐标。

9. 按照墨卡托投影，从非洲的好望角到澳大利亚的墨尔本，轮船是如何航行的？

10. 说明数值变换法进行地图投影变换的过程。

11. 什么是地图比例尺？如何绘制直线比例尺？并说明利用直线比例尺量取实际距离的方法。

12. 简述地图比例尺的种类及作用。

13. 什么是地图定向？画图说明真方位角、磁方位角、坐标方位角等三种方位角的关系。

第三章 地图语言

地图语言用于研究符号与读者间的关系。符号要有辨别性和易懂性，保证读图者能快速阅读、牢固记忆。地图语言有写与读两个功用：写就是制图者把制图对象用一定符号表示在地图上；读就是读图者通过对符号的识别，认识制图对象。地图语言同文字语言比较，最大的特点是形象直观，既可表示各事物和现象的空间位置与相互关系，反映其质量特征与数量差异，又能表示各事物和现象在空间和时间中的动态变化。

第一节 地图语言概述

地图是人们获取空间信息和相关概念的主要途径，而地图编制是制图工作者利用一些记号进行组合与编排，从而构成所选空间现象的视觉表象。当记号的可视化特征与其所选取的信息特征发生联系时，这些记号就被赋予了定性和定量的含义，记号也就变成了特定的符号。若在平面上配置这种符号时，同时赋予其地学意义，则其显示就成了地图。

地图符号是一种表现性符号，它从其视觉形象取代抽象概念，直观明确、生动形象，易于被人们理解。

一、地图符号的概念

符号是用来表达概念、传输信息的工具，也就是说，它是一种标志，用以代表某种事物现象的记号。地图符号是具有空间特征的一种符号，是地图的一种图解语言，也是传输地图信息的媒介。

地图符号从广义上讲，它是表示地球上各种事物的线划图形、色彩、数学语言及注记的总和；若从狭义上看，它是指在图上来表示制图对象的空间分布、数量、质量等特征的标志和信息载体，包括线划符号、色彩图形和注记。

地图符号也称为地图语言。它同文字语言一样，也具有“读”和“写”两种功能，“读”即用图者通过识别地图符号来认识制图对象，而“写”则是制图者将制图对象用相应的符号表现于地图上。

地图虽然有千差万别的形式，但从其所表示的地理信息而言，无非是空间数据在程度或量度上的不同。读者从符号在地图上的具体位置，即可确定事物和现象的空间分布，也可从符号的大小或色调来获取事物或现象的数量差异，同样可从符号的形状或色彩来辨认代表事物和现象的类型或质量。因此，地图符号是地图特有的“形象语言”，有“读图钥匙”之称。

二、地图符号的特性

地图符号用来系统地表达地图的内容，它不但具有对各种物体和现象的概括力，数量、质量特征及类属的表现力，而且还能反映出不同制图区域的地理分布规律和特征，从而保证地图信息的负载量。地图符号与地图注记配合，不但能表示实地上能直观感觉到的物体，而且可以表示出肉眼看不到的事物和现象，如名称、数量特征和质量特征等。

（一）地图符号的抽象性

地图符号是一种专用的图解符号，它采用便于空间定位的形式来表示各种物体和现象的性质与相互关系，可记录、转换和传递各种自然和社会现象，并在地图上形成客观实际的空间形象。因此，地图符号既能表示具体的、现实的地理事物，又能表示抽象的、历史存在的和将要实现的地理事物，并以可视的形式表现出来。

（二）地图符号的约定性

地图符号本身是建立在约定关系基础之上，即人为规定的特指关系之上的人造符号。地图符号化的过程就是建立地图符号与抽象概念之间的对应关系过程，是一种约定过程。在其约定过程中，可以选择不同的符号去代指一个抽象的概念，但当这种选择被确定下来之后，这些符号就具有了法定性和相应的约定性。

（三）地图符号的系统性

一方面，地图符号是由一系列线划符号、色彩符号和地图注记组成的相互关联的统一体；另一方面，地图符号表现为对于某种事物现象，能根据其性质、结构等划分为类、亚类、种属等不同类别或级别，分别设计出相互关联的系列符号与其对应，构成此种事物现象的符号链。

三、地图符号的分类

随着地图内容的扩展和地图形式的多样化，地图符号也在不断变革、充实和改善，地图符号的类别也将更多。

（一）按制图对象的几何特征分类

按制图对象的几何特征可将地图符号分为点状符号、线状符号和面状符号。

1. 点状符号

点状符号是指地图符号所代表的概念在抽象的意义下可认为是定位于几何上的点。点状符号具有点的性质，不论符号大小，实际上以点的概念定位，而符号的面积不具有实地的面积意义，如旗杆、避雷针、路灯等，如图 3-1 所示。

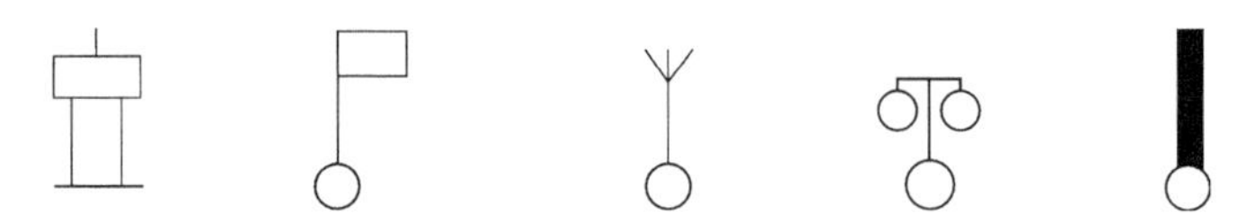

图 3-1 地图上的点状符号

2. 线状符号

当一个符号所代表的概念在抽象的意义下可认为是定位于几何上的线时，称为线状地物。这时符号沿着某一方向延伸且其长度与地图比例尺有关，如高压线、通信线、铁路等，如图 3-2 所示。

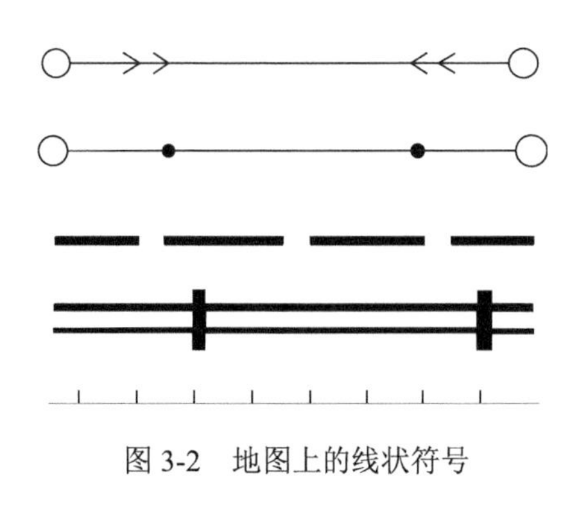

图 3-2 地图上的线状符号

线状符号主要用来说明物体的类别、位置特征和物体等级等。物体类别是通过线状符号的形状或颜色的色相来表示的；物体位置是通过符号的中心线来表示的；物体等级是通过符号的尺寸（线的粗细）或颜色的亮度变化来表示的。

3. 面状符号

当一个符号所代表的概念在抽象的意义下可以认为是定位于几何上的面时，称为面状符号。这时符号所处的范围同地图比例尺有关，无论这种范围是明显的还是隐喻的，是精确的还是模糊的，如居民地、旱地、湖泊等的分布范围和区域，如图 3-3 所示。

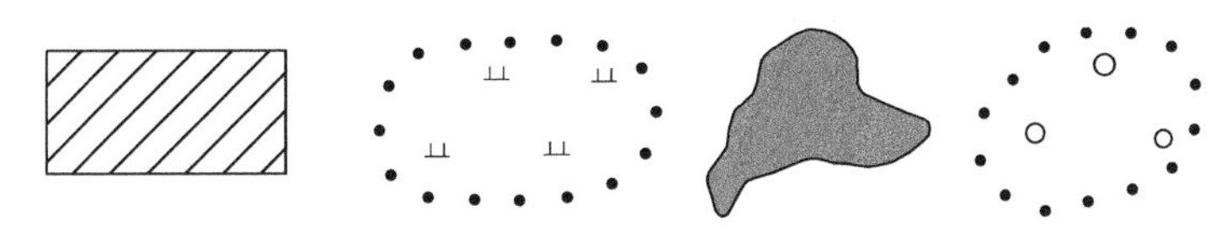

图 3-3　地图上的面状符号

面状符号主要用来说明物体（现象）的性质和分布范围。物体性质是通过面状符号内部颜色的色相、亮度、饱和度、网纹的变化或内部点状符号的形状变化来表示的，而物体的分布范围是通过面状符号的外围轮廓线表示的。另外，面状符号是依比例尺变化的，其分布范围即其实际位置，当其面积小于一定尺寸时就转化为点状符号。

（二）按符号与地图比例尺的关系分类

按符号与地图比例尺的关系可将地图符号分为依比例符号、半依比例符号和不依比例符号。

1. 依比例符号

制图对象是否可按地图比例尺用与实地相似的面积形状来表示，取决于对象本身的面积大小和地图比例尺大小。只有当制图对象在一定比例尺的条件下，其宽度或面积仍可保持在图解清晰度允许的范围内时，才可使用依比例符号。依比例符号主要是面状符号，其符号大小和形状与地图比例尺之间有着准确的对应关系，如地图上的林地、农田、居民地等，如图 3-4 所示。

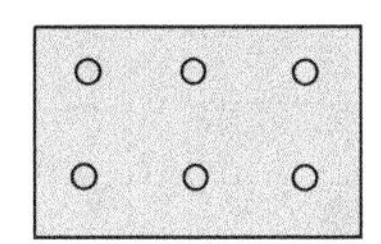
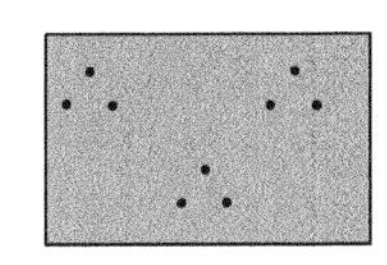
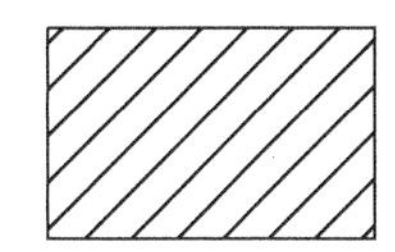
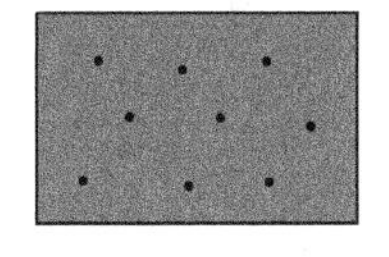

图 3-4　依比例符号

依比例符号由外围轮廓和其内部填充标志组成。轮廓表示物体的实际位置和形状，有实线、虚线和点线之分；填充标志则包括符号、注记、纹理和颜色，其作用是用来说明物体的性质，其中注记是辅助说明物体数量特征和质量特征。

2. 半依比例符号

半依比例符号主要是线状符号，是只能保持物体平面轮廓的长度，而不能保持其宽度的符号。半依比例符号所表示的物体在实地上是狭长的线状物体，按比例缩小到图上以后，其长度是按比例表示，而宽度却不能按比例表示。例如，一条宽度为 4m 的农村公路，在 1∶10 万比例尺图上，若依比例表示，则只能用 0.04mm 的线显示，此时人眼无法分辨，因此只能采用半依比例符号来表示。半依比例符号只能供其量测位置和长度，不能量测宽度，如地图上的公路符号、境界线符号、城墙符号等，如图 3-5 所示。

图 3-5　半依比例符号

3. 不依比例符号

不依比例符号主要是点状符号，它不能保持物体平面轮廓的形状，也称记号性符号。不依比例符号一般所表示的是面积较小的独立物体，按比例缩小到图上后只能呈现为一个小点，无法显示其平面轮廓，但由于其重要性，只能采用不依比例符号来表示。不依比例符号只能显示物体的位置和意义，不能用来量测物体的面积和高度，如地图上的三角点符号、亭子符号、水塔符号等，如图 3-6 所示。

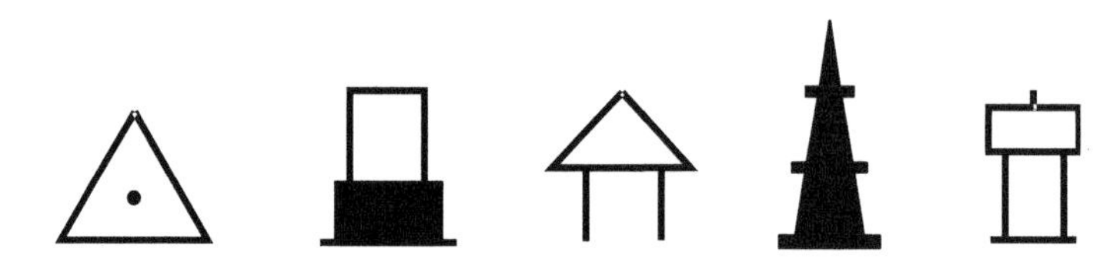

图 3-6　不依比例符号

在地图上，地面物体究竟是采用依比例符号、半依比例符号还是不依比例符号来表示，这是相对的，随物体大小的差异和地图比例尺的变化而变化。原来依比例表示的物体，随着比例尺缩小，可能就会变成半依比例符号或不依比例符号。

（三）按符号的形状特征分类

根据符号的形状特征可将地图符号分为几何符号、透视符号、象形符号和文字符号等，透视符号和象形符号也称为艺术符号。

1. 几何符号

用简单的几何形状和颜色所构成的记号性符号，称为几何符号。此类符号可体现制图现象的数量变化，如三角形符号、圆形符号等，如图 3-7 所示。

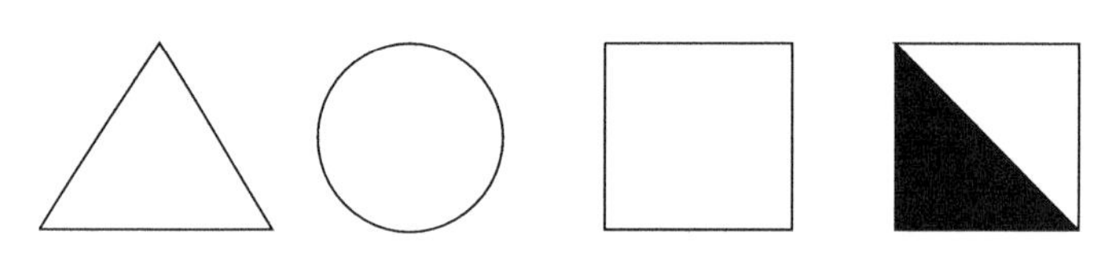

图 3-7　几何符号

2. 透视符号

从不同视点将地面物体加以透视投影得到的符号，称为透视符号。根据观测制图对象的角度不同，又可将地图符号分为正视符号和侧视符号。普通地图上的面状符号基本属于正视符号，点状符号大多属于侧视符号，如球体、箭头、圆锥等，如图 3-8 所示。

3. 象形符号

对应于制图对象形态特征的符号，称为象形符号，如机场、医院、加油站等，如图 3-9 所示。

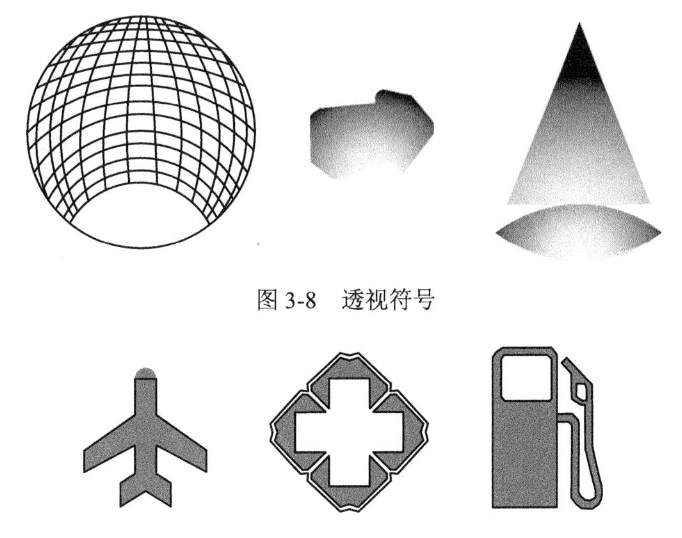

图 3-8 透视符号

图 3-9 象形符号

4. 文字符号

以所表示制图对象名称核心字或开头第一、二个字母表示地图内容的符号，称为文字符号。文字符号可以望文生义，但不易定位和比较其大小差异，特别是许多汉字笔画繁多，地图上较少使用，如停车场、公共汽车站、学校、宾馆等的符号，如图 3-10 所示。

图 3-10 文字符号

四、地图符号的量表系统

地图借助于专门的符号来表达客观事物。把各种物体和现象用地图符号表示出来，是一种抽象和概括的过程，这个过程需要运用一定的“尺度”来描绘符号，以便通过符号反映客观事物质和量的特点，这种“尺度”称为地图的量表系统。地图符号的量表系统包括定名量表、顺序量表、间距量表和比率量表。

（一）定名量表

对空间信息的处理只使用定性关系，一般不使用定量关系的量表称为定名量表，如城市、矿山等（点状符号）；河流、道路等（线状符号）；沼泽、沙漠等（面状符号），如图 3-11 所示。

（二）顺序量表

按某种区分标志把事物现象构成的数组进行排序，区分为一种相对等级的方法称为顺序量表。

其排序标志有单因素排序、多因素排序、定性排序、依某种数量关系排序（如四分位数法）等。顺序量表只能区分出大小（如大、中、小）、优劣（如优、良、中、差）、高低（如高、中、低）等相对等级，结果不产生制图对象的数量概念，且无起始点，如图 3-12 所示。

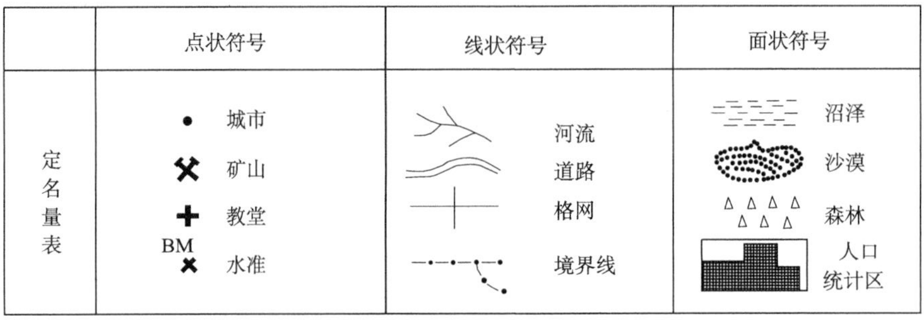

点状符号
线状符号
面状符号
定名量表
城市
矿山
教堂
BM
水准
河流
道路
格网
境界线
沼泽
沙漠
森林
人口
统计区

图 3-11　定名量表

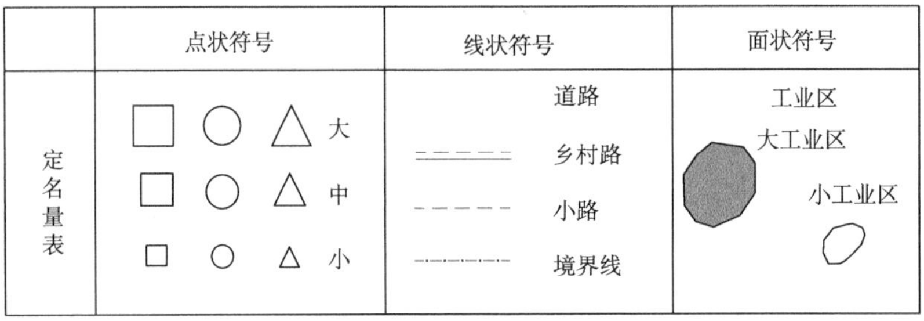

点状符号
线状符号
面状符号
定名量表
大
中
小
道路
乡村路
小路
境界线
工业区
大工业区
小工业区

图 3-12　顺序量表

（三）间距量表

间距量表是指利用某种统计单位（算术平均值、标准差）对顺序量表的排序增加距离信息。

间距量表无固定的绝对零值，故只能计算相互间的差值。间距量表对制图对象的表述比定名量表、顺序量表更精确。

（四）比率量表

比率量表以制图数据的起始点为基础，按某种比率关系进行排序，且呈比率变化，间距-比率量表如图 3-13 所示。

四种量表是有序且相互关联的，即比率量表可处理为间距、顺序或定名量表，但定名量表信息只能用定名量表处理，不能变为其他量表。

地图符号量表的不同，体现了人们对客观现象考察角度的差别，因此，具体采用何种量表与人们的研究目的有关，采用这些量表形式的地图符号更体现了地图概括和抽象的特点。

点状符号
线状符号
面状符号
间距-比率量表
重复的
每点代表75人
梯度一维的
柱状符号
二维的方形
重复的等值线
60
40
20
流动线
1500
1000
500
0
密度
高程

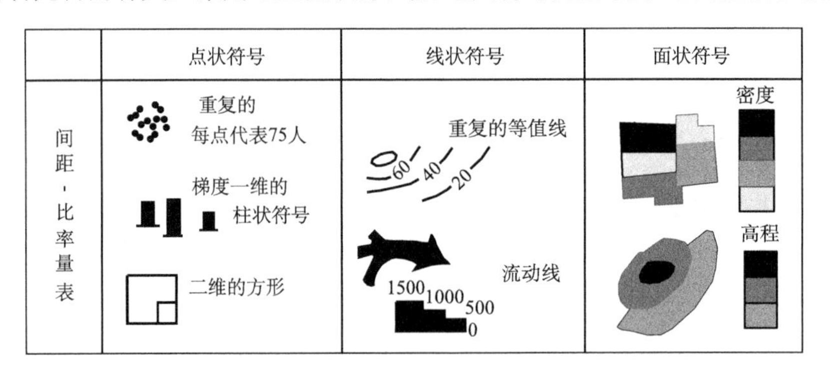

图 3-13　间距-比率量表

第二节　地图符号的视觉变量

一、视觉变量的概念

视觉变量也称图形变量，它是引起视觉的生理现象差异的图形因素。这种视觉上可以察觉到的差别不仅包含于认识的初级阶段——感觉阶段，还受认识的因素及人的心理活动影响。在对图形的辨别水平上存在一个有关图形的广度、强度和持续时间的基本变量，即视觉变量。研究视觉变量可以促进图形符号设计的科学性、系统性、规范性和可视性等。因此，视觉变量理论引起了许多地图学家的广泛关注，并根据地图符号的特点，提出了构成地图符号的视觉变量。然而，由于人们的理解和认识的不同，给出的视觉变量的内容也不尽相同。目前，在三维图形视觉变量研究方面，通常采用的地图符号视觉变量是法国图形学家贝尔廷(Bertin)提出的形状、尺寸、方向、亮度、密度、色彩等六个基本视觉变量，它们包括了点状、线状、面状三种形式。

二、基本的视觉变量

若从制图实用的角度出发，视觉变量包括形状、尺寸、方向、亮度、密度、结构、色彩及位置。地图符号的视觉变量见表 3-1。

表 3-1　地图符号的视觉变量

基本变量	点状符号	线状符号	面状符号
形状			
尺寸			
方向			
亮度			
密度			
结构			
色彩	R G B		R G
位置			

（一）形状变量

形状变量是点状符号和线状符号最主要的构图因素。对于点状符号而言，形状变量就是符号自身图形的变化，它可以是规则图形（如几何图形），也可以是不规则图形的艺术符号。对于线状符号而言，形状变量指的是组成线状符号的图形构成形式，如双线、单线、虚线、点线以及这些线划形状的组合与变化。面状符号无形状变化，因为面状符号的轮廓差异是由制图现象本身所决定的，与符号设计无关。

（二）尺寸变量

尺寸变量对于点状符号而言，指的是符号图形大小的变化；对于线状符号而言，指的是单线符号线的粗细，双线符号的线粗和间隔，以及点线符号的点的大小、点与点之间的间隔，虚线符号的线粗、短线的长度和间隔等。面积符号范围轮廓与尺寸无关。

（三）方向变量

方向变量是指符号方向的变化。符号方向是指点状符号或线状符号的构成元素的方向，面状符号本身没有方向变化，但它的内部填充符号可能是点或曲线，也有方向。方向变量受图形特点的限制较大，如三角形、方形有方向区别，但圆形无方向之分。

（四）亮度变化

亮度是指符号色彩的相对明暗程度。亮度不同将引起人眼视觉的差别，它是指点状、线状、面状符号所包含的内部区域亮度的变化。当点状符号和线状符号本身尺寸太小时，则不易体现亮度上的差别，此时可以认为无亮度变化。

（五）密度变量

密度是指在保持符号表面平均亮度不变的条件下改变像素的尺寸和数量，从而通过放大或缩小符号图形的方式来实现。但全白或全黑的图形无法体现密度变量的差别。

（六）结构变量

结构变量是指符号内部像素组织方式的变化。与密度不同，结构变量反映符号内部的形式结构，即一种形状像素的排列方式（如整列、散列）或多种形状、尺寸像素的交替组合和排列方式。虽然结构是符号内部基本图解成分的组织方式，需借助于其他变量来实现，但仅靠其他变量又无法给出这种差别。

（七）色彩变量

色彩变量除了具有亮度属性外，还包括两种视觉变化，即色相和饱和度变化，它们可以分别变化以产生不同的感受效果。色相变化可以形成明显差异，饱和度变化则相对平和含蓄。

（八）位置变量

一般情况下，位置由制图对象的地理排序和坐标所规定，是一种被动因素，往往不被列入视觉变量。但位置并非没有制图意义，在地图上仍存在一些可以在一定范围内移动位置的成分，如某些定位于区域的符号、图表或注记的位置效果，某些制图成分的位置远近对整体感的影响等。因此，从理论上讲，位置仍然是视觉变量。

视觉变量是对所有符号视觉差异的抽象，它们依附于这些符号的基本图形属性，其中大多数变量不具有直接构图的能力，只相当于构词的基本成分（词素），但每种视觉变量都能产生一定的感受效果。构成地图符号间的差别可以根据需要来选择变量，但为了增强阅读效果，也可以同时使用两个或两个以上的视觉变量，从而形成多种视觉变量的联合应用。

三、视觉变量的感受效果

虽然视觉变量提供了符号辨别的基础，但由于各种视觉变量引起的心理反应各异，必然产生不同的感受效果，从而体现了制图对象各种特征所需要的知觉差异。感受效果可归纳为整体感、等级感、数量感、质量感、动态感和立体感。

（一）整体感

整体感就是当人们观察不同像素组成的图形时，就如同一个整体，没有哪一种显得特别突出。整体感是通过控制视觉变量之间的差异和构图完整性来实现的。也就是说，各符号使用的视觉变量差别较小，其感受强度、图形特征都较接近，在视觉中具有归属同一类或同一个对象的倾向。形状、方向、色彩、密度、结构、亮度、尺寸及位置等变量均可用于形成整体感，如图 3-14 所示。

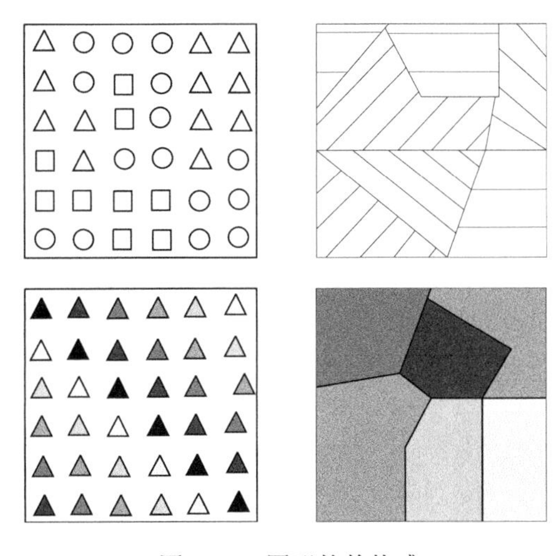

图 3-14 图形的整体感

（二）等级感

等级感就是指制图对象能迅速而明显地区分出几个等级的效果。等级感是一种有序的感受，没有明确的数量概念。无论是普通地图还是专题地图，其图上符号的等级感都十分重要。尺寸、亮度和密度均可产生等级感，如图 3-15 所示。

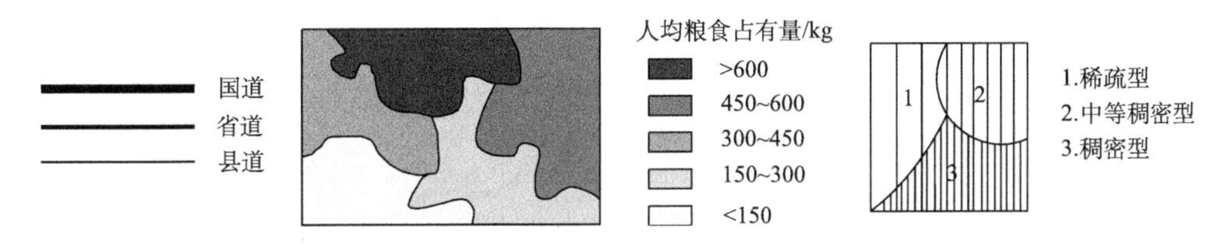

图 3-15 由不同变量构成的图形等级感

（三）数量感

数量感就是指读图时从图中获得具体数量差值的感受效果。数量感需要经过对图形的仔细辨别、比较和思考过程，受读图者心理因素的影响较大，也与其知识和实践经验相关。尺寸变量是产生数量感最有效的变量，但要受图形复杂程度的影响，这是由于图形复杂，其判断尺寸的准确性就会降低。圆形、方形、柱形及三角形等简单的几何图形是设计数量感符号常用的图形，如图 3-16 所示。

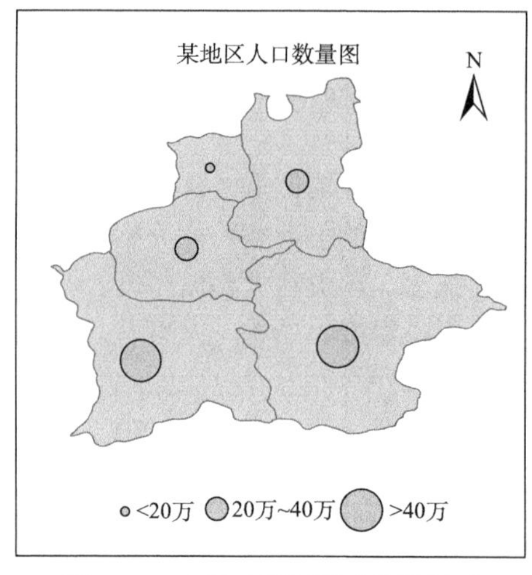

图 3-16　由尺寸变量形成的数量感

（四）质量感

质量感是指将观察对象区分成几个类别的感受效果。地图上的不同地类等面状对象，主要用色彩变量构成质量差别；而表达物产分布的点状符号，通常用形状变量并配合色彩来表达其质量的差别，如图 3-17 所示。

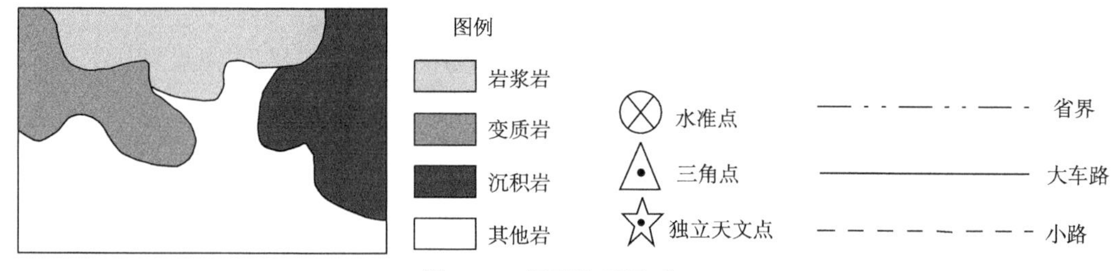

图 3-17　图形的质量感

（五）动态感

动态感是指读图者可以从图形的构图上获取一种运动的视觉效果。单一的视觉变量一般并不能产生动态感，但有些变量有规律的排列也可产生动态感。例如，同样形状的符号在尺寸上有规律的变化与排列，亮度的逐渐变化等都可产生动态感效果。另外，箭头符号是一种有效反映动态感的特殊符号。图形的动态感如图 3-18 所示。

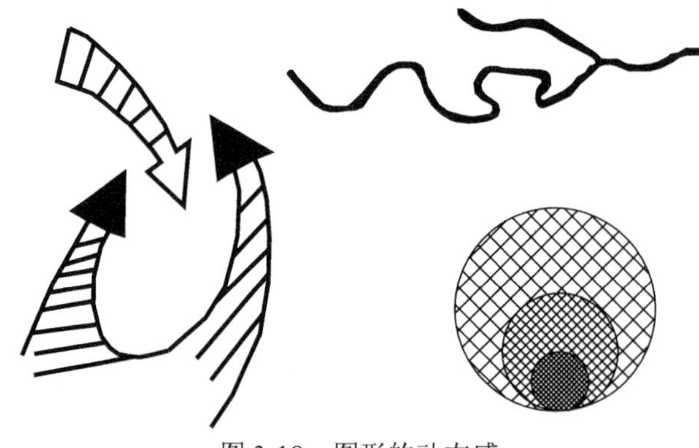

图 3-18　图形的动态感

（六）立体感

立体感是指通过变量组合，使读者在二维平面上产生三维立体的视觉效果。地图上利用线性透视、空间透视、纹理梯度、色彩变化、亮度变化、光影变化等要素均可产生立体感，如图 3-19 所示。

图 3-19　尺寸、光影、纹理变化产生的图形立体感

第三节　地图符号设计

一、影响地图符号设计的因素

地图符号设计是一个比较复杂的过程，考虑的因素较多，除了符号变量自身内在的直接因素外，还应考虑以下几个影响符号设计的外在因素。

（一）地图内容

地图所包含的内容是符号设计的基本出发点，不同的内容用不同的符号来表示。例如，编制地形图时应采用地形图的图式符号，而专题地图则应根据不同的专题内容，选用或设计不同的地图符号。

（二）编图资料

资料是编制地图的物质基础。要编制某区域的地图，则应尽量收集到该地区的所有地图资料，然后根据资料分析评价其特点，在此基础上，设计出包含该区域所有事物并适合其特点的地图符号，从而实施该区域的制图工作。当然，已有资料上的符号是编制新图的最好参考。

（三）使用要求

地图使用要求由一系列因素决定，如地图类型、主题、比例尺、地图使用对象和使用条件等。这些因素既影响着地图内容确定，又制约着地图符号设计。显然，应根据用图者的情况来选择是使用几何符号、一般简洁的象形符号，还是更为艺术化的符号。

（四）视力及视觉感受规律

设计符号应结合视觉的特性和视觉感受的心理和物理规律。一般视力的分辨率可作为确定符号线划粗细、疏密和注记大小的参考，但这是在较好的观察条件下的最小尺寸，在实际应用时，应根据预定读图距离、读者特点、使用环境、图面结构复杂程度等因素做出必要调整、修改和试验。视错觉对符号视觉感受影响较大，特别是在背景复杂的条件下，会因环境对比产生错误的感受，如色相偏移、亮度改变、图形弯曲、尺寸判断误差等，这需要在设计符号时考虑它们的图面环境来进行纠正和利用。

（五）技术与成本因素

绘图员的绘图技术和印刷技术都是确定地图符号、线划尺寸及间距等不可忽视的重要因素。另外，地图还应顾及成本和产品价格能否适应市场。一般情况下，地图符号设计方案应利用现有条件来降低成本。

二、地图符号设计原则

为了描述各种制图对象，地图符号的图像特点差别较大，但作为地图上的基本元素，承担着载负和传递信息的功能，它们应具备一些共同的基本条件，从而满足作为符号的基本要求。

（一）外形图案化

外形图案化是指对制图形象素材进行整理、夸张、变形，用抽象的概括使之成为比较简单的规则化图形。地图符号图形的设计应以地物的形态为依据，尽量做到外形图案化，使地图清晰易读、便于绘制。地图上图案化符号多采用地物的正视、侧视或俯视图形，而对于某些体型较小或抽象不可见的要素，如泉、政府驻地及革命圣地等，则多采用会意、象征或记号性符号。

（二）类别简单化

地图符号应用科学的思维以简单代替复杂。符号过多将影响读图速度，会给读图带来不便。对于同性质外形相似的物体，则可用同一种符号图形做适当变化来加以区别。

（三）定位精确性

各类地图符号图形应能精确地表示地面事物的位置，凡是依比例尺表示的，应按其水平投影的周界以实线、虚线或点线表示；若不能以比例尺表示的，则应保证有能表达该地物实际位置的主点或主线，以便在用时作为量算或数字化采点的依据。

（四）逻辑系统性

地图符号图形应与所映射的事物有内在联系和逻辑的系统性，其线划的粗细、长短、虚实，图形形状、大小、位置、方向和色彩应与客观相适应。一般用虚线来表示地下、不稳定、不准确和无形的事物，用实线来表示地上、稳定、精确和有形的事物。例如，按道路重要性，铁路用黑白段符号，公路用双线，大路用单线，小路用虚线。图形符合逻辑，有利于读图时联想识别图形符号的含义。

（五）构图系列化

图形设计可先设计出一种基本的图形，在此基础上，按分类分级的不同构造出性质相近的一系列图形。当然，也可按比例尺的不同以一种比例尺为基础，使已经定型的惯用符号形成一种系列。

（六）对比协调性

图形符号应能明显区分事物的种类、性质和不同等级。因此，各类图形符号的形状及尺寸均应有明显的对比或显著的差别，但互相联系配合的图形符号在形状及尺寸上应保持协调。

（七）整体艺术性

在保证地图符号科学性的基础上，应尽量发挥其艺术性，以提高地图使用的价值和效果。因此，地图符号应构图简练、美观大方、含义高度抽象概括，而且符号之间应互相协调、衬托，使之成为艺术性强的符号系统。

三、点、线、面状符号的设计

（一）点状符号的设计

1. 点状符号的概念及分类

点状符号在图上所占面积相对较小，几何符号、象形符号、透视符号、文字符号都是点状符号。点状符号的基本形态可以是规则的或不规则的。简单的几何图形是规则的形态，当用非比例尺的符号以尽可能简单的方式表达物体的实际形态或物体外貌的某些要素时，就称为不规则的形态。

形态变化与物体特征的不同外形联系可以分为：

（1）平面形态，用物体在实地上的平面图形作为符号设计的基础，如独立房屋、水井等。

（2）侧面形态，用简化了的侧视外形来设计符号，如普通地图上的房子、枫叶、鹿等。它们可能是制图物体的整个侧面，也可能只取该物体的某个有特征局部的侧面形态，如图 3-20 所示。

图 3-20　由侧面形态构成的符号

（3）会意形态，有些符号的形态和它所表示的物体的外观很少或不存在任何联系，但却同它们所表示的物体或现象有某种观念上的联系，如教堂符号、化工厂符号、矿山符号等（图 3-21）。

2. 基于 AutoCAD 的点状符号设计

在 AutoCAD 软件中，设计点状符号有两种方法，即定义“块”和创建“形”文件的方法。

实例 1： 1∶2000 地形图的三角点符号设计。

图 3-21　由会意形态构成的符号

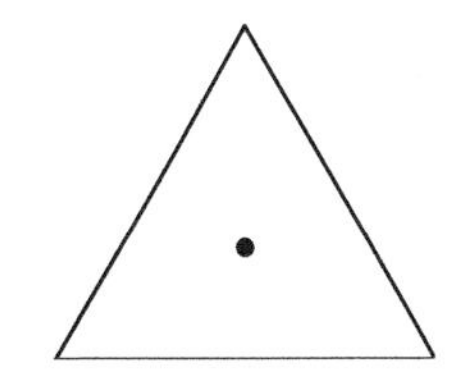

图 3-22　三角点符号

1）定义“块”的方法

（1）在 AutoCAD 软件界面中画出如图 3-22 所示的“三角点”符号，符号的大小根据地形图图式确定。在 1∶2000 的地形图中，三角点的各边长为 3mm。

（2）选中该符号，输入“block”命令，打开定义块，输入符号名称“三角点”，选择符号基点（选在符号的定位点上），点击“确定”，完成点状符号的设计，如图 3-23 所示。需要绘制该符号时，可以通过插入块的方法进行符号的绘制。并且，通过符号 x、y 比例的改变，可将符号用于 1∶1000、1∶500 的地形图中，即符号 x、y 比例均为 0.5 时，可用于 1∶1000 的地形图中；符号 x、y 比例均为 0.25 时，可用于 1∶500 的地形图中。

2）创建“形”文件的方法

“形”（shape）是 AutoCAD 中一种特殊的图形对象，其用法类似于块，但与块相比，形的图形构成较简单，占用空间较小，且绘制速度较快。因此，“形”适合于创建需要多次重复使用的简单图形，如特殊符号或文字字体等。

形也是在形定义文件中定义的，形定义文件是以“.shp”为扩展名的 ASCII 文件。形定义文件需要编译为形文件后才能为 AutoCAD 使用，编译后的形文件与形定义文件同名，其扩展名为“.shx”。

形的定义由标题行和定义字节行组成。

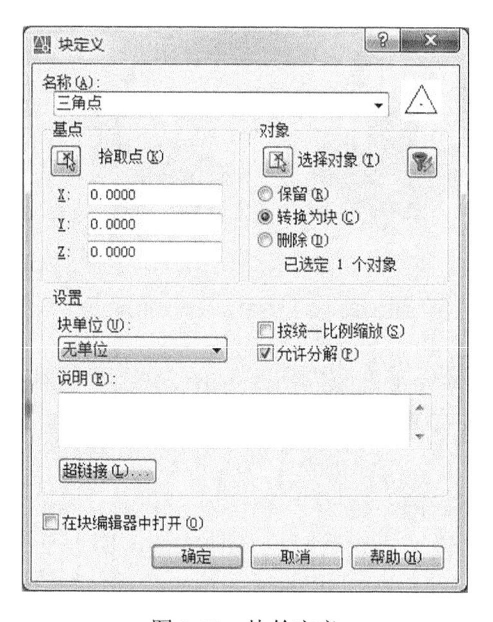

图 3-23　块的定义

（1）标题行：标题行以“*”为开始标记，用于说明形的编号、大小和名称，其格式为

*shapenumber,defbytes,shapename

其中，各项意义如下：

shapenumber：形的编号，取值范围是 1～258；在同一文件中每个形编号应保持唯一。

defbytes：表示形定义描述行的数据字节数，包括末尾的零，最大值为 2000。

shapename：形的名称，要求必须大写。

（2）定义字节行：由描述代码组成，代码之间用逗号分开，最后以 0 结束。定义字节行可以有一行或多行。其格式为

specbyte1,specbyte2,specbyte3,…,0

形定义文件的每一行最多可包含 128 个字符，超过此长度的行不能编译。AutoCAD 忽略空行和分号右边的文字。

形文件中，描述代码包括矢量长度和方向代码、特殊代码。

（1）矢量长度和方向代码：矢量长度和方向代码是一个由三个字符组成的字符串。第一个字符必须为 0，表示后面的两个字符为十六进制值；第二个字符给出了矢量的长度，取值为 1～F；第三个字符表示矢量的方向，取值为 1～F。注意，矢量长度是指沿 *X* 轴方向或 *Y* 轴方向的长度，斜线的矢量长度应以其在 *X* 轴或 *Y* 轴上的投影长度为准。

（2）特殊代码：矢量长度和方向代码所定义的长度和方向仅为十几种，为了创建更丰富的形，AutoCAD 提供了 14 种特殊代码（可使用十六进制或十进制），用于创建其他格式或指定特定操作，见表 3-2。

表 3-2 特殊代码及意义

代码（十六进制）	代码（十进制）	意义
000	0	表示形定义结束
001	1	表示激活绘图模式（落笔）
002	2	表示停止绘图模式（提笔）
003	3	表示用代码的下一字节去除矢量长度，即比例缩小
004	4	表示用代码的下一字节去乘矢量长度，即比例放大
005	5	将当前位置压入堆栈，即保存当前位置
006	6	从堆栈弹出当前位置，即恢复由代码 005 保存的最后一个位置
007	7	引用其他形，代码的下一字节指定了被引形的编号
008	8	由当前位置绘制线段，代码的下两个字节指定了线段在 *X*、*Y* 方向上的相对位移
009	9	由当前位置开始绘制一系列的线段，代码后面的字节分别指定了各个线段在 *X*、*Y* 方向上的相对位移，最后以（0,0）为结束符
00A	10	绘制八分圆弧
00B	11	绘制分数圆弧
00C	12	根据由 *X*、*Y* 位移和凸度绘制圆弧
00D	13	多个指定凸度的圆弧

形的定义文件是 ASCII 格式的，可以使用任一文本编辑器直接打开或创建填充图案文件，并对其内容进行补充和修改。

实例 2：创建名为“TRAINGLE”的形。

（1）使用 Windows 附件中的“记事本”程序创建一个名为“user”的文件，并将其后缀改为“.shp”。

（2）在该文件中添加如下内容，如图 3-24 所示。文件中最后一行要回车，否则编译出错。

（3）进入 AutoCAD，在命令行输入 compile，弹出“选择形或字体文件”对话框，选中“user.shp”文件后，单击“返回”，软件提示生成了名为“user.shx”的形文件。

（4）在命令行输入“load”，弹出“选择形文件”对话框，选中“user.shx”文件后，单击“打开”键返回。

（5）在命令行输入“shape”，并根据提示输入形名，本实例中形名为“TRAINGLE”，指定插入点、高度、旋转角度，完成点状符号的设计。点状符号如图 3-25 所示。

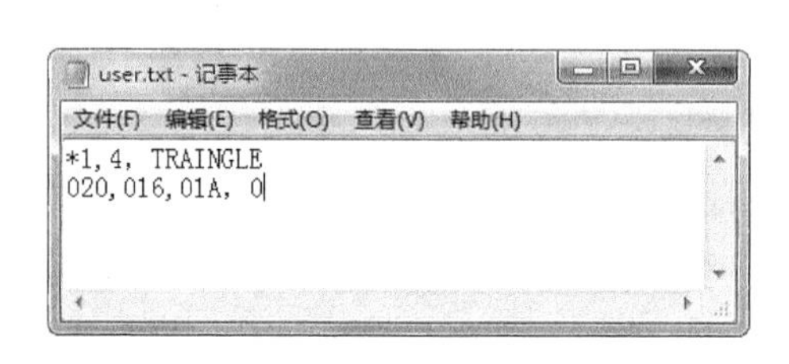

图 3-24　user 文件

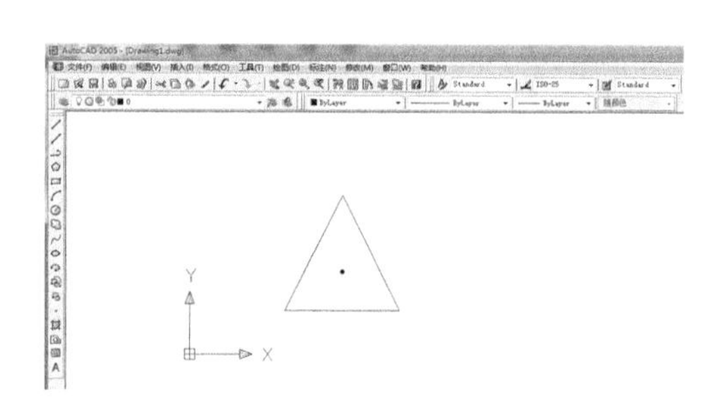

图 3-25　设计三角点符号

（二）线状符号的设计

1. 线状符号的概念及分类

线状符号是指长度依比例尺显示，宽度不依比例尺显示，表示线状或带状事物的符号。线状符号包括定性线状符号、等级线状符号、趋势面线状符号。

1）定性线状符号

定性线状符号是指单表示定名量表数据的线状符号。一般通过形状和颜色等视觉变量来表示制图对象的性质类别。

形状视觉变量的设计主要使用一种或几种图形元素的重复、连续变化以及虚实变化、图形变化来表示制图对象的性质。

颜色视觉变量主要利用色相的变化表示制图对象的性质，如用同粗的黑实线表示铁路、蓝线表示航空线、红线表示公路等。

2）等级线状符号

等级线状符号是指表示顺序量表数据的线状符号。主要利用尺寸表示制图对象的等级、强度，利用色彩、形状辅助表示，同时结合形状变化，即在变化线粗的同时，也变化线条的单双（线）、虚实、结构或附加短线，较好地表达制图对象的等级、顺序和强度。

3）趋势面线状符号

趋势面线状符号表示连续分布、逐渐变化的实际或理论趋势面（如地势等高线、人口密度等值线）按一定顺序排列的等值线、连续剖面线等线状符号的组合。在趋势面上按一定间隔测量或统计出的数值点，连接成线并按一定顺序连续排列，能够很好地刻画出趋势面的数量特征及其总体概貌。

2. 基于 AutoCAD 的线状符号的设计

基于 AutoCAD 软件设计线状符号采用形文件的形式，形定义由标题行和模式行两部分组成。

1）标题行

由线型名称和线型描述组成，标题行以“*”为开始标记，线型名称和描述用逗号分开，其格式为

*线型名称，线型描述

2）模式行

由对齐码和线型规格说明组成，中间用逗号分开，其格式为

对齐码，线型规格说明…

实例 3：创建“INTERVAL”和“ARROW”线型。

（1）使用“记事本”程序创建一个名为“user”的文件，并将其后缀改为“.lin”。

（2）在该文件中添加相关内容：

*INTERVAL,Interval___ · _ · ____ · _ · ____ · _ · ____

A,1,-.125,0,-.125,.25,-.125,0,-.125

*Arrow,Arrow -->-->-->

A,.25,-.05, .25,-.05, [">",STANDARD,S=.1,R=0.0,X=-.1,Y=-.05],-.1

其中，INTERVAL 为线型名称；Interval___ · _ · ____ · _ · ____ · _ · ____为线型描述；对齐码“A”表示该线型采用两端对齐方式。两端对齐，就是线型在使用时保证图形的两端都是实线，这样可以正确显示图形的长度。最基本的线型定义是由短划线、点和空格组合而成。正数表示短划线的长度，负数表示空格的长度，0 表示点。A,1,-.125,0,-.125,.25,-.125,0,-.125 表示 1 个单位长的短划线；-.125 表示长度为 0.125 的空格；0 表示点；0.25 表示 0.25 个单位长的短划线。

Arrow 为线型名称；Arrow -->-->-->为线型描述；对齐码“A”表示该线型采用两端对齐方式。

在线型规格说明中，嵌入文字的格式为

["string",style, S=n3, R =n1,X=n5,Y=n6]

其中，string 表示嵌入的文字，必须用双引号括起来，为此线型中的“>”；style 表示嵌入文字所用的文字样式名，为此线型中的“STANDARD”；S 表示嵌入文字的比例因子，此线型为“0.1”；R 表示嵌入文字相对于画线方向的倾斜角度，此线型为“0”；X 表示嵌入文字在画线方向上的偏移量，此线型为“-0.1”；Y 表示嵌入文字在画线方向的垂向上的偏移量，此线型为“-0.05”。

（3）进入 AutoCAD 中，通过格式菜单下的线型，打开线型管理器，载入线型文件“user”，即可使用该文件中定义的“Interval”和“Arrow”线型，然后用这两种线型画两条线，观察线型的效果，如图 3-26 所示。

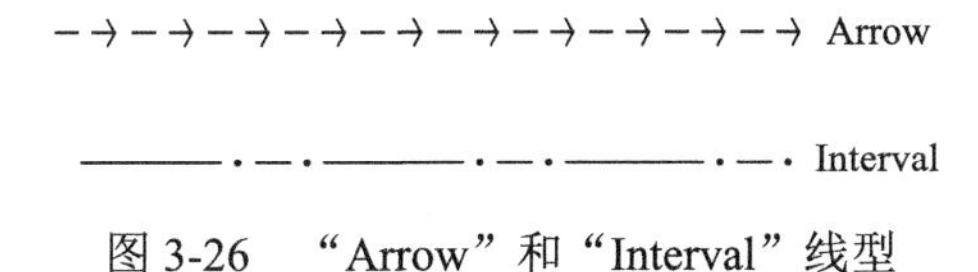

图 3-26　“Arrow”和“Interval”线型

（三）面状符号的设计

1. 面状符号的概念及分类

面状符号是指实地呈面状分布事物现象的符号。常用轮廓线的位置表示面状事物的空间分布，用晕线、花纹、色彩表示面状事物的数量、质量特征。面状符号一般包括晕线面状符号、花纹面状符号和色彩面状符号。

1）晕线面状符号

晕线面状符号由不同方向、不同形状、不同粗细、不同疏密、不同颜色、不同间隔排列的平行线构成。

晕线方向、形状、交叉排列组合及粗细变化表示定名量表数据；晕线粗细、疏密、间隔排列的变化表示顺序量表、间隔量表、比率量表数据，如图 3-27 所示。

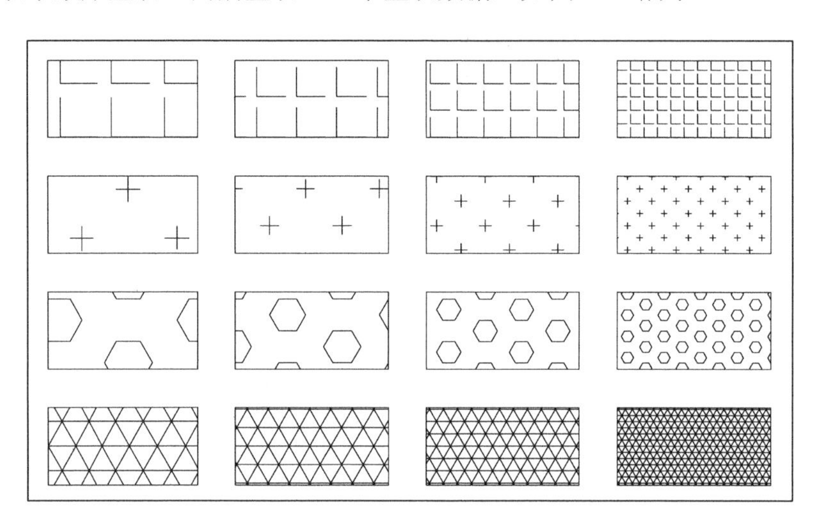

图 3-27　表示数量、等级、强度的晕线面状符号

2）花纹面状符号

花纹面状符号由大小相似、不同形状、不同颜色的网点、线段、几何图形等花纹点构成。

花纹点的形状变化表示定名量表数据；网点或短线段的疏密变化表示顺序量表、间隔量表、比率量表数据。

花纹和晕线也可互相结合，构成面状符号系列，如图 3-28 所示。

3）色彩面状符号

色彩面状符号是指不同范围内的面状色（普染色）符号。

不同色相的变化表示定名量表数据；不同纯度、亮度和色相的变化表示顺序量表、间隔量表、比率量表数据。

设计面状符号应注意：晕线、花纹面状符号强调面的概念，不突出个体；晕线面状符号的线条不宜过粗，线条和背景的反差不宜过大；晕线花纹面状符号图面载负量较大，不宜和线状符号叠加配合，较易和色彩面状符号叠加配合；色彩面状符号常用浅色系列，其图面载负量小，宜和线状、点状符号叠加配合。

2. 基于 AutoCAD 的面状符号的设计

实例 4：花纹面状符号设计。

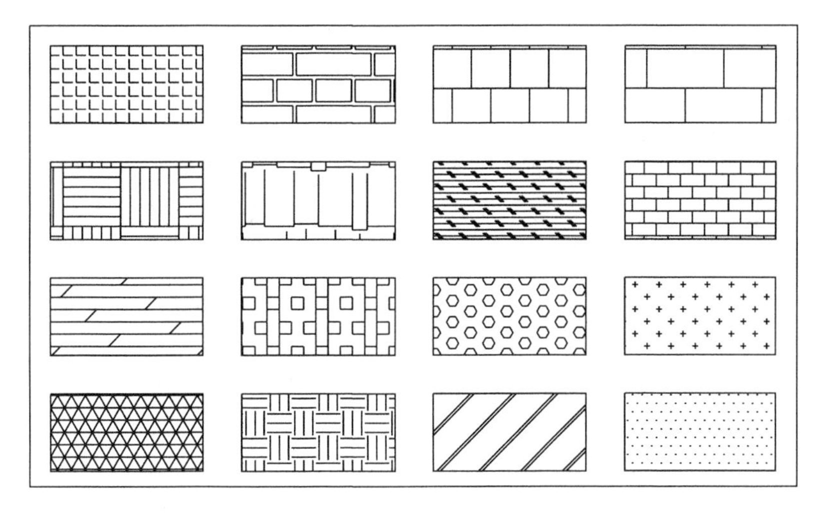

图 3-28 表示性质、类别的花纹面状符号

需要软件：AutoCAD 2004 以上版本，YQMKPAT.VLX 插件。

（1）下载 YQMKPAT.VLX 插件，将插件放到 C: \Program Files\AutoCAD 2006\Support 中。

（2）在 AutoCAD 软件中，点击工具菜单下的加载应用程序，将该插件加载到 AutoCAD 中。

（3）将图 3-29 的图案作为填充符号，在命令行输入 mp1 或者 YQMKPAT 命令，新建一个填充图案.Pat 文件，并将该文件存储在 C：\Program Files\AutoCAD 2006\Support 目录下。

（4）点击“保存”，选择图案，采用鼠标框选的模式将矩形框内的所有线条全部选中，然后单击空格键确认。选择完图案以后，根据提示用鼠标点击图案中任意一点（一般选择图案中心）来确定填充图案的基点，并选择填充图案时的横向重复间距以及纵向重复间距，完成填充图案的制作。

（5）输入“hatch”命令，打开图案填充和渐变色对话框，在图案填充的类型中选择“自定义”，自定义图案中选择前面新建的图案，选择“添加：选择对象”，完成图案的添加，填充效果如图 3-30 所示。

图 3-29 花纹符号

图 3-30 花纹面状符号

四、地图符号库的建立与应用

（一）地图符号库的建立

地图是通过地图语言——地图符号来传递信息的。在传统地图制图过程中，对于普通地图，特别是地形图，各种比例尺的地形图均有其相应的图式规范，编图者应按图式要求绘制地形图符号，而对于专题地图的符号，由于难以事先确定，其设计制作较为灵活。数字制图技术的发展，使传统地图制图发生了巨大变化，地图符号化也从纯人工设计绘制转变为从符号库自动添加或人机交互的方式来实现。

在现代数字制图中，地图符号库就是将常用的符号经分类整理后以数据库的形式存储到计算机中，并应用其管理功能，实现对符号的信息检索、存储、修改、定义和符号的重组等。在地图符号库的设计与建立中，为确保在合适的位置上输出相应的地图符号，必须考虑以下三类信息。首先是描述空间实体位置和形状的几何信息。其次是描述符号本身的信息，它包括符号组成的基本图元（点、线、圆等），以及图元的颜色、尺寸、形状、方向和图元间相互关系等信息。最后是用于确定如何依据几何信息在适当的位置上输出大小、方向、形状及颜色等变量符合要求的符号，即配置描述信息。符号结构信息与配置描述信息共同构成符号的特性，并称为符号描述信息。

除了上述信息外，还必须包含有利于理解符号描述信息的解释模块和用于生成符号图形的图形生成模块。如用 x 和 y 表示几何信息和符号描述信息，则符号化过程的函数式为

$$G = g(x, y) \tag{3-1}$$

其中，G 为符号化结果即符号图形；$g(x, y)$ 是包括信息解释和图形生成功能的信息处理过程。

（二）符号库的应用

地图符号库来源于系统供应商和用户的自定义，主要包括点状符号库、线状符号库和面状符号库，其作用是为用户提供原始符号素材。目前大多数地图制作软件均带有符号库，并经过简单的人机交互操作，即可实现符号库的建立、符号更新及增添。目前，可生成地图的有 GIS 软件和制图专用系统软件。具有代表性的 GIS 系统软件有 ArcGIS、MapInfo、SuperMap、MapGIS、GeoStar 等，专用地图制图软件有 MicroStation、Illustrator、MapCAD 等，图形处理软件有 AutoCAD、CorelDraw、Freehand 等。前两类软件均具有地图符号库系统和符号制作工具，而图形处理软件没有专门的地图符号库，但也可利用相应的功能自行生成地图符号库。

在制图过程中，一方面可直接在各图层上添加地图符号库中已有的符号，并根据需要进行修改，如修改尺寸、颜色等；另一方面也可利用各软件提供的符号制作工具来生成符合要求的符号和符号库。符号库一旦生成，即可随意调用。ArcGIS 中的符号集用四个符号编辑器 Markeredit、Lineedit、Shadeedit、Textedit 建立，相应生成四个符号集文件，即.mar 用于点符号文件，.lin 用于线符号文件，.shd 用于面符号文件，.txt 用于文本符号文件，各类符号分开制作和存放。国产软件 MapGIS 提供了强大的符号制作和编辑功能，它的系统库目录下包括子图库、填充图案库、线型库，各库中符号的编辑制作统一在系统库编辑工具下进行。每个符号由若干图元组成，图元可以是线段、圆、曲线、圆弧等，也可以是组成结构复杂的各种符号。

第四节　地图色彩设计

一、色彩的基本概念

在地图编制和地图使用中，色彩是不可缺少的重要因素，而人们对色彩的感受涉及人的视觉机制和心理机能，因此，不同学科对色彩的认识与应用也不尽相同。

（一）光与色

光是一种电磁波，它是利用波长与频率来描述的。电磁波的波长范围很广，最长的交流电波长可达数千米，最短的宇宙射线波长仅为千兆分之几米。而电磁波中通常只有 380～780nm 波长的光线才能被人眼看见，因此，将这段范围的波长所构成的光谱称为可见光谱（visible spectrum）。

可见光谱是一个连续的波谱，牛顿将其分为红、橙、黄、绿、青、蓝、紫七个谱段。其中，波长最长的是红色光，波长为 750～630nm；波长最短的是紫色光，波长为 430～380nm。

（二）物体的色

物体的色就是人的视觉器官感受光后在大脑的一种反应。物体的色取决于物体对各种波长光线的吸收、反射及透视能力。物体的色又分为消色和有色。

1. 消色物体的色

消色物体是指黑、白、灰色物体，它对照明光线具有非选择性吸收的特性。也就是说，当光线照射在消色物体上时，吸收入射光中的各种波长的色光是等量的，且被反射或透射的光线光谱成分也与入射的光谱成分相同。当白光照射在消色物体上时，其反光率在 75%以上，即呈白色；反光率在 10%以下时，即呈黑色；反光率介于两者之间时，即呈深浅不同的灰色。

2. 有色物体的色

有色物体对光线具有选择性吸收的特性。也就是说，当光线照射到有色物体上时，吸收入射光中各种波长的色光是不等量的。白光照射到有色物体上时，其反射或透射的光线与入射光线相比，不但亮度减弱，而且光谱成分也发生了改变，因而呈现出不同的颜色。

3. 光谱成分对物体颜色的影响

当有色光照射到消色物体上时，物体反射光颜色与入射光颜色一致。当两种以上有色光同时照射到消色物体上时，物体颜色呈加色效应。例如，红光与绿光同时照射到白色物体，该物体即呈黄色。当有色光照射到有色物体上时，物体的颜色呈减色效应。例如，黄色物体在品红光照射下即呈红色，在青色光照射下即呈绿色，在蓝色光照射下即呈灰色或黑色。

（三）原色与补色

1. 色光三原色

在颜色光学中，把红光、绿光和蓝光称为色光三原色。当等量的红光、绿光和蓝光相加时，即产生白光。

2. 色光补色

两种色光相加后能产生白光时，则称这两种色光互为补色光，如红、绿、蓝三原色的补色光分别是青、品红、黄色光。

3. 色料三原色

在色料的调和中（如印刷过程），黄、青和品红色称为色料三原色。理论上讲，等量黄色、品红色和青色相加即产生黑色。但由于颜料的颜色难以达到理想的纯度，通常由三原色混合出来的颜色呈深灰色。因此，在原色印刷中，通常用黑色直接替代三原色等量叠加的部分。

4. 色料的补色

两种色料混合后产生黑色，则称这两种色料互为补色。

（四）加色过程与减色过程

色光相加后，光亮度增加，即越加越亮，就将色光相加过程称为“加色过程”；色料相加后，亮度降低，即越加越暗，就将色料的相加过程称为“减色过程”。

（五）颜色的三要素

色彩的基本属性是指人的视觉能够辨别的颜色的基本变量，即色相、明度和饱和度。

1. 色相

色相（色别、色种）即颜色之间质的区别，是色彩最基本的属性。它是由光的光谱成分来决定的。由于不同波长的色光给人不同的色觉，可以用单色光的波长来表示光的色别。

2. 明度

明度（亮度）即色彩的明暗程度，也指色彩对光照的反射程度。对光源而言，光强则显示色彩明度大；反之，明度小。对于反射体而言，反射率高则色彩明度大；反之，明度小。

3. 饱和度

饱和度（色度、纯度、鲜艳度）是指色的纯度，也称色的鲜艳程度。饱和度取决于某种颜色中含色成分与消色成分的比例。含色的成分越大，其饱和度也越大；含消色的成分越大，则其饱和度越小。当然，物体表面的结构和照明光线的性质也影响饱和度。一般而言，光滑物体表面的饱和度大于粗糙物体表面的饱和度，直射光照明的饱和度大于散射光照明的饱和度。

另外，色的明度改变，其饱和度也随之改变。明度适中时，其饱和度达到最大。明度增大时，颜色中白光增加，色纯度减小，饱和度降低。明度减小时，颜色变暗，灰度增加，而色纯度减小，饱和度降低。明度过大或过小时，颜色将接近黑色或白色，饱和度极小。

二、色彩的表示与感觉

虽然色彩是一种客观存在的物质现象，但其在人们的视觉感觉中不是纯物理的。在自然界及社会中，色彩常与某种物质现象、事件、时间存在关联，人们对色彩的感觉是在长期的生活实践中形成的，它不仅带有自然遗传的共性，也具有心理和感性的特征。

（一）色彩表示

色彩主要是运用色相、明度及饱和度的变化与组合，并结合人们对色彩感受的物理及心理特征，建立色彩与制图对象之间的联系。在色彩学中，红、绿、蓝被称为三原色，利用三原色的混合，即可得到黄、青、紫、白等各色，如图3-31所示。每种颜色均可有不同的纯度与饱和度，即由淡到浓或由浅到深的变化。

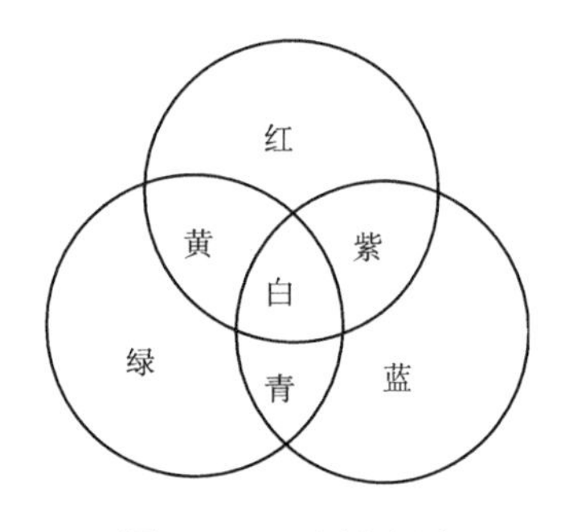

图3-31　三原色混合

由三原色及其间色（两种原色混合）和复色（三原色不等量或两种间色混合），即可得到不同的色调。若以两色组合或三色组合，并按照一定顺序的色相、明度、饱和度组合（先两色组合，后三色组合），即可得到数万种色调的色标色谱，这种色标即为地图色彩设计与制印工艺的重要依据。地图色彩运用基本原则应使每一种色相、明度、饱和度的设计同所有表示对象的实质与特征联系起来，从而最有效地反映制图对象的特征及其分布规律与区域差异。

（二）色彩的视觉心理

1. 冷暖感

色彩的冷暖感觉主要由于色彩与自然现象有着极为密切的联系，正如人们看到红色、橙色、黄色便会联想到太阳、火焰，从而感到温暖，故称其为暖色；当人们看到蓝色和青色时，便会想到海水、天空、月夜等，从而感到凉爽，故称其为冷色。

色彩的冷暖感是相对的，两种色彩的互比常常是决定其冷暖的主要依据，例如，紫色与红色相比，其偏于冷色，但紫色与蓝色相比，则偏于暖色。

2. 兴奋与沉静感

人们观察色彩时，会有不同的情节反应，有的色彩可唤起人们的情感，使人兴奋，称为兴奋色或积极色；而有的色彩则让人感到伤感，使人消沉，称为沉静色或消极色。在影响人的感情色彩属性中，起主要作用的是色相，其次是饱和度，最后是明度。

在色相方面，最让人兴奋的色彩为红、橙、黄等暖色，而让人有沉静感的色彩为青、蓝、蓝绿、蓝紫等色。其中，兴奋感最强的是红橙色，沉静感最强的是青色，而紫色、绿色介于冷暖色之间，属于中性色，其特征是色泽柔和，有宁静与平和感。

在饱和度方面，高饱和度的色彩比低饱和度的色彩给人的视觉冲击力强，令人积极、兴奋。随着色彩的饱和度降低，其感觉也将逐渐变得沉静。

在明暗方面，饱和度相同明度高的色彩通常比明度低的色彩视觉冲击力强，低饱和度和低明度的色彩属于沉静色，而低明度的无色最为沉静。

3. 轻重与软硬感

明度是决定色彩轻重感的主要因素，即明度越高，色彩感越轻，明度越低，色彩感越重；其次是饱和度，在相同明度和色相条件下，饱和度高的感觉轻，饱和度低的感觉重。

若从色彩的冷暖方面看，暖色（红、黄、橙）令人感觉轻，冷色（蓝、蓝绿、蓝紫）令人感觉重。

色彩的软硬同其明度与饱和度有关，掺了白色、灰色的明浊色[颜色中加入浅灰（白多黑少）称明浊色]有柔软感，而纯色和掺了黑色的颜色有坚硬感。白色、黑色属于硬色，灰色属于软色。

在地图色彩设计中，不但应注意图面各要素位置的安排与组合关系，而且应特别注意各要素色彩轻重的运用，从而使图面配置均衡。

4. 进退与胀缩感

当人们在同一平面和相同背景情况下观察同形状、同面积的不同色彩时，会感到红、橙、黄色似乎离眼睛近一些，有凸起的感觉，显得大一些；而青、蓝、紫色似乎离眼睛远一些，有凹下去的感觉，显得小一些。因此，常将前者称为进色、膨胀色，后者称为褪色、收缩色。色彩的进退特性也称为立体性，它源于人的生理特性，进入人眼睛的光线折射与波长相反，红色物体在视网膜后聚焦，蓝色物体在视网膜前聚焦。人们为了使红色物体在视网膜上聚焦，眼睛的水晶体便适应地凸起；而人们看近处的物体时，水晶体也要凸起，传到人的大脑知觉，产生了暖色的前进感和冷色的后退感。地图上海洋部分用蓝色表示，地势部分分层设色时用暖色表示，从而体现了色彩的感觉。

进退或胀缩感与色彩的饱和度密切相关，高饱和度的鲜艳色给人以前进、膨胀感，而低饱和度的浑浊色给人以后退、收缩感。

在地图设色时，通常利用色彩的前进与后退感来形成立体感与空间感。例如，地貌的分层设色就是利用色彩的这一特性来塑造地貌的立体感。当然，也可利用色彩的这一特性来突出图面的主要事物，强调主体形象，协调图面的视觉顺序，形成视觉层次。

三、地图符号色彩设计

地图是以视觉图像的形式来表现和传递空间信息的，图形和色彩是构成地图的基本要素，而且色彩也是地图视觉变量中一个极为活跃的变量。地图设计的成功与否，无论是在内容表达的科学性、清晰易读性，还是地图的艺术性方面，均与色彩的运用密切相关。

（一）地图色彩设计的基本要求

1. 地图的色彩应与用途相协调

地图的用途决定了其对色彩的要求，色彩的设计不但要适应地图的特殊读者群体需要，而且要适应用图方法。例如，作为通用性、技术性的地图，在色彩的设计上既要方便阅读，又要便于在图上进行标绘作业。因此，色彩应清爽、明快；交通旅游地图的用色则应活泼、华丽，给人以兴奋感；一般的参考地图应清淡雅致，便于容纳较多的内容。从地图的使用方式来看，挂图的颜色应浓而重，桌面用图则浅而淡。

2. 色彩应与内容相适应

色彩应与内容相适应，不同的内容要素要采用不同的色彩，这种色彩不但应表现对象的特征，而且应与各要素的图面地位相适应。例如，在普通地图上，内容应有主次之分，主体内容用色饱和，对比强烈，轮廓清晰，使之突出，居于第一层面；次要内容用色较浅淡，对比平和，使之退居次一层面；底图作为背景，应该用较弱的灰性色彩，使其沉于下层平面。

在一些地图上，其主题内容的点状、线状符号应用尺寸和色彩强调个体的特征，使其较为明显，而用来表示面状现象的点（如范围法中的点状符号）和线（如等值线），则主要强调的是总体面貌，无须突出符号主体。另外，对一些已形成的地图要素惯用色，一般情况下应遵循惯例设色。

3. 色彩应系统协调突出特色

因为地图色彩表达了其内容的分类分级特征，即质量与数量特征的变化，所以地图色彩必须具有明显的系统性，否则必然给读者带来杂乱甚至错误的信息。

地图色彩的协调是指图面上两种以上的颜色组合在视觉上达到令人满意的效果。但是，不同地区对地图的设色都有一定的习惯或喜好，不同用途的地图也均有其设色体系。然而，地图色彩设计也并不是一成不变的，每个设计者、每幅图都应有自己的特色，这样才能不断地提高地图的科学性和艺术性。

（二）地图符号色彩设计规则

设计地图符号的色彩时，除了考虑设色的基本要求外，还应考虑工艺条件和颜色之间的可辨别程度。地图颜色的选择，应考虑与数据的分类、分级数保持协调关系，考虑所使用符号的类型（点状、线状、面状）与其颜色的相互统一和协调。

1. 点状符号色彩设计

由于点状符号属于非比例符号，大多由线划构成图形，用色时，应利用色相变化表示物体质与类的差异，一般很少利用明度和饱和度的变化。为了在读图时使读者产生联想，应使用同制图对象的固有色彩相近的（或在含义上有某种联系）色彩。为了印刷方便，一般情况下，点状符号只选用一种颜色。

2. 线状符号色彩设计

地图上，线状符号大多是由点、线段等基本单元组合构成的，其用色的要求与点状符号基本相似。运动线也是线状符号，它同其他线状符号的差别在于它有相当的宽度，因此，线状符号除了运用色相变化外，还可以有明暗度和饱和度的变化。

3. 面状符号色彩设计

色彩是面状符号最主要的变量，它可以使用色相、明度、饱和度的变化。色彩的对比和调和设计主要用于面状符号。反映现象质量特征的面状符号色彩，设色时应尽量考虑能符合自然色彩（或具有一定的象征性），即相互间质量的差别。

1）质别底色

质别底色就是利用不同颜色填充在面状符号的边界范围内，区分区域内不同类型和质量的差别。

地质图、土地利用图、森林分布图等所使用的面积色均是质别底色。质别底色必须设置图例。

2）区域底色

区域底色就是用不同的颜色填充不同的区域范围，其作用仅是对不同区域范围进行区分，并不表示任何质量或数量特征，在视觉上不必体现某个区域特别明显和突出的感觉，但在区域之间应有适当的对比度。区域底色必须设置图例。

3）色级底色

色级底色就是按色彩的渐变（通常是明度不同）构成色阶，表示与现象间的数量等级对应的设色形式。分级统计地图均使用色级底色，分层设色地图也使用的是色级底色。

色级底色在选色时，应遵从一定的深浅变化和冷暖变化的顺序和逻辑关系。通常，数量应与明度有相应关系，明度大则表示数量少，明度小则表示数量大。当分级较多时，也可配合色相的变化。色级底色必须有图例配合。

4）衬托底色

衬托底色既不表示质量、数量特征，也不表示区域间对比，它只是为了衬托和强调图面上的其他要素，使图面形成不同层次，帮助读者对主要内容进行阅读。这时，底色的作用是辅助性的，是一种装饰色彩，如在主区内或主区外套印一个浅淡的、没有任何质量和数量意义的底色。地图上常用不饱和色或间色，如淡黄、朱色、淡红、肉色、淡绿，或淡紫色、浅棕色等变色色调来表示衬托底色。

第五节 地图注记及设计

地图注记也属于地图符号，它既是地图内容的重要组成部分，又是制图者与读图者之间进行信息传递的重要手段。地图注记设计的合理与否，直接影响地图信息的传输效果。

一、地图注记的作用

地图符号用于显示地图物体（现象）的空间位置大小，地图注记用来辅助地图符号，说明各要素的名称、种类、性质及数量特征等。其主要作用就是标识各种制图对象、指示制图对象的属性、表明对象间的关系、说明地图符号的含义。

（一）标识各种制图对象

地图用符号表示物体或现象，用注记说明对象的名称。将名称与符号相配合，即可准确地标识对象的位置和类型，如西安市、华山、太平洋等各种地理名称。

（二）指示制图对象的属性

各种说明注记常用于指示制图对象的某些属性，如树种注记、梯田比高注记、水深注记等。

（三）表明对象间的关系

经区划的区域名称一般表明影响区划的各重要因素间的关系，如暖温型褐土及栗钙土草原表明了气候、土壤、植被间的关系；山地森林草原生态经济区表明了地貌、植被、经济等生态结构区划的划分。

（四）说明地图符号的含义

通过各种图例、图名的文字说明，使地图符号表达的内容更加容易被理解和接受，即地图符号通过文字说明才能担负起信息传输的功能。

二、地图注记的种类

地图上的注记可分为三类，即名称注记、说明注记和图幅注记。

（一）名称注记

名称注记就是文字注明制图对象的专有名称，是地图上不可缺少的内容，并且占地图上较大的载负量。根据《中国地名信息系统规范》，地名注记分为 11 类：行政区域名称、城乡居民地名称、具有地名意义的机关及企事业单位名称、社会经济区域名称、交通要素名称、纪念地和名胜古迹名称、历史地名、自然地域名、山名、陆地水域名称和海域地名。

（二）说明注记

说明注记可分为文字注记和数字注记两类。文字注记就是用文字说明制图对象的种类、性质或特征的注记，以补充符号的不足，如对海滩性质的注记“泥、沙、珊瑚”等。数字注记就是用数字来说明制图对象的数量特征，如地面高程、居民地名称等，如图 3-32 所示。

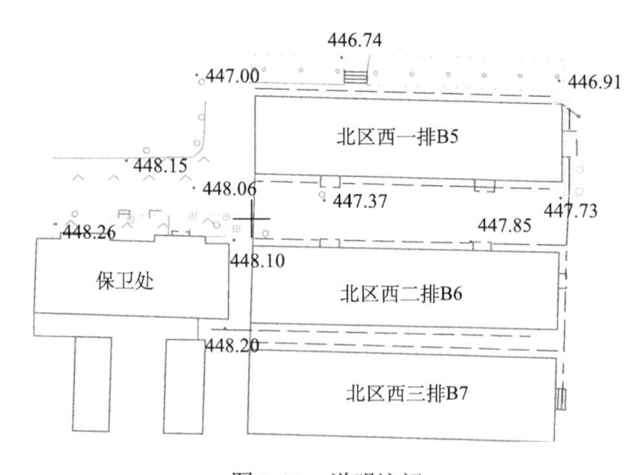

图 3-32　说明注记

（三）图幅注记

图幅注记用来说明地图的编制状况，如地形图上的相邻图幅名称、图名、比例尺、绘图日期、测量员、绘图员、检查员及坐标系统等。

三、地图注记的设计

地图注记设计，主要包括字体、字大、字色、字间隔及配置等。

（一）地图注记的字体

字体即字的类别与型体。地图上常用的是宋体及其变形体（长宋、扁宋及倾斜宋等）、等线体及其变形（长等线、扁等线及耸肩等线）、仿宋体、隶体、魏碑体及美术体等。

地图注记的字体用于区分制图对象的类别。例如，地形图上图名、区域名注记一般采用隶体、魏碑体或其他美术字体；河流、湖泊及海域名称一般采用左斜体；居民地名称一般采用等线体、宋体、仿宋体等；山脉名称一般采用耸肩等线体。地形图常用的几种注记字体如图 3-33 所示。

（二）地图注记的字大

地图注记的字大主要用来反映被标注对象的重要性等级或数量等级。字体的大小应结合地图的用途、比例尺、图面载负量及阅读时的视距等因素综合考虑。制图时，首先应根据要素的特点对制图对象进行分级，然后确定最小和最大字号，等级高的采用较大的字来表示。

（三）地图注记字色

地图注记的字色主要是为了进一步区分层次和加强分类的效果。地图上，注记的字色有着约定俗成的规定，通常情况下，水系注记采用蓝色，居民地注记采用黑色，地貌说明注记采用棕色，行政区划名称注记采用红色，大量处于低层（如专题地图的地理底图上）的居民地名称注记采用钢灰色，以减小视觉冲击。

（四）地图注记的字间隔

地图注记的字间隔就是指字与字之间的间隔距离。在地图上，字的间隔与所表达要素的分布特点密切相关。对于点状物体，常采用水平无间隔注记；对于线状物体，则应根据物体的长度拉大字的间隔，当距离过长时，还可分段注记；对于面状物体，则可根据面积大小来确定字的间隔，当面积很大时，还可分段重复注记。

（五）地图注记的配置

地图注记配置是指注记的位置和排列方式。注记摆放的位置应以接近并明确指示被注记的对象为前提，一般在被注记对象的右方不压盖重要物体的位置配置注记。注记的排列有 4 种方式，分别为水平字列、垂直字列、雁形字列和屈曲字列。

1. 水平字列

水平字列是一种字中心连线平行于南北图廓的排列方式。地图上的点状物体名称一般均采用水平字列排列方式注记。

2. 垂直字列

垂直字列是一种字中心连线垂直于南北图廓的排列方式。对于少数不好用水平字列配置的点状物体的名称及南北向的线状或面状物体的名称，可采用垂直字列注记。

编号	符号名称	符号式样 1∶500	符号式样 1∶1000	符号式样 1∶2000	多色图色值
4.9.1	居民地名称注记				
4.9.1.1	地级以上政府驻地	唐山市 粗等线体(5.5)			K100
4.9.1.2	县级(市、区)政府驻地、(高新技术)开发区管委会	安吉县 粗等线体(4.5)			K100
4.9.1.3	乡镇级,国有农场、林场、牧场、盐场、养殖场	南坪镇 正等线体(3.5)			K100
4.9.1.4	村庄(外国村、镇) a.行政村,主要集、场、街、圩、坝 b.村庄	a　甘家寨 正等线体(3.0) b　李家村　张家庄 仿宋体(2.5 3.0)			K100
4.9.2	各种说明注记				
4.9.2.1	居民地名称说明注记 a.政府机关 b.企业、事业、工矿、农场 c.高层建筑、居住小区、公共设施	a　市民政局 宋体(3.5) b　日光岩幼儿园　兴隆农场 宋体(2.5 3.0) c　二七纪念塔　兴庆广场 宋体(2.5～3.5)			K100
4.9.2.2	性质注记	砼　松　咸 细等线体(2.5)			与相应地物符号颜色一致
4.9.2.3	其他说明注记 a.控制点点名 b.其他地物说明	a　张湾岭 细等线体(3.0) b　八号主井　自然保护区 细等线体(2.0～3.5)			与相应地物符号颜色一致

图 3-33　地形图常用的几种注记字体

编号	符号名称	符号式样 1:500	符号式样 1:1000	符号式样 1:2000	多色图色值
4.9.3 4.9.3.1	地理名称 江、河、运河、渠、湖、水库等水系	延河　渭河　15° 左斜宋体 (2.5　3.0　3.5　4.5　5.0　6.0)			C100
4.9.3.2 4.9.3.2.1	地貌 山名、山梁、山峁、高地等	九顶山　骊山 正等线体(3.5　4.0)			K100
4.9.3.2.2	其他地理名称（沙地、草地、干河床、沙滩等）	铜鼓角　太阳岛 宋体(2.5　3.0　3.5)			K100
4.9.3.3 4.9.3.3.1	交通 铁路、高速公路、国道、快速路名称	宝城铁路　西宝高速公路 正等线体(4.0)			K100
4.9.3.3.2	省、县、乡公路、主干道、轻轨线路名称	西铜公路 正等线体(3.0)			K100
4.9.3.3.3	次干道、步行街	太白路 细等线体(2.5)			K100
4.9.3.3.4	支道、内部路	邮电北巷 细等线体(2.0)			K100
4.9.3.3.5	桥梁名称	谢家桥　长江大桥 细等线体(2.0　2.5　3.0)			K100
4.9.4 4.9.4.1	各种数字注记 测量控制点点号及高程	I96/96.93　25/96.93 正等线体(2.5) (罗马数用中宋体)			K100
4.9.4.2	公路技术等级及编号 a. 高速公路、国道 b. 省道 c. 专用、县、乡及其他公路	a　G322　⓪② 正等线体(3.5) b　S322　③ 正等线体(3.0) c　X322　⑨ 正等线体(2.0)			K100

图 3-33　（续）

3. 雁行字列

在雁形字列中，各字中心连线在一条直线上，字向直立或垂直于中心连线且应拉开间隔。当字中心连线的方位角在±45°之间时，其字序应从上向下排列，否则就要从左向右排列，而且字没有旋转角度，如图 3-34 所示。

4. 屈曲字列

在屈曲字列中，各字中心连线应是一条自然弯曲的曲线，且应与被注记的线状对象平行，其中的字应随物体走向而改变方向。其字序的排列方式同雁行字列，当字序从上向下排时，字的纵向平行于线状物体，当字序从左向右排时，字的横向平行于线状物体，而且字有旋转角度，如图 3-35 所示。

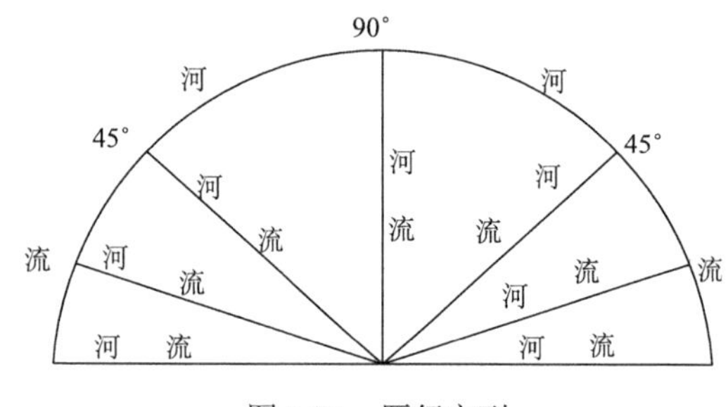

图 3-34　雁行字列

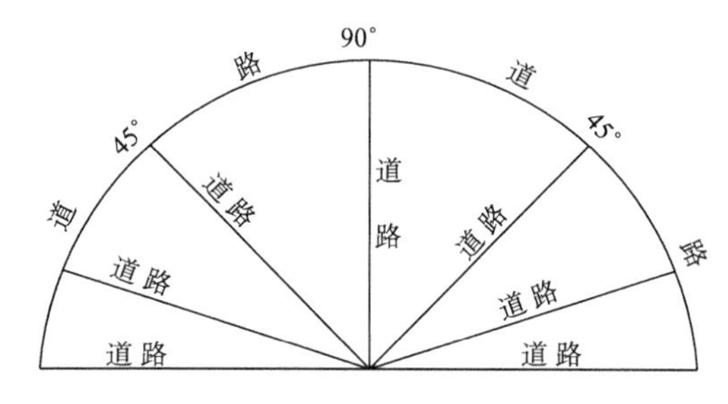

图 3-35　屈曲字列

5. 地图注记的自动配置

计算机的电子地图注记有手工交互和自动配置两种方式。通用的图形处理软件（FreeHand、CorelDraw 等）中只能进行手工交互注记，其注记原则类似于纸质地图的注记。在常用的 GIS 软件（ArcGIS、MapInfo 等）中，可以进行手工交互注记和自动配置注记。

手工交互注记不同于自动配置注记，主要体现在以下两个方面。

（1）注记的主体不同。手工交互注记的主体是人，而自动配置注记是依靠程序和算法逻辑推理解决问题。因此，手工交互注记时，使用的配置规则是指导性、原则性、定性的，而计算机自动注记使用的配置规则是严格、具体和精确的，要求是定量的，没有二义性。

（2）注记对象不同。手工交互注记的对象通常是纸质印刷的地图，其尺寸固定，容纳信息量有限。一种特定比例尺地图具有一种最佳表达信息的方式。因此，手工交互注记对注记的字体、尺寸均有详细严格的规定。计算机自动配置注记的对象是电子地图，用于屏幕显示和喷绘输出。喷绘输出可采用手工交互注记的规定，而屏幕显示可以灵活变动窗口大小和地图的比例尺，漫游和开窗放大会造成注记配置的缺失或不合理，这就需要采用动态配置方式，即流动注记形式。然而，因为电子地图应用广泛，不同的应用有不同的输出要求。所以屏幕显示也应有更为灵活可变的注记配置规则。例如，由系统确定大原则，给出缺省配置值，再由用户根据需求制定具体的配置规则。在 MapInfo 软件中，系统给出了注记相对于点位的 9 个位置和偏移量、是否沿线标注等，用户可根据情况灵活选择与设定。

思　考　题

1. 什么是地图符号？按照制图对象的几何特征，地图符号如何分类？并说明各类符号的特点。
2. 按照符号与地图比例尺的关系，地图符号分为哪些类型？各类符号的特点如何？

3. 简述地图符号的定名量表、顺序量表、间距量表、比率量表的区别和联系。
4. 什么是视觉变量？视觉变量包括哪些变量？视觉变量的感受效果有哪些？举例说明。
5. 简述地图符号的设计原则。
6. 举例说明在AutoCAD软件中，点状、线状、面状符号的设计方法。
7. 简述点状、线状、面状符号的色彩设计方法。
8. 说明地图注记的作用及地图注记的种类。
9. 地图注记中的雁行字列、屈曲字列的区别是什么？
10. 说明水系注记在地图中的注记方法，以及有关的注意事项。

第二篇　地图类型

第四章　普通地图

普通地图是较为详细地反映地球表面自然地理要素和社会经济要素的基本特征、分布规律及其相互联系的地图。该地图包括数学要素、地理要素和图廓外要素等三大部分。普通地图广泛用于国民经济建设、国防建设、科学考察和文化教育等诸多方面。

第一节　普通地图概述

普通地图是综合、全面地反映一定制图区域内的自然要素和社会经济要素一般特征的地图。普通地图内含有地形、水系、土壤、植被、居民地、交通网、境界线等内容，广泛用于经济、国防和科学文化教育等方面，并可作为编制各种专题地图的基础。按其比例尺和表示内容的详细程度，普通地图可分为地形图和地理图。

一、地形图

地形图是地表起伏形态和地理位置、形状在水平面上的投影图。具体来讲，将地面上的地物和地貌按水平投影的方法（沿铅垂线方向投影到水平面上），并按一定的比例尺缩绘到图纸上，这种图称为地形图。

（一）地形图分类

我国将比例尺大于1∶100万（含1∶100万）的普通地图称为地形图。其中，1∶500、1∶1000、1∶2000、1∶5000、1∶1万、1∶2.5万、1∶5万、1∶10万、1∶25万、1∶50万和1∶100万等11种比例尺地形图称为国家基本比例尺地形图。在国家基本比例尺地形图系列中，通常又将其分为大、中、小等三种比例尺。

大比例尺地形图包括1∶500、1∶1000、1∶2000等地形图。

中比例尺地形图包括1∶5000、1∶1万、1∶2.5万、1∶5万、1∶10万等地形图。

小比例尺地形图包括1∶25万、1∶50万、1∶100万等地形图。

注意，1∶5000地形图既可作为大比例尺地形图，也可作为中比例尺地形图。

其中，比例尺较小的地形图表示的地图内容较为粗略，精度相对较低，具有向小比例尺普通地图（地理图）过渡的性质。

（二）地形图的内容

根据相应的规范和图式，地形图内容主要包括数学要素、地理要素（自然要素和社会经济要素）和图廓外要素。其中，数学要素包括控制点、坐标格网、地图定向、地图比例尺、分幅编号；地理要素包括自然要素（水系、地貌、土质与植被）、社会经济要素（居民地、交通线、境界线）；图廓外要素包括图名、图号、图例、接图表、比例尺、坡度尺、出版说明等。

地形图内容可能随比例尺缩小，表示的内容也逐渐减少和变得粗略。例如，在 1∶50 万、1∶100 万地形图上，测量控制点、独立地物、管线及垣栅等内容，部分或全部被删减了。

（三）地形图的用途

不同比例尺的地形图具有不同的精度和详细程度，因此不同比例尺地形图在国民经济建设和国防建设中有不同的作用，其用途见表 4-1。

表 4-1 不同比例尺地形图的用途

比例尺	基本任务	用于国民经济件建设	用于国防建设
1∶500～1∶2.5 万	工程建设现场图；农田基本建设用图；城市规划用图；基本战术图	各种工程建设的设计以及农、林业生产的研究等	国防重点地区的基本技术、战术用图；炮兵射击，坦克兵等兵种的侦察和作战
1∶5 万～1∶10 万	规划设计图；战术图；专题图的地理底图	各种建设规划设计；道路勘察、地理调查、土质勘察、农林研究	战术用图，司令部和各级指挥员在现场的用图
1∶25 万～1∶50 万	区域规划设计图；战役、战术图；专题地图的地理底图	各种建设的总设计；工农业规划；运输路线规划；地质、水文普查	军以上高级司令部使用图；空军接近大型目标时使用图
1∶100 万	国家、省、自治区、直辖市总体规划图；战略图；专题地图的地理底图	了解和研究某区域自然地理和社会经济概况；小比例尺普通地图和专题地图的编图资料	统帅部战略用图；空军空中领航用图
小于 1∶100 万	一览图	一般参考；文化教育和科学研究用图；专题地图和地图集的编图资料	确定战略方针用图；研究飞行射击用图；中远程导弹发射用图

（四）地形图的制作

我国所有地形图均采用实测或根据实测地图补充资料编绘而成。1∶5 万以上比例尺地形图主要采用航测方法成图。

地形图是国家的基础信息资料，要求很高，制作时均应采用统一的大地控制基础、坐标系统和高程系统，并应采用统一的地图投影方式和统一的地图分幅编号。

地形图（特别是大比例尺地形图）要求详细而精确地表示地面各种要素，这类地形图通常是实测成图，也可根据实测地形图缩小编绘而成，再补充各种现势资料。

利用较大比例尺地形图缩编较小比例尺地形图，是一种经济、实用、快速的成图方法，编图的质量主要取决于各种要素的制图综合情况。

二、地理图

通常将比例尺小于 1∶100 万，表示主要景观要素的普通地图称为地理图，也称一览图或参考图。地理图包含三种形式，即单幅或拼幅挂图（通常比例尺较大）、作为小比例尺普通地图出现的地图集、作为非制图中的附图（通常比例尺较小）。

（一）地理图比例尺和坐标网

从目前已出版的地理图来看，地理图比例尺系列为 1∶125 万、1∶150 万、1∶200 万、1∶250 万、1∶300 万、1∶400 万、1∶500 万、1∶600 万、1∶1000 万、1∶2000 万

和 1∶3000 万等。

地理图的比例尺选用一般是根据地区或国家的面积大小来确定的，较小的地区或小国，通常选用较大的比例尺，而较大的区域或大国则通常选用较小的比例尺。

为了直观了解地球表面情况和按方位定向，在地理图上通常加绘有由经纬线构成的地理坐标网，经纬网的一般密度见表 4-2。

表 4-2　各种比例尺地理图的坐标网密度

地图比例尺	经纬网密度
1∶125 万	0.5°
1∶150 万，1∶200 万，1∶250 万	1°
1∶300 万，1∶400 万，1∶500 万，1∶600 万	2°
1∶750 万	4°
1∶1000 万，1∶1500 万	5°
1∶2000 万，1∶3000 万	10°

（二）地理图的用途和内容

地理图主要表示制图区域一般性综合特征，内容概略，即能全面反映地区的总体情况。地理图的主要用途为：①一般性了解地区面貌，即了解全区内各种自然地理和人文地理要素的概况，为人们的工作、学习和日常生活提供参考资料。②作为战略用图，供国家和军事部门进行国防建设规划、部署兵力、确定军事路线、指挥各兵种协同作战等使用。③作为编图资料使用，供编制专题地图及更小比例尺的普通地图使用。

地理图的内容主要是地表上的各种自然要素和人文要素，包括水系（海洋）、地貌、土质与植被、居民地、交通网和政治行政区划界线等。

地理图与地形图相比，主要表现在地图内容的详细程度明显降低了，只表示了要素中最主要的内容，其分类分级概略，许多具体的地物从图上删除了。例如，各种独立地物、各种管线、低等级道路、小居民地等均随地图比例尺的缩小而大量删减或不再表示。

若地理图上的地貌采用分层设色法表示，则往往不能在地理图上再表示出植被的分布。

（三）表示方法

地理图与地形图在地图内容的表示方法上基本相同，不同之处主要在于地理图由于用途不同、要求不一，其表示方法形式各异。另外，地理图没有统一的规范和图式，地图的个性化特色显著，应针对具体地图进行设计，拟定地图符号系统。地理图一般比例尺较小，能表示在图上的内容大大减少，从而使所表示的内容高度概括，地图符号的数量也极大减少。

由于比例尺的作用，地理图上的点状地物逐渐增多，不仅港口、码头等都变成了点状地物，而且许多在实地上有较大面积的居民地也逐渐变成了点状地物，从而只能用非比例的点状符号来表示。地面上许多带状分布的地物（如道路、水系），也只能用半依比例的线状符号来表示，而且符号宽度的夸张也将随地图比例尺的缩小而夸大。许多地面上较小的面状地物（如水库、池塘、植被等）也只能用非比例符号来表示，或因面积较小而被忽略。

在地理图上，通常采用定名量表来表示地物的分布、状态及性质等（如独立地物、植被的分布、水系等）；而对于居民地、道路和水库等，则往往是根据其质量或数量指示，用顺序量表的形式进行表示，有时也可用间距量表区分出等级的高低与大小；而对于地貌只能用等高线或高程注记来表示。

（四）制图综合

因为地理图的比例尺小、测区范围广大，所以需要进行大量的制图综合。

1. 制图综合的方向

在地理图上，制图综合由概括为主转变为选取为主。在地形图上，特别是较大比例尺地形图上，“舍去”极少，重点在于概括物体的细部特征；而在小比例尺的地理图上，则变为取舍为主，概括成为次要的综合手段。例如，居民地大多采用圈形符号来表示，居民地的选取则成为制图综合的主要方向，并采用定额法和资格法相结合的方式来研究选取数量等问题。地貌的表示重点在于研究区域地貌的结构规律，用怎样的地貌高度表，选取哪些等高线可以表示区域内各种地貌的类型特点及其分布特征等。

2. 制图综合的重点

在地理图上，制图综合的重点在于反映制图物体的类型特征，而不像地形图的制图综合重点在于物体碎部特征的表达。例如，在海岸线表达时主要用符号来区分海岸的类型，如断层海岸、岩岸、低平海岸、生物海岸等；水系要由所选的河流区分出树枝状、羽毛状、辐射状、平行状及网状等结构特征。因此，在制图综合时，应充分研究各要素的特征，合并相近似的类别，舍去低级类别，并应尽可能采用计算方法确定其定量指标（如居民地选取指标、河流选取标准等），从而使地理图所表达的内容科学实用。

3. 制图综合的精度

在地理图中，制图综合由地形图强调地物几何精度转变为强调地理精度。当地图比例尺缩小后，地图上大量的碎部地物被舍去，而留下的地物（如等高线谷地、土质植被的轮廓范围等）主要是为了反映类型特征，许多碎部地物通常很难与实地地物一一对应，此时地图的几何精度无疑是被降低了，但各要素的分布特点及相互关系等“地理精度”被放在了重要位置。

第二节　独立地物的表示

实地形体较小，无法按比例表示的一些地物，统称为独立地物。地图上所表示的独立地物主要包括工业、农业、历史文化及地形等方面的标志，见表 4-3。

表 4-3　独立地物的表示内容

标志分类	独立地物
工业标志	烟囱，石油井，盐井，天然气井，油库，煤气库，发电厂，变电所 无线电杆，塔，矿井，露天矿，采掘场，窖
农业标志	水库，风车，水轮泵，饲养场，打谷场，储藏室
历史文化标志	革命烈士纪念碑，彩门，牌坊，气象台，钟楼，鼓楼，城楼，亭，庙，古塔，碑及其他类似物体，独立大坟，坟地
地形方面的标志	独立石，土堆，土坑
其他标志	旧碉堡，旧地堡，水塔，塔形建筑物

图 4-1　1∶2.5 万～1∶10 万地形图的部分独立地物符号

独立地物具有明显的方位意义，通常高于其他建筑物，对于地图定向、判定方位等均具有重要的意义。在 1∶2.5 万～1∶10 万的地形图上，独立地物表示得较为详细，但随着地图比例尺的缩小，其所表示的内容也将逐渐减少。在小比例尺地图上，主要是以表示历史文化方面的独立地物为主。

独立地物由于其实地形体较小，难以用真形符号显示，常采用侧视的象形符号来表示。图 4-1 为我国 1∶2.5 万～1∶10 万地形图的部分独立地物符号。

在地形图上，独立符号必须准确地表示地物所处的位置，所有的独立符号均规定了定位点，以便定位。独立地物符号的方向，除特殊要求按其真实方向表示外，均应垂直于南图廓来描绘。若独立地物符号与其他符号绘制位置发生冲突时，一般应保持独立地物符号位置的准确，并将其他地物符号移位绘出。对于街区中的独立地物符号，通常可以中断街道线，并在街区的留空处绘出。

第三节　自然地理要素的表示

普通地图上的自然地理要素主要包括水系、地貌、土质和植被等。

一、水系的表示

水系是地理环境最基本的要素之一，它对自然环境及社会经济活动有着极大的影响。水系对反映区域地理特征具有标志性作用，对地貌的发育、土壤的形成、植被分布及气候的变化均有影响，对居民地、交通及农业等也有显著影响。在军事上，水系的障碍作用尤为突出，通常可作为防守的屏障、进攻的障碍，也是空中和地面判定方位的重要目标。从地图制图角度考虑，水系是地图内容的控制骨架，对其他要素具有一定的制约作用。因此，水系在地图上的表示具有重要意义，是地图上不可或缺的内容。

地图上，应显示出各种水系要素的基本形状及特征，河网、海岸及湖泊的基本类型，主流与支流的从属关系，水网密度的差异，以及水系与地貌要素之间的协调关系。

普通地图上的水系主要包括海洋要素、陆地水系和水系附属物等。

（一）海洋要素的表示

普通地图上，海洋要素的表示主要包括海岸和海底地形，有时也表示海流、潮流、海底地质、冰界及海上航行标志等。对地理图而言，海洋要素的表示重点则为海岸线和海底地形。

1. 海岸的表示

1）海岸的结构

海岸是海洋和陆地相互作用的具有一定宽度的海边狭长地带，它由沿岸地带、潮浸地带和沿海地带三部分组成。

沿岸地带也称后滨，位于高潮线以上的狭窄陆地，是高潮波浪作用过的陆地部分，可采用海岸阶坡（包括海蚀崖、海蚀穴）或海岸堆积区等标识来识别。由于地势的陡缓和潮汐的情况各异，这个地带的宽度大小不同。

潮浸地带是高潮线与低潮线之间的地带，当处于高潮时被淹没，而处于低潮时，则露出水面，地形图上称为干出滩。沿岸地带与潮浸地带的分界线即海岸线，是多年大潮的高潮位所形成的海陆分界线。

沿海地带也被称为前滨，它是低潮线以下直至波浪作用的下限，是一个位于海水之下的狭长地带。

2）海岸的表示

地图上所表示的海岸线应反映其基本类型和特征。海岸线通常用蓝色实线来表示，而低潮线用虚线概略绘出，如图 4-2 所示。处于海岸线以上的沿岸地带，主要采用等高线或地貌符号来表示。在沿海地带，主要表示沿岸岛屿和海滨沙嘴等。

在小比例尺的地理图上，是用不同形状的概括图形来区分岩岸、沙岸、泥岸等，用蓝色小点表示沙滩、浅滩，用红色珊瑚礁符号构成不同的图案来表示群礁、堡礁和环礁。

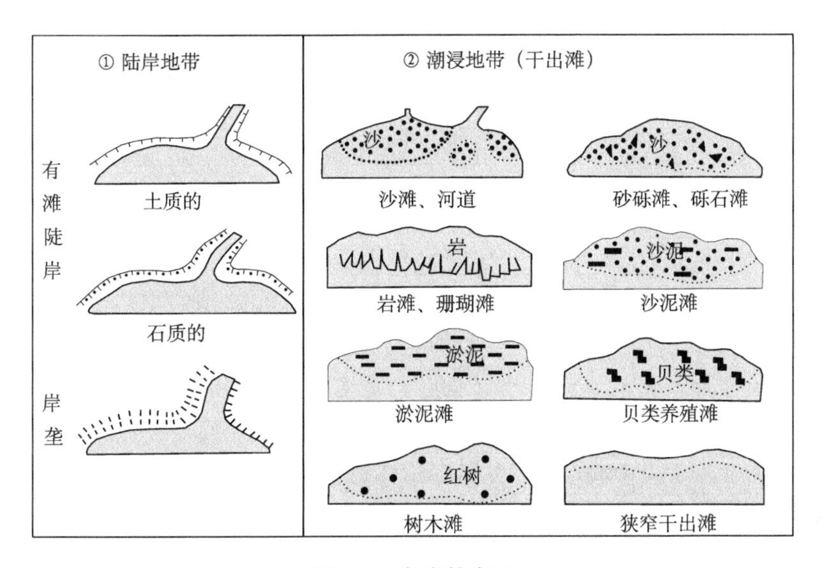

图 4-2 海岸的表示

2. 海底地形的表示

海底地形可分为三个基本轮廓单元，即大陆架、大陆坡、大洋底。它们通常是通过水深注记、等深线加分层设色来表示的。三个基本单元的深度分别为：大陆架一般为 0～200m，大陆坡一般为 200～2500m，大洋底一般为 2500～6000m。海洋水深的起算面与陆地高程的计算方法不同，不是根据平均海平面来计算，而是利用长期验潮数据来计算出理论上可能最低的潮位面，此面即海的深度基准面。

海底地形通常采用水深注记、等深线、分层设色和晕渲等方法来表示。水深注记是水深点深度注记的简称，类似于陆地上的高程点。海图上水深注记遵循一定的规则，也常被普通地图所引用。例如，在水深点注记时不标明点位，而是用注记整数位的几何中心来代替；对于可靠的新测的水深点用斜体字注记，而不可靠的旧资料的水深点用正体字注记，不是整数的小数位用较小的字注于整数后面偏下的位置，如 51_{7} 表示水深 51.7m。等深线是从深度基准面起算的等深点的连线，等深线的表示有两种：一种是细实线符号；另一种是点线符号。分层设色法是在等深线的基础上，对相邻的等深线涂以不同深浅的蓝色来表示海底起伏，深度越深，蓝色越深。晕渲法是采用不同色调表示海底地貌起伏变化的方法，用晕渲法表示大西洋海底地貌如图 4-3 所示。

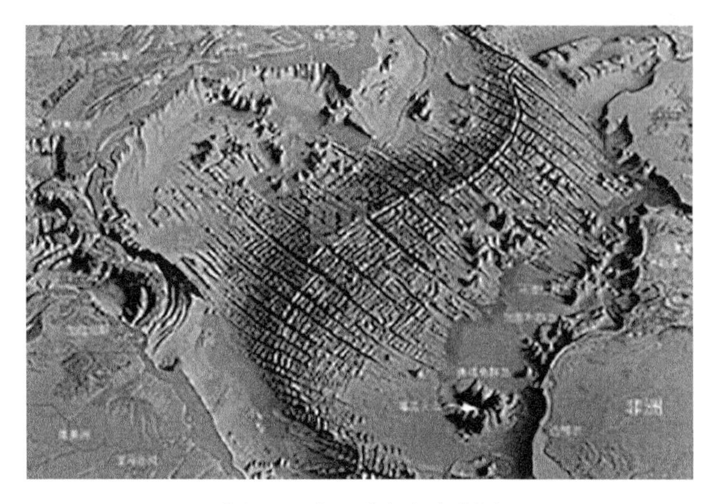

图 4-3　大西洋海底地貌图

（二）陆地水系的表示

陆地水系相对于海洋而言，是在一定流域范围内，由地表大大小小的水体，包括河流、运河、湖泊、水库、井等构成的系统。普通地图上，水面和陆地的交界线称为水涯线。

1. 河流、运河的表示

普通地图上通常要求表示河流大小（长度、宽度）、形状和水流状况。

普通地图上的河流主要采用蓝色线状符号和注记来表示，有“双线河”和“单线河”之分。图上河流的宽度大于 0.4mm 时，可以用依比例尺的双线符号来表示；小于 0.4mm 时，用不依比例尺的单线符号来表示。在小比例尺地图上，河流有两种表示方法：一种是与地形图相同的方法；另一种是采用不依比例尺单线配合真形单线（依比例尺的单线）来表示。在大比例尺地图上，可以采用符号加简单的说明注记，进一步表示河宽、水深、流向、流速等河流水文特征。

运河在地图上可以用双线或单线表示，双线一般为内部填充浅蓝色的平行双线，单线为等粗的蓝色实线，不同类型河流的表示如图 4-4 所示。

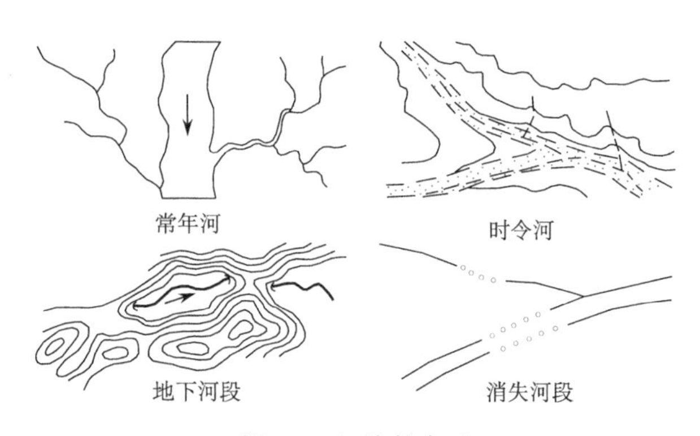

图 4-4　河流的表示

2. 湖泊的表示

湖泊是水系重要的组成部分，主要通过其形状和形态特点来表示。在普通地图上，一般用封闭的蓝色水涯线且填充为蓝色的面状符号表示湖泊，用蓝色实线来表示常年湖的水涯线，蓝色虚线表示季节湖的水涯线。有的普通地图中，用蓝色表示淡水湖；对于咸水湖或盐湖，可以在其轮廓界线内填充浅蓝色或浅紫色，并注记“咸”或“盐”。

3. 水库

水库也是面状分布的水域，可以用蓝色封闭的水涯线并填充蓝色表示，如图 4-5 所示。

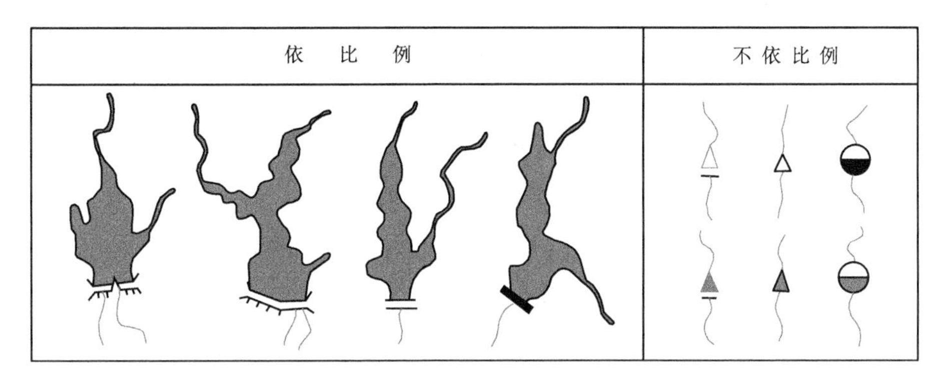

图 4-5　水库的表示

4. 井

井虽然面积比较小，但是不可忽视，通常采用不依比例的点状符号表示，并添加注记说明水深等。

（三）水系附属物的表示

水系附属物包括自然类，如瀑布、石滩等；水工建筑物类，如渡口、滚（拦）水坝、加固岸、码头、停泊场、防洪堤等。普通地图上常用半依比例的线状符号或不依比例的点状符号表示。

（四）水系注记

普通地图上需要注出名称的水系物体有海洋、海峡、海湾、岛屿、湖泊、江河、水库等，一般采用左斜体文字注记。

二、地貌的表示

地球表面高低起伏，有高原、冰川、沙漠、海岸等。如何立体显示地貌，这是测绘工作者必须解决的问题。自古以来，测绘工作者在这方面进行了不懈的探索，创造了不少地貌表示方法。地貌是自然地理要素中最重要的要素之一，常采用写景法、等高线法、晕渲法、分层设色法和晕滃法等表示。

（一）写景法

写景法也称透视法，是利用透视绘图的方式表现地面起伏的一种方法。写景法假定光线从图的左上方来，绘图者在图的南图廓上方绘制得到写景图。图 4-6 为 15～18 世纪西欧地图上的地貌写景图。

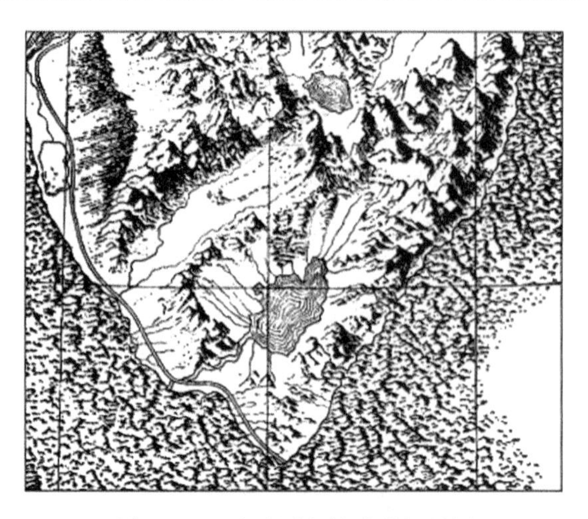

图 4-6 西欧地图上的地貌写景图

我国古代地图中多采用写景法表示山峰、丘陵。写景法形象直观，易绘易懂，示意性强，但不能判别山岳高低，在基本地形图上不使用。

利用计算机数字制图技术，基于等高线来自动绘制立体写景图的方法是地貌写景的现代手段。

（二）等高线法

等高线法又称水平曲线法，是利用等高线表示地貌起伏状况的一种方法。等高线法是表示地貌最常用的方法，也是最精确的方法，是以地面上高程相等的相邻点连成的闭合曲线来表示地貌的起伏形态。等高线法虽缺乏立体效果，但利用等高线可量算地面点的高程、地表面积、地面坡度、山的体积和洼地的容积等。

1. 等高距

等高距是指相邻两条等高线的高程差。等高距的大小与地形图比例尺、地面起伏有关，不同比例尺地形图的等高距见表 4-4。

表 4-4 不同比例尺地形图的等高距

比例尺	平原-低山区/m	高山区/m	比例尺	平原-低山区/m	高山区/m
1∶500	0.5	1	1∶2.5 万	5	10
1∶1000	1	2	1∶5 万	10	20
1∶2000	1	2	1∶10 万	20	40
1∶5000	2.5/5	5	1∶25 万	50	100
1∶1 万	2.5/5	10	1∶50 万	100	200

2. 等高线的特点

（1）等高线是封闭的曲线，同一条等高线上各点的高程相等。

（2）等高线不能相交或重合。

（3）在等高距相同的情况下，坡度越陡，等高线越密集；坡度越缓，等高线越稀疏。

（4）等高线与分水线或集水线垂直相交。

3. 等高线的类型

地形图上的等高线分为首曲线、计曲线、间曲线和助曲线。首曲线又称基本等高线，是按照地形图所规定的等高距绘制的等高线，在地形图上用细实线表示；计曲线又称加粗等高线，是为了方便高程计算而加粗的等高线，通常是每隔 4 条或 3 条基本等高线绘制一条计曲线；间曲线又称半距等高线，是按照等高距的二分之一高程加绘的长虚线表示的等高线；助曲线又称辅助等高线，是按照等高距的四分之一高程加绘的短虚线表示的等高线，等高线如图 4-7 所示。

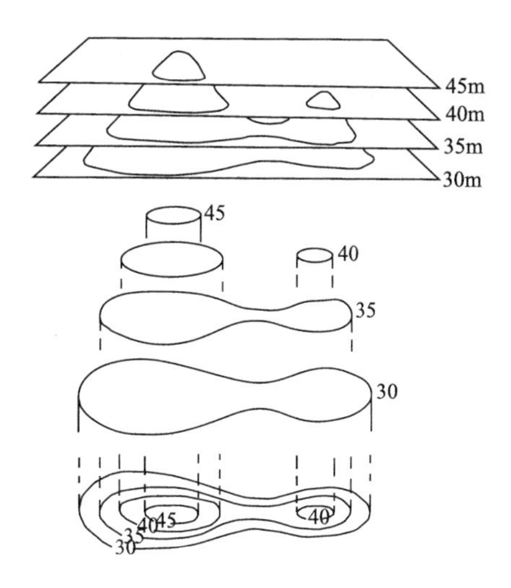

图 4-7 等高线示意图

4. 几种典型地貌

1）山顶、凹地

山顶是指山的最高部位，按形态可分为平顶、圆顶、尖顶（又称山峰），如图 4-8 所示。在地形图上，主要的山顶一般注有高程和表示凸起或凹入的示坡线。山顶的形状不同，等高线的表示也不同。

凹地的等高线也是一组闭合曲线，但内低外高，示坡线指向内侧。

2）山脊

山脊是山的脊梁，山脊的最高棱线称为山脊线，山脊的等高线形状表现为一组凸向低处的曲线。山脊的两侧基本对称，山脊的坡度变化反映了山脊纵断面的起伏状况，山脊等高线的尖圆程度反映了山脊横断面的形状。山脊按形状可以分为尖山脊、圆山脊和台阶状山脊，其等高线如图 4-9 所示。

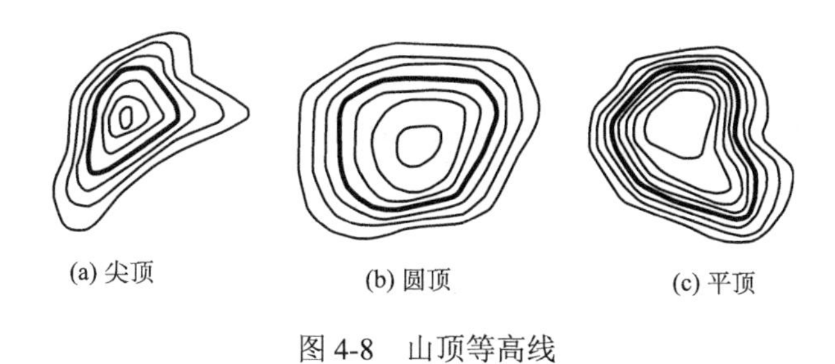
(a) 尖顶 (b) 圆顶 (c) 平顶

图 4-8 山顶等高线

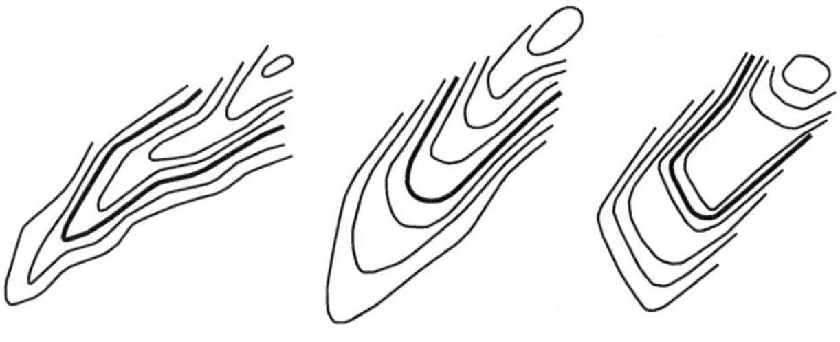

(a) 尖山脊 (b) 圆山脊 (c) 台阶状山脊

图 4-9 山脊等高线

3）山谷

山谷是沿着一个方向延伸的洼地，贯穿山谷最低点的连线称为山谷线。山谷的等高线形状为一组凸向高处的曲线。山谷按形状可以分为尖底谷、圆底谷和平底谷，山谷等高线如图4-10所示。

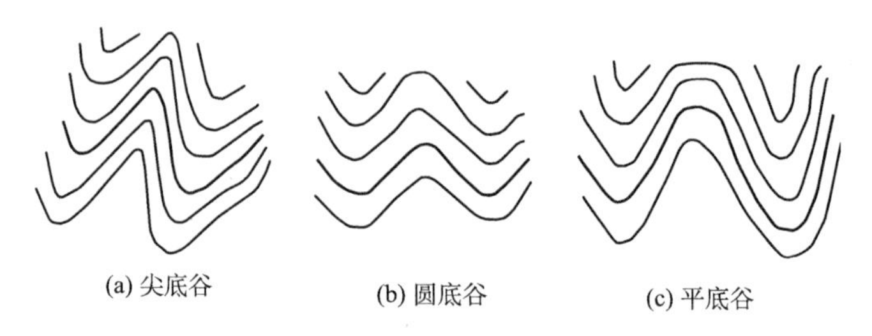

图4-10　山谷等高线

4）鞍部

鞍部位于两山之间比较平缓的部位，因为该部位在整个地形体系中似马鞍，故名鞍部。鞍部往往是山区道路通过的地方，有重要的方位作用。鞍部的中心位于分水线的最低位置上，鞍部有两对同高程的等高线，即一对高于鞍部的山脊等高线，另一对低于鞍部的山谷等高线，这两对等高线近似对称。鞍部等高线如图4-11所示。

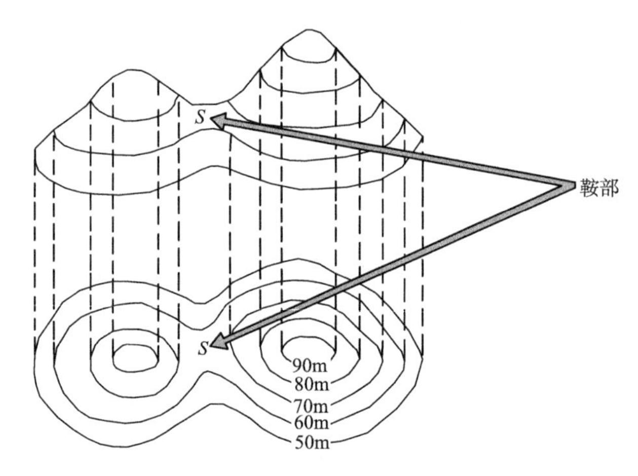

图4-11　鞍部等高线

鞍部可分为窄短鞍部、窄长鞍部和平宽鞍部，各种鞍部等高线如图4-12所示。

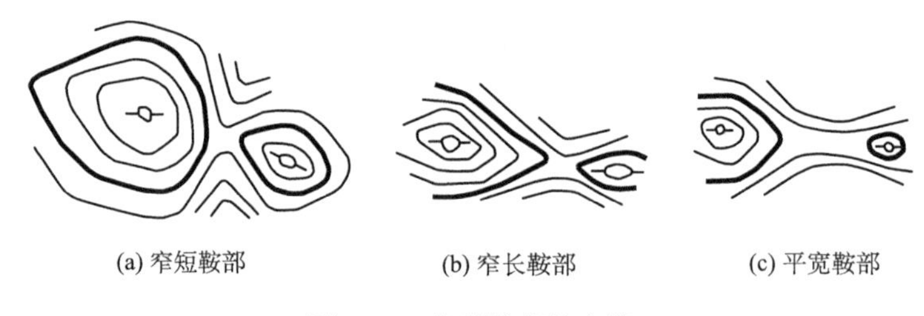

图4-12　各种鞍部等高线

5）盆地

盆地是四周高中间低的地形，其等高线的特点与山顶等高线相似，但其高低相反，即外圈等高线的高程高于内圈等高线的高程。

6）坡面

坡面是倾斜的地表面，又称斜坡或山坡，山脊或山谷的两个侧面就是坡面。坡面的等高线由一系列呈直线状的等高线组合而成。坡面按形状分为均匀坡、凸形坡、凹形坡和阶形坡。均匀坡坡面倾斜基本一致，等高线间隔大致相同；凸形坡坡面倾斜为上缓下陡，等高线为上疏下密；凹形坡坡面倾斜为上陡下缓，等高线则上密下疏；阶形坡坡面倾斜陡缓相间，等高线间隔疏密相间。坡面的坡向常根据高程点注记，河、湖位置，水流方向，等高线注记（字头指向高处）来判断。

多种地貌类型的等高线如图 4-13 所示。

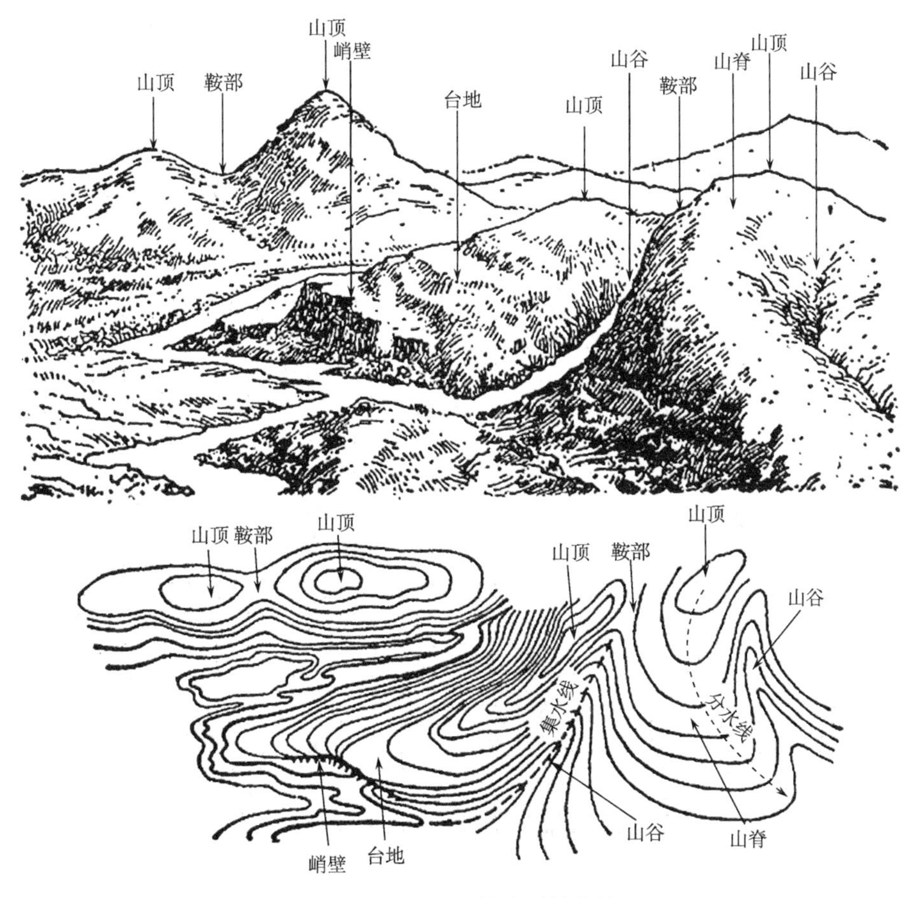

图 4-13 多种地貌类型等高线

（三）晕渲法

晕渲法也称阴影法，是应用光照阴影原理，通过色调的明暗对比来产生地貌立体感觉的一种地貌表示方法。1716 年德国高曼绘制世界地图时，首先采用了晕渲法。因为晕渲法的图面效果好，技法又比较容易掌握，所以受到制图者的重视，应用范围比较广泛。晕渲法的形式可根据光源不同、晕渲的颜色不同进行分类。

1. 根据光源不同分类

根据光源不同，晕渲法可分为直照晕渲、斜照晕渲、综合光照晕渲。光线垂直照射地面称为直照晕渲；光线斜照地面称为斜照晕渲；直照和斜照相结合的方法称为综合光照晕渲，如图 4-14 所示。

2. 根据晕渲的颜色不同分类

根据晕渲的颜色不同，晕渲法可分为单色晕渲、双色晕渲和多色晕渲。单色晕渲是用一种色相或者某色相的不同亮度来反映山体的光影分布；双色晕渲是把制图区域的地貌按照一定的原则拆成两个单色版，拆成两块版的目的是加强地貌的立体感，以更好地区分地貌类型；彩色晕渲是用色彩的浓淡、明暗、冷暖对比来体现地貌的立体感，如图 4-15 所示。

计算机地貌自动晕渲是基于数字高程模型（digital elevation model，DEM），计算出每个微小的地表单元的坡向、坡度以及灰度值，然后输入到图形输出设备，由绘图仪输出。

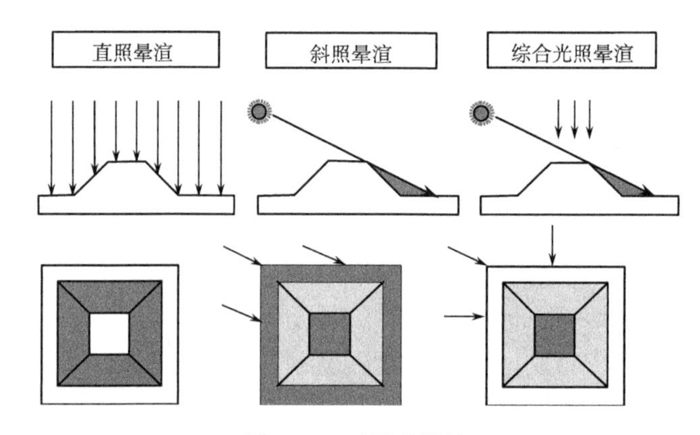

图 4-14　三种晕渲法

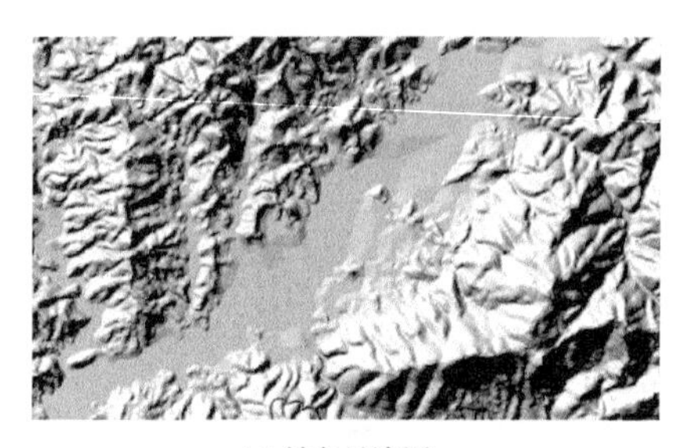

(a) 单色晕渲图

(b) 双色晕渲图

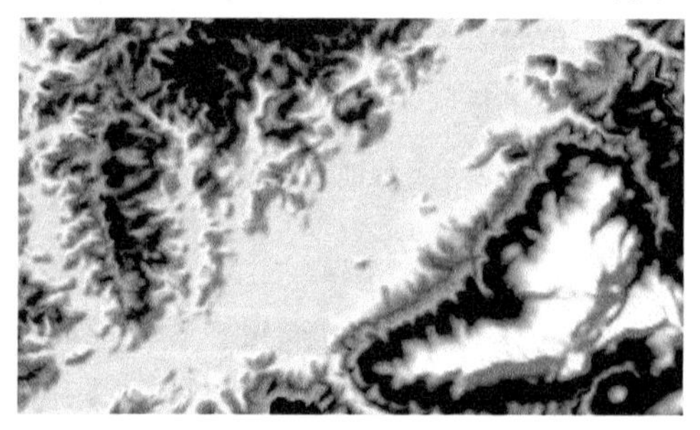

(c) 多色晕渲图

图 4-15　晕渲图

（四）分层设色法

分层设色法是根据制图区域的特点，以等高线为基础，为了显示地貌的高低起伏，在等高线间普染不同深浅或不同色调的颜色，使地形图具有立体效果。分层设色的立体效果主要依靠有规律地限定高程带的等高线以及正确利用色彩的立体特性。分层设色法在设色时，主要考虑地貌表示的直观性、连续性和自然感等原则。分层设色法广泛用于航空图、小比例尺地势图和地图集中，并多与晕渲法配合使用，如图 4-16 所示。

（五）晕滃法

晕滃法又称斜坡线法，是用沿着斜坡方向描绘的平行短线（称为晕线），显示地面起伏和斜坡度。缓坡，线细长而稀疏；陡坡，线粗短而紧密。这种方法的优点是立体感强，平面位置准确；缺点是作业烦琐，难以判读高程，如图 4-17 所示。

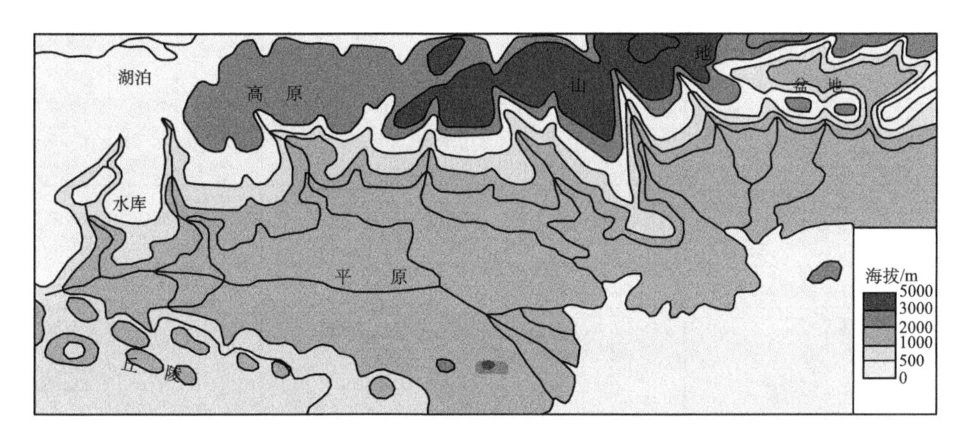

图 4-16 分层设色法

图 4-17 晕滃法

三、土质、植被的表示

普通地图中的土质是指地面表层的覆盖物，如沼泽、石块地、戈壁滩等；植被是指在地表上覆盖的各种植物的总称，分为天然植被和非天然植被两大类，前者如原始森林、草地等；后者如经济作物、人工作物等。植被符号如图 4-18 所示。

编号	符号名称	符号式样 1∶500	符号式样 1∶1000	符号式样 1∶2000	符号细部图	多色图色值
4.7.22	梯田坎 2.5——比高	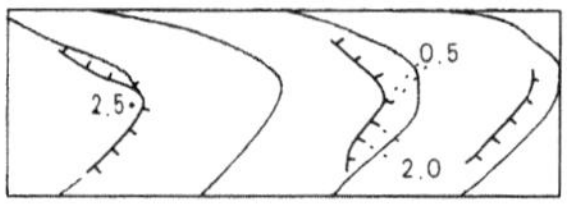				K100
4.7.23	石垄 a. 依比例尺的 b. 半依比例尺的	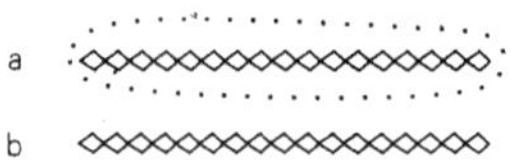			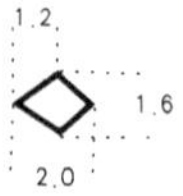	K100
4.8	**植被与土质**					
4.8.1	稻田 a. 田埂	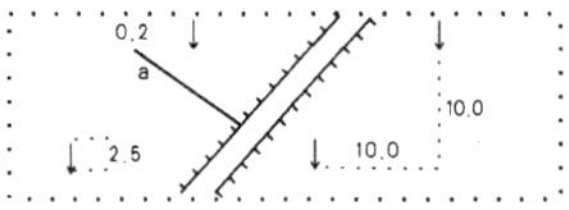				C100Y100
4.8.2	旱地	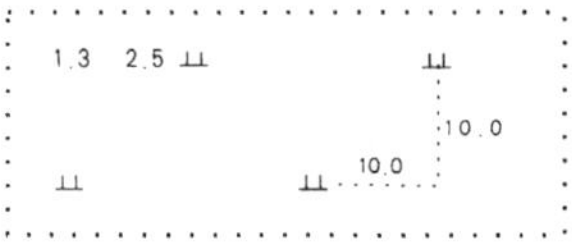				C100Y100
4.8.3	菜地	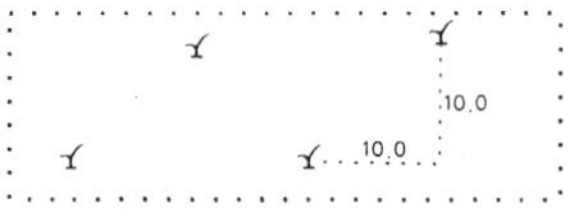			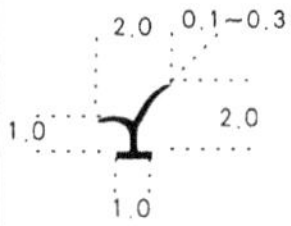	C100Y100
4.8.4	水生作物地 a. 非常年积水的 菱——品种名称	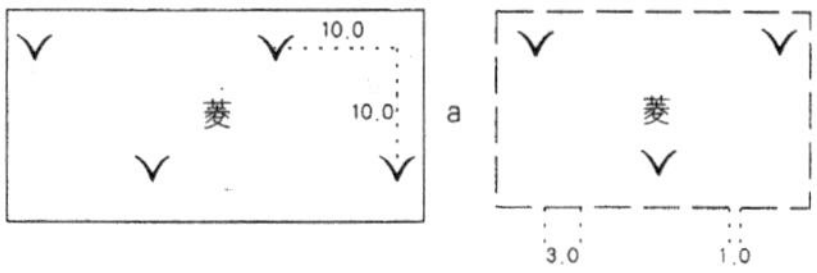			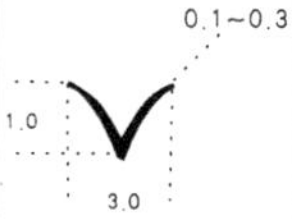	C100Y100
4.8.5	台田、条田					C100

图 4-18　植被符号

第四节 社会经济要素的表示

普通地图上表示的社会经济要素有居民地、交通线和境界线等。

一、居民地

居民地是人类生活居住和进行各种社会经济活动的聚集地，是重要的社会经济要素。居民地是普通地图中一项重要的内容，它在不同比例尺的普通地图上表示的详细程度差异很大。在大、中比例尺地形图上，可以详细表示不同类型居民地的平面轮廓形状与内部结构、主次干道以及建筑物的外形与性质特征等；在小比例尺普通地图上，主要表示居民地的位置与行政等级。

（一）居民地的形状

居民地的形状主要由外部轮廓和内部结构构成，普通地图上要尽可能依比例尺表示出居民地的真实形状。

居民地的外部轮廓主要由街道网和居民地边缘建筑物构成。随着比例尺缩小，居民地外部形状将由详细过渡到概略，城市形状可用简单外轮廓表示，小比例尺地图居民地形状则无法显示，只能用图形符号来表达。

居民地的内部结构主要依据街道网图形、街区形状、广场、水域、绿地、空旷用地等来表达。街道网图形构成了居民地的主体结构，在大比例尺地形图上详细表示，即以黑色平行双线符号显示。街区是指街道、河流、道路和围墙等所包围的，由建筑区和非建筑区构成的小区。在地图上要尽可能地依比例尺绘出街区界线，并填充45°斜晕线。

（二）居民地的类型

我国居民地的类型可以分为城市式、集镇式和农村式。城市居民地主要包括大、中、小城市以及县城，人口数量大多分布集中；集镇居民地包括乡镇、经济开发区、矿区、居住小区等，人口集中程度、街区规模等都比城市小得多；农村居民地包括村庄、农场、林场、窑洞等。居民地及特殊居民地符号如图4-19所示。

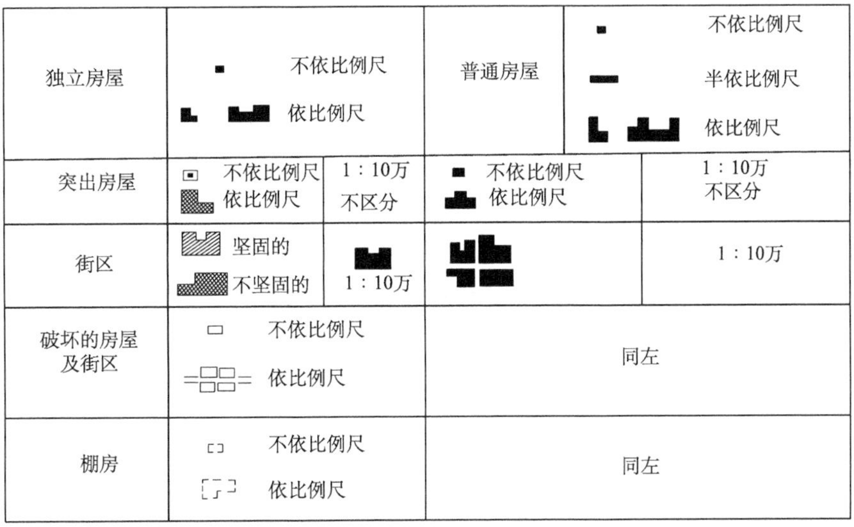

<table>
<tr><td>独立房屋</td><td colspan="2">不依比例尺
依比例尺</td><td>普通房屋</td><td>不依比例尺
半依比例尺
依比例尺</td></tr>
<tr><td>突出房屋</td><td>不依比例尺
依比例尺</td><td>1：10万
不区分</td><td>不依比例尺
依比例尺</td><td>1：10万
不区分</td></tr>
<tr><td>街区</td><td>坚固的
不坚固的</td><td>1：10万</td><td></td><td>1：10万</td></tr>
<tr><td>破坏的房屋及街区</td><td colspan="2">不依比例尺
依比例尺</td><td colspan="2">同左</td></tr>
<tr><td>棚房</td><td colspan="2">不依比例尺
依比例尺</td><td colspan="2">同左</td></tr>
</table>

图4-19 居民地及特殊居民地符号

（三）居民地的质量特征

地图根据不同比例尺，用依比例、半依比例、不依比例符号和填充晕线、颜色等方法，尽可能详尽地表示建筑物的质量特征。例如，在大于等于 1∶10 万比例尺地形图上，用依比例、半依比例和不依比例的黑块符号表示普通房屋；在大于等于 1∶5 万比例尺地形图上，用依比例交叉晕线符号或不依比例符号表示有方位意义的突出房屋，用依比例细轮廓线加上交叉晕线符号表示 10 层以上的高层建筑区；1∶10 万比例尺地形图上不区分建筑物质量，全部用街区黑块表示；1∶50 万、1∶100 万地形图以及更小比例尺普通地图上，除主要城市用填绘晕线或颜色的概略轮廓图形表示外，其他居民地均用圈形符号来表示。

（四）居民地的人口数量

居民地人口数量能够反映居民地的规模大小和经济发展状况，一般通过注记字体、字大或圈形符号形状、大小变化等方式来表示。

（五）居民地的行政等级

居民地的行政等级一般采用居民地注记的字体、字级来表示，也用居民地圈形符号形状、尺寸变化来表示。居民地的行政等级分为：首都所在地；省、自治区、直辖市人民政府驻地；市、自治州、盟人民政府驻地；县、旗人民政府驻地；镇、乡人民政府驻地；村民委员会驻地等 6 级。

二、交通线

交通线是重要的社会经济要素，它包括陆地交通、水上交通和管线运输等。普通地图上主要用（半依比例）线状符号的形状、尺寸、颜色和注记表示交通线的分布、类型和等级、形态特征、通行状况等。

（一）铁路

在大比例尺的地形图上，铁路应区分单线和复线、普通铁路和窄轨铁路、普通牵引铁路和电气化铁路、现用铁路和建筑中铁路等；而在小比例尺地图上，铁路只区分主要（干线）和次要（支线）铁路两种。

在大、中比例尺地形图上，铁路都用黑白相间的花线符号表示，然后在此基础上，其他类型铁路符号，通过添加如单线、复线辅助线来区分。在小比例尺地图上，铁路多采用黑色实线来表示。铁路符号见表 4-5。

表 4-5　铁路符号

项目	大比例尺地图	中小比例尺地图
单线铁路	(车站)	(车站)
复线铁路	(会让站)	
电气化铁路	电气	电
窄轨铁路		
建筑中的铁路		
建筑中的窄轨铁路		

（二）公路

大、中比例尺地形图上，公路用半依比例平行双线符号表示，用尺寸、颜色和说明注记表示公路类别及等级，还用不同符号表示路堤、路堑、涵洞、隧道等道路附属设施。公路符号中的说明注记表示公路技术等级，如“0、1、2、3、4、9”等代码分别表示高速、一级、二级、三级、四级公路和等外公路（包括专用公路）。公路符号如图 4-20 所示。

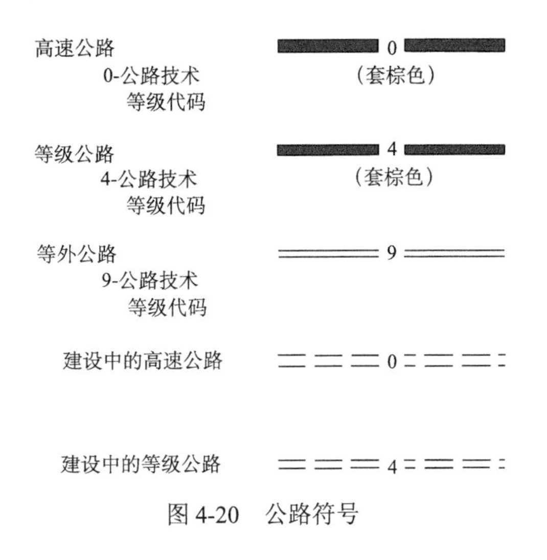

图 4-20 公路符号

小比例尺地图上，仅以粗、细实线颜色符号表示主要、次要公路。

（三）其他道路

其他道路是指公路级别以下的机耕路（大车路）、乡村路、小路、时令路等，在地形图上分别用黑色的粗实线、粗虚线、短虚线和点线表示。

小比例尺地图上，其他道路仅以粗实线和虚线分别表示大路、小路。

（四）管线运输

管线运输主要包括运输管道、高压线路和通信线路。运输管道有地面和地下两种，用小圆加直线符号表示，用说明注记表明其性质。例如，“水”“油”“气”分别表示输水、输油、输气管道。目前我国地形图上仅表示地面上的管道。在大比例尺地形图上，高压线路作为专门的电力运输标志，用点带箭头的直线状符号表示，有方位意义的电杆要绘出其位置。通信线路也用线状符号来表示，并同时表示出具有方位的电杆。部分管线符号如图 4-21 所示。

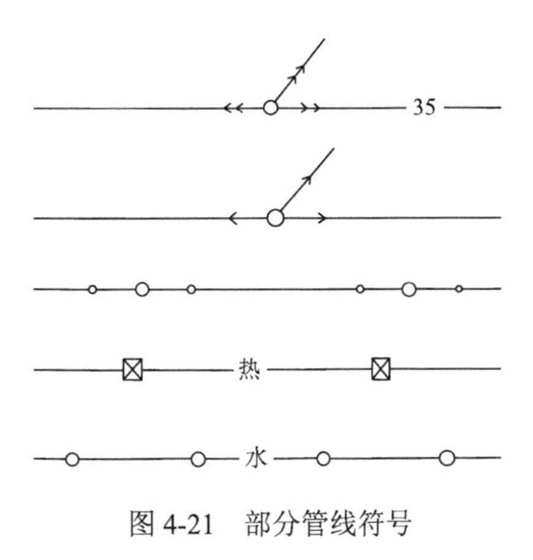

图 4-21 部分管线符号

三、境界线

境界线是区域范围的分界线，包括政区界和其他地域界，在地图上用不同粗细的短虚线结合不同大小的点线，反映出境界线的等级、位置以及与其他要素的关系。

国界是表示国家领土归属的界线。国界的表示必须根据国家正式签订的边界条约或边界议定书及其附图，按实地位置在图上准确绘出，并在出版前按规定履行审批手续，批准后方能印刷出版。我国地图上的国界用工字形短粗线加点的连续线状符号表示，未定界仅用粗虚线表示。当国界以河流或其他线状地物中心线为界，且该地物为单线符号时，国界要沿地物两侧间断交错绘出，每段绘 3～4 节，也就是所谓的跳绘。

省、自治区、直辖市界用一短线、两点的连续线显示；地区、地级市、自治州、盟界用两短线、一点的连续线表示；县、自治县、旗、县级市界用一短线、一点的连续线表示；自然保护区界用带齿的虚线符号表示。

地图上所有的境界线以单线地物为界时，均要采用跳绘的方式表示。部分境界线符号如图 4-22 所示。

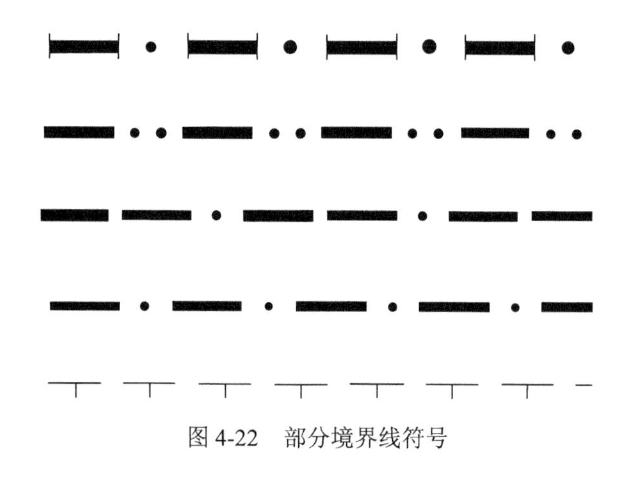

图 4-22　部分境界线符号

第五节　案例分析——基于 MapGIS 软件的 1∶1 万地形图数字化

一、背景

地形图是一种以大比例尺及地形的定量表达为特征的地图，主要是指地表起伏形态和地物位置、形状在水平面上的投影图。地形图是详细表示出地表上居民地、道路、水系、境界、土质、植被等基本地理要素，而且用等高线表示地面起伏的一种按统一规范生产的普通地图。

二、目的

使读者掌握地形图制作的基本流程，熟悉 MapGIS 软件地形图的制作过程，以及利用 R2V 软件采集等高线的方法。

三、数据

某地区 1∶1 万地形图。

四、操作步骤

（一）建立 1∶1 万图框

（1）在 MapGIS 软件中通过“实用服务”打开投影变换模块，在投影变换模块进行图框的建立。在工具栏中选择“系列标准图框”→“根据图幅号生成图框”，打开“输入参数对话框”，如图 4-23 所示。

图 4-23　输入图幅号

（2）单击“确定”，进入“1∶1 万图框”参数设置对话框，参数设置如图 4-24 所示。再次单击“确定”，进入“图框参数输入”对话框，参数输入如图 4-25 所示，这里的图名输“1”起到占位作用，后期再输入图名。

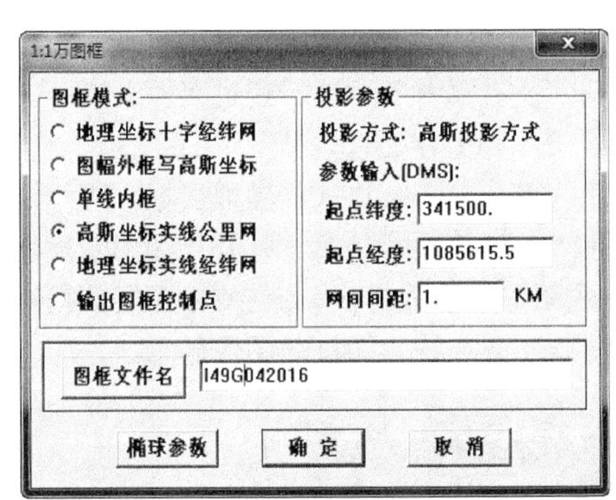

图 4-24　1∶1 万图框

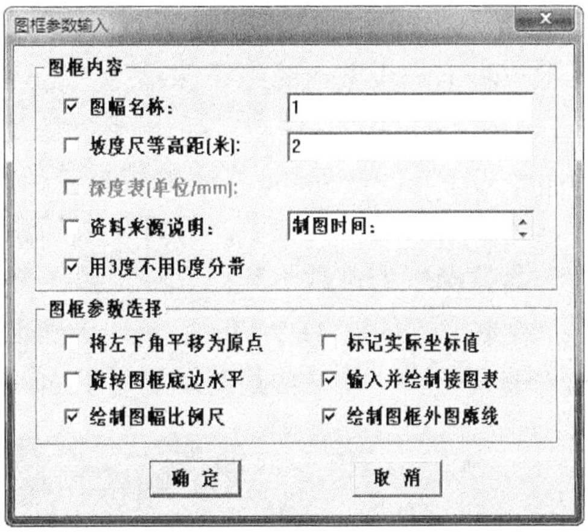

图 4-25　图框参数输入

（3）单击“确定”，完成图框的建立，并保存图框。

（二）将 R2V 中的等高线导入 MapGIS 中

（1）在 R2V 中完成首曲线和计曲线的绘制，如图 4-26 所示。

（2）在 MapGIS 软件中，通过“图形处理”，打开输入编辑模块，在输入编辑模块中打开上一步新建的图框，使图框处于编辑状态；通过“设置”，打开参数设置对话框，选择“显示线坐标注记”，如图 4-27 所示，显示控制点的坐标。

（3）分别记录 4 个内图廓点或公里网点的坐标，在 R2V 中，通过添加控制点，使等高线与图框坐标一致，如图 4-28 所示。

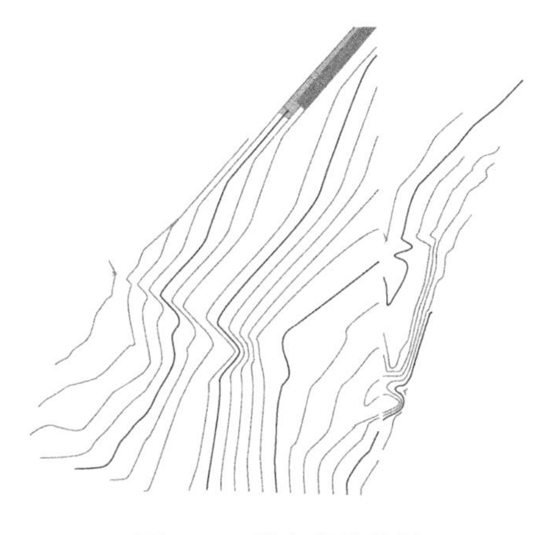

图 4-26　等高线的绘制

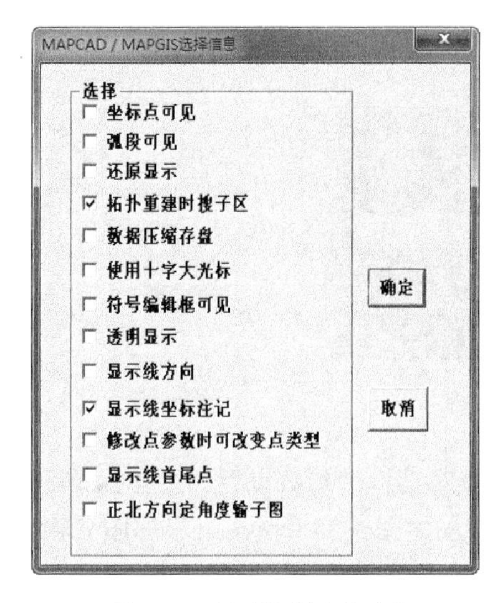

图 4-27　显示控制点的坐标

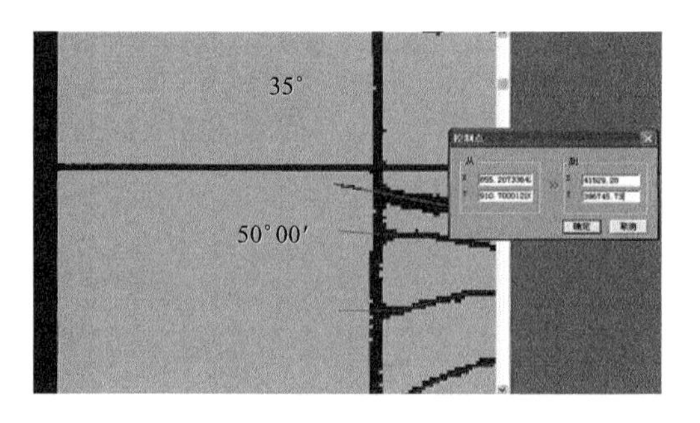

图 4-28　添加控制点

（4）将上一步做出的结果保存为“shp”格式，可命名为 “DGX”。

（5）在 MapGIS 软件中，打开 “图像处理”→“文件转换模块”，通过“输入”→“装入 shape 文件”，将 shape 格式的数据转换为 wl 格式，并另存文件。

（6）在输入编辑模块中，打开生成的图框文件，将 wl、wt 格式的图框数据，进行参数变换。具体操作为通过“其他”→“整图变换”→“键盘输入参数”，打开“图形变换”对话框，参数设置如图 4-29 所示，单击“确定”，完成图框的参数变换。将 DGX 图层数据添加到输入编辑模块，并移动其到图层最上面，复位窗口，等高线、图框与图像显示。

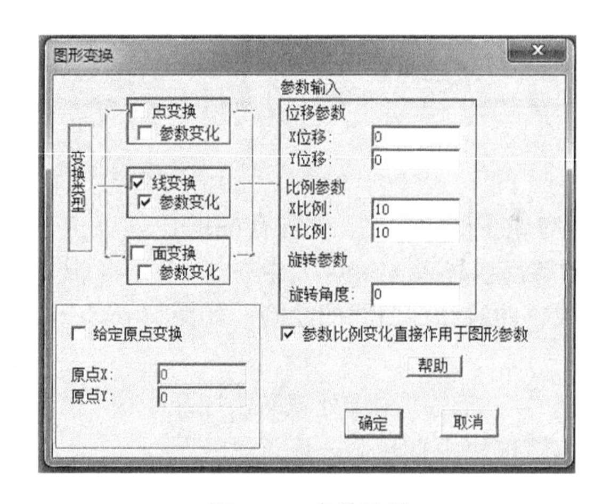

图 4-29　参数设置

（7）将进行校正后的图像加载进来，进行等高线的检查及改正，检查完后另存工程，并通过属性编辑对等高线进行高程赋值，完成等高线的绘制。

（三）在 MapGIS 中分离首曲线和计曲线

（1）通过“线编辑”打开“线图元编号输入”对话框，点击条件选择，进入“表达式输入”对话框，输入提取条件，如图 4-30 所示，单击“确定”完成计曲线的提取。进入“修改已选择线的参数”对话框，修改线参数及图层，如图 4-31 所示。

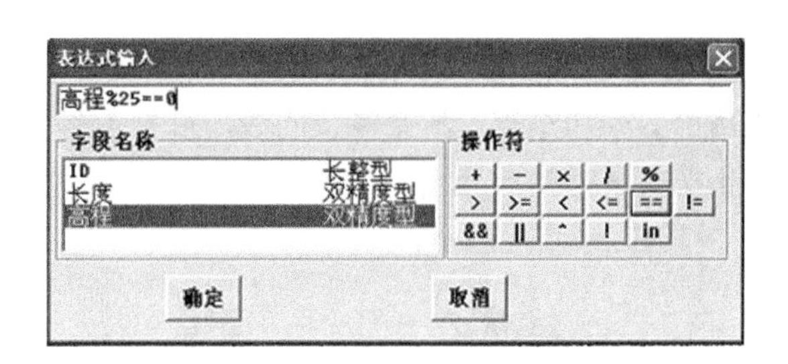

图 4-30　通过条件选择提取计曲线

图 4-31　修改线参数及图层

（2）在文件夹中，将等高线复制一份，并添加进来，关闭其他图层，只打开这两个图层，关闭另一个等高线图层，通过“图层”→“改层开关”→“改线”，将 0 图层改为 OFF，单击“确定”。更新窗口，只显示 1 图层，然后删除 1 图层的计曲线，点击“图层”→“打开所有层”，复位窗口，这个图层只剩下首曲线。设置计曲线图层的过程与设置首曲线一样，完成首曲线与计曲线的分离。

（四）居民地要素的采集

居民地要素包括点房、线房及街区等。在居民地要素采集时，首先需要制作图例板。

1）图例板的制作

首先新建工程图例，依次制作点房、线房图例符号，然后关联图例文件，如图 4-32 所示。其次打开图例板，如图 4-33 所示，完成图中点房和线房的绘制。

其他地图要素可依次添加到图例板中。

图 4-32　新建工程图例

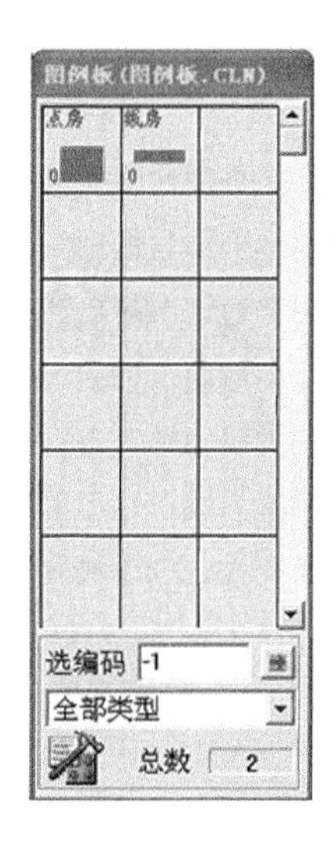

图 4-33　打开图例板

2）点房采集

点状房屋主要是独立的不依比例尺房屋。

3）线房采集

线状房屋主要是半依比例尺房屋。

4）街区的采集

（1）新建线要素，绘制街区。

（2）由于边界处有内图框，线不能重复，首先合并图框线和线状街区，然后使合并图层处于编辑状态，通过“其他”→“自动剪断线”，添加结点，删除多余的线，如图 4-34 所示。

（3）线转面，首先将线转弧段，然后将弧段进行拓扑重建，完成街区的绘制，结果如图 4-35 所示。

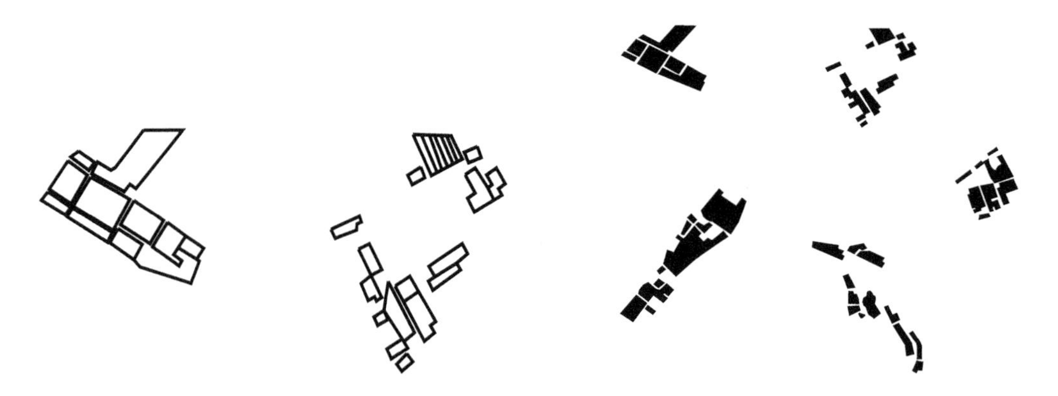

图 4-34　删除多余线　　　图 4-35　线转面

（4）面状房屋的采集，与街区的采集过程类似，完成居民地要素的采集。

（五）其他要素的采集

其他要素如陡坎、植被、河流等，采集后添加高程点，最终完成地形图数字化。

思　考　题

1. 什么是普通地图？普通地图如何分类？
2. 简述地形图与地理图的区别和联系。
3. 说明普通地图的自然地理要素和社会经济要素的内容。
4. 简述地形图上地貌的表示方法。
5. 画图说明山脊、山谷处的等高线形状及特点。
6. 说明境界线在地形图上的跳绘表示方法。
7. 如何在 MapGIS 软件中进行 1∶1 万纸质地形图的数字化？

第五章　专 题 地 图

专题地图是突出表示一种地理要素或多种地理要素的地图。专题地图包含的信息多种多样，涉及各个学科，如地形地貌、水文气候、动植物等自然信息，经济、政治、文化等人文信息。随着计算机科学的发展，专题地图制图在技术上、手段上都有了进一步发展，专题地图被广泛应用于科学研究、国防建设、国民经济及城市规划等领域。

第一节　专题地图概述

一、专题地图概念及基本特征

专题地图是指按地图主题的要求，详尽而突出地表示制图区域内的一种或者多种自然、社会经济现象，使地图表述具有专一性的地图，如城市道路分布图、人口迁移变化图、景区旅游路线图等。

专题地图与普通地图相比，其内容和形式更为多样，制图领域更为广阔，其侧重于某一确定内容的表述，如某一要素的空间分布或要素的内在属性特征等，具有较强的专业性、目的性，同时拥有较为明确的使用对象，广泛应用于科学研究和国民经济建设等众多领域。

专题地图与普通地图相比，有以下特征。

（1）地图内容明确化。专题地图根据实际需求，突出表达地图中某一要素或多个要素，表达具有强烈的目的性和针对性。

（2）地图功能多元化。专题地图不仅可以表述要素的现状、分布规律，还可以反映要素的动态发展与变化规律。

（3）表达形式多样化。普通地图对每一种要素都有严格的规定和统一的符号表示，而专题地图可以根据表示内容的多样性、抽象性等特点，自行设计合适的表达符号。

（4）地图要素的特殊化。专题地图可以表示要素的定性特征与定量特征。定量特征如要素的分类、分级等，定性特征如要素的性质、类别等。

（5）较强的图面层次感。专题地图由专题要素和地理底图要素两部分构成，主要表达专题要素，地理底图要素作为一种陪衬，因此，专题地图有明显的层次感。另外，专题地图通过地图符号的图形、颜色和尺寸的变化，更加突出了图面层次感。

二、专题地图的组成要素

专题地图一般而言都是由专题要素和地理底图要素两部分构成的，主要突出专题要素。如果专题要素有多种，则根据重要性，将最主要的放在第一层，将次要的放在第二层，以此类推，最后将底图要素放在最底层。在选取专题地图的层面时要综合考虑，图层过多将影响图面整体效果及地图的表达，图层过少则显得地图单一，包含信息量少。

专题地图一般包括以下组成要素。

（一）专题要素

专题要素是专题地图表达的核心，是整个图面的主体部分。专题要素一般是从普通地图中选取某一要素或者多种要素，将其放在主要位置并详尽描述，再根据需求添加一些普通地图上没有的或不能实际获得的一些要素，如天气预报图、经济发展趋势图等。根据要素的空间分布特征，专题要素大致可分为点状要素、线状要素和面状要素。其中，点状要素和面状要素可根据不同的数学要素进行相互转化。例如，在全国行政区划图中，西安市可能就是一个点状要素，而在陕西省行政区划图上，西安市则是一个面状要素。

（二）地理底图要素

地理底图是制作专题地图的地理基础，所有的专题要素最终都需要放置在地理底图上。因此，地理底图扮演着表达专题要素的框架，确定专题要素的相对位置、反映专题要素与周边环境的相互联系、衬托专题要素的重要角色。地理底图要素一般包括坐标网、方里网、比例尺、水系、地形地貌、居民地、植被、特殊独立建筑等。其中，坐标网、比例尺、水系及居民地是专题地图制作过程中首要考虑的地理底图要素，但也不是所有的底图要素都要包含这些要素，可根据实际需求进行综合取舍。

三、专题地图的分类

专题地图因形式多样、内容丰富而种类繁多，按照不同的标准可分为不同的类型。

（一）按内容性质分类

专题地图按照内容性质可分为自然地图、人文地图、环境地图和其他专题图。

1. 自然地图

自然地图是指反映自然现象的空间分布及相互关系的各种地图的统称。主要包括地质图、地球物理图、地势地貌图、气象气候图、水文图、土壤图、植被图、动物地理图、景观图和天体图等。

2. 人文地图

人文地图是反映社会现象的数量与质量特征及其空间分布的地图的统称。主要包括政区图、人口图、交通图、城市规划图、社会事业图和历史图等。

3. 环境地图

环境地图是反映自然环境状况、人类活动对环境产生的影响、环境质量评价，以及人类对环境污染采取的改善和治理措施的地图。主要包括环境背景图、环境污染图、环境质量评价图和环境污染治理图等。

4. 其他专题图

其他专题图是指具有专门用途，且不适宜归于以上三种地图的专题地图。主要包括航空航海图、旅游图、规划图、军用图、工程设计图和教学图等。

（二）按内容概括程度分类

专题地图按照内容概括程度可分为解析图、组合图和合成图。

1. 解析图

解析图是仅反映单一要素的单项指标，不反映该要素与其他要素间的相互联系和相互作用的专题地图。解析图图面结构简单，不需要或者需要少量的制图综合。在一定程度上，解析图可作为组合图、合成图的重要资料之一。

2. 组合图

组合图是反映多种要素或一种要素的多个指标的专题地图。组合图将多种相互关联的要素或一种要素的多个指标经过制图综合，有机结合起来表示在地图上。

3. 合成图

合成图是既能反映研究对象的单项指标，又能反映要素多项指标综合而形成新指标的专题地图。合成图上既可以表示各要素的定性特征，也可以表示各要素的定量特征。

（三）按表示数据特征分类

专题地图按表示数据特征可分为定性专题地图和定量专题地图。

1. 定性专题地图

定性专题地图是指以专题要素的分布、质量、类型为主的专题地图，如植被类型图、地质灾害类型图、景点分布图等。

2. 定量专题地图

定量专题地图是指以专题要素数量特征为主的专题地图，如人口密度图、降水量图等。

四、专题地图的作用

随着学科间的融合发展，地图已经被广泛应用到各个领域，专题地图的作用更为突出。专题地图在实际生产生活中的应用可分为以下几类。

1. 对专题要素的空间分布和规律的研究

专题地图上的专题要素可以是单一要素或者单一要素的某个指标，也可以是多个要素或多个要素的组合。通过目视解译的方法便可得到专题要素的空间分布，通过对专题要素的进一步分析，便可得出专题要素的变化规律。

2. 对专题要素的相互联系的探讨

可以通过对一幅专题地图的多个专题要素进行目视解译或者叠加分析，研究和探讨各要素间的内在联系和相互作用。

3. 对专题要素的动态变化研究及预测

在专题地图中，可以用不同的表示方法和色彩对比来反映现象的动态变化，也可以对同一专题要素在不同时相上做比较，直观地进行动态分析，即通过对现有专题要素进行分析，来预测这些专题要素将来的动态发展变化。

4. 其他应用

专题地图可以广泛应用于各个领域，如城市规划部门、军事指挥、工程部门、科研教育部门和国土资源调查部门等。

第二节 专题地图内容的表示方法

专题地图的内容涉及自然界和人类活动的方方面面，它不仅要表示各专题要素的空间分布特征，也要表示其一些定性、定量特征等。因此，不同的专题地图和专题要素的不同属性，其表示方法也多种多样。

一、点状要素的表示：定点符号法

点状要素一般采用定点符号法表示。定点符号法在表示点状要素时，一般通过点状符号的形状、大小、颜色和内部结构来表示。利用位置表示点状要素的空间分布，颜色、形状和内部结构表示点状要素的定性特征，大小表示点状要素的定量特征。

（一）符号的形状

点状符号根据形状可分为三种，即几何符号、文字符号和象形符号。点状符号类型如图 5-1 所示。

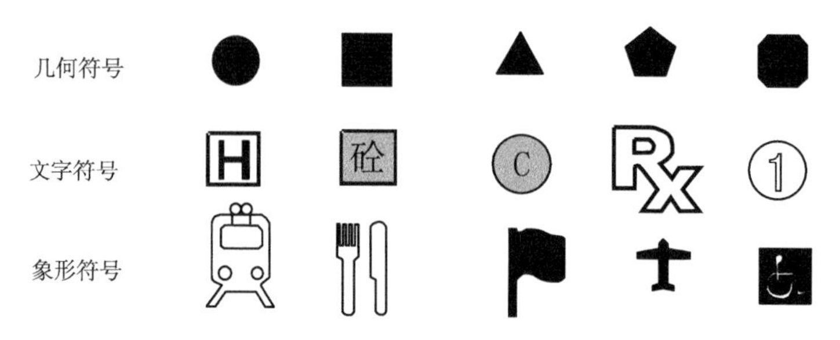

图 5-1　点状符号类型

几何符号，就是用简单的几何图形，如圆、三角形、长方形等来表示点状要素。因其图形绘制简单、定位精确、易于区分等优点被广泛应用。但许多烦琐的地理现象无法用几何符号表示，且几何符号缺乏真实性。文字符号，就是根据专题要素名称的字母或者某种特性抽象为汉字的符号。文字符号可通过联想或者想象来联系到专题要素，但有时也因专题要素的名称首字母和某特性相似而产生歧义。艺术符号，可分为象形符号和透视符号。象形符号是对复杂地理现象进行抽象，可形象简单地描述地理现象。透视符号是根据透视原理绘制而成的，生动形象，便于记忆和理解。象形符号和透视符号与几何符号和文字符号相比，其内部结构更为复杂，且占用面积较大，不能较好地反映地理现象的面积和数量等特点。

（二）符号的大小

点状符号的大小常用于表示地理现象的数量差别。其表示方法主要有：比率符号和非比率符号、绝对比率符号和条件比率符号、连续比率符号和分级比率符号等。

1. 比率符号和非比率符号

比率符号就是指符号的大小与地理现象的数量有一定的比率关系。非比率符号就是指符号的大小与地理现象的数量没有比率关系。例如，表示各大城市的人口数量图时，需要用比率符号；将各大城市的人口数量分等级表示时，需要采用非比率符号，只要保持各个等级间具有一定的逻辑关系即可。

2. 绝对比率符号和条件比率符号

按照符号面积与符号表达的地理现象数量的比例关系，比率符号可分为绝对比率符号和条件比率符号。

绝对比率符号就是指符号的面积大小与表示地理现象数量之间存在正比关系。常用符号 k（k>0）来表示，即面积 S 与其表示地理现象的数量 M 之比等于常数 k（k>0）。用数学方法可表示为

$$S / M = k(k > 0) \tag{5-1}$$

绝对比率符号能精确表示符号的面积和地理现象数量之间的关系，但如果表示地理现象

的数量之间差异太大，则地理现象的表示符号将会过大或过小，影响图面的整体效果。

条件比率符号就是指符号的面积 S 与其表示的地理现象的数量 M 之间存在某种函数关系，这种方法是对绝对比率符号的改进，引入了更多的数学模型，如线性比率法和对数比率法。

线性比率法就是人为规定极值符号的准线长度，使准线 L 与地理现象的数量 M 之间组成线性关系。此方法主要改进了绝对比率法中数量 M 过大或过小导致符号比例过大或过小的问题。用数学方法表示为

$$L=[(L_{\max}-L_{\min})/(M_{\max}-M_{\min})]\times M+[L_{\min}-(L_{\max}-L_{\min})/(M_{\max}-M_{\min})\times M_{\min}] \quad (5\text{-}2)$$

式中，$L_{\max}$、$L_{\min}$ 分别为准线长度的最大、最小值；$M_{\max}$、$M_{\min}$ 分别为地理现象数量的最大、最小值。

对数比率法就是构造极值符号的准线 L 和地理现象的数量 M 之间成对数函数。对数比率法可以有效减少符号之间的面积比，使地理现象数量过大的数据更好地表示。用数学方法表示为

$$L=k\lg M \quad (5\text{-}3)$$

式中，k 为比率基数。

3. 连续比率符号和分级比率符号

无论是绝对比率符号还是条件比率符号，都可再分为连续比率符号和分级比率符号。

连续比率符号就是图面中任意符号的大小都与其表达的地理现象的数据之间存在严格的比率关系，可精确描述地理现象的定量信息，但对于数值差异比较小的数据就难以表述。分级比率符号就是将描述地理现象的数量数据按一定间隔划分为不同的等级，每个等级由特定的数值表示，依次按照各等级所取数值按比例确定符号的大小。这种方法实现了连续数值向离散数据的转变，较容易体现出地理现象在数量上的差异。但这种方法在分类间隔点存在较大问题，如假定以 10000 万为分割点，人口数量为 9999 万和 10001 万将被分成两类，可能会产生一定的误差。

（三）符号的颜色

符号的颜色可以反映地理要素的定性特征。颜色的差异比形状的差异更为明显直观，更能说明地理要素的本质区别，如黑色和蓝色常被用于表示矿物和水系。

（四）符号的内部结构

可以通过对符号内部结构进行设计，利用不同的内部结构来反映地理现象的某一特性。符号可以根据其设计的内部复杂程度划分为单一符号、组合符号和扩张符号等。组合符号如图 5-2 所示，扩张符号如图 5-3 所示。

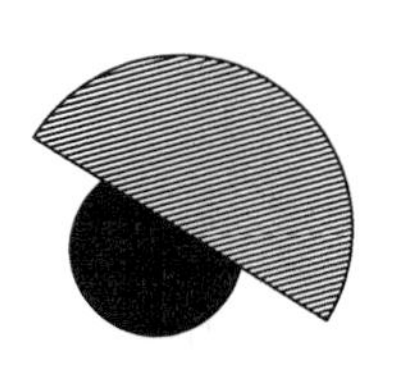
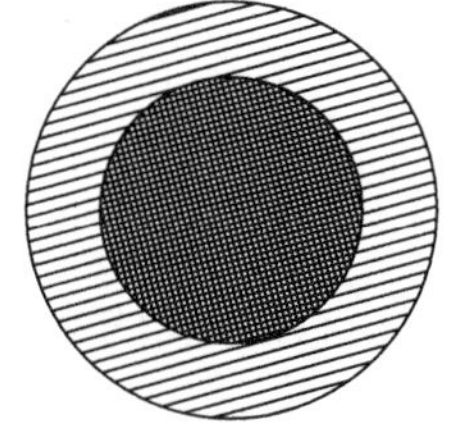

图 5-2 组合符号

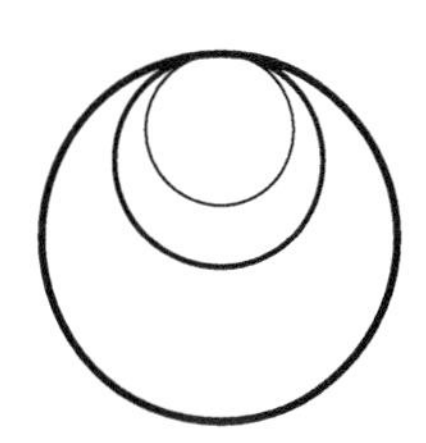

图 5-3 扩张符号

（五）符号的位置

点状要素的几何符号可精确定位地理现象的位置，如地震源、矿井位置等。如果空间某区域点状要素分布密集，可以按照点状要素的符号大小依次排列，大的在下小的在上，同时注意颜色搭配，底层的用色要浅。如果空间某点同时存在多个点状符号，且不易叠加时，可以考虑将这些点状符号进行有机组合，转为一个组合符号。

二、线状要素的表示：线状符号法

专题地图中，有许多地理现象呈现为线状或者狭窄带状，如水系、道路和范围线等。其中，有些线状要素的宽度不随比例尺的改变而改变，有些线状要素可根据其线宽来描述地理现象的数量或者某种属性特征。线状符号如图 5-4 所示。

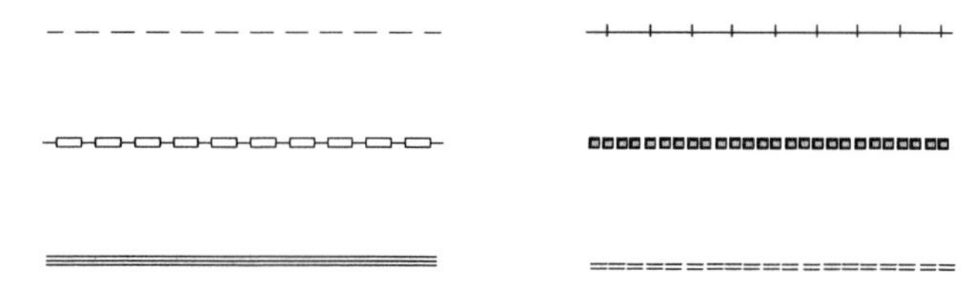

图 5-4　线状符号

（一）线状要素的定性表示

线状要素的定性表示，是通过对线状地理要素的形状、颜色及其组合来体现的。线状要素的表现形式多样，如单线、波浪线、实线、虚线、平行线、方向线等。虚线常用于表示不稳定、计划中的、暂时性的地理现象，如在建高铁、时令河等；方向线常用于表示具有明确方位或运动方向的地理现象，如河流流向等。

线状要素的色相变化也可表示线状地理要素的定性特征。例如，常用蓝色表示河流湖泊、黑白相间的线型表示铁路、棕色表示地质地貌的一些陡坎或断崖。在利用颜色表示线状要素的定性特征时，常常和形状特性相结合，使视觉效果更加明显。

单一的线状要素有时在表示地理要素时存在一定的局限性，需要将几种线型和颜色有机组合来表示。例如，铁丝网的表示，采用直线和“×”交替排列的直线表示。铁丝网符号如图 5-5 所示。

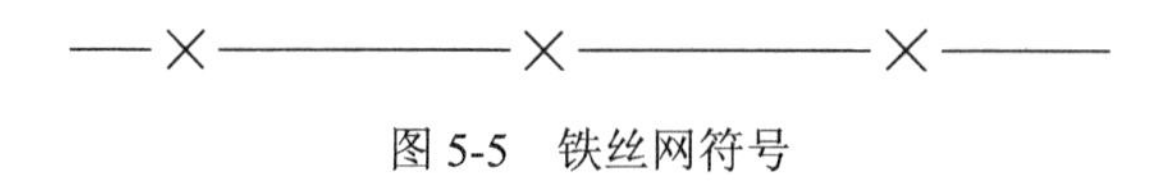

图 5-5　铁丝网符号

（二）线状要素的定量表示

在表示线状地理要素时，其属性特征中符合顺序量表、间距-比率量表的数据，通常可用线状符号的宽度和色彩来表示。符合顺序量表的线状要素，主要反映线状要素等级的高低和强度差异，线状要素的宽度变化会使人产生视觉上的明显差异。符合间距-比率量表的线状要素可精确描述地理现象的数量差异，其符号的宽度与其代表的数量符合一定的比率关系。

（三）线状要素的动态表示

在地理现象表示过程中，有一些事物就表现为线状或者带状，有一些事物本身不是线状，其运动轨迹或发展趋势可以用线状表示。对于不同的数据特点，线状动态要素的表示主要为：反映移动的起止点，动点的前进路线和方向，两点间的流向、流速、相互关系和走向线等。

三、面状要素的表示

面状地理要素根据其空间分布特征可分为：布满全图的面状要素，一般采用质底法、等值线法和定位图表法表示；间断呈片状分布的面状要素，一般采用范围法表示；离散分布的面状要素，一般采用点值法、分级比值法和分区统计图表法表示。

（一）布满全图的面状要素的表示方法

1. 质底法

质底法是把制图区域按照专题要素的某种指标划分成区域或各种类型的分布范围，在范围线内填充颜色或纹理，以显示连续布满全图现象的本质差别或不同区域之间的差别。

质底法一般可用于绘制行政区划图、土地利用现状图、土壤类型图等。用质底法绘制的某地区土地利用现状图如图 5-6 所示。

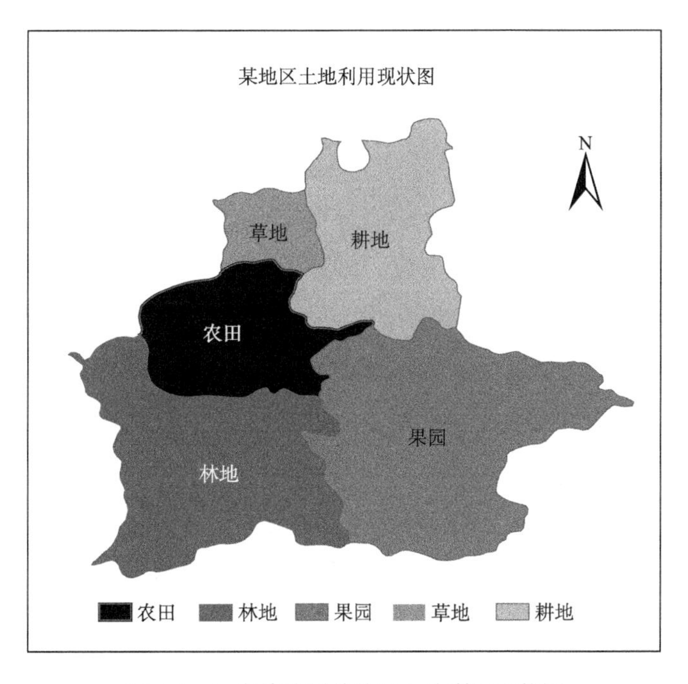

图 5-6　质底法绘制某地区土地利用现状图

质底法在使用时，首先根据专题要素的内容来分类、分区，其次是绘制各分类、分区的边界线，最后用特定的颜色或者晕线对分类、分区的范围进行填充。

采用质底法绘制专题地图时，需要用尽可能详尽的图例来说明不同分类分区所表示的内容及属性。质底法借助其鲜明美观等优点，可以显著表示各类现象之间质的差异，但不易于显示各地理现象之间的数量差别。

2. 等值线法

等值线是连接某种专题要素的各个相同数值点所组成的平滑曲线，如等高线、等温线、等降水线等。等值线法一般可用于绘制气温图、气压图、降水量图和地势图等。

等值线法的特点有：①等值线法主要用于表示连续分布而又逐渐变化的现象，其等值线间的任何点可以用插值的方法得到。②等值线法也可用于表示离散分布而逐渐变化的现象。③等值线法既可以反映现象的强度，也可以反映现象随着时间的变化而变化的情况。

在编制时，首先根据离散点的某一指标用内插法，将等值点连成平滑曲线，然后在等值线上加数字注记，就可表示其数量指标了。

等值线法一般和分层设色法配合使用。分层设色法的颜色变化，可有效弥补等值线法视觉立体效果较差的不足。用等值线法加分层设色法绘制的山东省地势图（局部）如图 5-7 所示。

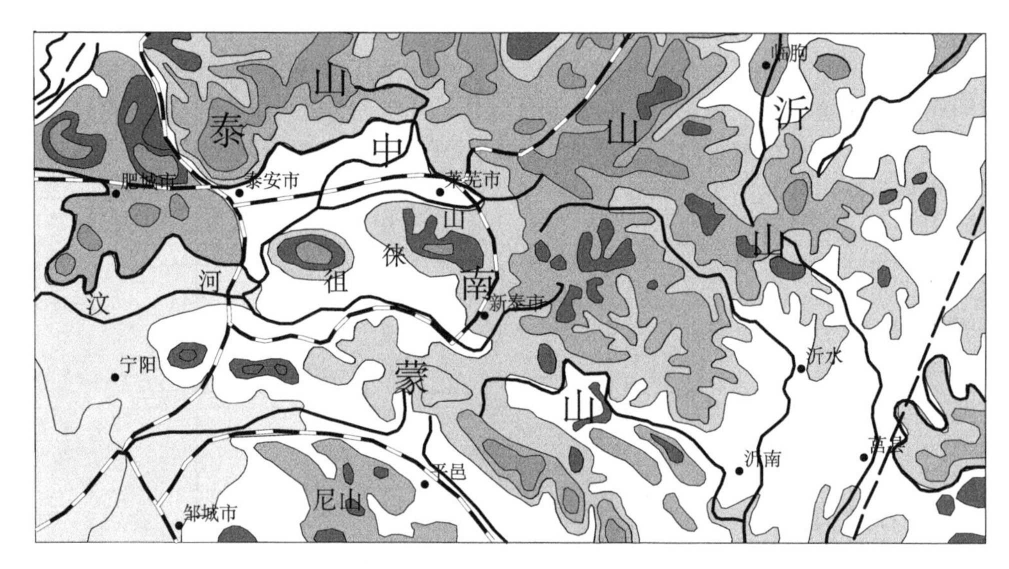

图 5-7　等值线法加分层设色法绘制的山东省地势图（局部）

3. 定位图表法

定位图表法是把某些点的统计资料，用图表的形式绘制在专题地图的相应位置上，以表示该专题要素的变化。定位图表法常用柱状图、折线图或者饼状图来表示专题要素的数量变化，如年降水量、年气温变化等。定位图表法主要用来表示具有周期性的专题现象，如按季节变化的降水量、游客数量等。用定位图表法绘制的某地区四个季度气温的变化图如图 5-8 所示。

（二）间断呈片状分布的面状要素的表示方法

间断呈片状分布的面状要素的表示方法只有范围法。

范围法是在地图上用面状符号表示某专题要素在制图区域内间断而呈片状的分布范围和状况，用轮廓界线表示专题要素的区域范围，用颜色、晕线、注记、符号等表示专题要素的类别，用数字注记表示其数量。范围法一般分为精确范围法和概略范围法。精确范围法有明确的界线，用实线表示范围。概略范围法没有明确界线，一般使用虚线、点线表示轮廓界线，或以散列的符号、文字或单个符号表示事物的大致分布范围。

范围法可用于绘制森林分布图、某农作物分布图和自然保护区图等。利用范围法绘制的某地区年降水量图如图 5-9 所示。

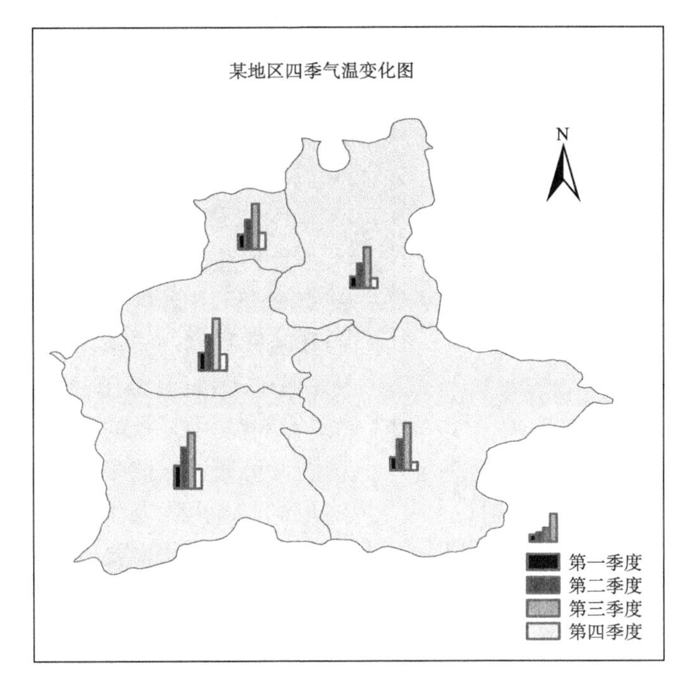

图 5-8 定位图表法绘制某地区四个季度气温变化图

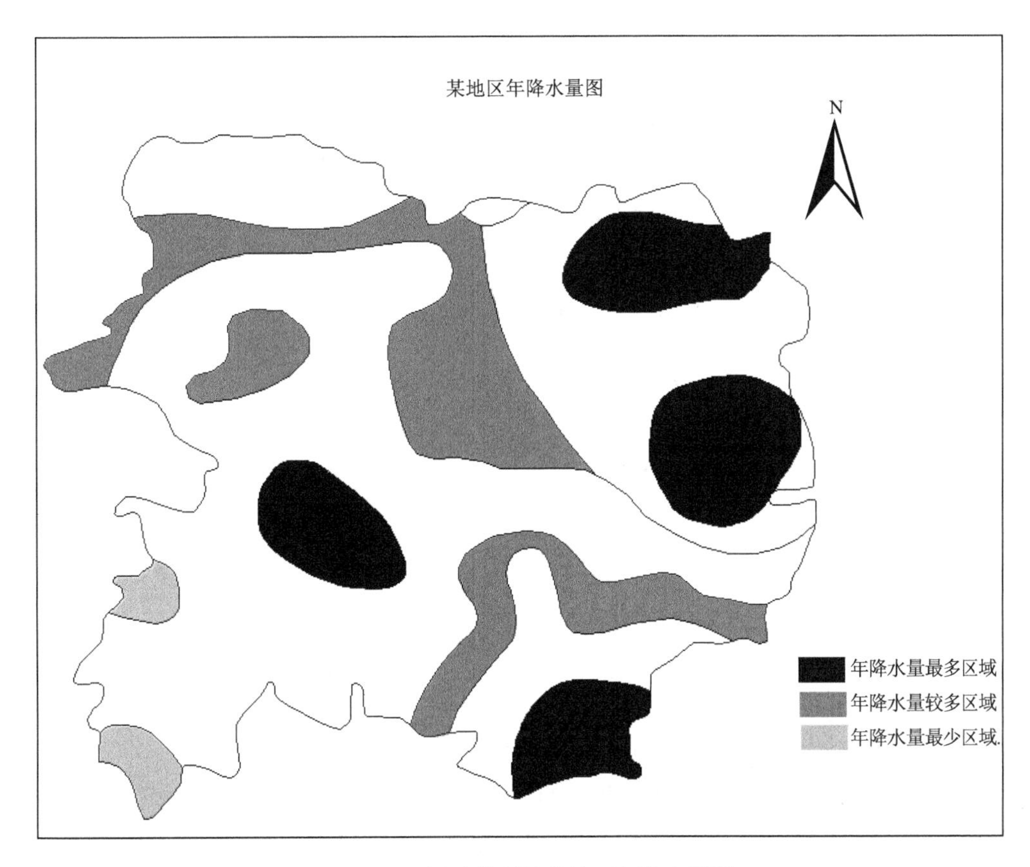

图 5-9 范围法绘制的某地区年降水量图

图 5-10　点值法绘制某地区人口分布图

范围法可在同一幅图上表示几种不同的地理现象，若各事物相互重叠时，可将不同色彩或晕线的符号叠加，因此可以表达地理现象的渐进性和渗透性。

（三）离散分布面状要素的表示方法

1. 点值法

点值法是在地图上用一定大小、相同形状的点来表示统计区内专题要素的数量、区域分布和疏密程度的方法。用点值法绘制的某地区人口分布图如图 5-10 所示。

点值法中，点的大小和所代表的数值是固定的，可通过点的多少来反映现象的规模，点的不同配置可以反映现象集中或者分散的分布特征。点值法主要表现的是空间分布的密度差异，通常用来描述大范围大规模离散现象的空间分布，如人口分布等。

点值法在描述地理现象时，点的排列方式有两种：均匀排列和定位分布。均匀排列就是将点均匀地布满统计区域，定位分布就是按照现象的精确位置来配置点。

点值法中的关键问题就是确定每个点代表的数值权重，点值权重的确定要考虑各个区域的差异，点值权重不宜过大或者过小。过大不能反映要素的实际分布情况，过小则在某些区域会出现重叠现象，导致要素的疏密程度得不到真实反映。

当制图区域内出现专题要素的密集与稀疏分布特别悬殊时，可采用两种不同的点值。但是，需要注意的是，两种点的面积之比最好与点值之比相一致，以便于比较。对于点特别密集的区域，也可采用扩大图的形式表示。另外，若表示的几种专题要素在地理分布上有明显的区域性和地带性，分布区不重叠，互不干扰，也可用不同颜色或不同形状的点，分别表示几种专题要素的分布情况。

图 5-11　分级比值法绘制某地区人口密度分布图

2. 分级比值法

分级比值法是把整个制图区域按某一要求划分为若干小的统计区，然后按各统计区专题要素的集中程度或发展水平划分等级，再按级别的高低分别填充不同颜色、晕线或者纹理，以显示专题要素的数量差别。

分级比值法只能表示各个统计区间的差别，不能表示同一统计区内部的差别，一般只适用于表示专题要素的相对数量指标。分级比值法可用于绘制人口密度图、资源密度图、沟谷密度图、交通密度图和河网密度图等。用分级比值法绘制的某地区人口密度分布图如图 5-11 所示。

3. 分区统计图表法

分区统计图表法是以一定区划为单位，用统计图表表示各区划单位内地理要素的数量及其结构的面状专题要素的表示方法。统计图表符号一般绘制在各相应的分区内。分区统计图表法可用于绘制资源图、统计图、经济收入图、经济结构图等。用分区统计图表法绘制的某地区 2013 年与 2018 年人口变化图如图 5-12 所示。

分区统计图表法可以表示专题要素的绝对数量、内部结构和动态发展。用符号大小或同等级符号个数显示数量；以符号内在结构显示内部组成；以扩张图形的大小、颜色或柱状图表示专题要素的发展动态。

（四）动态要素的表示方法

动态要素一般采用运动线法表示。运动线法是用不同形状、颜色、长度、宽度的箭形符号表示专题要素移动的方向、路线、数量、质量、内部结构及发展动态，如物流、人流量等均可用运动线法表示。运动线法可用于绘制军事路线图、台风运动轨迹图、人口迁移图、物资运输线图等。用运动线法表示的 7 月和 8 月台风路径如图 5-13 所示。

箭头的方向一般指地理要素运动的方向；箭形符号的粗细表示地理要素的强度、速度和数量；箭形符号的颜色表示地理要素的性质；箭形符号的位置表示运动路线和轨迹；箭形符号的组合表示其内部组成。

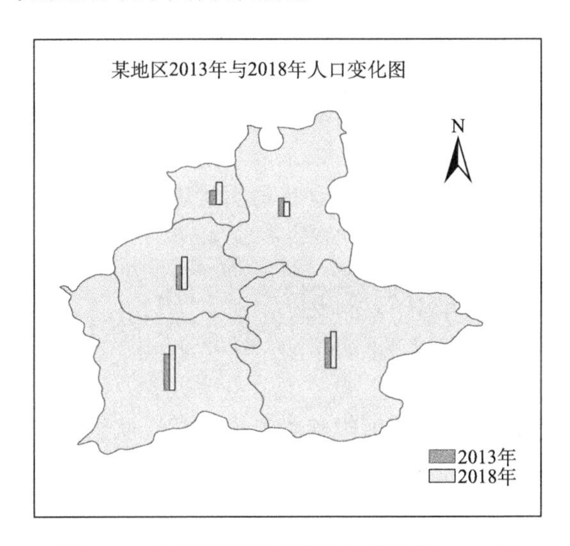

图 5-12 分区统计图表法绘制某地区 2013 年与 2018 年人口变化图

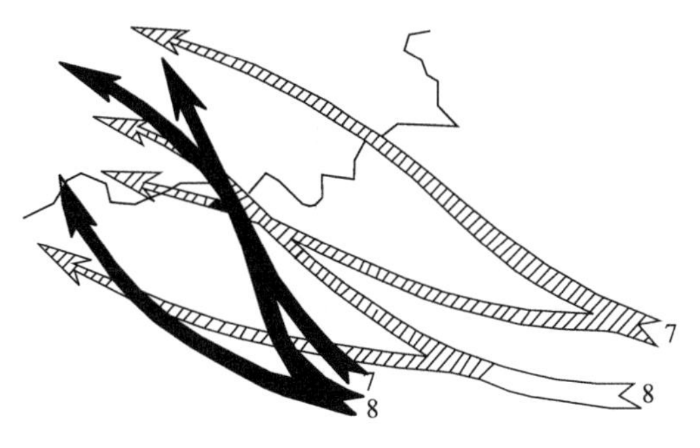

图 5-13 运动线法表示 7 月和 8 月台风路径

四、各种表示方法的分析比较和应用

（一）定点符号法与定位图表法

定点符号法用于表示某一特定时刻或者时间段内发生变化的专题要素，定位图表法则常用于表示周期性发生的专题地理现象。

定点符号法以符号面积大小来说明某专题要素的数量特征，用形状和颜色来说明其质量特征；而定位图表法则用方向线的长短、指向和位置来表示专题要素的频率、方向与大小。

（二）线状符号法与运动线法

线状符号法用于表示呈线状分布的现象，主要反映的是静态事物，运动线法一般描述动态的地理要素。

线状符号法一般描述地理要素的定性特征，而运动线法则可表示地理要素的定性和定量特征。

线状符号法的结构一般比较简单，定位较为精确，而运动线法结构复杂，定位精度较低。

（三）范围法与质底法

范围法表示的地理要素是未布满制图区域的，符号可以重叠。质底法表示的地理要素是布满整个制图区域的，而且符号不能重叠。

范围法侧重于表达地理要素的分布范围，质底法侧重于表达地理要素的质量特征。

（四）质底法与分级比值法

质底法主要是通过色彩的变化来反映地理要素的质量特征，而分级比值法则强调使用颜色来表示专题要素的相对数量指标。

（五）点值法与分级比值法

点值法和分级比值法均可表示离散分布的地理现象的集中程度和发展水平。点值法能较好地反映专题要素的地理分布和绝对指标。分级比值法能简单而鲜明地反映地区间的差别，得到各地区简单的相对数量指标。

随着专题地图的应用面不断扩大，其复杂程度也不断增加，单一的表示方法已经不能满足复杂专题地图的需要，因此，实际生产中需要将不同的表示方法配合使用，以提高图面专题信息量的表达和图面效果。

在图面专题要素表达过程中，可以将点状与线状表示方法、点状与面状表示方法、线状与面状表示方法、点状线状与面状表示方法配合使用。

第三节　专题地图的设计与编辑

一、专题地图设计与编辑的基本流程

专题地图设计与编辑的基本流程可分为四个部分：专题地图基础设计部分、原始数据资料整理部分、专题地图编制部分、图幅整饰准备出版部分。详细的专题地图设计与编辑基本内容如图 5-14 所示。

二、专题地图基础设计

专题地图设计主要包括专题地图的数学基础（地理底图）设计、专题地图的符号设计、专题地图的图例设计和专题地图图面视觉效果设计。

（一）专题地图的数学基础设计

专题地图的数学基础设计包括地图投影的选择与设计、格网密度的设计、地图比例尺的设计。

1. 地图投影的选择与设计

地图投影的选择直接影响制图区域的形变以及要素表达精度。因此，需要根据制图区域的地理位置、形状、大小、投影的变形分布和地图用途来选择合适的地图投影。

2. 格网密度的设计

不同大小的制图区域有着不同类型的坐标格网。小比例尺大区域地图常采用经纬网；中比例尺中区域地图常采用投影坐标格网，又称为公里格网；大比例尺小区域地图常使用公里格网或者索引参考格网。

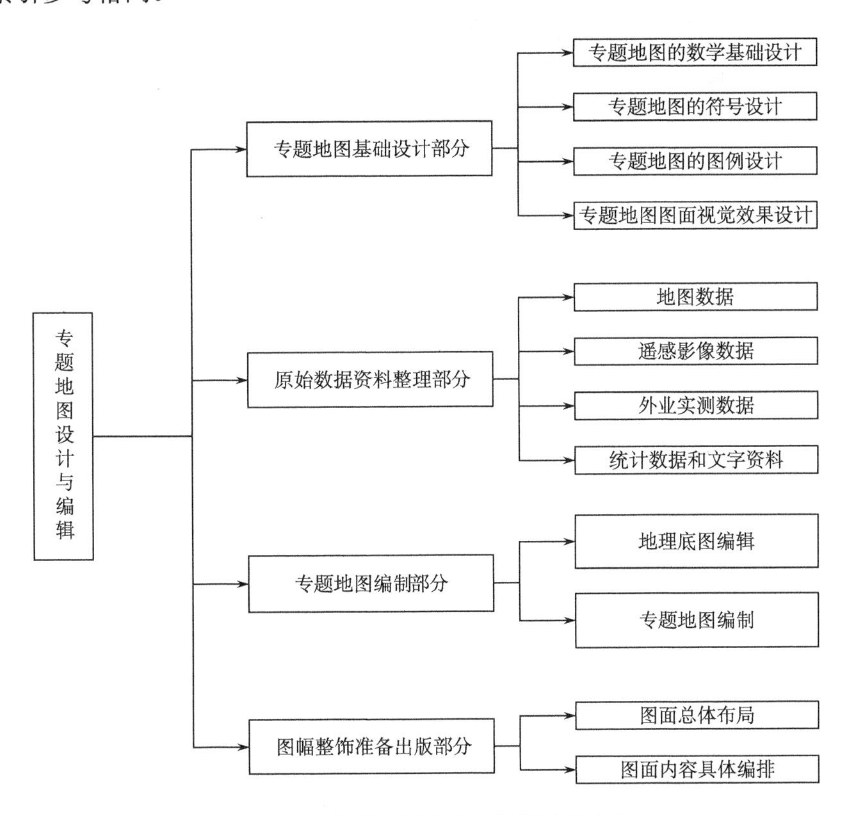

图 5-14　专题地图设计与编辑基本内容

3. 地图比例尺的设计

地图比例尺的设计一般需要考虑地图内容表达的详尽程度、分类级别的表达，以及制图区域的大小、地图的用途等。

（二）专题地图的符号设计

专题地图的符号设计需要考虑视觉变量和色彩两大因素。

1. 视觉变量因素

视觉变量是指能引起视觉差别的最基本的图形和色彩变化因素。视觉变量主要包括形状、尺寸、方向、亮度、密度、结构、色彩及位置等 8 个变量。在专题地图符号设计时，要灵活运用各个视觉变量，表达和区分出符号的定性与定量特征。

2. 色彩因素

地图的色彩设计在满足地图科学性的基础上，还需要满足悦目、协调、吸引读者等要求。地图的色彩既要有对比性，又要有协调性，同时要达到内容和形式的统一。良好的地图色彩设计需要注意：层面清晰，用色协调；不同色相的色彩既要有对比性，又要有协调性；同一色相不同亮度或纯度的色彩对比明显；主题要素色彩要突出，底图要素色彩要淡雅；有效利用色彩的象征性；大面积图斑用色浅、小面积图斑用色浓；非制图区域用色浅，宜用冷色或中性色；充分利用色彩的色相、纯度和亮度的变化。

（三）专题地图的图例设计

图例是普通地图和专题地图所必需的基本要素之一，它是对图面要素和符号的归纳与总结。图例的设计，必须满足以下条件：图例必须完备齐全；图例中的符号、颜色必须与图内表示的内容相一致；制图的颜色、符号、注记应体现出艺术性、明确性和逻辑性。

（四）专题地图图面视觉效果设计

专题地图图面视觉效果的设计要求为：使图面各内容要素分别处于不同的感受平面，使平面图产生立体感，地图内容层次分明、主次清晰。

1. 视觉层次的体现

专题地图的视觉层次主要体现在专题要素与底图要素的层次差别；不同专题要素的层次差别；同类要素中不同等级符号的层次差别。可以通过符号的大小、色彩的变化、不同的视觉形态和对符号的装饰来体现出专题地图的视觉层次。

2. 图面视觉配置的平衡

图面视觉配置的平衡可通过视觉中心、视觉重力和视觉方向对图面各要素进行安置，使地图图面看起来均匀协调，空间分布逻辑性强，整体和谐。

三、专题地图资料收集与处理

（一）数据源

专题地图的数据源丰富多样，大致可分为地图数据、遥感影像数据、外业实测数据、统计数据和文字资料。

1. 地图数据

地图数据是设计与编辑专题地图的主要数据源，它包括各种比例尺的普通地图和专题地图，可以是纸质的、电子的或者地理信息系统数据库中的数据。纸质的数据通过数字化才能使用，地理信息系统数据库中的数据只需转换格式即可使用。

2. 遥感影像数据

遥感影像数据是设计与编辑专题地图的重要数据源，它具有覆盖范围广、数据信息全面、时效性较强等优点，常被用于实际生产中，如实时动态监测某区域的植被、农作物变化情况等。

3. 外业实测数据

外业实测数据是测量人员利用水准仪、全站仪等传统测量仪器，去外业实地进行测量获得的数据。外业实测获取的数据精度高，但成本较大。

4. 统计数据和文字资料

统计数据包括一些社会经济数据、人口普查数据、监测数据等。文字资料包括调查报告、标准规范、论文、历史资料等。统计数据是专题地图设计与编辑过程中的重要参考资料。

（二）数据预处理

由于专题地图数据源的多样化以及来源不同，不是所有的原始数据都可用于专题地图的设计与编辑，需要人工对原始数据进行筛选，快速查找到所需数据，为后续专题地图制作提供可靠真实的数据。

1. 地图数据预处理

地图数据的预处理是指对搜集的各种比例尺的普通地图和专题地图根据需要进行筛选，找出合适比例尺的普通地图和专题地图进行后续处理。若是纸质版的地图，则需要对地图扫描和地理配准，然后进行数字化。若是电子地图或者地理信息系统数据库中的地图，则需要进行格式转换或者投影变换，使之符合专题地图编制的要求。

2. 外业实测数据与统计数据处理

不是所有的外业实测数据和统计数据，都可以直接用于专题地图的编制，仍需要系统化的整理与分析等。

（三）专题地图数据的加工

数据经过进一步的加工预处理，无论是在数量上还是在质量上，都有很大的改善，但要用于专题地图编制，还需要进行专门的处理。专题地图数据的加工主要包括：数据的合并分类、数据的数量指标的统一和数据表示方法的改变。

1. 数据的合并分类

若预处理数据与专题地图设计和编辑的分类分级要求有所不同，则需要对预处理数据按统一的标准进行重分类。例如，原有的土地利用类型图分类精确到三级，目前需要的是二级，则需要将原来三级的数据整合重分类为二级。

2. 数据的数量指标的统一

数据源的不同，导致数据可能存在计量单位、获取时间等的差异，在数据的加工处理过程中，需要对这些数据的数量指标进行统一规范。

3. 数据表示方法的改变

在不同比例尺的专题地图中，同一数据可能会有不同的表示方法。专题地图设计与编辑时，由大比例尺转化到小比例尺，图面概括程度提高，有些面状要素可能转化为点状要素，有些要素可能需要删除。反之，则需要按一定标准，将点状符号扩展为面状符号。

四、地理底图的编辑

地理底图是制作专题地图的地理基础，所有的专题要素最终都需要放置在地理底图上。地理底图在专题地图设计与编制过程中扮演着重要角色。在制作专题地图的过程中，地理底图主要包括工作底图和出版底图。工作底图常指专题地图设计与编辑阶段所需的底图，内容比较详细。出版底图常指成图时的地理基础，如经纬网、水系、居民地，境界线等，常用于地图的定向、专题要素的定位和说明。

（一）工作底图的准备

工作底图一般选取精度较高的地形图或地理图，其内容应尽可能详细，且需要包括能满足专题地图制图精度要求的水系、地形地貌、居民地、交通网络等要素。工作底图的色彩以浅色、纯色为宜，如浅蓝、淡棕色，这样有利于后续专题要素的绘制与编辑。

（二）出版底图的编制

在工作底图的基础上，根据专题地图专题要素的特点和需求，对工作底图的地理要素进一步删减，便获得出版底图，如地质地貌图、土壤图、土地利用图等需要将表示地势的等高线转为晕渲。出版底图相比专题要素所处图层的重要性来说要明显低一些，所以在配色或者视觉效果中处于配角。

五、专题地图表示方法的选择

专题地图在选择表示方法的时候，主要考虑数据的空间分布、数量、质量特征以及时间上的变化，其次考虑地图用途、数据特点和制图比例尺等因素。

（一）基于数据的空间分布、数量和质量特征以及时间上的变化选取表示方法

1. 点状数据

点状数据一般选择定点符号法表示，在视觉维度中可认为是0维，如电杆、井等，并且不随比例尺的改变而改变。

2. 线状数据

线状数据一般选择线状符号法表示，狭长带状数据也用线状符号法表示，如河流水系、交通网络、边界线等。

3. 面状数据

面状数据在空间分布上形式多样，表示方法也复杂多样。一般选择质底法、范围法、等值线法等表示。

4. 离散数据

离散数据根据其统计数据用点值法、定位图表法、分级比值法和分区统计图表法等表示其定性、定量及结构特点。

5. 动态数据

基于空间上的或者时间上的动态点状、线状和面状数据，可以选用运动线法表示其运动方向和路径。

（二）基于地图用途、数据特点和制图比例尺选取表示方法

1. 基于地图用途的选择

地图用途是地图表示内容和表示方法的决定性因素，不同用途的地图在表示内容的详尽程度、精度以及易读性方面都有差异。例如，对于同一区域的土地利用图，规划部门可能需要清楚地了解各种地类的面积和位置，而教学用图则只需要清楚表达各图斑代表的地类即可。

2. 基于数据特点的选择

如果数据的定位和定量精度较高，则采用点状符号法表示；如果数据的精度较低，则采用面状的表示方法，如质底法、范围法等。也可根据数据的实际情况选择绝对连续比率符号、条件连续比率符号或者条件分级比率符号。

3. 基于制图比例尺的选择

制图比例尺直接影响专题要素的表达，在大比例尺专题地图中，一些专题要素需要详尽表示，但随着比例尺的缩小，则需要对制图要素综合取舍，删去一部分要素或者将精确定位转为概略的区域表示。

六、专题地图的图幅整饰

专题地图包含的信息量丰富多彩，需要依靠各个要素内部结构的差异有机地组合所有专题要素，处理好各个要素的内部结构，凸显图面设计的层次结构，使图面效果达到最佳。专题地图的图幅整饰主要包括两部分：一是图面总体布局；二是图面内容具体编排。

（一）图面总体布局

1. 图面符号清晰易懂

图面上的各个要素及符号要清晰易懂，符号的线划及色彩搭配要清楚不混淆。根据制图比例尺设计大小合适的符号，既要精细美观，也要满足使用和阅读的需要。

2. 图面视觉对比适当

视觉对比是图面信息表达的重要指标之一。合适的对比度会使人赏心悦目，使人从感官上识别出图面要素的重要性。对比度过大或者过小，都会影响人们对图面信息的识别与直观感受。

3. 专题内容与背景相适应

专题内容占据主要地位，背景居于次要地位。在准确表达专题内容时，背景不能影响和干扰图面信息的传递。

4. 图面的视觉平衡

图面的视觉平衡是图面设计中重要的基本要求之一。地图中会出现多种要素和多种表示方法的有机组合，这就需要保证各要素之间配置的疏密、色彩、大小等必须协调。

（二）图面内容具体编排

1. 主图

主图是专题地图的重中之重，不仅要占据图面较大空间和突出位置，也要突出主区域与相邻区域的专题要素与背景关系，或平移或扩大重要区域。

2. 副图

副图是对主图的补充和说明，是主图的缩影。例如，副图可以表示主图在更大范围内的地理位置。同时，副图也可以对主图某一要素进行补充说明，使主图更加科学合理和完善。

3. 图名

图名是对整个图面所处区域和主题内容的概括性文字描述。图名由区域、主题和时间三部分组成，图名必须做到尽可能的简练明确。同时，图名需要放置在图面合适的位置，以保证图面的整体平衡。一般而言，图名放置在图廓外的上方。

4. 图例

图例是对图面各个要素的概括说明，是读图过程中重要的参考部分。图例一般放置在不显著的某个角落。如果图例数量过多，可在不影响图面整体效果的基础上，选择分开放置。

5. 其他

比例尺、统计图和文字性说明也是经常出现在图面的要素。比例尺一般放置在图名或者图例的下方；统计图和文字性说明不仅可以充实专题要素，还有利于增强视觉平衡，但其占图面面积不宜过大，否则会影响图面的整体效果。

专题地图的图面编排是否恰当，直接影响专题信息的表达，从而影响读者对专题信息的判断。在充分考虑以上图面编排因素的基础上，还应考虑使用条件和经济效益。地图的使用应考虑是挂图还是桌面图、单幅图还是系列图、纸质图还是电子地图等。经济效益应考虑版面利用率、纸张及印刷成本等。

第四节　案例分析——利用 ArcGIS 制作陕西省行政区划图

一、背景

专题地图是突出地表示一种或者几种自然现象或社会经济现象的地图。

明确制图任务后，需要确定地图要素的表示方法。一般来说，应根据数据的属性特征、地图用途和制图比例尺来确定地图要素的表示方法。符号化直接影响地图内容的表达与传输。

一幅完整的专题地图一般由图名、坐标格网、图例、专题要素、底图要素、注记、比例尺和指北针等构成，如果需要可增加文本或者注记说明。

二、目的

使读者了解专题地图制作的基本流程，掌握专题地图要素常用的表示方法和图面整饰等内容。

三、数据

陕西省行政区划图矢量数据，包括省、市级政府所在地图层；主要铁路、公路、河流图层数据；省界、市界图层数据。

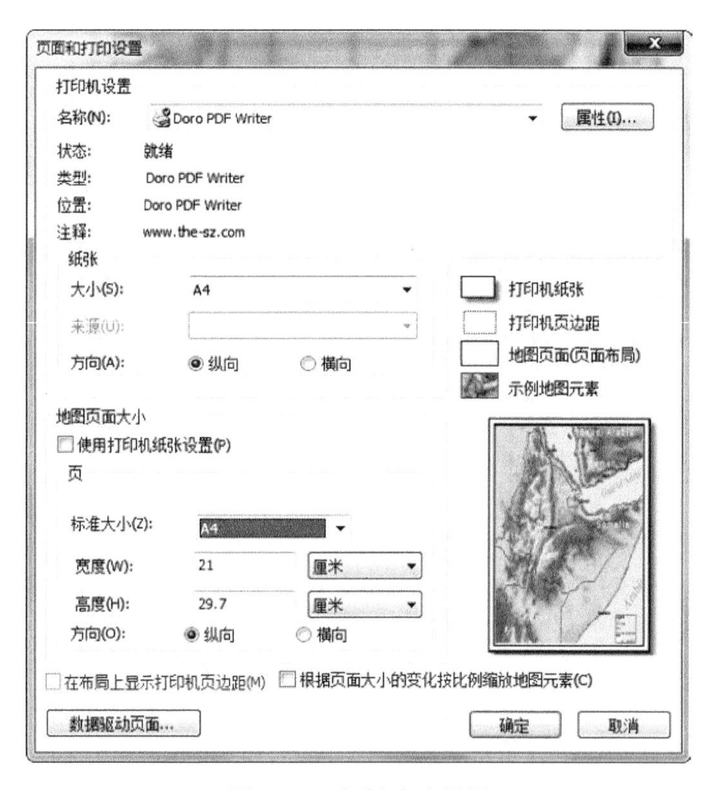

图 5-15　页面和打印设置

四、实验步骤

1）加载数据

启动 ArcMap，加载制作陕西省行政区划所需数据，包括省、市级政府所在地图层数据；主要铁路、公路、河流图层数据；省界、市界图层数据。

2）页面和打印设置

在“布局视图”窗口中，右键单击页面视图空白处，选择“页面和打印设置”，弹出“页面和打印设置”窗口，取消勾选“使用打印机纸张设置”，设置标准大小为“A4”，方向为“纵向”，单击“确定”，关闭“页面和打印设置”窗口，页面和打印设置如图 5-15 所示。

3）图层符号设计与编辑

对加载的图层数据选择合适的图例符号，并设置其颜色和大小，编辑完成后点击“确定”。

以省级政府所在地图层符号编辑为例。点击内容列表中，省级政府所在地图层的符号，弹出“符号选择器”。符号选择器如图 5-16 所示。选择“圆形 1”符号，点击“编辑符号(E)...”，进行符号的样式设计与编辑，符号编辑如图 5-17（a）所示。

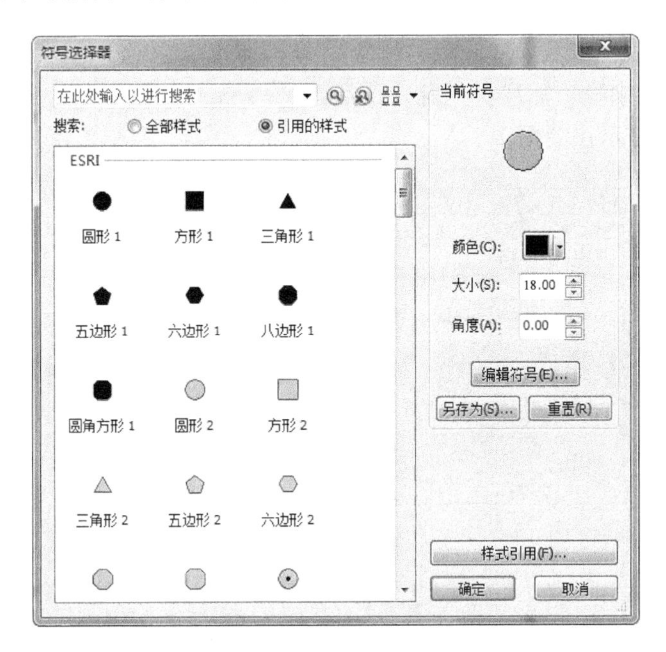

图 5-16 符号选择器

依次对市级政府所在地图层，主要铁路、公路、河流图层，省界、市界图层进行图例符号设计与编辑，符号编辑如图 5-17（b）所示。因为省界、市界图层为面图层，所以在对其进行符号设计与编辑时，需要将其转为线图层。将面图层转为线图层，需要“要素转线”工具，该工具位于“ArcToolbox”→“数据管理工具”→“要素”→“要素转线”。

4）图层属性注记

图层属性注记即通过文字注记来解释图面符号信息，如省、市、河流、道路名称等。以省级政府所在地图层标注为例。

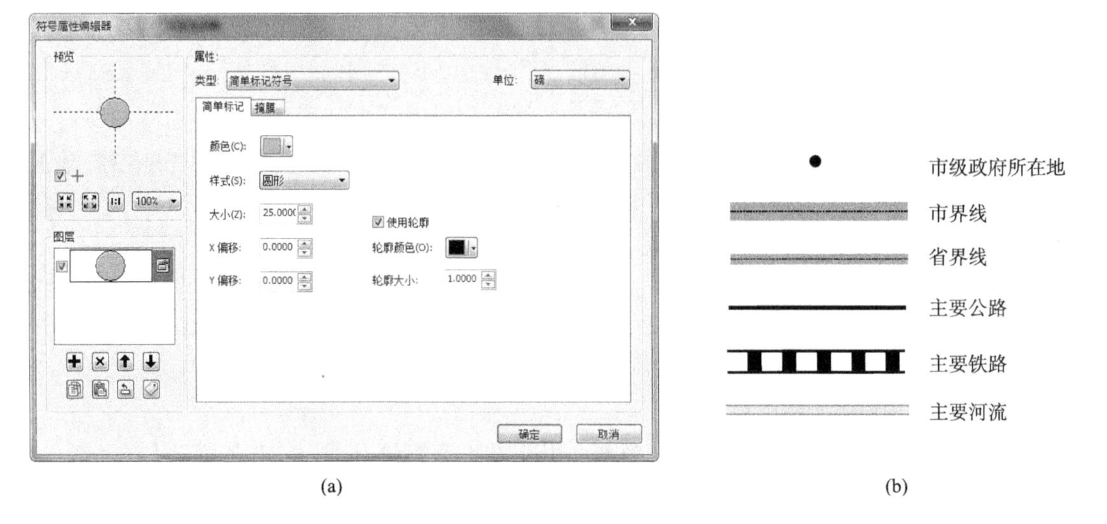

(a)　　　　(b)

图 5-17　符号编辑

（1）添加标注。右键“省级政府所在地”图层，选择“属性”，弹出“图层属性”面板，选择“标注”，进行图层属性标注，图层标注如图 5-18 所示。在图层属性标注时，可以根据需求选择不同的标注字段、标注样式等，最后勾选“标注此图层中的要素（L）”，点击“确定”，标注内容即可显示在图面中。

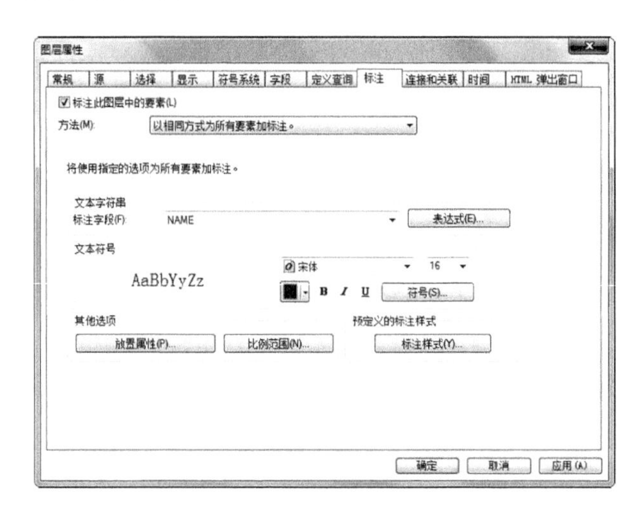

图 5-18　图层标注

（2）标注转注记。右键“省级政府所在地”图层，选择“将标注转为注记(N) …”，弹出“将标注转换为注记”面板，选择相应参数点击“确定”进行转换，标注转注记如图 5-19 所示。若数据存储在数据库中，则可以选择存储注记于数据库。

依次对市级政府所在地图层，主要铁路、公路、河流图层进行注记。

5）对市界面图层进行分层设色

右键市界面图层，点击“属性”，进入图层属性面板，选择“符号系统”，“显示(S)”中选择“类别”→“唯一值”，“值字段”选择“NAME”，选择色带，点击“添加所有值(L)”，然后点击“确定”完成市界面图层的分层设色。分层设色如图 5-20 所示。

图 5-19 标注转注记

图 5-20 分层设色

6）添加缩略图

将视图由数据视图切换到布局视图，点击菜单“插入”→“数据框”。添加全国省界矢量图，按照上述对全国省界矢量图进行注记及分等设色等操作，并调整数据框大小，使得陕西省处于数据框中心，且高亮显示。

7）图幅整饰

在布局视图中，点击菜单“插入”，依次插入标题、指北针、比例尺、图例等对象。

（1）添加标题。点击“插入”→“标题(T)”，写入“陕西省行政区划图”，字体改为“华文中宋 48.00”，字符间距设置为“50.00”。

（2）添加指北针。点击“插入”→“指北针(A)...”，选择指北针样式，调整大小放置于数据框右上角。指北针样式如图 5-21 所示。

（3）添加比例尺。点击“插入”→“比例尺(S)...”，选择“黑白相间比例尺 1”样式，如图 5-22 所示。点击“属性”，对比例尺一些参数进行设置和修改，本次将“主刻度数”设置为“3”，“分刻度数”设置为“2”，“标注(L)”设置为“KM”。比例尺参数设置如图 5-23 所示。

（4）添加图例。点击“插入”→“图例(L)...”，进入图例向导面板，选择所要标注的图层，点击“下一步”，分别对图例标题及字体设置、图例框架、图例各部分之间的间距等进行设置，各参数设置完成后点击“确定”，如图 5-24 所示。

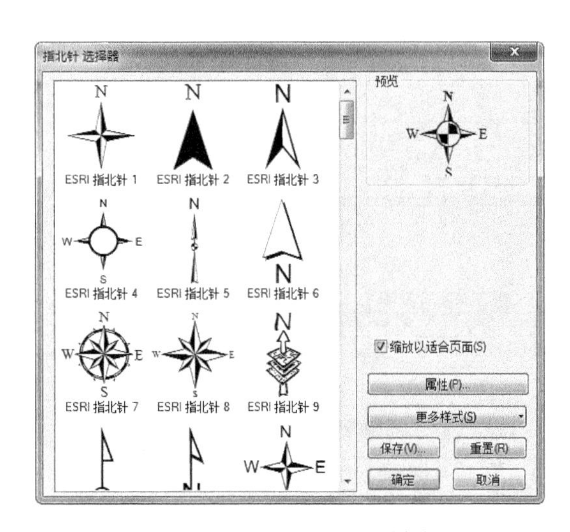

图 5-21　指北针样式

图 5-22　比例尺

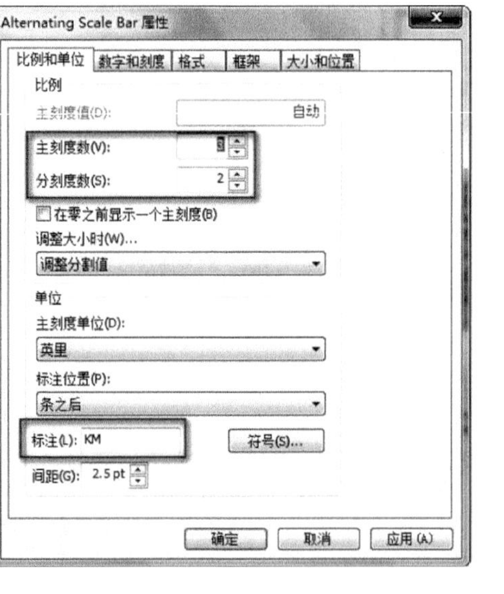

图 5-23　比例尺参数设置

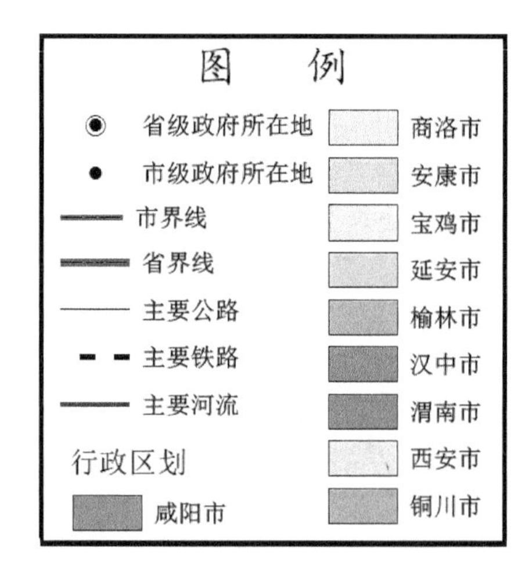

图 5-24　图例示意图

8）创建和使用格网

在内容列表中，右键点击“图层”数据库，选择“属性”，弹出“数据框属性”窗口；

点击“新建格网”，弹出“格网和经纬网向导”，创建格网如图 5-25 所示；设置相应参数，完成坐标格网的创建和使用，使用格网如图 5-26 所示。

9）保存地图文档

点击“标准工具条”→“保存”。

10）输出 PDF 格式地图

点击菜单“文件”→“导出地图”，弹出导出地图窗口，设置文件名，保存类型为“PDF”。在“选项”中，切换到“高级”，选择“导出 PDF 图层和要素属性”，点击“保存”，导出 PDF 格式地图，完成陕西省行政区划图的制作。

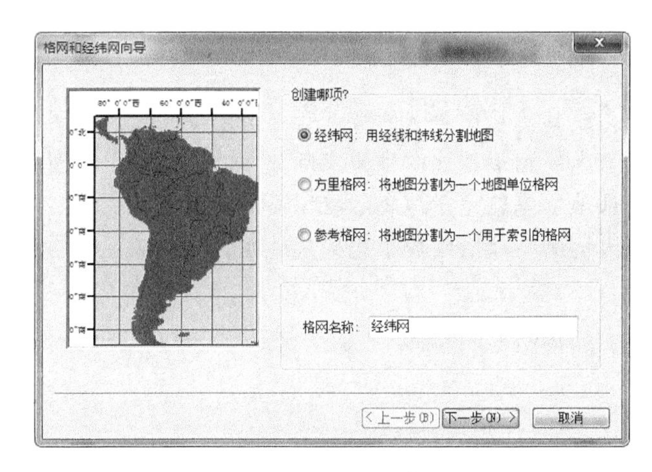

图 5-25　创建格网

图 5-26　使用格网

思　考　题

1. 什么是专题地图？说明专题地图的特征。

2. 专题地图如何分类？专题地图有何作用？

3. 简述专题地图中专题要素和底图要素的关系。

4. 专题地图中，点状要素、线状要素和面状要素的表示方法有哪些？

5. 说明专题地图表示方法中质底法和范围法的区别和联系。

6. 定位图表法、分级比值法、分区统计图表法有什么不同？

7. 专题地图的设计包括哪些内容？

8. 专题地图的数据源有哪些？如何进行专题地图的资料处理？

9. 什么是图例？图例有什么作用？

10. 现有纸质 1∶400 万中国行政区划图，说明在 ArcGIS 软件中制作 1∶400 万中国行政区划图的方法和步骤。

11. 若要制作一幅西安科技大学骊山校园的专题图（专题要素自定），需要哪些资料？如何进行地图设计？并以你所熟悉的某种软件为例，说明其制作过程。

第三篇　地图制作

第六章　制图综合

地图是根据一定的数学法则，将地球（或其他星球）上的自然和社会现象，通过制图综合所形成的信息，运用符号系统缩绘到平面上的图形。地图作为实际地物的模型，由于图幅面积的有限性，不可能将制图区域内的全部地物完整无遗地表示在图面上，是对客观现实的抽象、概括和模型化的过程。而且，从较大比例尺地图到较小比例尺地图，与从实际地物到地图一样，也必须进行地图制图综合。

第一节　制图综合概述

一、制图综合的认识

制图综合是在地图用途、比例尺和制图区域地理特点等条件下，对地图内容进行选取、概括与协调来建立反映区域地理规律和特点的一种制图方法。制图综合的实质就是利用较为科学的选取和概括手段提取空间数据中最为主要与本质的数据，在地图上正确、明显、深刻地反映制图区域的空间分布和变化规律。制图综合是地图的三大基本特征之一，在地图编制中占有非常重要的地位。正确地概括能使地图恰当地反映出制图要素的地理特征，并提高地图的质量。

二、制图综合的产生

制图综合在地图成图中占有很重要的地位，地图学研究的核心问题就是制图综合与可视化。不论是外业测图还是内业编图，还是编制普通地图或专题地图，都少不了制图综合。事实证明，未经概括或很少概括的地图内容显得呆板，而经过科学概括的地图图件，能使地理要素在不同类型、不同比例尺的地图上，生动而恰当地体现出它们的分布规律与相互关系。

制图综合有着特殊的含义与内容，它的产生、实质和作用是由地图的基本矛盾决定的。将地表景观表现为地图，需要解决两个基本矛盾，即地图投影与制图综合。前者为地球曲面与地图平面的矛盾，后者为缩小简化了的地图模型与实地复杂现实之间的矛盾。

三、制图综合的任务

用制图综合方法解决缩小、化简了的地图模型与实地复杂的现实之间的矛盾，就是实现资料地图内容到新编地图内容之间的转换。在地图编绘过程中，就是要实现地图内容的详细性与清晰性的对立统一、几何精确性与地理适应性的对立统一。

制图综合的目的就是研究从原始稿图或制图数据到编制成各种新编地图时所采用的概括原则和方法，以实现原始稿图与制图数据到新编内容的转换，促进新编地图的形成，并体现新图作者的认知概念与科学抽象。

四、制图综合的基本要求

制图综合就是根据地图比例尺、地图的用途和制图区域的特点，采用简明扼要的手段，把空间信息中主要的、本质的信息提取出来，形成新的空间概念的过程。在这一过程中，制图对象在地图上得以抽象概括反映。制图综合是在不同比例尺和不同用途变换的过程中进行的，是对那些能表达制图目的、反映制图区域内最基本特点和典型特征的信息进行选取，而对那些对制图目的而言是次要的、非本质的信息进行舍弃，以求客观地反映地理实体的空间特征，达到地图内容详细性与清晰性（易读性）、几何精确性与地理适宜性（地理特征）的相互协调与对立统一。制图综合是通过概括和取舍的方法来实现的。

概括指的是对制图物体的形状、数量和质量特征进行化简。也就是说，对于那些选取了的信息，在比例尺缩小的条件下，能够以需要的形式传输给读者。概括分为形状概括、数量特征概括和质量特征概括。形状概括是去掉复杂轮廓形状中的某些细部，保留或夸大重要特征，代之以总的形体轮廓。数量特征概括是引起数量标志发生变化的概括，一般表现为数量变小或变得更加概略。质量特征概括则表现为制图表象分类分级的减少。

选取又称为取舍，是指选择那些对制图目的有用的信息，把它们保留在地图上，不需要的信息则舍掉。实施选取时，要确定何种信息对所编地图是必要的，何种信息是不必要的，这是一个思维过程。这种取舍可以是整个一类信息全部被舍掉，如全部的道路都不表示；也可以是某种级别的信息被舍掉，如水系中的小支流、次要的居民地等。在思维过程中取和舍是共存的，但最后表现在地图上的是被选取的信息。

概括和选取虽然都是去掉制图对象的某些信息，但它们是有区别的。选取是整体性去掉某类或某级信息，概括则是去掉或夸大制图对象的某些细部，以及进行类别、级别的合并。制图工作者是在完成了选择后，对选取的信息进行概括处理。

五、制图综合的发展

在传统的制图综合过程中，常常由于制图者的认识水平和技能差异，制图综合存在着一定程度的主观性，表现为在同样的制约条件下，使用同样的资料所做出的地图图形不一致。

随着计算机地图制图技术的发展与应用，越来越多的数学方法（如模糊集合论、图论、分形几何），以及生物学、地学技术（如 GIS 地学应用、神经元网络系统等）被引入制图综合中，为制图综合的自动化铺平了道路，减少了图形概括的主观性，促进了地图概括的现代化水平，促进了传统的手工地图制作向自动化与智能化制图工艺的转化。与此同时，对制图工作者的要求更高了，作为一名制图工作者，不仅要具备必要的地图学理论知识，还要有灵活运用这些知识的能力。例如，对于不同的制图要素必须有效地选择合适的地图概括程序，寻找最佳的概括途径，实现科学概括。

总之，制图综合的发展趋势必然是手工活动越来越少，而智能活动越来越多，进而从根本上解决制图综合的质量与效率问题。在数字地图制图（digital cartography）环境下，智能化的地图自动综合的方法与技术，将是未来一定时期内的重要研究方向。

第二节　制图综合的基本内容和方法

制图综合的实质在于用科学的方法，在地图上正确、明显、深刻地反映出制图区域的地理特征。制图综合最基本的内容有两点：一是对地图内容要素的选取；二是对选取的内容要素进行概括，其中包括形状概括、数量特征概括和质量特征概括。它们不仅是制图综合的主要内容，也是制图综合的基本方法。

一、地图内容的选取

地图内容的选取是制图综合最重要和最基本的方法，是根据地图主题、比例尺、用途选取主要的，舍弃次要的内容的方法。地图内容选取的顺序应该是从高级到低级、从主要到次要、从整体到局部、从大到小。所谓的高级和低级、主要和次要、整体和局部、大和小都是相对的，它随着地图用途、主题、比例尺和制图目的的不同而不同，这些定性描述在实施时必然会带有很大的主观性。因此，为了确保同类地图所表达的内容得到基本统一，使地图具有适当的载负量，需要拟定出用数量术语确定的选取标准。

地图内容选取表现在两个方面，分别为选取地理要素中的主要类型和选取主要类别中的主要要素。地图内容选取的目的在于减少制图对象的种类和同类对象的数量。确定选取地图内容的标准有两种方法：一种是确定选取条件的资格法；另一种是确定选取指标的定额法。

（一）资格法

资格法是根据地物的数量、质量特征来确定地图内容的选取条件而进行选取的方法。在编制地图时，首先对制图对象由高级到低级、由主要到次要、由大到小的顺序进行资格排序，确定选取指标。制图对象的数量特征，包括河流的长度，居民地的人口数，湖泊、岛屿的面积等。制图对象的质量特征，包括居民地的行政意义、道路的技术等级、河流的通航情况等。例如，在土地利用现状图上，规定耕地面积达到 $0.6mm^2$，居民地面积达到 $0.4mm^2$，其他地类面积达到 $15mm^2$；线状地物长度达到 1cm 才表示，否则予以舍弃。又如，把长度作为河流的选取标准，按（图上长度）a 分别为 0.5cm、1.0cm、1.5cm 的指标进行河流的选取，达到标准的就选，否则舍弃；n（选取系数）分别选取为 45 条、13 条、7 条河流，选取结果如图 6-1 所示。

对于居民地的资格法选取，有两种选取指标：一种是数量指标；另一种是质量指标。居民地选取的数量指标，一般采用人口总数，如规定人口≥500 人的居民地为选取标准，达到此数量的选取，不够的皆删除，这就是以数量指标作为选取资格。质量指标中一般以行政等级作为首要选取指标，如规定社区（乡）、镇以下居民地基本删除，这就是以质量指标作为选取资格。

资格法的优点是标准明确、简单易行，缺点是只有一个标准作为选取条件，有时不能全面衡量物体或现象的重要程度，而且不易体现选取后的地图容量，难以控制各地区图面载负量的差别。

为了弥补资格法的不足，常在不同区域确定不同的选取标准，或对选取标准规定一个活动范围（临界标准）。例如，对于不同河网密度的甲地区和乙地区，可规定不同的选取标准。如甲地区规定河流图上长度为 8mm 选取，乙地区为 10mm 选取，这样可以保持不同地区河网密度的正确对比。同等密度地区，其河网类型不同，长短河流的分布也会不同，这就需要给出选取河流的一个活动范围，即临界标准。如甲地区规定河流图上长度为6～10mm选取，乙地区为8～12mm选取，这样就顾及了各地区内部的局部特点。

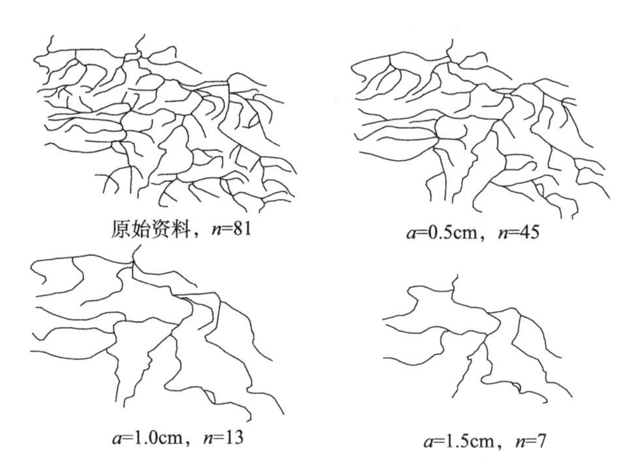

图6-1 按最小长度选取的某河流水系

（二）定额法

1. 定额法概念

定额法就是规定单位面积内应选取地物的总数或密度，以保证地图内容的丰富性与易读性相协调。例如，对居民地选取时，可规定每平方厘米内应选取的数量指标。东北平原地区1∶10万地形图上，大型集团式居民地的选取定额为50个/100 mm^2。

定额指标产生于图解、计算分析及编图试验，如图解计算和开方根规律。经过图解、计算分析及编图试验取得的选取标准，是定额选取的依据，并记录在编图大纲或规范中。例如，我国1∶100万地图上居民地的选取定额见表6-1。

表6-1 我国1∶100万地图居民地选取定额

密度分区	人口密度/（人/m^2）	图上居民地的选取指标/（人/dm^2）
极密区	＞500	200～250
稠密区	300～500	160～200
中密区	50～30	120～160
稀疏区	5～50	90～120
极稀区	＜5	≤90

定额法的优点是标准明确、易于操作，可在保证地图清晰易读的前提下，使地图内容变得丰富。定额法的缺点是难以保证选取数量同所需要的质量指标取得协调。因此，常规定一个临界指标，即最高指标和最低指标，以调整不同区域间选取的差别。此外，定额法可与资格法相结合，先确定出定额，再根据资格选取，最后做适当的综合与协调处理。

2. 确定选取指标的几种数量分析方法

定额法解决“选多少”的问题，实际上就是确定适宜的地图载负量。如何客观、合理、正确、简便地确定要素的选取指标，在地图生产实施中是一个非常重要的问题。手工制图生产实践中，往往通过对现有地图的分析制作地图样张，以此来确定最佳指标，而在数字环境下要通过数学模型计算得到。因此，构建一个实用的数学模型是其中的关键。下面分别介绍三种确定选取指标的数量分析法，即图解计算法、开方根规律法和等比数列法。

1）图解计算法

图解计算法是苏联学者苏霍夫提出的一种确定选取指标的方法。图解计算法是用地图符号的面积载负量来确定符号选取数量指标的方法，一般用于居民地选取指标的确定。

居民地的面积载负量 S 由居民地符号的面积 r 和居民地注记的面积 p 两部分组成，其表达式为

$$S = n(r + p) \tag{6-1}$$

式中，n 为每平方厘米的居民地个数。

一般，一个汉字的面积为宽×高=d^2，汉字地名注记平均由 2.5 个字组成，字间隔占 0.5 个字宽，居民地注记的面积为 $3d^2$，则式（6-1）可表示为

$$S = n(r + 3d^2) \tag{6-2}$$

一张地图上，不同级别的居民地符号的大小不一，相应的注记大小也不同。一个地区内居民地面积载负量，即为每 100mm^2 内居民地所占面积（mm^2）的总和，即

$$\sum S_i = \sum r_i + \sum 3d_i^2 \tag{6-3}$$

实际应用时，地图编制者需要先对制图区中不同区域居民地的面积载负量进行抽样统计，然后按照抽样统计结果计算不同地区、不同比例尺居民地的面积载负量。

2）开方根规律法

开方根规律法是德国地图学家托普费尔于 1962 年提出的一种计算制图物体选取定额的方法。托普费尔认为，资料地图与新编地图两种比例尺分母之比的开方根，为新编地图所应选取的地物数量，即

$$N_B = N_A\sqrt{M_A/M_B} \tag{6-4}$$

式中，N_A、N_B 分别为资料地图、新编地图地物数；M_A、M_B 为资料地图、新编地图比例尺分母。

式（6-4）为开方根规律法的基本公式，其意义在于只要资料地图和新编地图的比例尺确定，根据资料地图上某类地物的数量，就可计算出新编地图上应该选取的地物数量。

开方根规律法的基本公式在制图应用中有一定的局限性，因为新编地图上选取地物的数量，不仅受到比例尺，还受到物体的重要性和符号尺寸等的影响。因此，托普费尔在基本公式的基础上增加了符号尺寸改正系数 C 和地物重要性改正数 D，则式（6-4）扩展为

$$N_B = N_A CD\sqrt{M_A/M_B} \tag{6-5}$$

C 的确定存在两种情况：

（1）当新编地图上符号尺寸的变化符合开方根规律时，即符号的大小随着比例尺的缩小按方根规律变化，此时 $C=1$，式（6-5）改写为

$$N_B = N_A D\sqrt{M_A/M_B} \tag{6-6}$$

（2）当新编地图上符号尺寸的变化不符合开方根规律时，即在新编地图上需要重新设计

符号的尺寸，此时，对于线状地物符号则有

$$C = (W_A/W_B)\sqrt{M_A/M_B} \tag{6-7}$$

式中，W_A、W_B 分别为资料地图、新编地图上线状地物的宽度。

对于面状地物符号则有

$$C = \frac{P_A}{P_B}(M_A/M_B) \tag{6-8}$$

式中，P_A、P_B 分别为资料地图、新编地图上面状地物符号的面积。

D 的确定存在三种情况：①对于重要地物，$D = \sqrt{M_B/M_A}$，此时，$D>1$；②对于一般地物，$D=1$；③对于次要地物，$D = \sqrt{M_A/M_B}$，此时 $D<1$。

显然，相对于开方根规律法的基本公式，扩展公式的适应范围扩大了。大量实践证明，按照开方根规律法确定的指标进行地物的选取，基本上能符合地图对载负量的要求。1∶10万地图上的河流在 1∶25 万、1∶50 万地图上的选取结果如图 6-2 所示。

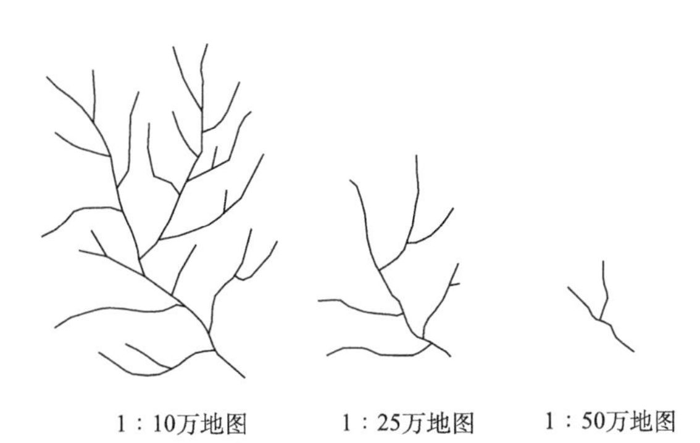

图 6-2　河流的选取

3）等比数列法

等比数列法是苏联学者鲍罗金提出的一种利用等比数列确定地图内容选取数量指标的方法。从心理物理学实验可知，觉察到（或辨认到）同一要素的等级差别常遵循等比数列的规则。

例如，编绘地图上的河流时，要根据地图比例尺和用途，选取新编地图上的河流。要确定哪些河流编入新编地图，主要看河流的长度和反映河流地理环境的河网密度（即河流间距）。显然，河流越长，地区的河网密度越小，则这些河流就越能被选取；河网密集的地区，虽河流较长，也可能被删除。因此，河流长度和河流间距是等比数列法选取河流的两项基本指标。假设，A_i 为河流的长度，B_i 为河流间的平均距离，能够入选的河流最小间隔用二维的等比数列 C_{ij} 表示，格式见表 6-2。

表 6-2 中，首先，对河流的长度和平均间隔进行分级 $A_i = A_1 \times r^{i-1}$，$B_i = B_1 \times p^{i-1}$，其中，r、p 为等比数列的比值，即辨认系数，通常为一种经验参数，r 可取 1.3，p 可取 1.5。然后，计算表中的对角线（全取线），令 $C_{11} = (B_1 + B_2)/2$，$C_{ii} = C_{11} \times p^{i-1}$。最后，计算 C_{ij}，$C_{ij} = (p \times C_{jj} + C_{ii})/(1+p)$，其中，$i = 1,2,3,\cdots,n$，$j = 2,3,\cdots,n-1$。

表 6-2　等比数列的格式

长度分级 \ 选取间隔 \ 间隔分级	B_1～B_2	B_2～B_3	…	B_{n-2}～B_{n-1}	B_{n-1}～B_n
>A	C_{11}				
A_{n-1}～A_n	C_{21}	C_{22}			
⋮	⋮	⋮	⋮		
A_2～A_3	$C_{n-1,1}$	$C_{n-1,2}$	…	$C_{n-1,n-1}$	
A_1～A_2	C_{n1}	C_{n2}	…	$C_{n,n-1}$	C_{nn}

例如，选取某一流域的支流，原图上长于 15cm 的应全取，短于 4cm 的应全舍，在这个范围内若河流的平均距离小于 1.5cm 的也应舍弃。按等比数列法选取河流的结果见表 6-3。

表 6-3　按等比数列法选取河流实例　　（单位：cm）

长度分级 \ 选取间隔 \ 间隔分级	1.5～2.3	2.3～3.4	3.4～5.1	5.1～7.6	7.6～11.4	11.4～17.3
>14.8	1.9					
11.4～14.8	2.3	2.9				
8.8～11.4	2.9	3.5	4.3			
6.8～8.8	3.8	4.3	5.1	6.3		
5.2～6.8	5.2	5.6	6.3	7.6	9.5	
4～5.2	7.2	7.5	8.1	9.5	11.4	14.3

表 6-3 说明，对于处于河流长度 4～14.8cm 的支流，应先选取较长的支流，并根据它们的平均间隔决定取舍。例如，某一支流长 8cm，它两侧的河流平均间隔为 4cm，在新编地图上，决定它是否入选的选取间隔为 5.1cm。所以，当选取完比它更长的支流后，到选取 8cm 长的河流时，两侧间隔大于 5.1cm 的这一段支流才能被选取，两侧间隔小于 5.1cm 的这一段支流则应舍弃。

等比数列法很容易应用到计算机制图中进行地图内容选取数量指标的确定，但此法偏重于地物的数量特征，没有考虑地理差异，特别是制图对象分布的密度变化，有时会将一些级别较低，但具有重要意义的地物舍弃。因此，等比数列法要采用资格法加以协调和综合处理。

以上三种确定选取指标的数量分析方法不是孤立存在的，在地图内容选取时，要互相补充，综合应用。另外，目前还有一些数学方法可应用于制图综合中，如数理统计法、图论法、模糊数学法、灰色聚类法、数学形态学法等，可使确定的选取资格或定额具有足够的准确性。当然，这些方法还有待于进一步的研究、探讨和完善。

二、制图物体的概括

制图物体的概括是指根据地图比例尺、用途和要求，确定地图内容各要素的分类分级原则，以及对地物的形状、数量和质量进行的化简。制图物体的概括分为形状概括、数量特征概括和质量特征概括。

（一）形状概括

形状概括就是为删除制图对象图形不重要的细部，保留或适当夸大其重要特征，使制图对象构成更具有本质特性的明晰的轮廓。

形状概括的基本方法有删除、夸大、合并、分割和移位等。

1. 删除

制图物体图形中的某些细部，在比例尺缩小后无法清晰表示时应予以删除，如河流、街区和其他轮廓图形上的小弯曲等（表 6-4）。当然，这种删除不能机械地进行，删除只是针对那些不必要或次要的细部而言。

表 6-4　图形细部的删除

要素	资料图形	缩小后图形	概括后图形
居民地	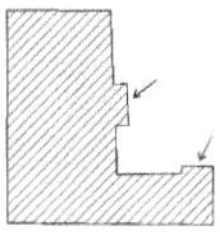	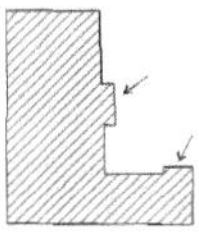	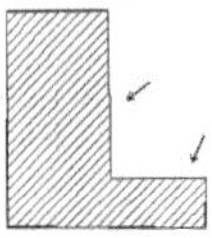
等高线	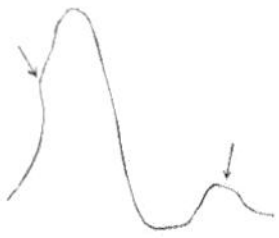	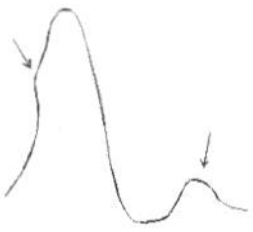	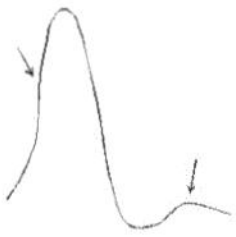
河流			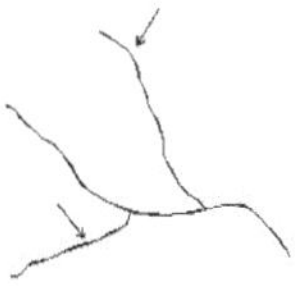
经济林	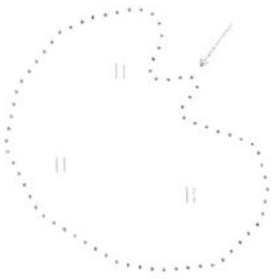	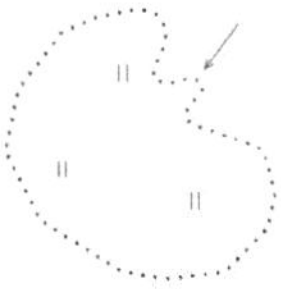	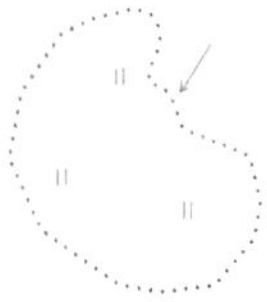

2. 夸大

为了显示和强调制图物体的形状特征，需要夸大一些本来按比例应当删除的细部。例如，多个小弯曲的河流，若将小弯曲全部删除，这样的河段就变为平直的河段，失去了原来多弯曲的特征，从而也就失去了意义。所以，必须在删除大量细小弯曲的同时，适当夸大其中的一部分。表 6-5 显示了需要夸大表示的位于居民地、道路、岸线轮廓和等高线上的一些特殊弯曲。

3. 合并

当比例尺缩小后，某些物体的图形面积或间隔小于分界尺度时，可采用合并同类物体的细部，以反映制图物体的主要特征。合并是将空间上彼此分开的同类或性质相近的图形聚合成一个对象的过程。图形合并如图 6-3 所示。

表 6-5　轮廓图形的局部夸大

要素	居民地	道路	岸线轮廓	等高线
资料图形				
概括图形				

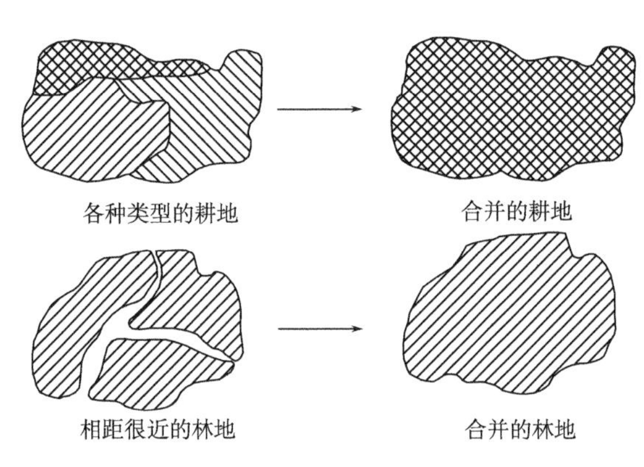

图 6-3　图形合并

合并包括两方面的含义：一是同类性质而且同级的图斑或点群的合并，称为同质合并，如相邻的独立房屋可以合并为街区，相邻的若干个小片林地可以合并为一大片林地；二是属于同一父类但不同子类的图斑或点群合并，称为异质合并，其结果要给予图形符号新的类别定义和符号。同质合并的结果仅使得图形结构发生变化，质量特征与原来的图斑一致。而异质合并使原来图斑的性质发生了变化，产生了新的类别，如乔木林与灌木林合并，形成新的类别——林地。

4. 分割

当采用合并方法不能反映图形特征，或者会歪曲其图形特征时，应采用分割的方法。例如，鱼塘群的堤埂、林间的防火道等，当比例尺缩小较多时，堤埂和防火道只具有示意性质，不再表示某一个堤埂和防火道。采取将面积图形适当示意性分割的方式，有利于地物特征的表示。居民地街区的分割如图 6-4 所示。

5. 移位

随着地图比例尺的缩小，有时以符号表示的各个物体之间会相互压盖，模糊了相互间的关系（甚至无法正确表达），使人难以判断，这时需要采用图解的方式加以正确处理，即采用“移位”的方法。移位的目的是保证地图内容各要素总体结构的适应性，即与实地的相似性。

移位是指将地物在地图上的位置离开原处向附近做适当的移动，使各要素都能得到清晰表示的一种制图综合的措施。移位发生在相邻地图符号发生重叠或太接近而难以清晰分辨的情况下，是将次要的地图要素稍作位移的过程。其方法分为双方移位和单方移位，移位可以对整个地图要素图形进行，也可对图形的局部进行，最终要求图中各要素之间相互关系保持正确与协调。

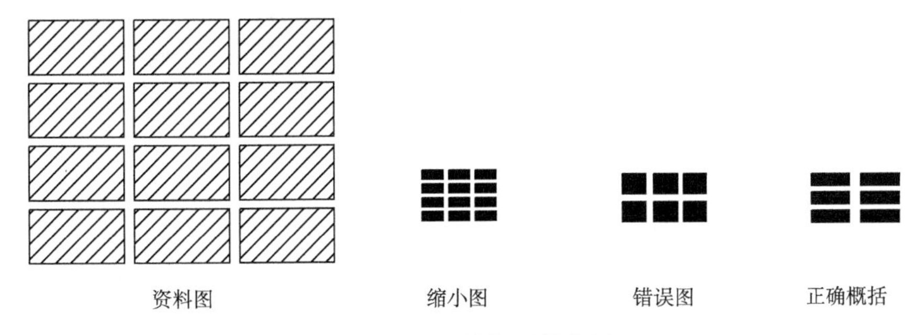

图 6-4　居民地街区的分割

移位的原则是保证主要和重要地物位置准确，移动次要和非重要地物。这里的“主”与“次”、“重要”与“非重要”，是针对视觉效果而言的。例如，地图上已被选取的道路与圈形居民地，对地图用途而言都是重要的地物，但在进行关系协调处理时，一般移动的是居民地，只有这样才能保持正确的图形结构，所以此时相对而言，道路是“主要的”，而居民地是“次要的”。当主要与次要道路符号局部冲突时，应局部移动道路，而不能截弯取直，如图 6-5 所示。

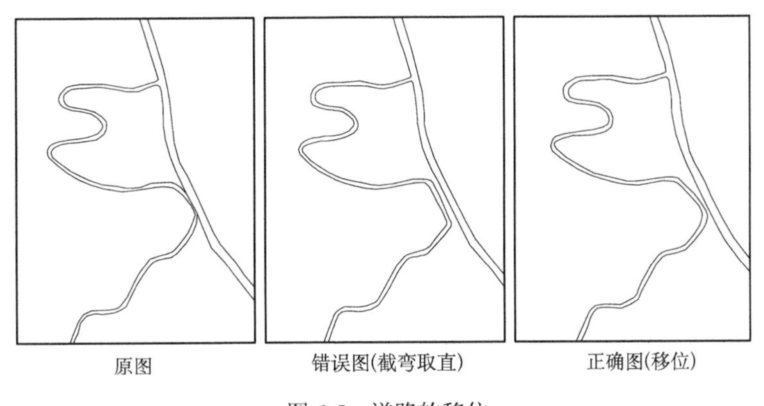

图 6-5　道路的移位

制图物体的形状包括外部轮廓和内部结构，所以形状化简包括外部轮廓的化简和内部结构的化简两个方面。

外部轮廓形状的化简要求有：保持弯曲形状或轮廓图形的基本特征；保持弯曲特征转折点的精确性；保持不同地段弯曲程度的对比。

内部结构是指制图物体内部或某一具有显著特征的景观单元内部各组成部分的分布和相互联系的格局。化简内部结构的基本方法是合并相邻的各组成部分，必要时辅之以其他化简方法。

（二）数量特征概括

制图物体的数量特征是指物体的长度、面积、高度、深度、坡度和密度等可以用数量表达的标志和特征。随着比例尺的缩小，制图对象的数量信息趋于简化和概略，这种简化描述制图对象数量特征的方法称为数量特征的概括。

数量特征的概括主要是分级法：一是用分级表示代替具体表示，把绝对连续数量变成相对分级数量；二是扩大级差或减少级数，即采用合理的分级方法增大级间的距离与提高最低级的起始数值等，以减少级数。例如，随着比例尺的缩小将原图居民地分级中的人口数 1 万以下、1 万～5 万两级合并为 5 万以下一级；1∶5 万地形图上的等高距为 10m，而在 1∶10 万地形图上为 20m。

（三）质量特征概括

质量特征是指描述制图对象的类别和性质。质量特征概括是指用概括的分类取代详细的分类，用整体的概念代替局部的概念，以减少制图对象的质量差别，使其质量特征、分类体系得到简化。

质量特征的概括是分类法：一方面可由低级类型合并到高级类型，即提高类型等级或概念；另一方面可以减少过渡性类型，即由较多数量的类型变为较少数量的类型，如把五个级别变成三个级别。还可以用抽象的符号代替具体的符号。此外，还有降维转换与减少载负量、分区选取与变化定额等方法。

三、各要素争位性矛盾的处理原则和方法

随着比例尺缩小，地图上的各类符号都被扩大了，从而使各要素间的争位性矛盾更加突出。编图时可采用舍弃、移位和压盖的手段来处理，长期制图实践中形成了一些约定的规则。

（一）考虑各要素的重要性

移位的规则是：同种要素矛盾时，保持级别高的要素位置不变，移位低一级的要素；不同种要素矛盾时，保持主要要素位置不变，移位次要要素；独立地物与其他要素矛盾时，移动其他要素。

压盖的规则是：点状符号或线状符号压盖面状符号时，如街区中的有方位意义的独立地物或河流，它们可以采用破坏（压盖）街区的办法完整地绘出点状符号、线状符号。

只具有相对位置的点，一般依附其他图形而存在，如路标、水位点等，其依附目标位置发生变化时，点位也随之变化。

（二）衡量各要素的稳定性

自然物体稳定性较高，而人工物体稳定性相对较差，当它们在一起发生位置矛盾时，一般移动人工物体，保持主从关系。例如，位于海岸、河岸边的居民地、铁路、公路，制图综合时，海岸、河岸、铁路、公路相关位置不变，居民地符号与海岸、河岸相切，与铁路、公路相割。

（三）考虑各要素间的相互关系

对于有控制意义的物体，要保持位置的精度。河流、经纬线应尽量保持其位置的准确性，境界线、重要居民地、道路应尽量保持其位置的相对准确性。例如，居民地、水系、道路之间的相切、相割、相离的关系，一般要保持与实地相适应。

对于国界线，无论在什么情况下，均不允许移位，周围地物相对关系要与国界相适应；省（市）、县级界线一般也不应移位，有时为了处理与其他要素的关系，在不产生归属问题时，才做适当移位。

注意，上述处理方法的前提是仅针对已经过制图综合取舍后保留下来的要素。

第三节 制图综合的基本规律

一、图形最小尺寸

地图上的基本图形包括线划、几何图形、轮廓图形和弯曲等。图形的最小尺寸为图形能反映的极限尺寸，是实现制图综合的重要参数。

根据长期的制图实践，可得到以下数据：单线划的粗细为 0.08～0.1mm；两条实线间的间隔为 0.15～0.2mm；实心矩形的边长为 0.3～0.4mm；复杂轮廓的突出部位为 0.3mm；空心矩形的空白部分边长为 0.4～0.5mm；相邻实心图形的间隔为 0.2mm；实线轮廓的半径为 0.4～0.5mm；弯曲图形的内径为 0.4mm 时，宽度需达到 0.6～0.7mm。

这些数据都是图形在反差大、要素不复杂的背景条件下制定的，即基本图形应达到的最小尺寸。地图上带有底色，或图形所处的背景很复杂，都会影响读者的视觉，应适当提高其尺寸。另外，制图设备、材料和制图者的技能，图形绘制和印刷时的技术，以及人辨别图形、色彩规格的能力等也会影响图形尺寸的设计。

二、地图载负量

（一）基本概念

地图载负量常定义为地图图廓内符号和注记的数量，又称地图容量。载负量决定着地图内容的多少，是地图内容概括的衡量标准。地图载负量分为两种形式：面积载负量和数值载负量。

面积载负量是指地图上所有符号和注记的面积与图幅总面积之比，规定用单位面积内符号和注记所占的面积来表达。例如，23 是指在 $1cm^2$ 面积内符号和注记所占的面积平均为 $23mm^2$。

面积载负量是衡量地图容量的基础，但作业中不好掌握，为此，需要把它转换为另一种形式——数值载负量，即单位面积内符号的格式。对于居民地，数值载负量通常指的是 $100cm^2$ 面积内的居民地个数，如 163 是指在 $100cm^2$ 范围内有 163 个居民地。对于线状物体，通常指 $1cm^2$ 范围内平均拥有的线状符号的长度，称为密度系数，表示为 $K=1.8cm/cm^2$。对于林化程度、沼化程度则使用面积百分比来表示，如 0.63 或 63%。

在讨论载负量时，还必须研究另外两个概念——极限载负量、适宜载负量。

极限载负量是指地图可能达到的最高容量。极限载负量可以看成是一个阈值，超过这个限量，地图阅读就会产生困难。这个阈值同制图水平、印刷水平和表示方法都有密切联系。随着各种制图和印刷水平的提高，这个阈值可在一定限度内向上浮动。

适宜载负量是指适合该地区的相应载负量。不能使所有的地图图面上都达到极限载负量，那样也就没有地区对比可言了，就失去了地区特征。必须根据地图的用途、比例尺和景观条件来确定地图适当的载负量。

（二）面积载负量的计算

地图上不同要素的面积载负量的计算方式不尽相同。居民地用符号和注记的面积来计算，不同等级要分别计算，注记字数按平均数计算；道路根据长度和粗度计算；水系只计算单线河、渠道、附属建筑物、水域的水涯线及水系注记的面积；境界线根据长度和粗细计算面积；植被只计算符号和注记，不计算普染色面积。等高线在彩色地图上通常作为背景看待，不计算其载负量。

实践证明，一幅地图的总载负量中，居民地载负量占的份额最大，有时可达总量的70%～80%，其次是道路和水系，境界的载负量通常很小。所以，研究地图载负量，重点是研究居民地的载负量。

（三）地图载负量的分级

人辨认地图上内容多少的能力是有限的，地图内容之间的差异必须达到一定的程度才能被识别出来。因此，就要研究地图载负量的分级问题，目的是确定载负量能够辨认出的最小差别。地图载负量的形成规律为：视觉分辨力—地图内容最小差别—载负量分级。

大量研究证明，载负量分级可用下面的数学模型来描述：

$$Q_n = \frac{Q_{n-1}}{\rho_i} \tag{6-9}$$

式中，Q_n 为第 n 级密度区的面积载负量，$n=1,2,3,\cdots,n$；Q_{n-1} 为第 $n-1$ 级密度区的面积载负量；ρ_i 为辨认系数，是一个变数，在1.2～1.5之间变化，Q_{n-1} 的值越大，ρ_i 的值就越小。

当 n=1 时，可认为是最密区的载负量，即极限载负量。

（四）影响极限载负量的因素及统计规律

迅速而准确地确定新编地图上的极限载负量是目前地图学中没有解决的重大理论问题之一。

地图极限载负量的数值主要取决于地图比例尺。当然，地图用途、景观条件、制图和印刷工艺对地图极限载负量也有一定的影响。

根据有关专家的统计数据，可以用图的形式表示极限载负量同地图比例尺之间的关系，如图6-6所示，横轴为地图比例尺分母，纵轴为地图极限载负量。

从图 6-6 可以看出一些规律：①随着地图比例尺的缩小，极限载负量的数值会增加；②极限载负量的数值会有一个限度，当地图比例尺小于1∶100万时，其增加已经很缓慢，到1∶400 万逐渐趋于一个常数（阈值）；③面积载负量达到一定常数的条件下，通过改进符号设计、提高制图和印刷的工艺，还可以增加所表达的地图内容。

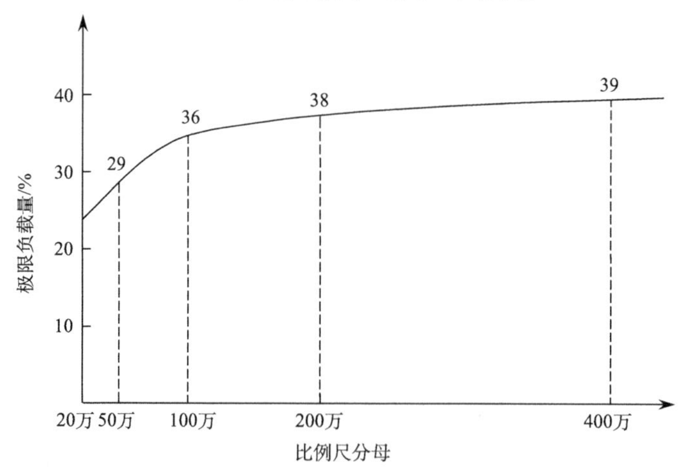

图6-6　极限载负量同地图比例尺的关系

三、制图物体选取的基本规律

在进行制图综合时，可以通过许多方法来确定选取指标并对制图物体实施选取。制图者的知识结构、认识水平、专业技能和采用的数学模型不同，选取的结果就会有差异。制图物体选取的基本规律也就是判断选取结果是否正确的标准，主要有以下四点。

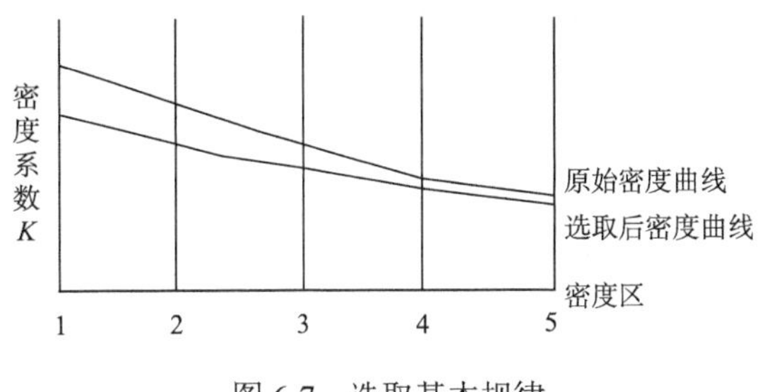

图 6-7　选取基本规律

（1）制图对象的密度越大，其选取标准越高，被舍弃目标的绝对数量越大，反之亦然。

（2）遵循从主到次、从大到小的顺序原则进行选取，任何情况下，都应舍弃较小的、次要的目标，保留较大的、重要的目标，以使地图保持原来区域的基本面貌。

（3）物体密度系数 K 损失的绝对值和相对量都应从高密度区向低密度区逐渐减少（图 6-7）。

（4）在保持各密度区之间具有最小辨认系数的前提下，保持各区域间的密度对比关系。

四、制图物体形状概括的基本规律

制图综合中的概括分为形状概括、数量特征概括和质量特征概括。其中，数量特征概括和质量特征概括表现为数量特征减少或变得更加概略，减少分类、分级数等。所以，制图综合中概括的基本规律实际上主要是研究形状概括的规律，归纳起来有以下五点。

（一）舍去小于规定尺寸的弯曲，夸大特征弯曲，保持图形的基本特征

一般来说，制图综合时应概括掉小于规定尺寸的弯曲，但由于其位置或其他因素的影响，某些小弯曲是不能去掉的，这就要把它夸大到最小弯曲规定的尺寸，不允许对大于规定尺寸的弯曲任意夸大。基本遵从“找出影响/制约因素→掌握图形最小尺寸→实施化简和夸大→保证图形基本特征”的制图物体形状概括的基本规律。

（二）保持各线段上的曲折系数和单位长度上的弯曲个数的对比

曲折系数和单位长度上的弯曲个数是标志曲线弯曲特征的重要指标，制图物体的形状概括结果应能反映不同线段上弯曲特征的对比关系。把握“曲折系数和弯曲个数→弯曲特征”规律体现的差异。

（三）保持弯曲图形的类型特征

不同类型的曲线都有自己特定的弯曲形状。例如，河流根据其发育阶段有不同类型的弯曲，不同类型的海岸线其弯曲形状也不同。形状概括应能突出反映各自的类型特征。基本遵从“不同类型的曲线→特定的弯曲形状（河流、海岸线等）→突出其类型特征”的规律。

（四）保持制图对象的结构对比

把制图对象作为群体来研究，无论是面状、线状物体，还是点状物体的分布都有结构问题，遵从“制图对象所具有的结构类型和结构密度，保持不同地段的结构对比关系”的规律，即把握好结构对比的差异性。

（五）保持面状物体的面积平衡

对面状轮廓的化简会造成局部的面积损失或面积扩大，总体上应保持损失的和扩大的面积基本平衡，以保持面状物体的面积基本不变。

五、地图概括需处理好的几个关系

地图概括应加强客观性，避免主观性。为此，既要强调地理规律性，即加强对制图对象区域特点和分布规律的研究和反映，又要通过数量统计分析建立选取和概括的数量指标和依据。地图概括需要处理好以下几对矛盾和关系。

（一）地理真实性（相似性）与几何精确性的关系

在反映制图对象地理分布规律、区域特点与体现相似性的前提下，进行必要的图形取舍、合并、简化、夸大与移位，但为了保持地图几何的精确性，具有重要定位意义的点与线不能移动与夸大。

（二）制图对象分布的普遍规律、典型特征与特殊规律、区域特点的关系

不能为了强调普遍规律而使图形千篇一律，如不能把高山、中低山与丘陵地区，以及黄土高原塬、梁、峁的等高线都画成一种模式；也不能为了保持区域特点而使图形千变万化，体现不出地理规律性。例如，对于土壤图和植被图等有着相互关系的专题地图，其概括后应保持地理的相似性，如图 6-8 所示。

（三）地图载负量与地图易读性的关系

既不能为了过多表达地图内容而影响地图易读性，也不能为了地图的易读性而使地图内容贫乏。可采用多层平面设计，在不影响易读性的前提下，尽可能多地表示一些地图内容，尤其是多要素的综合性地图。分布图与类型图应尽量避免图例很多而轮廓界线很少，力求做到图例少，图斑细致。

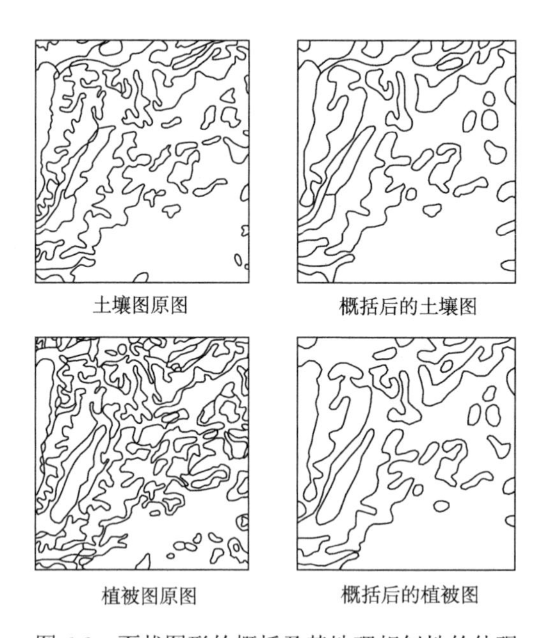

图 6-8　面状图形的概括及其地理相似性的体现

第四节　影响制图综合的基本因素

制图过程中，地图所表达的内容是否能符合制图目的的需要，受到许多因素的影响。为了能对制图内容进行正确、科学的取舍与概括，必须首先弄清这些因素都有哪些，以及它们是怎样影响地图概括的。根据对制图综合性质的分析，可知这些因素主要包括地图比例尺、地图的用途和主题、制图区域的地理特征、制图数据（资料）的质量、符号图形的图解限度、地图载负量和制图者的素质等。

一、地图比例尺

地图比例尺是制图综合的最根本原因之一，这种综合也称为比例综合。地图比例尺对制图综合的影响主要表现在以下几个方面。

（1）地图比例尺影响数量特征，决定地面的缩小程度，即限定了地面缩绘到图上的面积，因而也限定了在图上能表示要素的数量，制约着要素的选取。

（2）地图比例尺影响质量特性。随着地图比例尺的缩小，图形也随之缩小，以致图上一些面积不大的物体难以表示其细部，甚至连整个物体都无法表示出来，产生描绘困难，因而不得不对其形状进行化简，只着重反映该物体的地理位置。在图 6-9 中，随着地图比例尺的缩小，三种比例尺地图上居民地街区的表示方法是不同的。在较大比例尺地图上，街道网图形、街区形状和其他建筑物均有分布，都可以经概括表示出来；在中比例尺地图上，只能用概括的外部轮廓表示，在较大居民地周围的小居民地则给予删除；在小比例尺地图上，只能用圈形符号来表示。

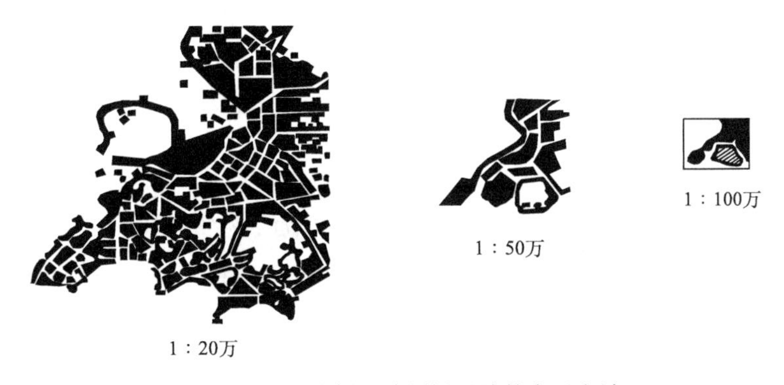

图 6-9　不同比例尺地图居民地的表示方法

（3）地图比例尺影响地物重要性。当图幅面积一定时，不同比例尺地图所反映的实地范围不同。在大小不同的范围内，同一物体的重要性不同，所反映在图上的主要特征也不同。小范围内相对重要的物体，在大范围内则可能变成次要的。例如，大比例尺地图上表示河流时，在小尺度区域内只能表达河流的某一段，但河流宽度、河水深度、水的流速、河床质地和能否徒涉等都是应表示出的内容。但是，在小比例尺大尺度区域内，图上表示的是整个河系分布，表示上述某段河流的详细情况就失去意义了，而河网的形态、结构特点、密度差异、水系与其他要素之间的关系则成为应当反映的主要内容。

（4）地图比例尺影响地图的制图综合程度。随着地图比例尺的缩小，制图区域表现在地图上的面积呈等比级数缩小，能表示在地图上的内容就减少，而且要对所选取的内容进行较大程度的概括和综合。所以，地图比例尺既制约地图内容的选取，也影响着地图内容的概括程度。

（5）地图比例尺影响地图制图综合的方向。大比例尺地图上，地图内容表达得较详细，制图综合的重点是对物体内部结构的研究和概括；小比例尺地图上，地图内容表达得较概略，无法表达对象的内部结构，制图综合的重点是对制图对象外部形态概括和同其他对象联系的研究。例如，某城市居民地在大比例尺地图上用平面图形表示，制图综合时要考虑建筑物的类型、街区内建筑物的密度及各部分的密度对比、主次街道的结构和密度；在小比例尺地图上，逐步改用概略的外部轮廓甚至圈形符号，制图综合时注意力不放在内部，而是强调其外部的总体轮廓或它同周围其他要素的联系。

（6）地图比例尺影响制图对象的表示方法。随着地图比例尺的缩小，依比例表示的对象迅速减少，由点状数据和线状数据表示的对象占主要地位，在设计地图图式和符号系统时必须注意到这一点。在小比例尺地图上，需要设计简明的符号系统，这不仅是被表达物体本身的需要，也是读者顺利读图的需要。

二、地图的用途和主题

不同的地图有着不同的用途与主题，地图的用途和主题决定了地图的内容与要求，决定了所表示内容的广度、深度和详细度，还决定了比例尺的大小。所以，地图用途与主题实际上是引起地图概括的主导因素，也可以将这种概括称为目的概括。例如，常见的同一地区、同比例尺的政区图和地势图由于用途不同，制图综合时选取的内容、表达的重点是不同的。政区图为了突出反映各个行政区划的分布范围界限，重点表示境界和行政区划，一般采用分区设色的方法强调区划的概念，其他要素基本不表示；地势图为了突出反映地形的起伏状态，在等高线或 DEM 数据的基础上，采用分层设色加晕渲的方法强调表示地貌要素，其他要素概略表示或基本不表示。

地图用途对制图综合的影响不仅表现在不同用途的地图上，还表现在同一幅地图上，当关注的主题和重点不同时，制图综合的程度也不同。例如，在《中国全图》上，主题区域（国内部分）的居民地和道路表示得非常详细，而非主题区域（国外部分）则表示得非常概略。

三、制图区域的地理特征

制图区域的地理特征是指该区域的自然和社会经济条件。制图区域不同，其相应的地理特征就不同。制图区域地理特征作为制图综合的条件之一，意味着制图综合原则和方法都必须同具体的地理特征结合起来，是决定制图综合的客观依据，也称为景观综合。在制图综合时，尽管随着比例尺的缩小，地图内容随之简化，但仍然要正确地反映区域的景观结构特征，以及空间分异的规律性。同时，也应该看到同一地理要素在不同区域中的地位和意义有明显不同。因此，应该根据区域的特点去确定要素的选取指标。例如，我国江南水网地区，居民地多沿河岸和渠道排列，河网过密会影响其他要素的显示。因此，在制图规范中对于这些地区需要限定河网密度，一般不表示水井、涵洞。我国的西北干旱地区，蒸发量大大超过降水量，干河床多，常流河少，因此季节给水的河流和井、泉附近，成为人们生活、生产的主要基地（图 6-10 和图 6-11）。制图规范对这些地区规定必须表示全部河流、季节河和泉水出露的地点。

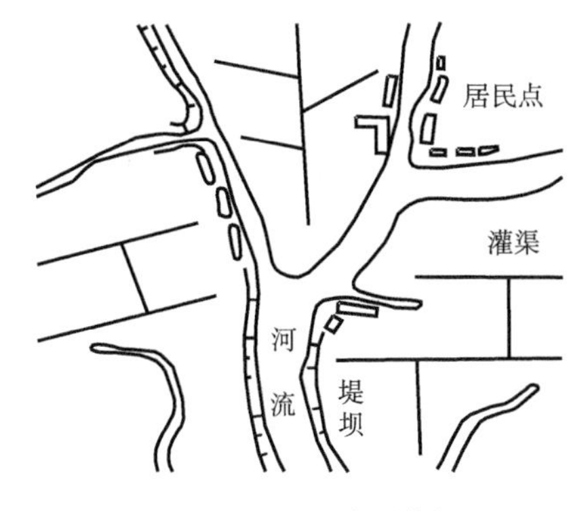

图 6-10　河网地区的图形

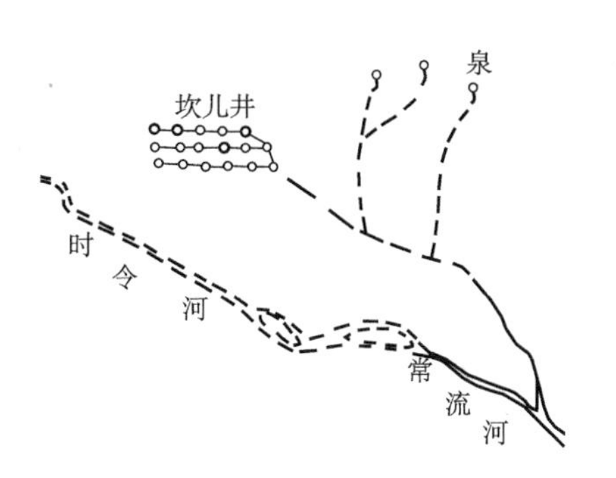

图 6-11　干旱区水系的表示

四、制图数据（资料）的质量

制图数据包括已有的地图数据、纸图资料、卫星图像数据、航空像片资料、观测统计数据和文字说明等。搜集到的制图数据一般为天文大地测量或 GNSS 控制测量成果、实测与编绘原图、各种现势资料等。地图概括的各项措施都以制图数据（资料）为基础，数据（资料）的种类、特点、质量、精度、完备程度、可靠程度及现势性等都直接影响制图综合的质量。按编图要求，地图数据源的精度应该高于新编地图的精度。精度高的制图数据，对地物的内容反映得比较丰富，而且对细部反映得也比较详细，这样就为制图综合提供了可靠的基础和操作余地。如果制图数据的质量不高，在此基础上进行的制图综合必然会出现偏差，甚至会误导读者。

制图资料的形式与特点，也影响制图综合措施的选择。例如，提供的资料是文字资料，需要对资料进行整理与分类、分级；若是地图图形资料，则可根据图形进行类别或级别的概括、合并等。此外，若资料的种类比较多，能够相互补充、参考，就为选择满意而适当的概括方法提供了可能。

五、符号图形的图解限度

各种地理事物，在地图上均以符号表示，符号的图形、尺寸、颜色、结构等直接影响着地图的载负量，也制约着制图综合的程度与方法。例如，在教学地图上表示河流，是通过较粗的线段描绘的，河流的细小弯曲便无法表达；参考用图上的河流是用细线描绘的，能够把河流的细部表示出来。用细小圆圈符号和注记表示居民地，能在单位面积内表示较多的个数，若改用大的符号和注记，就不得不舍掉较多次要居民地。可见，细致小巧的符号能提高地图内容的载负量，根据用途目的来设计合理的地图符号，就可以提高地图的容量。

多色地图比单色地图可容纳较多的信息量。除特殊用途外，多数地形图、地理图应尽量使用细小符号，以便表示较多内容。符号图形的最小尺寸与人的视力、绘图技术及制印技术，图形的结构和复杂程度有关，符号图形最小尺寸是制图综合的必要参考数据。

六、地图载负量

地图载负量也称为地图的容量，是衡量地图内容多少的标志。面积载负量是指地图上所有符号和注记所占的面积与图幅总面积之比；数值载负量是指地图上单位面积内地物符号和注记的个数；适宜载负量是指依据地图的用途、比例尺和景观条件确定的地图适当载负量；极限载负量是指地图上可能达到的最高载负量，超过极限载负量，地图的清晰度将下降。

综上所述，地图载负量制约着地图内容的多少，当地图符号确定以后，载负量越大，地图内容越多，综合程度就越小。

七、制图者的素质

制图综合的过程就是制图者将科学的理论付诸实践的过程，制图者的创造能力、科学知识、编图技巧及艺术素养等都在制图综合中得到体现。显然，制图者个体对客观要素认识过程的差异，必将影响地图的概括。因此，提高制图者的综合素质，是提高地图质量的重要保证。

随着地学研究中定量分析方法的广泛应用，制图工作者更加关注以数量指标作为制图综合的依据，促使制图综合由带有一定的经验性与主观性而逐渐向数量化、公式化方向发展，这不仅能提高制图综合的效果与质量，还能为计算机制图自动综合提供条件。

总之，影响制图综合的各项因素不是彼此孤立的，而是相互间有着密切联系。例如，地图的用途既决定了地图内容的精确性和详细程度，也决定了地图比例尺和对制图资料的要求，此外还影响地图符号的使用。

思　考　题

1. 什么是制图综合？制图综合的基本要求是什么？
2. 举例说明地图内容选取中的资格法的含义。
3. 地图内容选取中定额法选取指标的数量分析方法有哪些？并对每种方法做简要说明。
4. 简述制图物体的形状概括方法。
5. 说明制图物体的数量特征和质量特征的概括方法。
6. 制图综合时，各要素争位性矛盾的处理原则和方法有哪些？
7. 简述制图物体的形状概括的基本规律。
8. 说明影响制图综合的基本因素。
9. 现将 1∶500 的地形图缩编为 1∶2000 的地形图，说明其制图综合过程。

第七章　地 图 编 制

地图编制是将复杂的地理对象表达到地图图面的有效手段。科学合理的制图手段，是地图精度和地图编制高效性的有力保证。

第一节　传统的地图编制方法与过程

地图的编制方法与过程随着社会的发展与需要而不断更新，一般是经过外业测量，得到实测地形图，或者根据已成的地形图和编图资料，通过内业编绘的方法制成编绘原图，然后经清绘、整饰和印刷，复制出大量的地图。

传统的地图编制方法是由已经出版的较大比例尺地图制作出不同中小比例尺，并能满足不同需求地图的一种主要方法。地图编制的基本过程主要包括地图编辑与设计、地图编稿与编绘（原图编绘）、地图清绘与整饰（出版准备）以及地图制印等四个阶段。地图编制的基本过程如图 7-1 所示。

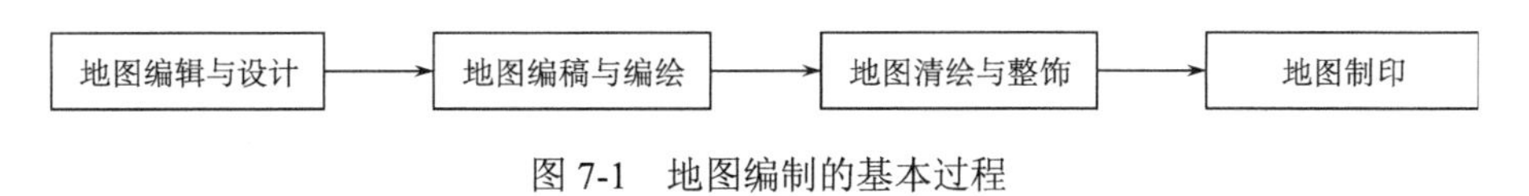

图 7-1　地图编制的基本过程

一、地图编辑与设计

（一）地图编辑

在地图制作，特别是大型地图制作中，为了使制图工作能够协调、有序地进行，需要对制图工作进行规划和组织。地图设计工作侧重于规划与安排，而地图编辑工作侧重于规划和组织的实际操作。从事地图编辑的专业工作者称为地图编辑（员），是地图的主要创作者，应当具备丰富的地图专业知识，并对地图编制理论有深刻的理解，了解国家的相关政策及相关学科知识。

1. 编辑工作的基本任务

在地图设计阶段，编辑是工作的主体。地图编辑时，首先，要研究地图生产的任务，确立地图的用途。其次，进行地图投影、地图内容、表示方法、制图综合原则、整饰规格及制图工艺的设计。最后，完成地图设计文件的编写。

在地图生产过程中，地图编辑技术人员应指导地图作业员学习编辑文件，指导他们做各项准备工作，解答他们在编图生产中遇到的问题，并检查他们的工作质量。地图编辑总编还需要对地图原图进行检查验收。地图原图（或分色胶片）送到印刷厂以后，地图编辑技术人员要协助工艺员指定印刷工艺。地图出版以后，地图编辑技术人员还应收集读者对地图的意见，编写技术总结，从而达到积累经验、不断改进工作的目的。

2. 地图编辑工作的组织形式

地图编辑工作采用集中和分工相结合的形式。集中指的是国家测绘的业务主管部门根据国家建设的需要和地图的保障情况，确立编制各类地图生产的总方针，提出改进工艺、提高地图质量的方向，引导各单位的地图编辑员发挥创造精神，以保证不断创造出高质量的地图作品。在编辑国家基本比例尺地形图时，只有实行高度的集中领导，如制定统一的规范、图式，才能保证地形图综合质量和整饰规格的统一。各单位的制图工作都应该在集中领导下进行。

分工是按业务性质或成图地区划分任务，由不同的制图机构负责相应的地图编辑工作。在一个制图机构内部，由总编辑或总工程师负责总的技术领导工作，编辑室负责本单位地图生产中的设计和施工中的技术领导工作。在编辑地图集或系列大型地图作品时，可以单独成立编辑部，设主编、副主编和编辑等。

为了有效地进行编辑领导，制图企业必须有长期的和年度的计划，总编根据年度计划给每个编辑员分配年度、季度和逐月的工作任务。

3. 编辑文件

编辑任务书是由上级主管部门或委托单位提供的，其内容包括地图名称、主题、区域范围、地图用途和地图比例尺。有时还指出所采用的地图投影、对地图的基本要求、制图资料的保障情况，以及成图周期和投入资金等项内容。编辑技术人员在接受制图任务后，需经过一系列的设计，编写相应的编辑文件。

（二）地图设计

地图设计是地图制作的龙头，是保证地图质量的首要环节，是对新编地图的规划。地图设计的任务是根据编图任务书的要求，确定地图生产的规划和组织，根据地图的用途选择地图内容，设计地图上各种内容的表示方法，设计地图符号，确定地图的数学基础，研究制图区域的地理情况，收集、分析、选择地图的制图资料，确立制图综合的原则和指标，进行地图的图面设计和整饰设计，配置制图硬件、软件，设计数据输入、输出方法等，最终确定出制图资料、地图投影、比例尺、地图内容和表示方法。

地图设计是根据制图技术的一般原理，结合所编地图的具体特点来实现的。一般原理是指制图理论原则，国家颁布的规范、图式及制图工艺方法等。具体特点是指所设计地图的用途、比例尺和制图区域等因素。将一般原理同具体特点结合起来，就可以制作出既符合一般原则，又具有不同个性的高质量地图。

承担地图设计任务的编辑人员要在接受制图任务以后，按下面的程序开展工作。

1）确定地图的用途和对地图的基本要求

确定地图的用途是地图设计的起点，是确定地图类型的依据。制图任务通常在委托书中并不具有对地图在专业技术方面的要求。为此，承担任务的编辑，在接受制图任务后，首先要同有关方面充分接触，从确立地图的使用方式、使用对象、使用范围入手，就地图的内容、表示方法、出版方式和价格等同委托单位充分交换意见。

对于地形图，地图的用途和对地图的要求在规范中都有明确规定，不需要上述过程。

2）分析已成图

为了使设计工作有所借鉴，在接受任务之后，往往先要收集一些同所编地图性质相类似的地图加以分析，明确其优点和不足，作为设计新编地图的参考。

3）研究制图资料

没有高质量的制图资料，就不可能生产出高质量的地图。地图生产中的资料工作包括收集、整理、分析评价、选择制图资料等多个环节。对收集和整理的制图资料，在经过初步分析后，就要研究制图区域的地理情况，掌握了制图区域的特点后再反过来分析、评价和选择制图资料。

4）研究制图区域的地理情况

制图区域是地图描绘的对象，要想确切地描绘制图区域，必须先对其有一个比较深刻的认识。研究制图区域就是要认识制图区域的地理规律，这对后续的多项设计都有意义。

5）确定地图的数学基础

确定地图的数学基础包括选择地图投影（确定变形性质、标准纬线或中央经线的位置、经纬线密度、范围等）、确定地图比例尺、选择坐标网等。地图投影的选择主要取决于制图区域的地理位置、形状和大小，同时也要顾及地图的用途。地图投影选定后，还要进一步确定地图上经纬线的密度，并依据地图投影公式计算经纬网交点坐标，或直接在地图投影坐标表中查取。比例尺的选择不仅要考虑制图区域的形状、大小和地图内容精度的要求，还要顾及地图幅面大小的限制。地图比例尺通常用下式计算：

$$\frac{1}{M}=\left[\frac{d_{\max}}{D_{\max}}\right] \tag{7-1}$$

式中，$D_{\max}$ 为制图区域南北或东西实地长度的最大值；$d_{\max}$ 为地图幅面长或宽的最大值；M 为比例尺分母，一般为 10 的整数倍；[ ] 为取整。

比例尺确定后，就可以根据地图幅面的长宽选择纸张的规格。图集或插图多选用 4～64 开幅面的纸张，挂图多为全开至数倍全开幅面的纸张拼接而成。

选择坐标网包括确定坐标网的种类、定位、密度和表现形式。地形图上的坐标网大多选用双重网的形式。大比例尺地形图，图面多以直角坐标网为主，地理坐标网为辅（绘于内、外图廓之间）；中小比例尺地形图及地理图则只选地理坐标网；对几何精度要求不高（如旅游地图）或大比例尺的城市地图（由于保密原因）常不选任何坐标网。坐标网的定位是指确定坐标网在图纸上的相对位置，定位的依据是确定地图投影的标准线、图幅的中央经线和地图的定向。图幅的中央经线应是靠近图幅中间位置的整数位的经线，应位于图纸的中间，其余的经纬线网格以图幅中央经线为对称轴分列两侧。当地图用北方位定向时，只需要将中央经线朝向正上方（垂直于南北图廓）；用斜方位定向时，根据需要将图幅中央经线旋转一个角度。坐标网的密度是指坐标网格的大小，坐标网的密度应适中：密度太小，影响量测精度；密度太大，会干扰地图其他内容的阅读。坐标网的表现形式有粗细线、阴阳线、实虚线之分。

6）地图分幅和图面配置设计

地图的图纸尺寸称为地图的开本。顾及纸张、印刷机的规格和使用方便等条件，地图的开幅应当是有限的。出版地图时，通常使用的纸张规格见表 7-1。

确定地图开幅大小的过程就叫做分幅设计，分幅设计主要讨论如何圈定或划分图幅范围的问题。

国家统一分幅的地图是按一定规格的图廓分割制图区域所编制的地图，如地形图。分幅地图的图廓可能是经纬线，也可能是一个适当尺寸的矩形，两种分幅设计各有优缺点。在具体使用中常采取合幅、破图廓或设计补充图幅、设置重叠边带等的分幅设计来弥补其缺点，使之更加完善。经纬线分幅地图，在分图幅地图投影时，拼接会产生裂隙。为了解决这

表 7-1　地图开幅规格　（单位：mm）

单张地图			地图册		
开幅	用 787×1092 纸	用 889×1194 纸	开本	用 787×1092 纸	用 889×1194 纸
	尺寸	尺寸		成品尺寸	成品尺寸
一全开	787×1092	889×1194	四开	370×520	420×580
二全开	1574×1092	1778×1194	八开	370×260	420×285
对开	787×546	889×597	十六开	185×260	210×285
四开	393×546	444×597	三十二开	185×130	210×140

一问题，往往设置一个重叠边带。例如，1∶100 万世界航空图东、南方向将地图内容扩充至图纸边，西方向扩充至一条与南图纸边垂直的最近图廓的纵线，北方向保持原来的范围，这样拼图时就可以不必折叠，方便使用。

内分幅地图是区域性地图，特别是多幅拼接挂图的分幅形式，其外框是一个大的矩形，内部各图幅的图廓也都是矩形，沿图廓拼接起来成为一个完整的图面。在实施分幅时，要顾及以下因素：纸张规格；印刷条件；主区在总图廓中基本对称，同时要照顾主区与周围地区的经济和交通联系，两者有矛盾时往往会优先照顾后者；内分幅各图幅的印刷面积尽可能平衡；分幅时应考虑图面配置和尽量不破坏重要目标的完整等。

图面配置设计是指图名、图例、图廓、附图等的大小、位置及其形式的设计。图面配置设计要配合制图主区的形状及内容特点，并考虑视觉平衡的要求。地形图有标准化规格，无须进行图面配置设计。因此，图面配置设计主要是针对专题地图。

图名应简练、明确，具有概括性。但人们常见的地理图或政区图，可以只用其区域范围命名，如《广州市地图》。地形图和小比例尺的分幅地图都是选择图幅内重要的居民地名称作为图名。在没有居民地时，可选择自然名称，如区域名、山峰名等作为图名。图廓分为内图廓和外图廓。内图廓通常是一条细线；外图廓的形式较多，地形图上是一条粗线，挂图则多以花边图案装饰。每幅地图的图面上都应放置图例，供读者读图时使用。图例是带有含义说明的地图上所使用符号的一览表。图例设计的基本原则为：图例符号的完备性；图例符号的一致性；对标志说明的明确性；图例系统的科学性等。附图、图表和文字说明等三项内容的数量不宜太多，其位置的配置应注意图面的视觉平衡。

国家基本比例尺地形图不需要进行分幅和图面设计。

7）地图内容及表示方法设计

根据地图用途、制图资料及制图区域特点，选择地图内容、地图内容的分类分级表达的指标体系，以及地图内容的表示方法，并根据地图内容和表示方法设计图式符号，建立符号库。

8）各要素制图综合指标的确定

制图综合指标决定表达在新编地图上的地物的数量及复杂程度，是地图创作的主要环节。

9）制图工艺设计

在常规制图条件下，成图工艺方案较多，需根据地图类型、人员、设备和资料情况选择不同的工艺过程。在计算机制图条件下，制图过程是相对稳定的，制图硬件、软件及输入、输出方法选定后，基本上不需要进行过程设计。

10）样图试验

以上各项是否可行，其结果是否可以达到预期目的，常常要选择个别典型的区域做样图试验。在上述各项工作的基础上，当编辑人员积累了大量的数据、文件、图形和样图等，就可以着手编写地图的设计文件了。

（三）地图设计书的编写

地图设计最终体现在地图编制大纲或地图编制设计书上。地图编制大纲或地图编制设计书是编制地图的指导性文件，是编图的指南，一般应包括的内容为：图名、比例尺、地图目的、用途和编图原则与要求；地图投影与图面配置；编图资料的分析、评价和利用，以及处理方案；地图内容、指标、表示方法和图例设计；地图概括（制图综合）的原则、要求和方法；地图编绘的程序与工艺；图式符号设计与地图整饰要求；附件一般包括图面配置设计、资料及其利用略图、地图概括样图、图式图例（包括符号、色标）设计等。

二、地图编稿和编绘

地图编绘是制作出版原图和印制地图的主要依据，是编制地图的中心环节。地图编绘是指地图编绘人员根据地图设计书编绘新图的过程，最终结果是完成地图的编绘原图制作，这一阶段也被称为“原图编绘”。

编图也需要按照必要的基本原则进行。编图时，首先应该研究与所编地图有关的文件，研究科学研究机构和专门业务部门公布的文字资料（如气候、经济方面的资料等），其目的是反映有关部门的发展方向及新的成就，保证所编内容的完备性和科学性。在编绘过程中，还要对编图资料进行一些加工处理，使资料（地图）符合照相的要求。例如，原始资料为彩色地图时，对蓝色的水系要素加描成绿色或黑色等。其次，根据选择或新设计的地图投影，计算图廓点、经纬网点的坐标，再用仪器将地图的数学基础展绘于图版上，然后可以用照相法或其他方法（如光学仪器转绘法、缩放仪转绘法、网格转绘法等），将原始资料上的内容转绘到展有地图数学基础的图版上，这样就获得了供编绘作业用的底图。

在这种编绘底图上，按一定的顺序分要素进行编图作业。编绘过程中，不仅要按照设计符号用色进行编绘，还要根据地图的主题、用途、比例尺和制图区域的地理特征，对地图内容进行选取和概括，反映地面最重要、最本质的现象，舍去次要的、非本质的现象。

三、地图清绘与整饰

地图清绘和整饰的任务是根据编绘原图重新清绘或刻绘出出版原图和半色调原图，并制作供分色制版的分色参考图及彩色样图。

地图清绘是制作出版原图的一种绘图作业。要得到高质量的印刷地图作品，首先需满足照相制版要求，为此需要对地图原稿（编绘原图）进行清绘整饰，使地图上的线划均匀光洁，符号精致美观，注记规则整齐，黑度要足。地图清绘分等大清绘和放大清绘（将原图放大 1.25～1.5 倍后再清绘），目的是保证清绘后印刷原图的质量。清绘方法是将实测或编绘原图，照相后晒制裱版蓝图或塑料片蓝图，然后按编辑设计、图式图例和规范要求进行描绘和剪贴符号注记。地图清绘必须按规定程序和精度作业，对地图线划质量和注记质量要求严格。按地图内容的繁简可进行一版清绘和分版清绘，分版清绘可省去分涂或减少分涂工作量和简化制印工序。地形图通常分黑绿版和棕蓝版两版作业，黑绿版包括居民地、交通和植被等内容，棕蓝版包括地形和水系等内容。较复杂的中小比例尺地图可按实际需要，分成三版或多版清绘。

四、地图制印

地图制印是地图出版印刷的简称，是地图编制过程的最后一个环节，是地图制图各工序共同劳动结果的集中体现，也是大量复制地图的最主要方法。

地图制印根据印刷版上印刷要素（图形部分）和空白要素（非图形要素）相互位置而划分为图版印刷、凹版印刷和平版印刷等三类。

从制印角度划分，地图可分为单色图和多色图两类。从制印特点看，地图内容的显示方式主要为线划色、普染色和晕渲色，也是地图制印内容的三要素。

地图制印主要采用平板胶印印刷，其主要过程为：原图验收—工艺设计—复照—翻版—修版分涂—胶片套拷—晒版打样—打样—审校修改—晒印刷版—印刷—分级包装。从原图验收到印刷成图，其过程复杂，且每一工序的方法也呈多样化。

第二节　普通地图编制

普通地图是以同等详细程度来表示自然地理要素和社会经济要素一般特征的地图，主要表示地球表面的地貌（地形）、水系、土质植被、居民地、交通网、境界线和独立地物等地理要素。普通地图在经济建设、国防建设、科学研究，以及文化建设等方面应用较为广泛。普通地图按比例尺和表示内容的详细程度分为地形图和地理图两大类。

一、国家基本比例尺地形图的编制

国家基本比例尺地形图具有统一规格，按照国家颁发的统一测制规范制成，具有固定的比例尺系列和相应的图式图例。而地形图图式是由国家测绘主管部门颁布的，对制作地形图的符号图形、尺寸、颜色及其含义和注记、图廓整饰等有一系列的技术规定。国家基本比例尺地形图分别采用两种地图投影，大于或等于 1∶50 万比例尺的地形图采用高斯-克吕格投影（等角横轴切椭圆柱投影），1∶100 万比例尺地形图采用兰勃特投影（双标准纬线等角圆锥投影）。大比例尺地形图一般采用实测或航测法成图，其他比例尺地形图则用较大比例尺地形图作为基本资料经室内编绘而成。

客观地反映制图区域的地理特点，是编绘地图内容的根本原则，而地形图的不同用途则是确定反映地理特点详细程度的主要依据。国家基本比例尺系列地形图，就是依据国家经济建设、国防军事和科学文化教育等方面的不同需要而确定的。

地形图在各个国家都是最基本、最重要的地图资料，都已在各自国家内部系列化、标准化，并在世界范围内趋向统一。目前，我国的国家基本比例尺地形图包括 11 种比例尺，即 1∶500、1∶1000、1∶2000、1∶5000、1∶1 万、1∶2.5 万、1∶5 万、1∶10 万、1∶25 万、1∶50 万、1∶100 万。普通地图按比例尺可以分为大、中、小三种比例尺，其中大于等于 1∶10 万的称为大比例尺，大于 1∶100 万且小于 1∶10 万的称为中比例尺，小于等于 1∶100 万的称为小比例尺（注意：国家基本比例尺地形图在测绘上划分大、中、小比例尺时，与普通地图的划分标准不同）。由于现代地形图系列化、标准化的加强，国家在地形图的数学基础、几何精度、表示内容及其详尽程度等方面，统一颁发了相应比例尺地形图的不同规范和图式规定。因此，各部门在设计和测制地形图时，都要遵循地形图的规范和图式规定，它们是制作地形图的主要依据。

（一）地形图的基本要求

1. 图幅规格

1）地形图图幅范围

1∶5000～1∶100 万的地形图图幅范围采用统一的经纬线分幅、相邻比例尺地形图的图幅数成简单的倍数关系。地形图图幅范围见表 7-2。

表 7-2　地形图图幅范围

比例尺	1∶5000	1∶1 万	1∶2.5 万	1∶5 万	1∶10 万	1∶25 万	1∶50 万	1∶100 万
经差	1′52.5″	3′45″	7′30″	15′	30′	1°30′	3°	6°
纬差	1′15″	2′30″	5′	10′	20′	1°	2°	4°

由经纬线构成的图廓线，其东西两边的图廓线为直线表示；南北两边的图廓线以折线表示，对于 1∶5 万及以上比例尺地形图而言，南北两边的图廓可视为直线。

2）地形图图名

地形图图名一般选用图幅内的主要居民地名称，无居民地名称的图幅可采用其他地理名称，图名应注意不与其他图幅图名重名，并尽量选用原地形图图名。

2. 数学基础

地形图的定位参考系统如下。

（1）地图投影。1∶5000、1∶1 万地形图采用 3°分带的高斯-克吕格投影，1∶2.5 万、1∶5 万、1∶10 万、1∶25 万、1∶50 万均采用 6°分带的高斯-克吕格投影，1∶100 万地形图采用兰勃特投影。兰勃特投影的分带方法是由赤道起纬度每 4°为一投影带，每个投影带单独计算坐标，建立数学基础；同一投影带内再按经差为 6°进行分幅；每幅图的直角坐标均以图幅的中央经线为 X 轴，中央经线与图幅南纬线交点为原点，过原点切线为 Y 轴，组成直角坐标系。

（2）高程系统。高程系统采用 1985 国家高程基准。

（3）坐标系统。2008 年起，坐标系统采用 2000 国家大地坐标系。1∶1 万～1∶25 万每幅图内平面直角坐标网（公里网）格规定见表 7-3。

表 7-3　1∶1 万～1∶25 万地形图平面直角坐标网格规定

比例尺	图内公里网间隔/cm	相当于实地长/km
1∶1 万	10	1
1∶2.5 万	4	1
1∶5 万	4	2
1∶10 万	4	4
1∶25 万	4	10

1∶50 万、1∶100 万地形图上不绘出直角坐标网，每幅图内经纬网（地理坐标网）规定见表 7-4。

表 7-4　1∶50 万、1∶100 万地形图经纬网规定

比例尺	图内经纬网间隔		备注
	经度	纬度	
1∶50 万	30′	20′	
1∶100 万	1°	1°	

3. 地形图的数学精度

地形图上地物点对于附近野外控制点的平面位置中误差，等高线对于附近野外控制点的高程中误差均不大于表 7-5 的规定。

表 7-5　地形图精度要求

地形类别	地物点平面位置中误差/mm	等高线高程中误差/m		
		1∶2.5 万	1∶5 万	1∶10 万
平地	±0.5（图上）	±1.5	±3.0	±6.0
丘陵		±2.5	±5.0	±10.0
山地	±0.75（图上）	±4.0	±8.0	±16.0
高山地		±7.0	±14.0	±28.0

4. 地图内容

国家基本比例尺地形图上表示的主要要素包括：测量控制点、水系、居民地及附属设施、交通、管线、境界、地貌、植被与土质等。地形图的内容及符号应符合现行国家标准图式的规定。

5. 地图颜色

地图颜色采用青、品红、黄、黑（CMYK）四色，按规定色值进行分色，印刷实施时也可按需要采用专色印刷或单色印刷。

6. 其他要求

（1）地物地貌各要素的综合取舍和图形概括应符合制图区域的地理特征，各要素之间关系协调、层次分明，重要道路、居民地、大的河流、地貌等内容应明确表示，注记正确、位置指向明确。

（2）地形图的各内容要素、要素属性、要素关系应正确、无遗漏。

（3）应正确、充分地使用各种补充、参考资料，对各要素，特别是水库、道路、境界、居民地及地名等要素进行增补、更新，应符合制图时的实地情况，地形图现势性要强。

（二）地形图编绘的技术流程

1∶2.5 万～1∶10 万地形图编绘有两种方法：一种方法是先采集地形数据（地形图要素编辑处理），再进行符号化编辑，从而形成印刷原图；另一种方法是采集地形数据与符号化编辑同时进行。编绘流程见国家标准《国家基本比例尺地图编绘规范　第 1 部分：1∶25000 1∶50000　1∶100000 地形图编绘规范》（GB/T12343.1—2008）。对于 1∶25 万地形图编绘，使用比例尺大于 1∶25 万地形图数据进行缩编。以地形图数据库数据为基础编绘时，可先选取要素再符号化编辑，也可选取要素与符号化编辑同时进行。

（三）地形图编绘原则

1. 地形图编绘的一般原则

国家基本比例尺地形图属于普通地图范畴，应遵循的地图编绘一般原则为：①符合地形图用途的要求（国防和国民经济对地图的要求）；②地形图内容应具有比例尺所允许的地图容量；③客观地反映制图区域的地理特征。

以上三个方面是紧密相关的，制图区域的地理特征是编绘地图的客观依据，一切编绘方法的运用，各要素编绘的指标确定，对物体（现象）重要性的评价等，都必须受到制图区域地理特征的制约。任何地形图都是服务于一定的用图目的的，地形图的内容及其表示的详细程度，首先取决于地形图的用途；地形图用途决定地形图比例尺，即决定地形图内容反映实地自然和社会要素的程度。反之，地形图比例尺一经确定，地形图用途也受到一定限制。所以编绘地形图时应综合考虑这三个方面。

客观反映制图区域地理特征，是编绘地形图内容的一条根本原则。区域地理特征包括制图物体和现象的类型、形态、分布密度、分布规律和相互联系。要获得好的编绘成果，除了掌握一般的方法和熟练的制图技术以外，还取决于对区域地理特征的熟悉程度。只有非常熟悉，才有可能根据地形图用途要求和比例尺所允许的地形图容量，确定合适的编绘指标，在地形图上再现区域地理空间结构模型的生动形象。

2. 各要素编绘指标拟定的基本原则

（1）编绘指标应能反映物体的不同类型及其在不同地区的数量分布规律。

（2）编绘指标应能反映地形图上所表示的制图物体的数量随地形图比例尺的缩小而变化的规律。

（3）编绘指标的选取界限和极限容量应符合地形图载负量的要求，并能反映密度的相对对比（选取界限和极限容量的偏高或偏低，都会影响地形图载负量和实地分布密度的适宜性）。

（4）编绘指标的拟定应具有理论依据，并通过实践的检验，方便使用。

我国基本比例尺地形图的编绘指标，是在长期研究试验和生产实践经验积累的基础上逐步完善的，考虑了区域地理特征、地图的适宜载负量、地图的用途要求、视觉条件和印刷条件等因素。目前，用数学方法（如相关与回归分析方法、图论方法、模糊数学方法、开方根法和等比数列法等）拟定编绘指标的研究也有了明显的进展。

3. 常用的编绘指标形式

根据各要素本身的特点及其在地形图上的表示方法，地形图编绘中常用的编绘指标有以下几种形式。

（1）定额指标是图上单位面积内选取地物的数量，适用于居民地、湖泊、建筑符号群（如记号性房屋符号）等的选取。

（2）等级指标是将制图物体按照某些标志分成等级，按等级高低进行选取（如居民地按其行政等级分级或按人口数分级）。

（3）分界尺度（选取的最小尺寸）决定制图物体取与舍的标准。分界尺度是将编绘地形图上测定的地物尺寸（长度大小、间隔等）同《国家基本比例尺地图编绘规范　第 1 部分：1∶25000　1∶50000　1∶100000 地形图编绘规范》（GB/T12343.1—2008）的分界尺度进行比较，以判定取还是舍。分界尺度是一种数量标志，可分为地物的线性地图分界尺度（适合于河流、沟渠、冲沟、干沟、陡岸的选取）、面积分界尺度、实地分界尺度，以及相互配合等几种形式。

（四）地形图主要要素的综合及表示

地形图各要素的综合（编绘）指标包括数量指标和质量指标，是制图综合的依据，体现编辑意图和保证编图质量的重要因素。地形图各要素的综合要求详见国家标准《国家基本比例尺地图编绘规范　第 1 部分：1∶25000　1∶50000　1∶100000 地形图编绘规范》（GB/T12343.1—2008）、《国家基本比例尺地图编绘规范　第 2 部分：1∶25000 地形图编绘规范》（GB/T12343.2—2008）、《国家基本比例尺地图编绘规范　第 3 部分：1∶500000　1∶1000000 地形图编绘规范》（GB/T 12343.3—2009）。

（五）地形图要素的编辑处理

地形图要素的编辑处理包括基本数据预处理、制作综合参考图、要素的取舍与综合和地形数据接边。

1. 基本数据预处理

基本数据预处理包括按照成图比例尺图幅范围进行坐标转换、数据拼接、3°分带转 6°分带、扫描图的矢量化等。

2. 制作综合参考图

根据图幅的难易，确定是否制作综合参考图，即按照成图比例尺打印出图，根据各要素的技术要求及综合指标，标绘有关要素，并将需要补充、修改的要素也标在地形图上。

3. 要素的取舍与综合

按照设计书的要求进行地形图要素的选取和图形的概括。

4. 地形数据接边

包括跨投影带相邻图幅的接边。接边内容包括要素的几何图形、属性和名称注记等，原则上本图幅负责西、北图廓边与相邻图廓边的接边工作。

二、地理图的编制

（一）地理图编制的特点

1. 地图内容的高度概括性

地理图又称一览图或普通地理图，其主要任务是向用图者提供区域自然与社会人文要素分布、类型、结构、密度对比关系的一般特征。地理图让用图者更关注的不是地图内容的几何精确性，而是区域自然和社会人文要素的宏观特性及要素之间的统一协调。因此，地理图从内容上已经经过大量取舍，表现在地图上的各种要素在数量特征与质量特征上均具有高度概括性。

2. 地图设计的灵活多样性

地理图不同于地形图，它没有统一指定的编图规范与实施细则。地理图可以针对地图的具体用途、目的和服务对象，确定地图表现的内容和表现形式。从地图投影和地图比例尺选择、地图内容的选取、图例符号的设计、色彩的运用乃至图面配置设计风格等，均有很大的灵活性。

3. 制图资料种类的多样性和精度的不均一性

地理图的比例尺往往比较小，制图区域比较大，制图资料的种类、精度和现势性都存在很大区别。因此，必须在对制图资料分析、评价的基础上，确定地理图的使用程度和使用方法，尽量做到成图后各部分内容统一协调。

（二）地理图的编制过程

1. 地图设计阶段

地图设计一般为地图的生产技术方案的制定，即实施地图编绘作业的准备阶段，编写出地图设计书来指导地图生产的整个过程。地图设计阶段主要是为整个地图编制工作实施进行总体设计和制定编辑计划，最终形成指导整个地图生产过程的设计文件。地图设计的任务就是依据相关要求来确定地图生产的规划和组织，并根据地图的用途来选择地图内容，设计地图上不同内容的表示方式、地图符号、地图的数学基础等，研究制图区域的地理情况，搜集、分析、选择制图资料来确定制图综合的原则与指标，然后进行图面设计和整饰。

2. 地图编绘阶段

地图编绘阶段需要地图编绘人员根据地图设计书和编辑计划的要求，将经过加工处理后的各种制图资料（地图资料、文字资料、调查统计数据、遥感图像等），按照一定的技术方法转绘到新编地图上，经过地图概括，编制成新编地图的编绘原图。编绘过程中需要遵循必要的原则来对编图的原始资料进行加工处理，保障资料适合于相关要求。此外，在编绘的底图上需要按照一定的顺序分要素进行编绘作业。

3. 出版准备

编绘原图的任务只是保证地图内容的科学性和准确性，并不过分强调地图的描绘质量，若想获取大量精美的地图复制品，必须进一步加工成出版原图，然后才能交付制版、印刷。出版准备作为满足复制地图要求而执行的过渡性工作，通常情况下制成彩色编绘原图来方便阅读并体现未来地图的基本模样。对于出版原图的制作，通常会将编绘的原图或是实测的原图照相，晒在相关图纸上进行清绘、剪贴注记制成出版原图。

第三节　专题地图编制

专题地图是把专题现象或普通地图的某些要素在地图上显示得特别完备和详细，而将其余要素列于次要地位，或不予表示，从而使内容专题化的地图。

一、专题地图的编制原则

与普通地图相比，专题地图的用途、内容、比例尺、地图资料更为多样。因此，编制专题地图时，不仅要遵循编制普通地图的一般原则，还应注意以下编制原则。

（一）严密的科学性

无论是自然现象，还是人文、经济现象，都有自身演化和分布的规律性。科学家通过对这些现象的考察、分析、研究，总结归纳其共性和个性特征，创立了许多解释和演绎这些现象的科学学说。专题地图很多是以科学学说为依据，以科学研究成果和实地调查成果为资料编制的。但因为人们对复杂多样的自然、人文、经济现象的认识不可能完全一致，所以在编制专题地图中，对各种研究成果及资料还必须做深入的分析和研究。在一幅专题地图上，不能把具有不同学术观点的各种研究成果及结论都反映在一起。编制专题地图前，必须研究决定以何种成果为基础，务必使观点一致。

在编制包含有大区域范围的小比例尺专题地图时，会遇到资料的年代不一致、学术观点不一致（主要表现在分类方面）、精度不一致等情况，这时必须以正确的观点及方法去整理和使用资料，应实事求是，宁缺毋滥，反对主观臆造，推论也要有充分的依据。

（二）高度的综合性

专题地图反映的内容是某一专门的主题，目的是揭示这一特定现象的分布规律。因此，专题地图既要反映地理环境各要素的数量特征、质量特征和动态变化，又要反映人类和自然环境的相互作用和影响。随着用户对专题地图内容要求的深化，专题地图可以通过表示方法和图型的变化，由一幅图上仅表示某种要素或现象的单一质量特征或数量指标的分析型地图，进而成为表示多种要素或现象的多方面数量特征、质量特征及相互关系的综合性地图，更进一步发展为将几种不同但相互有联系的现象或指标有机地组合和概括，以显示现象的总体特征和规律性的合成型地图。这些表示方法或图型的应用是在对专题地图主题内容深入分析基础上的高度综合。

专题地图向综合制图方向发展的趋势，除了在一幅图上体现其高度的综合性外，还可以不断地向成套专题地图和专题地图集方向发展。

（三）精美的艺术性

地图的制作既是一门科学，又有着丰富的艺术内涵。专题地图的科学内容是通过特殊的艺术形式表现出来的，这些均体现于专题地图的符号设计、色彩设计、图表设计、整饰和图面配置之中。专题地图的符号设计要简洁、明确，具有系统性；色彩和晕纹的设计要符合人们对所表述专题内容在认知上的习惯，或要能获得合理的解释，相关内容能通过色彩的表达反映其逻辑上的联系；图表设计应灵活、生动、可读性强；图廓、标题、字体、整体色彩等内容的整饰设计，务必使地图体现丰富的层次，使读者产生舒适、和谐的阅读感受；图面配置要将本图表达的主题内容置于图面的视觉中心，并使主体及非主体内容重轻配置、烘托关系安置得妥帖恰当。

专题地图的艺术形式显然不是目的，而是手段，它对提高专题地图科学内容的表现力，促进专题地图的发展起着积极作用，这就是要将表现形式作为一个基本原则的理由所在。

（四）较强的实用性

地图是最佳的信息载体之一。编制专题地图不仅仅是要客观地反映所描述对象的分布、发生发展的规律性及其动态变化，最重要的是要使这些专题地图为国民经济建设和生产实践服务。

为此，专题地图编制通过以下途径来增强实用性。

（1）在分类上，既要以相关学科的分类为标准，又要根据实际的用途要求，对原有的分类进一步实用化。例如，编制农业地貌类型图时，应根据农业用地的要求，将微起伏状况、质地、不利因素（水土流失、盐碱）等加入分类之中，使分类更实用。

（2）在人文经济图中，要强调符号、图表的可读性和可量度性。

（3）专题地图内容和指标的制定应满足具体部门的要求。

（4）编制内容详细的大比例尺专题地图。例如，村、乡和县级部门使用的有关土壤图，要分别用 1∶500、1∶2000、1∶1 万、1∶2.5 万或 1∶5 万的比例尺，以便各部门制定发展生产的具体计划。编制土地利用图也可采用同样的比例尺。土地利用图可以作为农业部门合理利用土地，进行土地规划的使用地图。

（5）编制成套的专题地图供决策、指挥部门参考之用。这些专题地图中既要有反映条件的，又要有反映现状的，还要有根据多种因素进行分析评价乃至结论性的图种。

二、专题地图编制的基本过程

专题地图的编制程序与编制其他地图相同，也分为地图设计、作者原图与编绘原图、出版准备三个阶段。专题地图编制在各阶段的工作内容除了与编制其他地图有许多相同或相似之处外，在地图设计与原图编绘中也有其本身的特点和要求。

（一）地图设计

进行地图设计之前，应首先了解与确定编图的目的、任务及用图对象，这与选取地理底图和专题要素的内容、表示方法及色彩，考虑图面配置的方案等都是直接相关的。在此基础上，可拟定一个初步设计方案，并将主图、副图的主要内容、表示方法、图面安排、色彩等绘成一幅概略的草图，经征求意见修改后，着手收集编图所需资料，进行资料的处理、分析与评价，再正式开始地图设计。地图设计主要包括以下内容。

（1）确定制图区域的范围、地图的主要参数。如地图的开本、实际尺寸、主副图的比例尺等，为小比例尺地理底图的编绘选择合适的地图投影。

（2）图面配置设计。主体地图的地位及其与邻区的关系，副图、附图、附表的配置，图名、图例、照片、文字说明等的处理，都需要进行合理的图面配置设计。

（3）表示方法与资料的分配。一幅完整的地图，并不是要把所有的专题资料都集中在主图上，而应区分主次，有层次、有选择地分配给以主体地图为主的所有制图区域。在表示方法上，也同样要做全面考虑、有机搭配。

（4）图例系统与符号的设计。按照编图目的和资料分析的结果，编制合理有序的图例，设计各类专题符号。

（5）制定作业方法与制印工艺流程。为检验设计的可行性及合理性，应尽可能对地图设计内容、参数选择、图面配置、图例及符号设计、表示方法、资料分配与取舍，直至制印工艺流程，做试验与比较。内容的设计与各项试验工作可以同时或交替进行。

（6）地图设计书的编写。地图设计书的编写没有固定格式，只要求能将设计的内容给予准确的表述。设计书的详略还因编图任务的繁简而异。

（二）作者原图与编绘原图

专题地图的作者在很多情况下是专业人员，根据他们对专题内容的了解，或在制图人员的配合下，用一定的表示方法，将专题内容完整、准确地定位表示在地理底图上，就成了作者原图。作者原图需要遵从专题地图设计书的基本要求，同时应提供编图的原始数据及必要的文字说明。

作者原图是编绘原图的基础。编绘原图的步骤和方法与普通地图相似，由制图人员按专题地图设计书要求进行。原图编绘前，应先制作地理底图，再按一定的编图方法，将作者原图上的内容转绘到地理底图上。

（三）出版准备

常规专题地图编制工作的出版准备与地理图所使用的方法及步骤基本相同。

经过作者原图与编绘原图的编制所得图件，只是体现了地图编制者的意图，而整饰质量不可能满足直接用于制版印刷的要求，应当采用刻绘或清绘的方法，制作供出版用的印刷原图，然后才能转入地图制印阶段，进行大量的复制。

三、计算机编制专题地图的基本过程

计算机技术的应用，使专题地图的编制过程有了很大变化。它与传统的方法相比，虽然其编制过程仍为地图设计、地图编绘、出版准备三个阶段，但所包含的具体内容，已有明显的变化。使用计算机技术编制专题地图的具体过程如下。

1. 地图设计

该工作与传统的方法相同，主要包括资料收集、分析评价及确定专题地图所需要的编图资料。此外，还有若干必要的编辑设计前的准备工作。其中，有些工作内容可由计算机完成，如为了拟定初步设计方案而进行的主、副图内容、表示方法、图名安排及色彩等的试验与选择，概略草图的绘制都可通过屏幕显示，以便反复比较和修改，更加符合地图设计人员的设计意图。

2. 地图编绘

地图编绘由专业人员根据地图设计任务书的要求进行。由于计算机自动制图的硬件设置及软件功能各不相同，计算机编制专题地图的具体操作流程有不少差异。其工作内容主要包括各类数据的输入、处理、编辑，生成所编地图中需要的各种地图、图表等。

3. 出版准备

对待编地图进行整体整饰，经检查无误后，将地图以底片形式生成，即可转入制印阶段。

第四节　系列地图编制

系列地图是指应用统一的信息源和基础资料，统一设计，同时编制同一地区，多种专题要素或指标的一系列成套地图形式。系列地图编制时，对于同一地区的资料，需要按照不同的学科内涵，通过信息解释和提取，并结合野外综合考察编制完成。

一、系列地图的编制特点

系列地图编制的主要特点是：统一设计、统一编辑，或者统一规范；统一资料来源；统一数学基础（比例尺和地图投影）和统一地理基础（底图）；统一整饰；图例与轮廓界线协调等。

利用遥感资料（包括航空和卫星影像）编制系列地图是目前最有效的方法。

二、系列地图的编制原则

（一）明确的针对性

编制系列地图，必须要有明确的服务针对性。例如，为区域规划和战略决策服务的系列地图，必须从科学内容和专业选题上用实事求是的科学态度，把实地观察分析和已有的科学积累以地图的形式直观地表达出来，绘制制图区域的基本情况，为制定发展规划与战略决策提供各种科学数据和依据。

（二）强烈的系统性

用系统论的思想，系统性地分析、设计与处理，把制图区域作为一个完整的系统对待，加强它的整体性和相互联系性。用唯物辩证法的观点，把制图区域看成是由相互依赖的、若干组成部分相结合的、具有某种特定功能的有机整体加以研究，采用系统工程的方法进行系列地图的设计与制作，以提高成套地图的科学水平与质量。

（三）资料与技术的先进性

尽量采用统一信息源的航空与航天遥感资料，通过模式识别和计算机解译制图，建立综合制图的信息和数据库，探索为区域规划与管理服务的3S技术综合系列地图应用系统。

三、系列地图的制图方法

系列地图的制图方法主要采用遥感综合系列制图法。这种方法的实质是采用最新的遥感资料，收集一切现有相关资料，进行综合分析、判读解译，再结合实地调查验证，取得系列图件成果。

遥感综合系列制图法的步骤如下。

（1）首先各专业人员共同讨论和初步拟定各要素和制图对象相互协调的制图系统与地图图例，再根据制图区域内不同景观类型和卫星影像与色调的不同特征，选定共同的考察路线与观察地点。

（2）不同的自然景观类型和不同的影像色调，都应布置观察路线与观察地点。

（3）遥感与地图人员根据卫星影像特征与色调，结合对区域的一般认识，预先勾绘各地理单元的轮廓界线。

（4）野外实地考察后，根据对区域的全面了解与认识，以及所掌握和建立的判读标志，采取地理内延外推的方法，编绘出区域自然地理单元轮廓。

（5）各专业人员参照野外记录与样本分析结果，以及该地区卫星影像图和地形图分别编制出各要素专题地图。

（6）经过统一修改，审稿定稿，整饰成图。

第五节　地图集编制

地图集是为了同一的用途和服务对象，依据统一的设计原则和编制体系，协调地图内容，规定比例尺、分幅系统和装帧形式的多幅地图的汇集。也就是说，地图集是根据一定的主题和要求，将一定数量的、有机联系的、完整的地图系统，经过统一设计，汇编成册的地图作品。

地图集的编制过程与普通单幅地图相同，也分为编辑准备、原图编绘、出版准备和地图制印四个阶段。地图集编制是一项综合性很强的工程，涉及面十分广泛。

一、地图集的编制要求

编制地图集的最基本要求是完整性和统一协调性。

完整性就是围绕地图集主题的最基本的选题的完备性。例如，国家或区域综合地图集，一般要反映三个基本方面：一是社会生活的物质基础（自然条件、自然资源和社会物质财富）；二是社会生活的主人（基本生产者和物质消费者）；三是社会生活的思想意识方面，即文化、政治和历史的发展。因此，地图集必须包括自然地图、人口地图、经济地图、文化地图和历史地图等几个部分。地图集中除全区范围的地图外，常以典型区域地图加以补充。当代地图集选题的内容除注意科学的系统性外，还应注意生产的实用性，即注意同经济建设和人类生活有直接关系的选题，包括增加环境评价、区域规划、预测预报方面的地图，反映特殊自然条件和资源，以及其他有特殊意义的选题。

统一协调性就是地图集中各幅地图遵循统一的设计原则和要求，避免各幅地图之间内容和形式的矛盾和分歧，使地图便于比较和利用。因此，地图集内同一地区的地图尽量采用相同的地图投影，比例尺尽可能系列化，便于各图幅之间的对比；专题地图的底图要素应彼此协调；各地图间应有合乎逻辑的地图编排顺序；分类、分级、分区和图例体系大体相对应，内容的综合标准一致；表示方法和地图整饰中的要求应相互协调等。

二、地图集的编制

（一）明确地图集编制的主题和对象

地图集的主题一般都由上级部门或专题研究的承担单位予以确定，但用图对象并不一定确定，需要制图者反复研究，体会用图对象的需要。因为同样的主题可以作为科学研究成果的组成，可以用于管理部门的决策和参考，也可以提供给普通民众阅读使用。特别是在市场经济环境下，明确用图对象是地图集生存的前提。

（二）确定地图集的结构

地图集的结构包括主要技术参数（开本、比例尺、纸张、用色数、印数等）、图组、图幅顺序、地图分幅等内容。这些都必须认真思考，精心设计，经过试验研究后再确定。

（三）编制地理底图

专题地图集的地理底图不像单幅地图是单一的，而是由许多不同区域、不同比例尺的地理底图组成。为了减少编制工作的重复，通常先编较大比例尺的基本地理底图，根据编图工作的需要对基本地理底图要素的内容进行相应的概括，再制作较小比例尺的地理底图。在用计算机制作地理底图时，应事先对地理底图的图形要素及注记划定不同的层面，供数字化输入时参照执行。在制作较小比例尺的地理底图时，可采用合并、删减层面的办法取得预期效果。

（四）抓好各图幅的编稿与编制

图幅编稿应注意任务明确，重点突出，按照总体设计的要求向专业人员进行约稿。对于重点图幅，应组织力量分别由主编单位和参加编制的单位直接完成。图幅定稿后再正式转绘编制。

（五）图集内容的统一与协调

统一与协调是地图集编制工作中的一条基本原则，是保证地图集科学性、实用性的关键。因此，要在地图集主编的领导下，认真做好这一工作，以保证地图集成图的内在质量。

第六节　计算机地图制图编制工艺

计算机地图制图（简称“机助制图”）是以计算机为主要手段辅助编制地图的过程和方法。从20世纪60年代末开始发展，经过设备研制、软件开发、建立机助制图系统以及推广应用，计算机地图制图逐步成为地图学的主要发展方向和建立地理信息系统的重要技术手段。

计算机地图制图的原理是通过图形到数据的转换，基于计算机进行数据的输入、处理和最终的图形输出。计算机地图制图最主要的技术有：图数转换的数字化技术，生成、处理和显示图形的计算机图形学，数据库技术，地图概括自动化技术，多媒体技术等。

一、计算机地图制图的基本工艺过程

与常规地图制图相比，计算机地图制图在数学要素表达、制图要素编辑处理和地图制印等方面都发生了质的变化。计算机地图制图的基本工艺流程可分为编辑准备、数据获取、数据处理和编辑、图形输出四个阶段。

（一）编辑准备

根据编图要求，搜集、整理和分析编图资料，选择地图投影，确定地图的比例尺、地图内容、表示方法等，这些与常规制图基本相似。但由于计算机地图制图本身的特点，对编辑准备工作提出了一些特殊的要求，如为了数字化，应对原始资料做进一步处理，确定地图资料的数字化方法，进行数字化前的编辑处理；设计地图内容要素的数字编码系统，研究程序设计的内容和要求；完成计算机制图的编图大纲等。

（二）数据获取

实现从图形或图像到数字的转化过程称为地图数字化。地图图形数字化的目的是提供便于计算机存储、识别和处理的数据文件。

计算机地图制图数据获取的常用方法有手扶跟踪数字化和扫描屏幕数字化两种。手扶跟踪数字化法目前已被完全淘汰，扫描屏幕数字化法通过扫描仪扫描获得栅格数据。把地图资料转换成数字数据后，将数据计入存储介质，建立数据库，供计算机处理和调用。

（三）数据处理和编辑

数据处理和编辑是指把图形或图像经数字化后获取的数据，编辑成绘图文件的整个过程。

数据处理和编辑是计算机地图制图的中心工作。数据处理的主要内容包括两个方面：一是数据预处理，即对数字化后的地图数据进行检查、纠正，统一坐标原点，进行比例尺的转换，不同地图资料的数据合并归类等，使其规范化；二是为了实施地图编制而进行的计算机处理，包括地图数学基础的建立，不同地图投影的变换，数据的选取和概括，各种地图符号、色彩和注记的设计与编排等。

因制图种类、要求和数据的组织形式、设备特性及使用软件的不同，地图数据有不同的处理方法。

（四）图形输出

图形输出是把计算机处理后的数据转换为图形形式，即通过各种输出设备输出地图图形的过程。对于高级计算机地图制图系统来说，常采用彩色喷墨绘图机喷绘出彩色地图，供编辑人员根据彩色样图进行校对，彩喷输出还可以满足用户少量用图的需要。也可以采用激光绘图仪进行图形输出。因此，图形编辑与图形输出常常是交互进行的。

二、计算机地图制图的特点

计算机地图制图的特点如下。

（1）计算机地图制图易于校正、编辑、改编、更新和复制地图要素。

（2）用数字地图信息代替了图形模拟信息，提高了地图的使用精度。

（3）数字地图的容量大，可以包含比一般模拟地图更多的地理信息。

（4）增加了地图品种，拓宽了地图服务的范围。

（5）计算机地图制图不仅减轻了作业人员的强度，还减少了制图过程中人的主观臆断，这就为地图制图的进一步标准化、规范化奠定了基础。

（6）加快了成图速度，缩短了成图周期，改进了制图和制印的工艺流程。

（7）地图信息能够进行远程传输。

第七节 遥 感 制 图

随着科学技术和计算机技术的发展，20 世纪 30 年代，遥感逐步发展起来了。遥感技术作为较先进的综合性信息科学与技术，给地图学注入了新的活力，给地图制图带来了丰富多彩的信息源，使地图学发生了全新的变化。

一、遥感制图的特点

遥感数据有一定的周期性、现势性和综合性，能够提取多种目的、用途的专题信息；遥感信息的分析结果，一般以图、表的形式表示。遥感制图的主要特点如下。

（一）降低了制图成本，缩短了成图周期

卫星遥感资料能够较为及时地提供广大地区同一时相、同一波段、同一比例尺、同一精度的制图信息，这就在一定程度上降低了制图成本，缩短了成图周期。与传统的制图相比，遥感制图在人力、物力以及时间和速度上都显示出了较好的效果。

（二）地图制图的工艺得以改变

遥感制图改变了以往由大比例尺逐级缩编小比例尺地图的程序，依据获得的卫星影像能够直接编绘小比例尺地理图或专题地图，需要时能够将其放大并解译成图，编绘较大比例尺地图。另外，卫星遥感信息能够直接进入计算机进行自动处理，少了图像扫描数字化的输入过程。

（三）遥感影像能够进行自动分析

遥感影像是地物光谱用二进制的形式存储的数据，能够直接输入计算机处理，实现地图制图的自动化。遥感影像的辐射强度记录是用灰阶形式表示的，影像中的灰阶变化需要进行影像增强处理来改进影像质量，实现影像识别分类与制图，这在一定程度上促进了现代地图生产的自动化。

（四）改变了地理制图资料的来源

卫星能够不断地向地面传送地物信息，航天信息有全球性、完整性、系统性、动态性和现势性等特点，使得遥感制图有较为显著的完整性、现势性和动态性。完整性主要体现在卫星遥感能够覆盖全球的任意一个角落，每个地区都不会出现制图资料的空白；现势性主要体现在遥感获取的资料在时间上均是连续的，获取的速度快且周期短；动态性主要体现在卫星遥感的周期性重复探测，保障每个区域能够获得不同时间段的制图信息，在一定程度上为利用地图进行动态分析提供了信息保证。

二、遥感制图的基本要求

（一）信息源需要统一

采用相同地区、相关时相、同一波段组合的航空或航天遥感影像，作为遥感制图的信息源，以此建立起相互协调的分类指标、系统和等级，并能够提供共同的资料基础。

（二）制图区域地理特征的认识需要统一

在综合制图理论的引导下，制图工作人员对某一区域的自然地理特征需要有较为统一的认识，这样才能够提高专题制图的水平，并在一定程度上保证地图的统一协调。

（三）制图设计原则的统一

遥感制图过程中，需要有较为明确的影像基础和地理基础来制定相关系统的分类、分级原则和分类分级系统，还应有相对应的图式图例系统，给专题地图制定较为统一的整饰原则。

（四）成图需要有一定的规则

遥感制图需要遵循一定的原则，先编制地理单元图，为后续的专题地图类型界线的确定起控制作用，或者可以先编制地貌图，用地貌图的类型线作为控制其他专题类型线的骨架。

三、遥感影像制图过程

（一）选择遥感影像信息

遥感影像的制图区域确定以后，依据影像的用途和精度等要求，选取制图区域时相最合适、波段最理想的遥感影像作为制图资料。如果基本资料为航空像片或影像胶片，则需要经过航片扫描数字化处理。

（二）遥感影像预处理

遥感影像预处理一般包括影像几何纠正、配准、匀光色、去除阴影处理等。几何纠正可有效提高遥感影像的点位精度，匀光匀色等操作可改善遥感影像的色彩信息。

（三）遥感影像镶嵌

当遥感影像不能够完全覆盖所有的制图区域时，需要对遥感影像进行镶嵌。镶嵌时需要注意遥感影像的地图投影和比例尺均应相同，同时要保证影像之间的时相、灰度和色彩的一致性。

（四）生成符号注记层

影像不能缺少符号和注记。遥感影像根据需要用符号和注记把地理要素叠加上，影像地图上的地图符号是在屏幕上参考地形图上的地理要素位置叠加上去的，生成符号注记层，也就是在栅格图像上叠加了矢量图形。

（五）配置影像地图的图面

影像地图的图面配置在内容上比较简洁，通常标注的内容有地图图名、比例尺、指北针、图例、制作单位和资料情况等。

（六）遥感影像地图的制作与印刷

将遥感数据文件送到地图电子出版系统，输出分色胶片或印刷版，进行印制遥感影像地图，这一过程称为遥感影像地图的制作与印刷。

四、遥感专题制图

（一）遥感专题制图的发展

航天遥感技术在 20 世纪后期传入我国，其利用卫星进行高空观测，实时向地面传递信息，改变了专题制图资料的来源以及制图手段。自从第一颗陆地卫星发射以后，各国陆续都发射了地球资源卫星，使得遥感制图得到了飞速发展。与此同时，我国也先后发射了自己的卫星，并开展了遥感地学分析。20 世纪中期，雷达遥感逐渐出现，我国也拥有了合成孔径雷达系统。雷达系统是一项较为先进的技术，具有全天候与全天时的特点，在一定程度上增加了时空领域的观测范围。目前，随着高光谱影像和成像光谱技术的发展，遥感专题制图将走向新的发展阶段。

（二）遥感专题制图的理论

遥感信息是卫星遥感器对地面各种物体能量的感受，太阳辐射能、地球与大气层放射能以及太阳辐射的反射能等均属于被感知的能量。对遥感信息应用的研究，有利于实现资源卫星应用系统的正确运行，并能够实现制图智能化。遥感所获取的信息大多被隐含了，不同平台的遥感影像的空间分辨率有着较为明显的差异，对于使用者而言，他们对遥感影像有着不同的目的和要求。遥感影像制图需要借助于物候特性的分析。需要强调的是，影像地物识别的最佳时相是随着研究区域的变化而改变的，不同的研究对象需要选取对应的光谱段；专题解译与制图的基础是对影像识别目标区域地理特征的分析。

（三）遥感专题制图的方法

遥感专题图的制作是在计算机制图环境下，借助遥感资料制作各类专题地图。遥感专题图制作时，首先，需要选择较为理想的空间分辨率，还需要对波谱的分辨率与波段进行选择，同时需要选择时间分辨率与时相。其次，需要对遥感影像进行处理，包括影像预处理与影像增强处理，预处理分为粗处理和精处理，图像增强处理的方法有光学增强处理和数字图像增强处理。再次，需要对遥感影像进行解译，影像解译的方法主要有目视解译和计算机解译，前者是用肉眼或借助较为简单的设备来观察和分析影像的特征与差异，提取空间地理信息，而后者是利用专业影像处理软件对影像进行自动识别与分类，提取专题信息。再其次，需要编制地理底图，将相应的专题地图扫描，并与用户建立的数学基础配准，经过几何校正后，依据相关要求，分要素进行屏幕矢量化编辑，获得地理底图数据文件。最后，需要将专题解译图和地理底图复合，通过人机交互解译得到专题解译图，与地理底图文件复合，将复合后的文件进行符号、色彩的设计，并通过图面配置等编辑处理形成专题地图文件。

思　考　题

1. 简述地图编制的基本过程。
2. 地图设计书的编写内容有哪些？
3. 国家基本比例尺地形图有哪些？简述国家基本比例尺地形图的特点。
4. 说明专题地图编制的基本过程。
5. 什么是系列地图？系列地图的编制原则有哪些？
6. 说明地图集的含义，地图集的编制要求是什么？
7. 什么是计算机地图制图？说明计算机地图制图的基本过程。
8. 简述遥感影像的地面分辨率与地图的比例尺之间的区别和联系。

第八章　数字地图与电子地图

目前，随着地图制图技术、计算机科学技术及数据库技术等多项技术的发展，地图产品呈现出多样化的形式，如数字地图、电子地图、动态地图和互联网地图等。

第一节　数字地图概述

数字地图是地学空间信息技术、电子计算机技术、多媒体技术和虚拟现实技术等在地图制图领域综合应用的结果，是地图学发展史上的新里程碑。

数字地图是一种以数字形式存储的地图，是电子地图的基础。数字地图用属性、坐标与关系来描述对象，是面向地形地物的，它没有规定用什么符号系统来具体表示。只有将数字地图中的几何数据和属性说明转换成各种地图符号，才能完成由数据向图形的转换（即可视化）。数字地图把地形地物的信息存储与它们在图形介质上的符号表示分离开来，提高了数据检索与图形表示的灵活性，随时可以形成满足特殊需要的分层地图，可为不同部门导出所需的信息子集，并可根据该部门所选定的符号系统生成专用的地图。

目前，数字地图以其制图精度高、制作技术方便、更新速度快、应用灵活、形式多样等优点被应用在众多领域，在国民经济建设、科学研究和现代生活中发挥着重要的作用，并逐步成为现代地图发展的主流。

一、数字地图的概念

数字地图是传统纸质地图的数字存在和数字表现形式，是在一定坐标系统内具有确定坐标和属性的地面要素和现象的离散数据，在计算机可识别的、在存储介质上概括的、有序的集合。数字地图也可以说是以地图数据库为基础，以数字形式存储在计算机外存储器上，可以在电子屏幕上显示的地图。西安市数字地图如图 8-1 所示。

在计算机技术和信息科学高度发展的当今，仅靠纸质的地图和一些零散的数字地图提供信息已无法满足需要，取而代之的是在飞机、舰船导航、新武器制导、卫星运行测控和部队快速反应、军事指挥自动化以及经济建设的各个行业中应用的，基于区域性或全国性的数字地图及各种各样的地图数据库管理系统和地理信息系统。这些系统的共同特点是信息丰富多样，提供信息正确及时，修改、检索、传输信息方便快速，并可以对系统中的数据作进一步的分析操作，最后输出人们关注的专题信息。数据库技术的应用和地理信息系统的建立使传统的纸质地图的应用发生了质的飞跃，也为地图产品开辟了一个新的应用天地。但要建立一个地图数据库管理系统或者地理信息系统首要解决的问题是地图信息的获取，即数字地图的生产问题。

通常人们所看到的地图是以纸张、薄膜或其他可见真实大小的物体为载体的，地图内容绘制或印制在这些载体上。而数字地图存储在计算机的硬盘、U 盘等介质上，地图内容是通过数字来表示的，需要通过专用的计算机软件对这些数字进行显示、读取、检索、分析。数字地图上可以表示的信息量远大于普通地图。

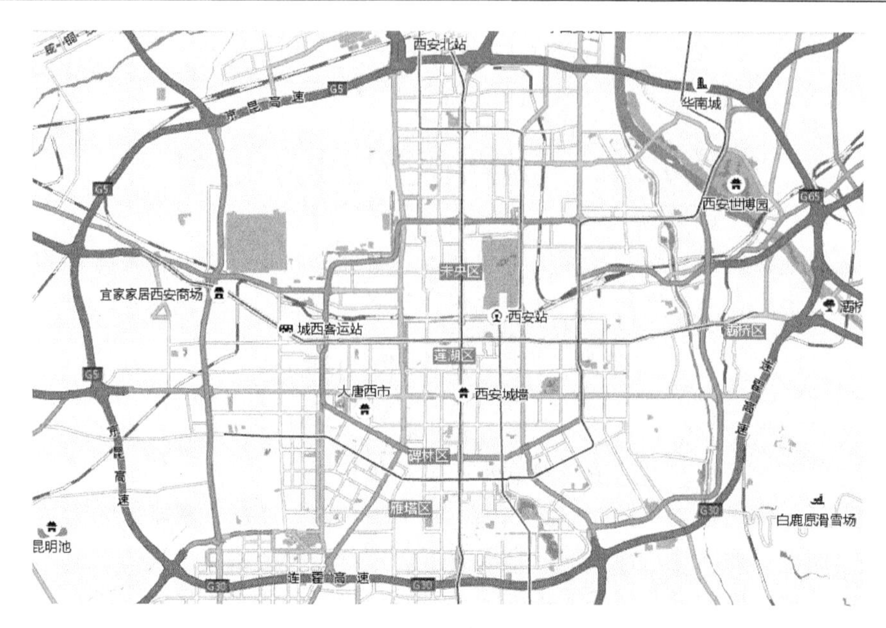

图 8-1　西安市数字地图（局部）

数字地图可以非常方便地对普通地图的内容进行任意形式的要素组合、拼接，形成新的地图；数字地图可以进行任意比例尺、任意范围的绘图输出；数字地图易于修改，可极大地缩短成图时间；数字地图可以很方便地与卫星影像、航空影像等其他信息源结合，生成新的地图图种；可以利用数字地图记录的信息派生新的数据。例如，地图上用等高线表示地貌形态，非专业人员很难看懂，但利用数字地图的等高线和高程点可以生成数字高程模型，将地表起伏以数字形式表现出来，直观立体地表现地貌形态。

存放于计算机存储介质中的数字地图与常规纸质地图相比较，有以下差异。

（1）数字地图的载体不是纸质，而是计算机存储介质。

（2）数字地图不像纸质地图那样以线划、颜色、注记来表示地物类别和地形，而是以一定的计算机可识别的数学代码系统来反映地表各类地理属性特征。

（3）数字地图没有比例尺的限定，显示地图内容的详细程度可以随时调整，内容可以分块、分层显示，而纸质地图则是固定不变的。

（4）数字地图的内容可以随时修改和更新，并且能把图形、图像、声音、文字组合在一起，而纸质地图则不能这样做。

（5）数字地图的使用必须借助于计算机及其外部设备，而纸质地图则不需要。

二、数字地图的特点

随着计算机技术的发展，数字地图应用领域与应用程度正在扩大与加深，这与数字地图独有的特性分不开。数字地图具有以下八个特点。

1）动态性

与静态模拟地图的一成不变相比，数字地图在一定的软件支持下，用户可以根据需要通过人机对话的方式使数字地图的模式发生改变。这种改变包括地图投影、显示范围、显示内容、符号式样、显示比例尺等。

这里应该强调的是关于数字地图的空间尺度。从理论上讲，数字地图可以用任意尺度显示输出，即所谓的无极缩放特性。但这并不意味着数字地图没有比例尺，也不表示比例尺没有意义。事实上，无论是对数字地图本身还是对数据库中的数据，空间尺度都是一个很重要的因子。一张符号化的数字地图任何时候都将以一定的比例尺展现在人们的眼前，更重要的是数据库中所有的数据都具有一定的分辨率，以一定的精度存放。如果是实测数据，那么它的分辨率取决于野外测量的方法，以及测量仪器的精度；如果是从已有的模拟地图上矢量化获得的数据，那么原图的比例尺、地图概括的程度，以及矢量化设备的精度都会影响地图的分辨率。虽然数据本身不受可视化的比例尺大小的影响，但是任何一种分辨率的数据都有一个最佳显示比例，小则显得杂乱无章，大则显得过于简单。因此，对于数字地图乃至空间数据库来说，表现的空间尺度更灵活了。表面上比例尺的重要性退化了，实际上它又以分辨率的身份在数据的其他应用中（查询、分析等非制图方面）得到重视。

另外，数字地图可以用动画地图来反映事物随时间变化的动态过程，并通过动态过程的分析来反映事物发展变化的趋势；还可以利用闪烁、渐变等虚拟动态显示技术，表示没有时间维的静态现象，如通过符号的跳动闪烁突出反映地物。

2）无缝性

模拟地图受纸张幅面大小的限制，图幅总是具有一定的范围，绘制一个地区的地图，一般需要进行分幅，由多张地图拼接成整个地区的地图。数字地图不受纸张幅面大小的限制，不需分幅，使得地图范围可以做到“无边无际”，达到横向和纵向的无缝。而且，数字制图技术可以使不同类型的地图与影像进行纵向连接与横向集成，大大提高了地图应用的视野。

3）共享性

数字地图将地图数据以数字的形式进行存储和管理，能够大量无损地复制，并能通过计算机网络传播，为更多的用户提供服务。

4）交互性

数字地图比纸质地图更具有使用上的灵活性，使用者在不断与计算机对话交互过程中，动态生成数字地图。

5）丰富性

数字地图除具备各种地图符号外，还能配合外挂数据库来使用和查询，扩大了地图的信息量。

6）可计算性

数字地图可方便快速地进行复杂的计算、统计和分析，效率高且精度可靠。

7）分发途径多样

数字地图主要通过计算机存储介质交换（如硬盘、光盘），也可通过计算机通信网络分发传输。

8）无极缩放

数字地图可在一定限度内任意无极缩放和开窗，满足不同应用的需要。

三、数字地图的表现形式

数字地图的表现形式对应着不同类型的地图产品，通常有三种基本形式。

（1）数据形式。数字地图的数据形式也就是作为产品的数字图形记录形式，是借助一定的设备和方法，把数据形式的地图转换为软拷贝或硬拷贝形式的地图。

（2）软拷贝形式。数字地图的软拷贝形式即屏幕地图，包括屏幕电子图、多媒体图、动画图、虚拟现实图等。

（3）硬拷贝形式。数字地图的硬拷贝形式是借助绘图仪、图像拷贝机、胶片输出机等设备把数据形式的地图转换输出为纸质地图、分色挂网胶片图等。

四、数字地图的应用

人类所接触到的信息中有80%为空间信息，数字地图是空间信息的主要表达形式之一。古往今来，地图在社会发展的各个领域都具有不可替代的地位，而数字地图作为信息化时代的一种主要地图产品形式，在社会各领域具有更广泛的应用，并发挥着巨大的作用。

（一）在城市环境GIS中的应用

随着人们环保意识的日益提高，城市环境管理部门也越来越重视向公众提供环境信息服务，并利用 Internet 发布公众比较关注的城市环境问题，如大气、水、噪声等污染情况。例如，昆明市环境地理信息系统就是一个较典型的城市环境信息网络发布和查询系统，体现了数字地图在城市环境保护中的应用。因为环境管理和环境保护涉及大量与空间分布特征有关的信息，所以，具有表达空间分布信息特点的数字地图就显得尤为重要。特别是城市环境质量现状评价，应用了许多专题数字地图，如区域内环境噪声网络图、噪声分布图、大气污染分布图等，对整个区域的环境质量进行了全面的评价，较客观地反映了区域受污染的程度及其空间差异情况，并实现了环境信息处理、分析和结果的直观表达。

（二）在旅游GIS中的应用

旅游规划作为数字地图重要的应用领域之一，在旅游业及旅游地理信息系统中占有重要地位。基于GIS的旅游区总体规划图是旅游区规划的最重要图幅，是总体规划文本核心内容在数字地图上的集中表现，反映了主要专项规划内容。旅游区位置图的主要功能是展示旅游区的区域地理位置，并反映与周围游客源腹地的联系。旅游区专项规划图包括旅游交通规划图、给排水及环卫消防规划图、环境保护规划图、园林绿化规划图、供电及邮电通信规划图、服务设施规划图等，是总体规划的具体体现。基于GIS的数字地图应用于旅游区规划中，利用丰富多彩的符号、图形和色彩语言，充分显示了地理空间信息与食、住、行、游、购、娱等六大旅游信息，使旅游资源的管理、开发和决策规划建立在现代高新技术的基础上，为旅游地理信息系统的建立提供了技术保证，也为进一步实现旅游信息资源的共享，空间查询、检索和分析处理创造了条件，为旅游规划的科学决策提供了依据，推动了旅游业信息化进程。

（三）在军事中的应用

当看到数字地球给社会经济带来的益处时，人们应当充分认识到数字军用地图也悄然而至了。从目前科技发展的态势来看，未来战争必然是知识化、信息化的战争，是建立在知识和信息的获取、传输、加工、利用基础上的战争，也可以说是“敲打计算机键盘”的信息战争。在信息战中，计算机网络将成为未来战场的主宰。世界上某一国家的军队只要通过国际互联网进入他国的信息网络，并与之连通，就能看到该国的军事信息，获取对方高价值的军事机密，还可以制造各种欺骗、干扰，甚至是破坏行动，以致最终赢得战争的胜利。在这方面，网络黑客是一个极具代表性的群体，包括世界信息技术的“霸主”——美国，其国防部也多次被侵，甚至无法防范。因此，世界各国的军队都非常重视对无形资产（信息）的开发和应用。过去，军事上的“无形”往往指士气、领导素质和战略眼光等。如今，所有这些仍然很重要，但是无形资产中又加入了数据库和军官头脑中对信息的积累。当然，最重要的还是人对信息的利用程度。随着数字地球的建立，计算机不断普及并广泛运用于现代武器装备系统中，战争中的网上角逐将越演越烈，信息战也将上演“生死搏斗”，这必将引发军事领域的深刻变革。军用数字地图将悄然走向未来信息化战场的前台，成为指挥与决策的“撒手锏”。

具体地说，军用数字地图是把战场上每一角落的信息都收集起来，把这些数据放在计算机的数据库中，按照相关的地理坐标建立起完整的信息作战指挥模型。这样做既可体现出这些数据的内在联系，又便于检索利用。通过军用数字地图，指挥员可以快速地、完整地、形象地了解战场上敌我双方各种宏观和微观的情况，并能充分发挥这些数据的作用。同传统的平面地图相比，数字地图有许多优势。数字地图突破了平面地图的死板，可以采用电子数据对照，提高被攻击目标及周围物体的识别率，避免由于目标局部特征更改而难以辨识。

军用数字地图还有以下特点：显示形式多样化，既可通过绘图仪绘制成纸质地图，又可通过屏幕显示，而且能对重要地域进行局部放大，以便分析；通过计算机，可随时对地形、地貌的变化信息进行及时修正和补充，保证地图随时反映出地形的最新面貌，使指挥员随时拥有全面而准确的战场地形图，而不会蒙在鼓里瞎指挥；它储存的信息种类多，且便于传输。军用数字地图不仅能用图形符号形象地表示全部地形要素，而且还能提供相邻点间的位差、性质等数据信息，使指挥员对地形情况一目了然。

如今，随着航天技术的迅猛发展，各国部署在太空的各种卫星将为部队作战提供全方位的、准确的、不间断的信息保障，军用与民用网络技术的交叉渗透，军地网络连通的一体化，国防信息高速公路等，都将为建立数字军用地球模型打下坚实的基础。“海湾战争”中，美国有 70 颗部署在太空的卫星参与军事行动，对海湾地区实施全天候、全时空、全领域地侦察，对伊拉克军队的行动部署进行不间断地监视，为多国部队提供了全面的、有效的侦察、监视、预警、导航、通信和气象等方面的信息保障。那次战争中，多国部队 70%以上的战略和战术情报都是由侦察卫星提供的。当时，美国部队经常运用卫星网和地面中转站把情报快速传递给联军总指挥部，总指挥部利用这些信息进行“图上”决策，从而确保了联军总指挥部与白宫和五角大楼及其盟国之间每天高达 70 万次以上的通信业务量。

五、数字地图产品

目前，国内外有很多企业或部门在生产、使用和销售各种形式的数字地图，如公开出版的数字地图光盘，这种数字地图一般为专题地图，定位精度较低，主要为栅格数据形式；网络地图是在网络上供人们查询使用的一种数字地图，这种数字地图一般为专题地图，主要为栅格数据形式，内容简单，以交通、境界、水系、居民地等为主要要素；GIS 行业使用的专业数字地图一般由国家有关权威部门统一生产，定位精度高。

我国最权威的基础数据生产与管理部门是国家基础地理信息中心。国家基础地理信息中心为原国家测绘地理信息局（2018 年已与国土资源部、国家海洋局合并为自然资源部）直属事业单位。国家基础地理信息中心的主要职责包括：负责管理全国测绘成果资料和档案资料；负责国家级基础地理信息系统建设、维护、更新、开发以及有关研究工作，承担原国家测绘地理信息局下达的专题数据库的建库工作；承担原国家测绘地理信息局交办的基础测绘和重大测绘项目。国家基础地理信息中心提供使用的数字化测绘产品模式主要为 4D 产品：数字线划地图（digital line graphic，DLG）、数字高程模型（digital elevation model，DEM）、数字栅格地图（digital raster graphic，DRG）、数字正射影像图（digital orthophoto map，DOM）。

目前，我国已建成覆盖全国陆地范围的 1∶100 万、1∶25 万、1∶5 万 DEM 数据库。1∶100 万 DEM 数据库于 1994 年建成，格网间距 600m，总图幅数 77 幅；1∶25 万 DEM 数据库于 1998 年建成，格网间距 100m，总图幅数 816 幅；1∶5 万 DEM 数据库于 2002 年首次建成，2011 年更新精化一次，格网间距 25m，总图幅数 24182 幅。

目前，我国已建成覆盖全国陆地范围的 1∶100 万、1∶25 万、1∶5 万 DLG 数据库。1∶100 万 DLG 数据库于 1994 年首次建成，2002 年更新一次，总图幅数 77 幅；1∶25 万 DLG 数据库于 1998 年首次建成，2002 年、2008 年各更新一次，2012 年进行了全面更新，总图幅数 816 幅；1∶5 万 DLG 的核心要素数据库于 2006 年建成，2011 年建成了全要素数据库，总图幅数 24182 幅。从“十二五”开始，我国实现国家基础地理信息数据库的动态更新和联动更新，对 1∶100 万、1∶25 万、1∶5 万 DLG 数据库每年更新一次。

我国于 2011 年建成覆盖全国陆地范围的 1∶5 万地形图制图数据库，总图幅数 24182 幅。截至 2012 年，已利用该数据印刷 14513 万幅新图。

我国于 2002 年建成覆盖全国陆地范围的 DRG 数据库（1∶5 万、1∶10 万），总图幅数 21082 幅。其中，1∶5 万数字栅格地图 19899 幅，1∶10 万数字栅格地图 1183 幅。

第二节　数字地图制图基本原理与方法

从 20 世纪 50 年代开始，电子计算机技术引入地图学领域，经过理论探讨、应用试验、设备研制和软件发展，已形成地图学中一门新的制作地图的应用技术分支学科，即计算机地图制图学，也称为数字地图制图学。

一、数字地图制图的基本原理

数字地图制图的基本原理和方法是数字地图生产和应用的基础，主要解决地图信息如何以数字的形式存储、表现和提供使用的理论和方法。

数字地图制图又称为计算机地图制图，是根据地图学原理，以电子计算机的硬、软件为工具，应用数学逻辑方法，研究地图空间信息的获取、变换、存储、处理、识别、分析和图形输出的理论方法和技术工艺，并模拟传统的制图方法，进行地图的设计和编绘。

数字地图制图的核心是电子计算机。为了使计算机能够识别、处理、存储和制作地图，要把地图图形转换成计算机能够识别处理的数字（或称数据），即把空间连续分布的地图模型转换成离散的数字模型。

事实上，地图本身就是按照一定的数学法则，经过地图概括，运用特有的符号系统将地球表面上的事物显示在平面图纸上的一种“图形模型”。地图信息按照图上反映的信息性质分为两类，即几何信息和属性信息。几何信息反映要素的空间位置和几何形状；几何图形信息还表示了要素的分布特征和相互联系，可称为关系信息。关系信息有拓扑、顺序和量表等信息。属性信息反映要素分类分级和质量数量。数字地图要素的几何、属性、关系信息均要以数字形式描述和定义，常用的方法是以数字代码形式定义属性信息，用矢量或栅格形式描述几何信息，关系信息多用关联、邻接、包含等拓扑元素表示。地图上的几何图形信息由空间转绘到平面上后，仍然保持着精确的地理位置和平面位置，而且图面上所有要素的空间分布都可以理解为点的集合。因为图上的面状符号主要由其轮廓线构成，所以绘制线状符号和面状符号的轮廓线的关键是确定其特征点的位置。既然地图组成要素的基本单位是点，因此可以把地图上所有要素都转换成点的坐标（x、y 和特征值 z），这样就实现了地图内容的数字化。这些经过数字化的地图内容被记录下来，就构成了地图的数字模型。

获取了数字化的地图信息后，就要进行地图数据的编辑与处理。而数字地图具有严格的数学基础，要保证数据精确，满足应用要求，必须适时地进行地图数据的编辑处理。地图数据编辑处理包括：数据获取时的误差纠正；生产中涉及的数据格式、地图投影系统、坐标系统转换；数据存储的压缩处理；生成特定数据结构的处理；数据完整性与正确性的检验；生成模拟图形的符号化处理；生成派生数据的处理；动态分析应用的处理等。没有数据编辑处理，就不能真正生成在实际中应用的数字地图。

经过了数字地图的编辑与处理，数字地图就可以实现地图信息的传输。数字地图的信息传输途径有两种：一种是将地图数据经过符号化处理，生成屏幕电子地图、印刷出版原图或绘成纸质的符号地图，然后利用模拟地图的信息传输通道实现信息传输；另一种是通过用户对数字地图信息查询、检索或网上发布实现传输。

数字地图制图的原理就是通过图形到数据的转换，基于计算机进行数据的输入、处理和图形输出。数字地图编制过程就是地图的计算机数字化、信息化和模拟的过程。在这个过程中，由于计算机具有高速运算、巨大存储和智能模拟与数据处理等功能，以及自动化程度高等特点，数字地图制图能代替手工劳动，加快成图速度，实现地图制图的全自动化。

数字地图制图最主要的技术有：图数转换的数字化技术，生成、处理和显示图形的计算机图形学、数据库技术、地图概括自动化技术和多媒体技术等。

二、数字地图制图的技术基础

空间信息科学是数字地图制图的技术基础。目前，数字地图制图技术已从原来面向地图专家转变为面向使用地图空间信息的广大用户。计算机图形学、数据库技术、数字图像处理技术、多媒体技术及网络与 WebGIS 技术等众多技术，作为现代数字地图制图的坚实技术基础，使地图制图进入了地图制作、生产、管理和应用的自动化的全新阶段。

（一）计算机图形学

计算机图形学是近 30 年来科学技术领域中取得的又一重要成就，是随着计算机及其外围设备而产生和发展起来的。计算机图形学是近代计算机科学与雷达、电视及图像处理技术交叉融合的结果。

计算机图形学是研究怎样用计算机生成、处理和显示图形的一门新兴学科，国际标准化组织（International Organization for Standardization，ISO）的定义为：计算机图形学是研究通过计算机将数据转换为图形，并在专门显示设备上显示的原理、方法和技术的学科。计算机图形学是建立在传统的图形学理论、应用数学及计算机科学基础上的一门边缘学科。计算机图形学的主要研究内容包括：直线和弧段等基本图形元素的生成算法，各种图形的几何变换，基本图形显示软件的组件、标准化及交互式输入等方法，以及几何模型的建立，彩色真实感图形的生成，三维动画图形的制作方法等。计算机图形学为地图图形数据处理和算法设计奠定了科学的技术与方法理论基础。

（二）数据库技术

数据库技术是20世纪60年代后期发展起来的关于数据管理的重要技术，是一种计算机辅助管理数据的方法，研究如何组织和存储数据，如何高效地获取和处理数据。

数据库技术是现代信息科学与技术的重要组成部分，是计算机数据处理与信息管理系统的核心。数据库技术研究和解决了计算机信息处理过程中大量数据有效地组织和存储的问题，在数据库系统中减少了数据存储冗余，实现了数据共享，保障了数据安全，可高效地检索数据和处理数据。

数据库技术研究和管理的对象是数据，所以数据库技术所涉及的具体内容主要包括：通过对数据的统一组织和管理，按照指定的结构建立相应的数据库和数据仓库；利用数据库管理系统和数据挖掘系统设计出能够实现对数据库中的数据进行添加、修改、删除、处理、分析、理解和打印等多种功能的数据管理和数据挖掘应用系统；利用应用管理系统最终实现对数据的处理、分析和理解。

地图制图所研究的空间数据具有海量特点，在数字地图制图过程中可以引入数据库技术对其进行数据存储和管理。数据库技术在数字地图制图中的应用，主要表现为对空间和非空间数据的管理。

（三）数字图像处理技术

数字图像处理又称为计算机图像处理，是指将图像信号转换成数字信号，并利用计算机对其进行处理的过程。数字图像处理最早出现于20世纪50年代，当时的电子计算机已经发展到一定水平，人们开始利用计算机来处理图形和图像信息。数字图像处理作为一门学科大约形成于20世纪60年代初期。

数字图像是以栅格阵列的像元数值来记录图像。航空与航天遥感影像是地图的重要数据源，涉及数字图像处理技术。新一代的地图制图系统大多以图像格式表示地图点状符号，支持对图像数据进行地图点、线、面、体状数据的提取、分析与应用。数字图像处理技术包括对图像进行抽象、表示、变换等基础方法，图像处理的有效方法还有图像增强与恢复、图像分割、图像匹配与识别、图像信息的压缩与编码、图像的二维与三维重建等方法。

（四）多媒体技术

多媒体技术是20世纪90年代以来随着信息技术的发展而形成的一种技术。多媒体是指由两种以上单一媒体融合而成的信息综合表现形式，是多种媒体的综合、处理和利用的结果。多媒体技术就是运用计算机综合处理多媒体信息（文本、声音、图形、图像等）的技术，包括将多种信息建立逻辑链接，进而集成为一个具有交互性的系统等。多媒体技术的实质是将自然形式存在的媒体信息数字化，然后利用计算机对这些数字信息进行加工，以一种最友好的方式提供给使用者使用。多媒体技术具有集成性、实时性、交互性、多样性和数字化等五个基本特征，而这也是多媒体技术要解决的五个基本问题。其中，集成性主要表现在多种信息媒体的集成和处理这些媒体的软硬件技术的集成。因为声音及活动的视频图像是和时间密切相关的连续媒体，所以多媒体技术必须要支持实时处理。交互性是指向用户提供更加有效地控制和使用信息的手段，除了操作上的控制自如（通过键盘、鼠标、触摸屏等操作）外，在媒体综合处理上也可做到随心所欲。多样性是指媒体种类及其处理技术的多样性。数字化是指处理多媒体信息的关键设备是计算机，所以要求不同媒体形式的信息都要进行数字化。

多媒体技术的出现，拓宽了计算机处理信息的范围，提高了计算机处理信息的深度和广度。多媒体地图信息系统将成为数字环境下地图学发展的主流方向。

（五）网络与WebGIS技术

网络即指互联网/因特网（Internet），是一系列使用TCP/IP协议而互联的计算机网络。网络技术是把全世界范围内不同计算机平台连接起来形成的一个统一的信息和传输网络的计算机系统技术。万维网（world wide web，简称WWW或Web）是Internet上所提供的服务中的一种，是在Internet上运行的一个实体，也是目前最流行的信息浏览方式。万维网不仅能自由地检索文本数据，还支持多媒体技术。Web以其开放性、廉价性、操作简单、支持多媒体、超级链接能力和用户界面友好而迅速发展。

WebGIS是Web与GIS的结合，是通过互联网对地理空间数据进行发布和应用，以实现空间数据的共享和互操作，如GIS信息的在线查询和业务处理等。WebGIS客户端采用Web浏览器，如IE、FireFox。WebGIS是利用Internet技术来扩展和完善GIS的一项新技术，其核心是在GIS中嵌入HTTP标准的应用体系，实现Internet环境下的空间信息管理和发布。WebGIS可采用多主机、多数据库进行分布式部署，通过Internet/Intranet实现互联，是一种浏览器/服务器（B/S）结构，服务器端向客户端提供信息和服务，浏览器（客户端）具有获得各种空间信息和应用的功能。

WebGIS是Internet技术应用于GIS开发的产物。GIS通过Web功能得以扩展，真正成为一种大众使用的工具。从Web的任意一个节点，Internet用户可以浏览WebGIS站点中的空间数据、制作专题地图，以及进行各种空间检索和空间分析，从而使GIS进入千家万户。WebGIS使基于图形和图像的数字地图应用系统得以通过Internet技术在各行各业中发挥更大更广泛的作用。

三、数字地图制图的技术方法概述

（一）数字地图制图的基本流程

与常规地图制图相比，数字地图制图在数学要素表达、制图要素编辑处理和地图制印等方面都发生了质的变化。数字地图制图的基本工作流程分为四个阶段，即编辑准备、数据获取、数据处理与编辑、图形输出等。

1. 编辑准备

根据编图要求，搜集、整理和分析编图资料，选择地图投影，确定地图的比例尺、地图内容、表示方法等，这一点与常规制图基本相似。但数字地图制图本身具有的特点，对编辑准备工作提出了一些特殊要求，如为了数字化，应对原始资料做进一步的处理，确定地图资料的数字化方法，进行数字化前的编辑处理；设计地图内容要素的数字编码系统；研究程序设计的内容和要求；完成数字地图制图的编图大纲等。

2. 数据获取

编辑准备完成后，就要进行数字地图数据的获取，即进行地图数字化。地图数字化是实现从图形或图像到数字的转化过程。地图图形数字化的目的是提供便于计算机存储、识别和处理的数据文件。

目前，地图数据获取的方法常用的有手扶跟踪数字化和扫描屏幕数字化两种。这两种数字化方法获取的数据记录结构是不同的：手扶跟踪数字化获得的是矢量数据，扫描屏幕数字化获得的是栅格数据。手扶跟踪数字化方式目前已被完全淘汰。把地图资料转换成数字后，将数据存入存储介质，建立数据库，供计算机处理和调用。

3. 数据处理与编辑

数据处理和编辑阶段是指把图形（图像）经数字化后获取的数据（数字化文件）编辑成绘图文件的整个加工过程。数据处理和编辑是数字地图制图的中心工作。数据处理的主要内容包括两个方面：一是数据预处理，即对数字化后的地图数据进行检查、纠正，统一坐标原点，进行比例尺的转换，不同地图资料的数据合并归类等，使其规范化；二是为了实施地图编制而进行的计算机处理，包括地图数学基础的建立、不同地图投影的变换、数据的选取和概括，各种地图符号、色彩和注记的设计与编排等。地图数据处理的内容和处理方法，因制图种类、要求和数据的组织形式、设备特性及使用软件的不同而不同。

4. 图形输出

图形输出是将经过计算机处理后的数据转换为图形的过程，可以在显示器的屏幕上显示，可以存储在磁盘、光盘、硬盘、U 盘等存储介质上，也可以通过绘图仪或打印机以纸质输出。对于高级数字地图制图系统来说，常采用彩色喷墨绘图仪喷绘出彩色地图，或采用激光绘图仪出图，供编辑人员根据彩色样图进行校对。图形编辑与图形输出一般是交互进行的。对于大多数数字地图制图系统来说，由于实现了编辑与出版的一体化，输出四色分色胶片可以直接制作印刷版，然后在印刷机上印刷。该方法已成为主要的地图输出方式。此外，通过编辑制作并存储于磁盘、光盘、硬盘、U 盘等存储介质上的电子地图、电子地图集也是一种重要的输出形式。

（二）数字地图制图的技术方法

目前，数字地图的制作方法主要有三种，即应用数据库技术制图的方法、应用航空航天遥感影像数据制图的方法和应用统计数据制图的方法。

1. 应用数据库技术制图的方法

制图的数据库是能够存储空间数据和非空间数据的地图数据库（cartographic database）。地图数据库是以地图数字化数据为基础的数据库，是存储在计算机中的地图内容各要素（如控制点、地貌、土地类型、居民地、水文、植被、交通运输、境界等）的数字信息文件、数据库管理系统及其他软件和硬件的集合。地图数据库的建立有利于地图数据的保存与查询，是区域决策的一个重要数据基础，也是数字地图制图及有关工程设计的基础数据。地图数据库中的空间数据是指用来表示空间实体（分为点、线、面、体等）的位置、形状、大小及其分布特征等方面信息的数据，可以用来描述来自现实世界的目标，具有定位、定性、时间和空间关系的特征。非空间数据是数字地图中空间实体的性质与特性的定性和定量的描述。目前的地图数据库技术已经能够将空间数据和非空间数据，以及它们在时间维度上变化的所有数据进行有效组织、存储与管理，以便用于数字地图制图。因此，应用数据库技术制图可更加方便有效地实现地图信息的采集、存储、检索、编辑处理与地图输出。应用数据库技术制图的技术流程如图 8-2 所示。

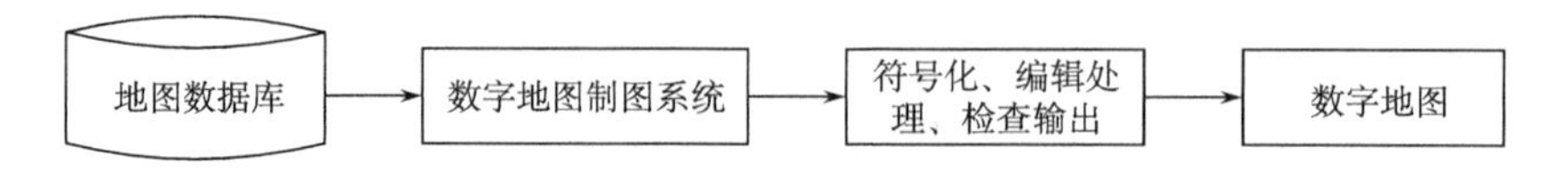

图 8-2　应用数据库技术制图的技术流程

2. 应用航空航天遥感影像数据制图的方法

航空遥感技术是以各种飞机、飞艇、气球等为传感器运载工具在空中进行的遥感技术，获取的基本资料为航空像片或航空影像。航空遥感具有技术成熟、成像比例尺大、地面分辨率高、适于大面积地形测绘和小面积详查，以及不需要复杂的地面处理设备等优点。航天遥感技术是在地球大气层以外的宇宙空间，以人造卫星、宇宙飞船、航天飞机等航天飞行器为平台安置传感器的遥感技术，获取的基本资料为遥感影像。航天遥感可分为可见光遥感、红外遥感、多谱段遥感和微波遥感等。航天遥感具有感测面积大、范围广、速度快、效果好的优点，可定期或连续监视一个地区，不受国界和地理条件限制，能取得其他手段难以获取的信息，对于军事、经济、科学研究等均具有非常重要的作用。

目前，应用航空航天遥感影像数据进行数字地图制图，主要分为四个方面。一是应用航空航天遥感影像数据制作 4D 产品。二是应用航空航天遥感影像数据制作专题地图。其中，航天遥感信息主要反映光谱灰度的变化和结构，一般用于反映分布和结构的小比例尺专题制图；航空影像除灰度外，还有明显的形状特征，不仅能反映现象的分布和结构，还可反映现象的外部轮廓，甚至是内部结构，通常可用于大比例尺专题制图。这一方法需要人机交互和使用专门的遥感数字影像处理和识别解译的软件，从航空、航天遥感影像信息中提取出资源与环境或相关的专题信息，从而制作各种专题地图。三是应用航天遥感影像数据进行各种比例尺的地图更新。地图更新是按照现实情况对地图内容进行更正的过程，地图更新的目的在于及时反映人文与自然要素的实际变化，保持地图的现势性、准确性和可靠性。更新的地图品种、内容和比例尺不同，其方法与工艺流程也不同，要视具体情况而定。四是应用航空、航天遥感影像数据制作影像地图。影像地图是一种以遥感影像和一定的地图符号来表示制图对象地理空间分布和环境状况的地图。在影像地图上，图面要素主要由影像构成，辅助以一定的地图符号来表现和说明制图对象。与普通地图相比，影像地图具有丰富的地面信息，内容层次分明，图面直观、清晰易读，充分表现出影像与地图的双重优势，还能满足普通地图的基本要求。

3. 应用统计数据制图的方法

统计数据是统计工作活动过程中所取得的反映国民经济和社会现象的数字资料，以及与之相联系的其他资料的总称。统计数据一般包括社会经济数据、人口普查数据、野外调查、监测和观测数据，是专题属性数据的扩展及延伸。在数字地图制图中，专题统计数据提供了更多、更全面的专题地理目标信息，从这些大量的统计数据中提取能够用于专题制图的数据并进行加工处理，就可制作出专题统计地图。

四、数字地图制图系统的构成

数字地图制图系统由硬件设备、软件系统、地图数据和人员四部分构成。地图数据是数字地图制图系统的工作对象，包括空间数据、属性数据、时间数据、多媒体数据、数值数据和非数值数据等。而人员是数字地图制图系统的应用与服务对象，包括系统管理员、数据库管理员、专业制图人员、日常操作或工作人员和普通用户等。

（一）硬件设备

数字地图制图系统的硬件设备包括计算机硬件设备、数字地图输入设备和地图输出设备。

1. 计算机硬件设备

计算机硬件由控制器、运算器、存储器和输入输出设备组成，它的主要任务是数学计算、信息处理和设备控制。计算机硬件如图 8-3 所示。

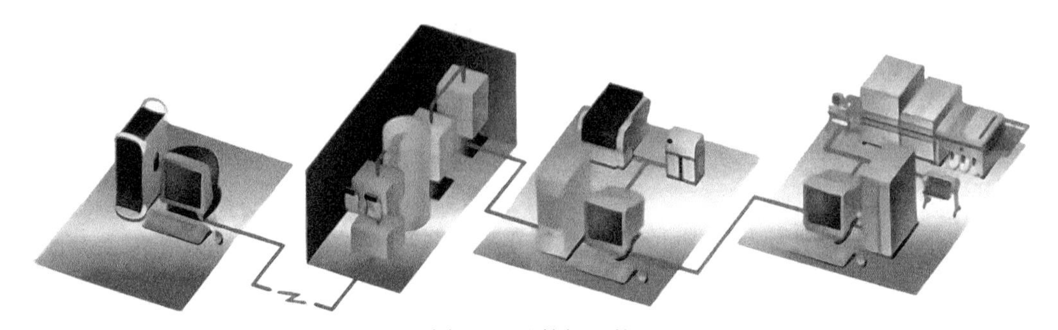

图 8-3　计算机硬件

2. 数字地图输入设备

数字地图输入设备包括键盘、鼠标、存储设备和数字化仪等。数字化仪是将地图图形转换为数字的重要设备，它分为跟踪式和扫描式两种。跟踪式数字化仪也称图形数字化仪（图 8-4），它是以跟踪线划要素，记录特征点坐标形式将图形数字化。扫描式数字化仪是将原图分解为栅格像元，记录每个像元灰阶值，将图形数字化。扫描式数字化仪分为平板式和滚筒式两种，平板式扫描仪如图 8-5 所示，滚筒式扫描仪如图 8-6 所示。

图 8-4　图形数字化仪

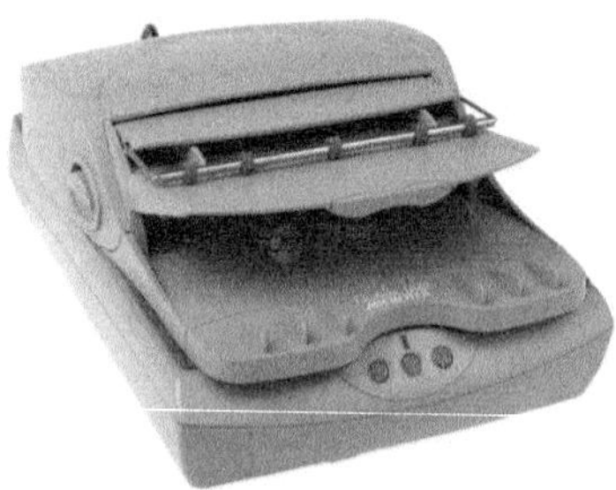

图 8-5　平板式扫描仪

图 8-6　滚筒式扫描仪

3. 地图输出设备

地图输出设备分为显示器显示和硬拷贝输出两类，如图 8-7 所示。

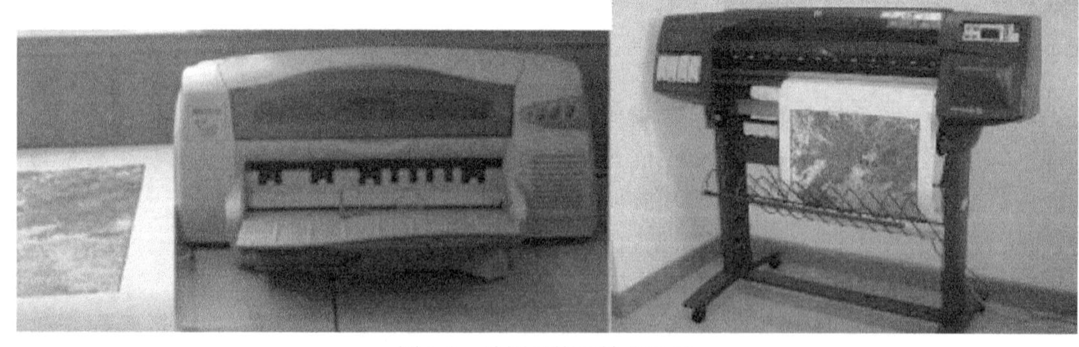

图 8-7　地图硬拷贝输出设备

（二）软件系统

数字地图制图硬件设备只有配备制图软件，组成制图系统，才能进行地图制图工作。制图系统的信息处理能力，制图速度、精度，图形的清晰度、美观性及使用方便程度等，不仅取决于硬件设备的性能，还取决于软件的功能。只有好的软件才能使硬件充分发挥作用。所以，数字地图制图软件在制图中占有非常重要的地位。市场上常用的数字地图制图软件有ArcGIS软件、SuperMap软件、MapGIS软件、南方CASS软件、MicroStation软件等。

数字地图制图系统应具有完整的地理信息输入、处理、分析和制图等功能，软件是其核心。数字地图制图软件系统包括计算机系统软件和地图制图应用软件。其中，计算机系统软件包括计算机操作系统、驱动和接口软件、汉字系统、网络和通信系统及数据库管理系统等。地图制图应用软件用于实现数字地图系统目标、功能和任务。地图制图应用软件一般包括图形处理功能软件、图形处理应用软件、绘图控制程序等。图形处理功能软件是在计算机系统软件和高级语言基础上形成的，其功能包括：图形处理的输入输出管理；文件和数据库管理、绘图程序的编辑与调试；图形数据和字符的处理等。图形处理应用软件是在图形处理功能软件的基础上，根据不同领域的特殊需要而开发的软件，如各种地图制图程序（绘制等值线程序、绘制立体图程序、绘制面状晕线程序、绘制晕渲程序等）都属于此类。图形处理应用软件是利用一种高级语言及库函数程序，加上一些图形处理的功能模块扩展而成的。绘图控制程序是指控制绘图仪基本工作的程序。在整个制图系统中，绘图控制程序是自动绘图的组织者，它接收命令和数据的途径：一是来自操作员，二是来自中央处理机或外围设备。绘图控制程序的主要功能包括：接收操作员的指令，设置绘图参数；解释、处理各种指令；形成和发送绘图指令；人机对话、故障通知等。数字地图制图软件系统的组成如图8-8所示。

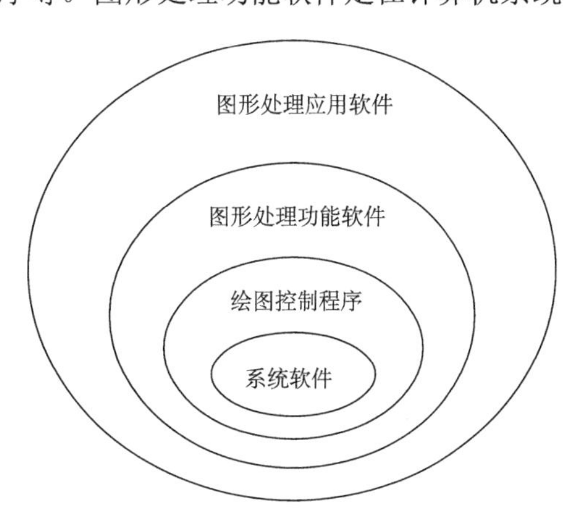

图8-8　数字地图制图软件系统的组成

第三节　我国数字地图生产概况及基本工艺

数字地图制图中最经常使用的基础地理信息，主要是指那些通用性最强、共享需求最大、几乎被所有与地理信息有关的行业所采用的数据，它们为各行各业提供了统一的空间定位和进行空间分析的基础。这些数据内容主要由地貌、水系、居民地、交通、境界、特殊地物、地名等自然和社会经济地理要素，以及用于定位的地理坐标格网构成。基础地理信息的承载形式多种多样，可以是各种各样的矢量数据、卫星影像、航空像片、各种比例尺地图，甚至是声像资料等。目前，我国已生产或正在生产全国性或区域性的不同尺度的基础地理数据，其种类主要包括数字栅格地图（DRG）、数字线划地图（DLG）、数字高程模型（DEM）和数字正射影像图（DOM），即所谓的4D产品。

一、4D产品简介

随着计算机及相关技术的迅猛发展和相互促进，传统的测绘产品正在逐步向地理信息产业化转变，一个明显的特征就是数字化的迅速发展。4D 产品是形成和建立 GIS 的首要基础信息的基础环境。4D 系列产品由于其生产成本低、生产效率高、产品精度高、更新速度快，具有十分宽广的社会应用面。

4D 产品是指 DRG、DLG、DEM、DOM，其是电子地图及数字地图的主要数据源。

DRG 是现有的纸质地形图经扫描、几何纠正、图像处理（彩色地图还需色彩纠正）和数据压缩后形成的栅格数据文件，其在内容、几何精度和色彩上与原图保持一致。DRG 产品如图 8-9 所示。

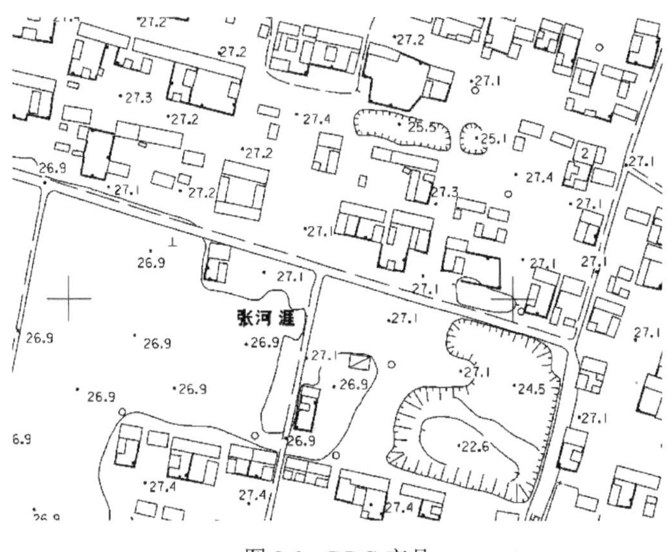

图 8-9　DRG 产品

DRG 是模拟产品向数字产品过渡的一种产品形式，它是现有纸质地形图以数字方式存档和管理最简捷的形式，也是利用现有地形图制作 DLG 的基础，可作为 GIS 的空间背景数据而广泛应用，也可与 DOM、DEM 集成使用，派生出新的可视信息，从而提取和更新地图数据，绘制纸质地图。

DLG 是地形图基础要素信息的矢量数据集，其中保存着要素间的空间关系和相关的属性信息，能较全面地描述地表目标。DLG 产品如图 8-10 所示。

DLG 按不同的地图要素分为若干数据层（如交通、水系、植被、行政区划等），可以根据不同的需要实现地图要素的分层提取或相互叠加，满足 GIS 的空间检索和空间分析，因此被视为带有智能的数据。它还可以和 DOM 叠加成复合产品，制作各种专题地图或电子地图，满足各专业部门的需要。

DEM 是在某一投影平面（如高斯投影平面）上规则格网点的平面坐标（X，Y）及高程（Z）的数据集。DEM 的格网间隔应与其高程精度相适配，并形成有规则的格网系列。根据不同的高程精度，可分为不同类型。为完整反映地表形态，还可增加离散高程点数据。DEM 产品如图 8-11 所示。

图 8-10　DLG 产品

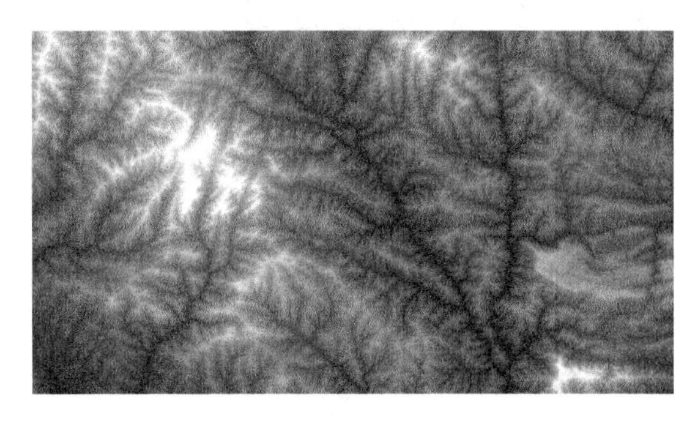

图 8-11　DEM 产品

DEM 数据通过一定的算法，能转换为等高线图、透视图、坡度图、断面图、晕渲图，以及与其他数字产品复合形成各种专题图产品；还可计算体积、空间距离、表面积等工程数据。

DOM 是利用 DEM 对扫描处理的数字化航空像片，经逐像元进行投影差改正、镶嵌，按国家基本比例尺地形图图幅范围剪裁生成的数字正射影像数据集。DOM 产品如图 8-12 所示。

DOM 是同时具有地图几何精度和影像特征的图像。它具有精度高、信息丰富、直观真实等优点，可用作背景控制信息，评价其他数据的精度、现势性和完整性；可从中提取自然资源和社会经济发展信息，或派生新的信息。

二、4D 产品生产的基本工艺流程

4D 产品一般采用摄影测量与遥感的方法，即基于数字摄影测量系统和遥感图像处理软件进行 4D 产品的制作。4D 产品的简易生产数据流程如图 8-13 所示。需要强调的是，不同比例尺的 4D 产品的数据采集技术、生产作业流程、作业方法及其质量控制要求不完全相同，应根据项目的具体要求来确定；相应的成图技术要求、技术指标和质量要求、产品的数据格式等按对应的规范和标准执行。

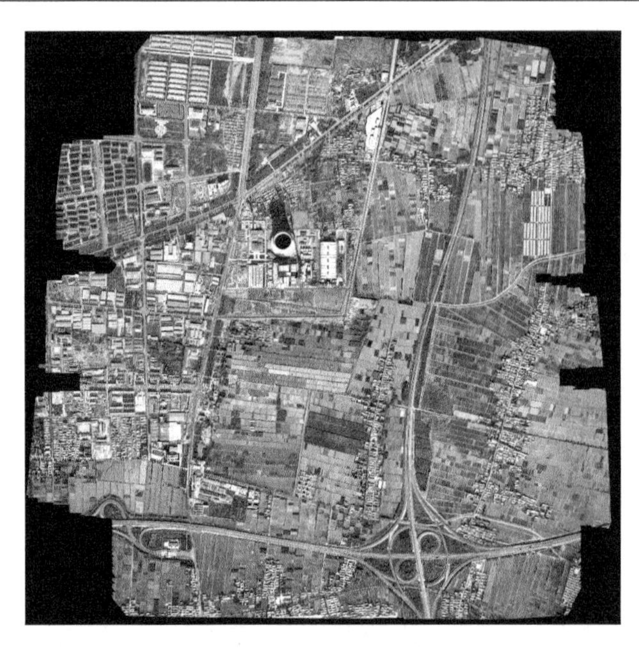

图 8-12　DOM 产品

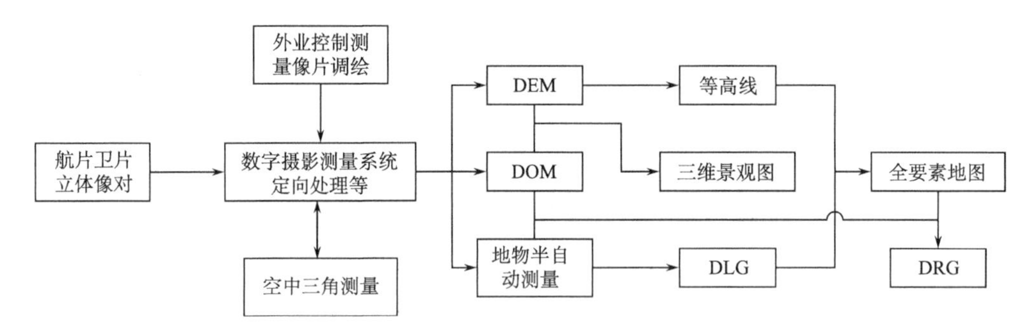

图 8-13　4D 产品的简易生产数据流程

目前，流行的数字摄影测量系统有 Virtuo-Zo、JX-4G、MapMatrix、DMS、海洛瓦等全数字摄影测量系统，流行的遥感图像处理软件有 ERDAS、PCI、ENVI 等。本节主要介绍基于 Virtuo-Zo 软件的 4D 产品制作工艺流程。

Virtuo-Zo 全数字摄影测量工作站是由武汉大学张祖勋院士主持研究开发的，是一个功能齐全、高度自动化的现代摄影测量系统，能完成从自动空中三角测量（AAT）到各种比例尺 4D 产品的测绘生产。Virtuo-Zo 采用最先进的快速匹配算法确定同名点，匹配速度高达 500～1000 点/s，可处理航空影像、SPOT 影像、IKONOS 影像和近景影像等。它不仅能制作各种比例尺的各种测绘产品，也是 GNSS、RS 与 GIS 集成，三维景观、城市建模和 GIS 空间数据采集等最强有力的操作平台。

（一）DEM 数据生产的具体工作流程

利用 Virtuo-Zo 进行 DEM 生产的工作流程主要包括：资料准备，定向建模，特征点、线采集，用不规则三角网（triangular irregular network，TIN）内插 DEM，DEM 数据编辑，DEM 数据接边，DEM 数据镶嵌与裁切，DEM 质量检查和成果整理与提交等九个环节。

基于数字摄影测量系统的 DEM 生产的具体工作流程如图 8-14 所示。

1. 资料准备

DEM 数据生产的资料准备主要包括原始数字航空影像或数字化航空影像、解析空中三角测量成果、其他外业控制成果、技术设计书等所需的技术资料。

2. 定向建模

DEM 生产的定向建模应参照相同比例尺解析测图定向的技术和精度要求执行（以 1∶1 万 DEM 为例）。

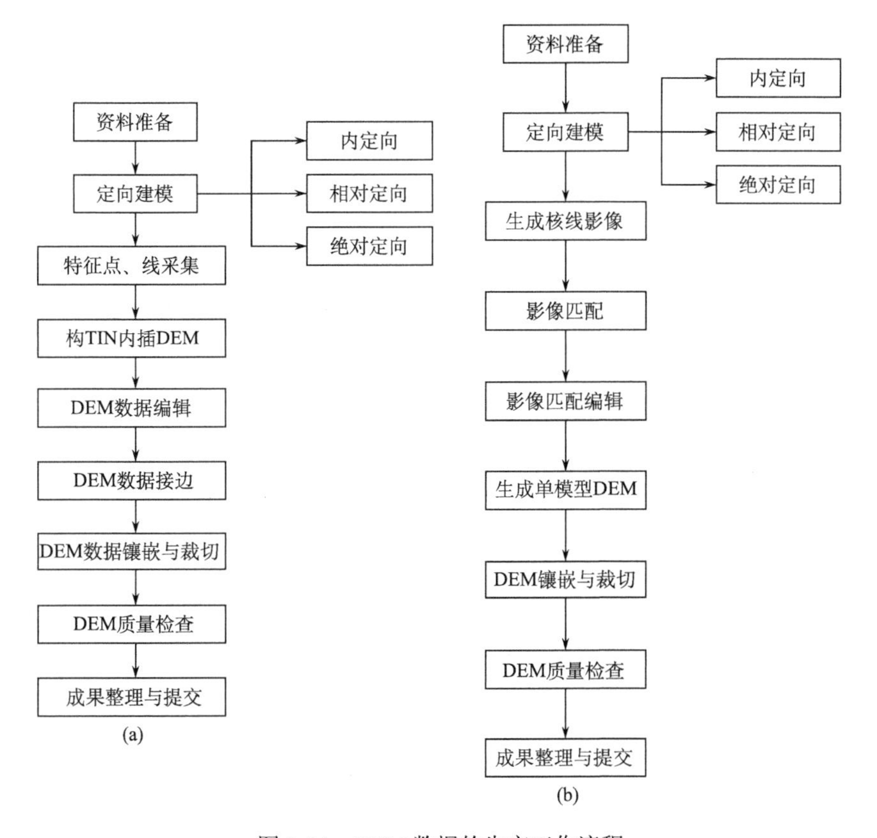

图 8-14　DEM 数据的生产工作流程

（1）对于内定向，框标坐标量测误差不应大于 0.01mm，最大不超过 0.02mm。

（2）对于相对定向，标准点位残余上下视差不应大于 0.005mm，个别不得大于 0.008mm。

（3）对于绝对定向平面坐标误差，平地、丘陵地一般不应大于 0.0002Mm（M 为成图比例尺分母），个别不得大于 0.0003Mm；山地、高山地一般不应大于 0.0003Mm，个别不得大于 0.0004Mm。对于高程定向误差，平地不应大于 0.3m，丘陵、山地、高山地不应大于相应地形类别加密点高程中误差的 0.75 倍。

3. 特征点、线采集

采用放大观测，测标精确切准地面，对模型中所有地形特征点、线进行三维坐标量测，在量测地形特征点、线的基础上，适当增加部分地形点，有助于提高内插 DEM 的精度。除地形特征线外，还需要特别注意以下与高程有关的要素的三维量测：①各种水岸线；②森林区域线；③影像质量差，影响正常观测的范围线。

4. 用 TIN 内插 DEM

根据量测的地形特征点、地形特征线、地形点以及高程要素，用 TIN 内插生成格网 DEM 高程点。

5. DEM 数据编辑

DEM 数据编辑的技术要求如下。

（1）重建立体模型，像控点平面和高程的定向残差应符合定向建模的要求。

（2）DEM 格网点高程应与影像立体模型地表相切，最大不得超过 2 倍高程中误差。

（3）相邻单模型 DEM 之间接边，至少要有 2 个格网的重叠带，DEM 同名格网点的高程较差不大于 2 倍 DEM 高程中误差。

根据上述要求，针对 DEM 格网高程的修改必须在影像立体模型上，通过立体观测的方式对内插形成的 DEM 格网点逐个进行检查、修改，使每个 DEM 点切准地面。

6. DEM 数据接边

选取相邻模型所生成的 DEM 数据，检查接边重叠带内同名（相同平面坐标）格网点的高程；若出现高程较差大于 2 倍 DEM 高程中误差的格网点，则视为超限，将其认定为粗差点，并重建立体模型；对出现粗差点的 DEM 数据进行接边修测后重新进行接边。按以上方法依次完成测区内所有单模型 DEM 数据之间的接边。

7. DEM 数据镶嵌与裁切

（1）若测区范围内所有单模型 DEM 数据的接边较差都符合规定要求，则可进行 DEM 镶嵌；镶嵌时对参与接边的所有同名格网点的高程取其平均值作为各自格网点的高程值，同时形成各条边的接边精度报告。

（2）DEM 镶嵌完成后，按照相关规范或技术要求规定的起止网格点坐标进行矩形裁切时，根据具体技术要求可以外扩一排或多排 DEM 格网。

（3）当采用栅格文件格式存储 DEM 数据时，应确定定位参考点的栅格坐标和大地坐标，以及格网间距、行列数等信息。

8. DEM 质量检查

DEM 数据检查主要包括空间参考系、高程精度、逻辑一致性和附件质量检查四个方面。

（1）空间参考系检查。空间参考系主要涉及大地基准、高程基准和地图投影等三个方面。大地基准检查的主要内容是采用的平面坐标系统是否符合要求。高程基准检查的主要内容是采用的高程基准是否符合要求。地图投影检查的主要内容是所采用的地图投影各参数是否符合要求，DEM 分幅是否正确。

（2）高程精度检查。DEM 高程精度检查主要包括格网点高程中误差检查和相邻 DEM 数据文件的同名格网高程接边检查两项内容。

（3）逻辑一致性检查。逻辑一致性检查主要包括数据的组织存储、数据格式、数据文件完整和数据文件命名等四项内容。

（4）附件质量检查。主要包括检查元数据、质量检查记录、质量验收报告和技术总结的正确性、完整性。

9. 成果整理与提交

DEM 数据生产需要提交的主要成果包括：DEM 数据文件；原始特征点、线数据文件；

元数据文件；DEM数据文件接合表；质量检查记录；质量检查（验收）报告；技术总结报告。

（二）DOM数据生产的具体工作流程

利用Virtuo-Zo进行DOM生产的工作流程主要包括：资料准备、色彩调整、DEM采集、影像纠正、影像镶嵌、图幅裁切、质量检查和成果整理与提交等八个环节。DOM数据生产的工作流程如图8-15所示。

1. 资料准备

资料准备主要包括原始数字航空像片、解析空中三角测量成果、DEM成果、技术设计书所需的技术资料。

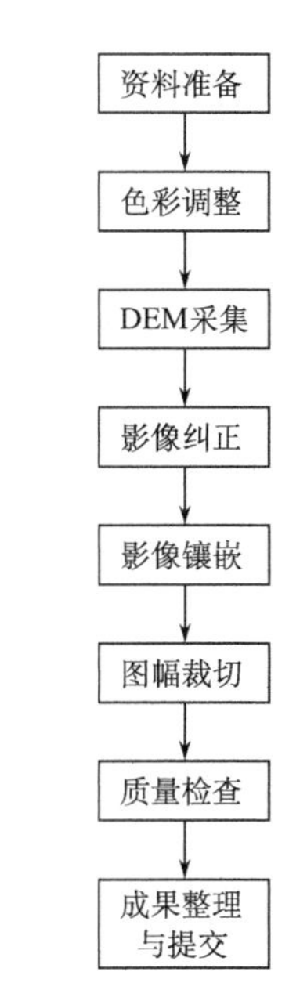

图8-15　DOM数据生产的工作流程

2. 色彩调整

影像色彩调整就是通常所说的影像调色，主要包括影像匀光处理和影像匀色处理两项。

（1）影像匀光处理。影像匀光处理的目的就是要使每一张数字航空像片各自的光照均匀。影像匀光一般是采用编辑调整航空像片局部的亮度来实现的。

（2）影像匀色处理。影像匀色处理的目的就是要使整个测区内的所有航空像片色调一致、色彩均匀。影像匀色一般是采用编辑调整航空像片整体的亮度、反差和色彩均衡来实现的。

3. DEM采集

用于数字影像几何纠正的DEM采集，在技术方法上与基础地理信息DEM的生产一致，但要特别强调的是：为了满足地面上大型构筑物（如河流上的桥梁、高架路等）的纠正精度，需要采集这些构筑物的高程特征线（或辅助特征点），与其他的特征线和特征点一起用TIN内插生成格网DEM高程点。

4. 影像纠正

数字影像纠正可以在重建模型后对左、右航片同时进行正射纠正或对左、右航片单独进行纠正，也可以利用航片的内外方位元素、定向参数和DEM数据，对数字航空影像进行单片纠正；依次完成测区范围内所有航片的正射纠正，生成每张航片的正射影像数据。

5. 影像镶嵌

正射影像镶嵌的主要步骤为：

（1）按图幅范围选取需要进行镶嵌的数字正射影像。

（2）在相邻正射影像之间，选绘、编辑镶嵌线；在选绘镶嵌线时需要保证所镶嵌的地物影像完整。

（3）按镶嵌线对所选的单片正射影像进行裁切，完成单片正射影像之间的镶嵌工作。

6. 图幅裁切

按照内图廓线（或内图廓线的最小外接矩形）对镶嵌好的正射影像数据进行裁切，也可根据设计的具体要求外扩一排或多排栅格点影像进行裁切，裁切后生成正射影像数据成果。需要注意的是，所生成的正射影像数据成果，应附有相关的坐标、分辨率等基本信息文件。

7. 质量检查

数字正射影像图数据检查主要包括空间参考系、精度、影像质量、逻辑一致性和附件质量五个方面。

（1）空间参考系检查。空间参考系主要涉及大地基准、高程基准和地图投影三个方面。大地基准检查的主要内容是采用的平面坐标系统是否符合要求。高程基准检查的主要内容是采用的高程基准是否符合要求。地图投影检查的主要内容是所采用的地图投影各参数是否符合要求，数字正射影像分幅是否正确。

（2）精度检查。数字正射影像图精度检查主要包括数字正射影像像点坐标中误差、相邻航片的镶嵌误差、相邻数字影像图数据的同名地物影像接边差三项内容。

（3）影像质量检查。影像质量检查主要包括正射影像地面分辨率、数字正射影像图裁切范围、色彩质量、影像噪声、影像信息丢失五项内容。

（4）逻辑一致性检查。逻辑一致性检查主要包括数据的组织存储、数据格式、数据文件完整和数据文件命名四项内容。

（5）附件质量检查。附件质量检查主要包括：元数据、质量检查记录、质量检查（验收）报告、技术总结等。

8. 成果整理与提交

数字正射影像图数据生产需要提交的主要成果包括：数字正射影像图数据文件；正射影像镶嵌线数据文件；元数据文件；数字正射影像图数据文件接合表；质量检查记录；质量检查（验收）报告；技术总结报告。

（三）DLG 数据生产的具体工作流程

利用 Virtuo-Zo 进行 DLG 生产的工作流程主要包括：资料准备、像对定向、像片外业调绘、立体测图、外业调绘与补测、图形编辑与接边、质量检查、成果整理与提交八个环节。航测 DLG 立体测图分为全野外调绘后立体测图法和先测图后外业调绘立体测图法，两种测图法的流程如图 8-16 和图 8-17 所示。

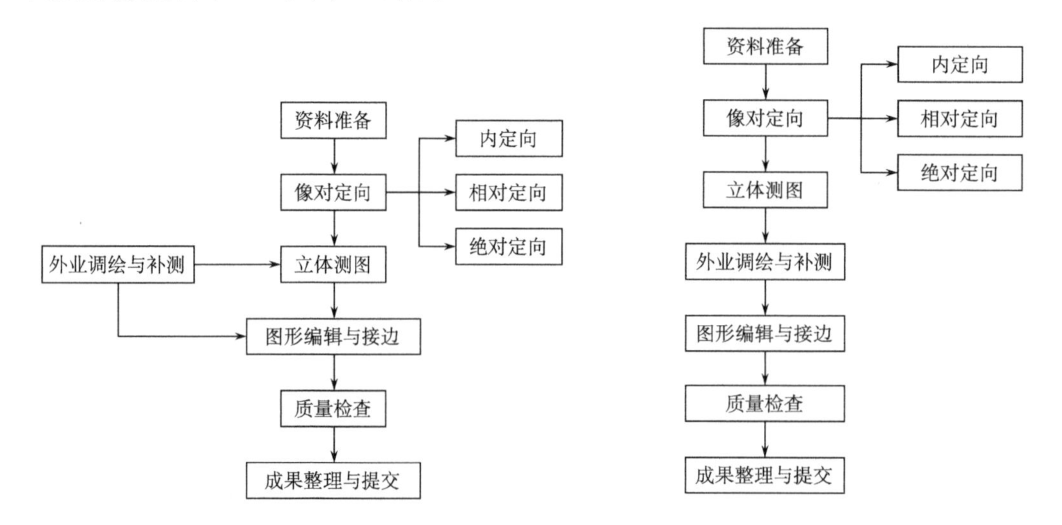

图 8-16　全野外调绘后立体测图法的 DLG 数据生产工作流程

图 8-17　先测图后外业调绘立体测图法的 DLG 数据生产工作流程

1. 资料准备

航空摄影测量立体测图的资料准备主要包括：技术设计或技术要求、解析空中三角测量成果准备、量测用相关原始航片扫描数据、测区较小比例尺地形图、像片外业调绘片（若采用全野外调绘后测图的方式进行立体测图）。其中，全野外调绘片的比例尺不宜小于成图比例尺的1.5倍。

2. 像对定向

像对定向包括像片内定向、相对定向和绝对定向三个步骤（精度以1∶2000 DLG为例）。

像片内定向以框标坐标量测误差来衡量其精度是否满足要求，一般像片框标坐标量测误差不应大于0.02mm。

相对定向以各定向点的残余上下视差来衡量其精度是否满足要求。一般相对定向完成后，定向点的残余上下视差不应大于0.008mm。

绝对定向以定向点平面、高程坐标的定向误差来衡量其精度是否满足要求。对于绝对定向的定向点平面坐标误差，平地和丘陵地一般不大于0.0002*M*m（*M*为成图比例尺分母）；山地和高山地一般不大于0.0003*M*m（*M*为成图比例尺分母）。对于绝对定向的定向点高程坐标误差，平地和丘陵地全野外布点不应大于0.2m，其余不应超过加密点高程中误差的0.75倍。

3. 像片外业调绘

若采用先外业后内业的航测成图的技术路线，则要进行像片外业调绘工作。在全野外调绘工作中应注意以下三点。

（1）调绘的主要内容。对于大比例尺的全野外调绘而言，其调绘的主要内容包括：地理名称（包括地名、单位、街道、居民地、河流等的名称）、地类及地类界、屋檐改正信息（1∶500地形图需要）、工业与农业设施、地上管线设施、地形与地貌信息等。

（2）调绘的一般方法。像片外业调绘可以采取先外业判读调查，后室内清绘（整理）的方法；也可采取先室内判读、清绘，后外业检核、调查，再室内修改和补充清绘（整理）的方法。调绘片宜分色清绘（整理）。

（3）调绘的一般要求：①像片调绘应判读准确，描绘清晰，图式、符号运用恰当，各种注记准确无误。②对像片上各种明显的、依比例尺表示的地物，可只作性质、数量说明，其位置、形状应以航测内业立体测图为准。③对于个别影像模糊的地物、被影像或阴影遮盖的地物可在调绘片上进行补调；可采用以明显地物点为起始点，具有多余的检核条件的交会法或截距法进行补调；补调的地物应在调绘片上标明与明显地物点的相关准确距离。④对需补调面积较大的地物、新增的地物以及航摄后变化的地形地貌，宜采用全野外数字测图的技术方法进行补测。航摄后拆除的建筑物，应在像片上用红“×”划去，范围较大的应加注说明。

（4）对调绘的其他技术性指标应按相应的规范标准执行。

4. 立体测图

如果采用先全野外调绘后测图的方法，则参照全野外调绘片在数字摄影测量系统上认真仔细地辨认、测绘。当确认外业调绘有错误时，内业可根据立体模型影像改正，但要求在外业调绘片上做好标记和记录，与此同时将错误情况反馈给外业部门及时确认。在测绘地物、地貌时，应做到无错漏、不变形、不移位。

5. 外业调绘与补测

外业调绘与补测主要是针对采用“先内业测图，后外业调绘”的技术路线而言，其主要内容是：调绘所有地物的性质；调绘相关地物的改正信息；对航测内业无法量测到的地物进行实地补测；对航空摄影后出现的新增地物进行实地补测等。

6. 图形编辑与接边

图形编辑主要针对地形地物要素进行，包括居民地、点状地物、交通设施、管线、水系、境界、等高线、植被和注记等的编辑整饰工作。另外，图幅间要进行接边，保证线状要素合理、完整、无缝地连接。

7. 质量检查

立体测图数据检查主要包括空间参考系、位置精度、属性精度、完整性、逻辑一致性、表征质量和附件质量等七个方面。

（1）空间参考系检查。空间参考系主要涉及大地基准、高程基准和地图投影等三个方面。大地基准检查的主要内容是采用的平面坐标系统是否符合要求。高程基准检查的主要内容是采用的高程基准是否符合要求。地图投影检查的主要内容是所采用的地图投影各参数是否符合要求，地图分幅是否正确，内图廓信息是否完整正确。

（2）位置精度检查。位置精度主要涉及地形地物的平面精度和高程精度两个方面。平面精度检查的主要内容包括：平面位置中误差、控制点坐标、地物几何位移和矢量接边。高程精度检查的主要内容包括：高程注记点高程中误差、等高线高程中误差、控制点高程和等高距是否正确。

（3）属性精度检查。属性精度主要涉及分类代码（编码）和属性正确性两个方面。分类代码检查的主要内容包括：地形地物分类代码（编码）的错漏、分类代码值是否接边。属性正确性检查主要包括：基本属性和扩展属性的错漏、属性填写是否完整、属性值是否接边。

（4）完整性检查。完整性主要涉及地图基本要素是否完整和地形地物要素内容是否遗漏两个方面。地图基本要素检查主要是检查外图廓信息是否完整正确，地形地物要素内容检查主要是检查地形地物要素是否有遗漏。

（5）逻辑一致性检查。逻辑一致性主要涉及概念一致性、拓扑一致性和格式一致性三个方面。概念一致性检查的主要内容包括：基本属性和扩展属性项定义（如字段名、字段类型、字段长度、顺序等）是否符合要求，数据层定义（如层数、层名、层要素等）是否符合要求。拓扑一致性检查的主要内容包括：是否存在重复的要素，是否存在不合理、不重合情况，是否有不连续的线，面要素是否封闭等。格式一致性检查主要包括：数据文件命名、数据文件格式和数据存储等是否符合要求。

（6）表征质量检查。表征质量主要涉及几何表达、地理表达、符号、注记和整饰五个方面。几何表达检查的主要内容是几何图形的异常检查，如极小不合理面、极短不合理线、自相交线、线粘连等。地理表达检查的主要内容包括：地形地物的综合取舍是否符合要求、地形地物间的关系处理是否得当、地物的方向特征是否正确（如河流方向、沟渠水流方向等）。符号、注记和整饰检查主要包括：符号规格、制图标准、文字注记和内外图廓整饰等。

（7）附件质量检查。附件质量检查主要涉及元数据文件、图历簿完整性、正确性，以及成果检查资料的正确性和权威性。

8. 成果整理与提交

立体测图工序应上交的成果资料主要包括：地形图接合表；地形图数据文件（包括原始数据文件、编辑母线数据文件、编辑图形数据文件）；纸质或薄膜地形图；元数据文件；检查

（验收）报告和技术总结。

（四）DRG 数据生产的具体工作流程

制作 DRG 数据时，一方面可直接将 DLG 数据输出并几何纠正为 DRG 数据，另一方面可对模拟地形图进行扫描、纠正和配准、调色等制作 DRG 数据。下面简要说明第二种方法。

1. 扫描

地形图的扫描分辨率一般为 300DPI，用彩色或灰度扫描，格式为 JPG 或 TIF。

2. 纠正和配准

（1）准备数据，建立与图幅相适应的图廓。

（2）将图幅信息载入图廓中，根据图廓进行内图廓定位。

（3）修改/编辑控制点，对图幅进行逐格网校正。

（4）进行质量评定，输出空间信息文件。

3. 调色

应用 Photoshop 软件进行调色：①对扫描图像上的人为标注、记号等进行清除，即清除扫描图像上的噪声。②对图像进行色彩校正，包括点、线、面的色彩校正。

目前，因为 DRG 数据已很少制作，所以本节只简单说明 DRG 数据生产的工作流程。

第四节　电子地图概述

电子地图（electronic map）又称为“屏幕地图”，是 20 世纪 80 年代以后利用数字地图制图技术形成的地图新品种。它是以数字地图数据为基础，采用地理信息系统技术、数字地图制图技术、多媒体技术和虚拟现实技术等多项技术为一体的综合技术，显示地图数据的可视化产品。电子地图可以存放在如硬盘、CD-ROM、DVD-ROM 等数字存储介质上，也可以随时打印输出到纸张上，还可以进行交互式操作。它带有相应的操作界面，内容是动态的，既可以显示在计算机屏幕上，也可打印在纸张上，又能与数据库连接，进行查询和空间分析。

数字地图是电子地图的数据基础，电子地图是数字地图在计算机屏幕上符号化的地图。电子地图系统不仅改变了传统的地图制作方法，而且使地图的生产能力增强、成本降低、周期缩短，提高了行业经济效益和社会效益。电子地图产品把地图的应用水平提高了。

一、电子地图的概念与分类

电子地图与纸质地图相比有一系列新的特点，它的出现扩充了地图的表现领域，以丰富的色彩和灵活多变的显示方式，多角度地展现与地理环境相关的各种信息，同时不再受到图幅的限制，可以在不同比例尺之间进行切换，这样的变化和扩充为地图阅读者带来了极大的便利，而对于地图制作则增加了难度。此外，电子地图与数字地图有相似之处也有不同之处，从不同的角度会有不同的理解。

（一）电子地图的概念

1. 电子地图

电子地图是以数字地图为基础，以多种媒体显示的地图数据的可视化产品，是数字地图的可视化。电子地图在计算机环境中制作和使用，是由空间信息与属性信息构成的能够动态显示空间信息和属性信息，并能实时处理的数字地图。

电子地图不仅包括纸质地图的各种地理要素，还包括其他环境信息和相关内容，具有多维环境信息的特点。电子地图如图 8-18 所示。

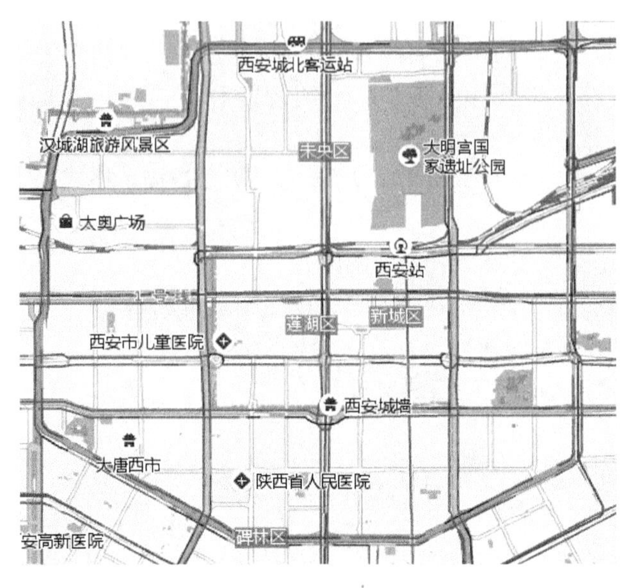

图 8-18　电子地图

2. 电子地图与数字地图的区别

电子地图与数字地图虽然都是在计算机程序控制下完成的，但两者之间还是有差别的。数字地图是用数字形式描述地图要素的位置、属性和关系信息的数据集合，与具体表达的符号无关，是一种存储方式；而电子地图则是数字地图符号化后处理的数据集合，是数字地图的可视化，是一种表示方式。所以，二者的根本区别就是符号化。电子地图是以数字地图为基础的屏幕模拟表达，并以多种媒介显示地图数据的可视化产品。由数字地图可以生成的电子地图产品有栅格地图、矢量线划地图、正射影像地图、数字晕渲地图、三维立体地图和电子沙盘等。

3. 电子地图的发展

电子地图的发展起源于计算机辅助地图的制图技术，经历了机助制图、只读型电子地图、分析型电子地图和三维景观模型图等四个阶段。机助制图是传统制图方法的替代技术，最终成果仍是纸质地图；只读型电子地图只是能阅读不能数字编辑的地图，主要有矢量线划图和栅格扫描图，其分析功能比较差或很少有分析功能；分析型电子地图与 GIS 密切相关，具有了分析功能；三维景观模型是电子地图的未来形式，是空间三维景观数据的立体模型表示。

4. 电子地图的特点

电子地图具有九个特点：动态性、交互性、无极缩放、无缝拼接、多尺度显示、地理信息多维化表示、超媒体集成、共享性和空间分析功能。

（1）动态性。电子地图是使用者在不断与计算机的对话过程中动态生成的，使用者可以指定地图显示范围，自由组织地图上的要素。电子地图具有实时、动态表现空间信息的能力。其动态性表现在两个方面：一是用时间维的动画地图来反映事物随时间变化的真动态过程，并通过对动态过程的分析来反映事物发展变化的趋势，如植被范围的动态变化、水系的水域面积变化等；二是利用闪烁、渐变、动画等虚拟动态显示技术来表示没有时间维的静态信息，以增强地图的动态特性。

（2）交互性。电子地图的数据存储与数据显示相互分离。当数字化数据进行可视化显示时，地图用户可以对显示内容及显示方式进行干预，如选择地图符号和颜色。

（3）无极缩放。电子地图可以任意无极缩放和开窗显示，以满足应用的需求。

（4）无缝拼接。电子地图能容纳一个地区可能需要的所有地图图幅，不需要进行地图分幅，是无缝拼接，利用漫游和平移可阅读整个地区的地图。

（5）多尺度显示。电子地图可由计算机按照预先设计好的模式，动态调整好地图载负量，进行多尺度显示。比例尺越小，显示的地图信息越概略；比例尺越大，显示的地图信息越详细。

（6）地理信息多维化表示。电子地图可以直接生成三维立体模型，并可对三维地图进行拉近、推远、三维漫游及绕 X、Y、Z 三个轴方向的旋转，还能在地形三维模型上叠加遥感影像，逼真地再现地面。运用计算机动画技术，可产生飞行地图和演进地图。飞行地图能按一定高度和路线观测三维图像，演进地图能够连续显示事物的演变过程。

（7）超媒体集成。电子地图以地图为主体结构，将图像、图表、文字、声音、视频、动画作为主体的补充融入电子地图中，通过各种媒体的互补，弥补地图信息的缺陷。

（8）共享性。数字化使信息容易复制、传播和共享。电子地图能够大量无损复制，并且通过计算机网络传播。

（9）空间分析功能。用电子地图可进行路径查询分析、量算分析、统计分析等空间分析。

（二）电子地图的分类

电子地图的类型是十分丰富的，不同类型的电子地图都有其自身特征、用途范围及表现形式。电子地图在特征上有内容、比例尺、区域等方面的不同；在用途方面有军用、民用之分；在表现形式上有数据结构形式、使用过程的形式和用户功能等方面的差别。

1. 按特征分类

可作为电子地图分类特征的标志有内容、比例尺、区域等。按电子地图的内容可分为普通电子地图和专题电子地图两大类；以地图比例尺分类，通常将 1∶10 万及更大比例尺的电子地图称为大比例尺电子地图，将 1∶10 万～1∶100 万比例尺的电子地图称为中比例尺电子地图，将小于等于 1∶100 万比例尺的电子地图称为小比例尺电子地图；以区域范围分类，可分为全球或世界电子地图、大陆或大洋电子地图、世界某地区的区域电子地图、某个国家的全国电子地图、一个国家内部某个行政区划或自然区域的电子地图、某城市电子地图等。

2. 按用途分类

电子地图按用途可划分为民用电子地图和军用电子地图。民用电子地图按专业可分为农业用、地质用、石油用、民航用、气象用、环境用、交通用、水利用电子地图等；军用电子地图可分为电子陆地图、电子海洋图、电子航空图、电子宇航图、电子导航图、电子指挥图、电子训练图等。

3. 按表现形式分类

电子地图的表现形式多种多样，其分类标志主要包括数据结构、提供给用户的功能和使用的形式。

（1）按数据结构不同，可分为矢量电子地图、像素（栅格）电子地图。

（2）按提供给用户的功能不同，可分为只读型电子地图、分析型电子地图。

（3）按使用的形式，电子地图分为四种基本类型，即多媒体电子地图、网络电子地图、导航电子地图和嵌入式电子地图。①多媒体电子地图。多媒体电子地图是集文本、图形、图表、图像、声音、动画和视频等多种媒体于一身的新型地图，是对电子地图的进一步发展。多媒体电子地图除了具有电子地图的优点之外，还增加了地图的媒体形式，以听觉、视觉、触觉等多种感知形式，直观、形象、生动地表达空间信息。②网络电子地图。网络电子地图以国际互联网为载体，在不同详细程度的可视化数字地图基础上，表示地理实体的分布，并通过超链接的方式与文字、图片、音频、动画和视频等多种媒体信息相链接，通过对数据库访问，实现交互制图、综合查询和空间分析等。③导航电子地图（图 8-19）。导航电子地图继承了电子地图与导航定位技术，实现了实时定位、路径选择、指示行进路线和方向等。飞机、轮船等也已应用了各自专用的导航电子地图。④嵌入式电子地图。嵌入式电子地图是指电子地图与便携存储介质设备以及网络通信相互集成的产品。其意义在于将移动计算技术应用到传统空间信息的服务中，彻底改变基于位置的传统服务机制，把作为主体的人与作为客体的真实世界和网络传输的数字世界三者无缝地结合起来，实现不受任何时间和空间局限的互动。嵌入式电子地图的最终目的是从根本上改变人与数字世界、人与真实世界的交互方式，为任何基于空间的作业系统，如电子导航、数字战场、野外采样、物流管理、智能交通、旅游娱乐等应用环境提供全新的作业模式。

图 8-19　导航电子地图

二、电子地图系统的主要功能

电子地图系统是指在计算机软硬件的支持下，以地图数据库为基础，能够进行空间信息的采集、存储、管理、分析和显示的计算机系统。电子地图系统由硬件、软件、数据和人员四部分组成。这里主要介绍电子地图系统软件组成及主要功能。

（一）软件组成

电子地图软件系统包括操作系统、地图数据库管理软件、专业软件以及其他应用软件，其中数据库管理软件是核心软件。

（二）主要功能

电子地图系统的主要功能包括：地图构建功能、地图管理功能、检索查询功能、数据更新功能、地图概括功能和输出功能。

1. 地图构建功能

地图构建功能是指允许用户根据设计方案选择地图内容、比例尺、地图投影、地图符号和颜色等，生产预想的电子地图。

2. 地图管理功能

地图管理功能是指除包含空间数据、属性数据和时间数据外，电子地图还包含其他多种数据源的数据，因此，需要使用地图数据库来管理这些复杂、大量的数据。

3. 检索查询功能

检索查询功能是指电子地图可进行简单的空间分析和统计分析。

4. 数据更新功能

数据更新功能是指电子地图系统能提供强有力的数据输入、编辑能力，确保及时更新数据，以保证电子地图的现势性，并为再版地图奠定基础。

5. 地图概括功能

在电子地图中，地图概括是按视觉限量的原理实现的。当数据库中存储了十分详细的制图数据时，正常位置的屏幕上不可能显示全部图形细部，即当显示的比例尺缩小时，更多的细节被忽略了，只有开窗放大时，才有可能逐步显示全部的细节。

6. 输出功能

电子地图可输出空间查询、空间分析、地图制图的结果，通过一定的方式提供给用户。

三、电子地图的结构

（一）电子地图的总体结构

电子地图的总体结构通常由片头、封面、图组、主图、图幅、插图和片尾等部分组成。

（二）电子地图数据的逻辑结构

电子地图数据的逻辑结构如图 8-20 所示。

（三）电子地图的页面结构

电子地图的页面通常由图幅窗口、索引图窗口、图幅名称列表框、热点名称列表框、地图名称条、系统工具条、伴随视频窗口、背景音乐、多媒体信息窗口、其他信息输入或输出窗口等组成。这些页面组成要素有些是永久的，有些是临时性的，也有些是用户通过交互操作自主选择的。

四、电子地图的编制

电子地图的编制包括电子地图的设计和制作。电子地图的操作界面一般比较简便，不同的电子地图往往具有相对统一的界面，而且电子地图大多连接属性数据库或属性数据文件，能够进行查询、计算和统计分析。电子地图通常是系列化的，有时表现为电子地图集的形式。

电子地图设计是指以计算机及外围设备和数字地图数据为基础，研究电子地图的数据采集、存储管理和输出显示等制图技术方案的定制过程。电子地图设计与纸质地图设计具有本质的不同。纸质地图设计是建立在纸和模拟图形基础上的，电子地图设计是建立在计算机屏幕地图和数字地图基础上的。但在目前存在这样一种电子地图产品，它的生产过程及产品全部是数字化的，但它的设计与数据组织是以纸质印刷地图为前提的，这种数字地图产品可称

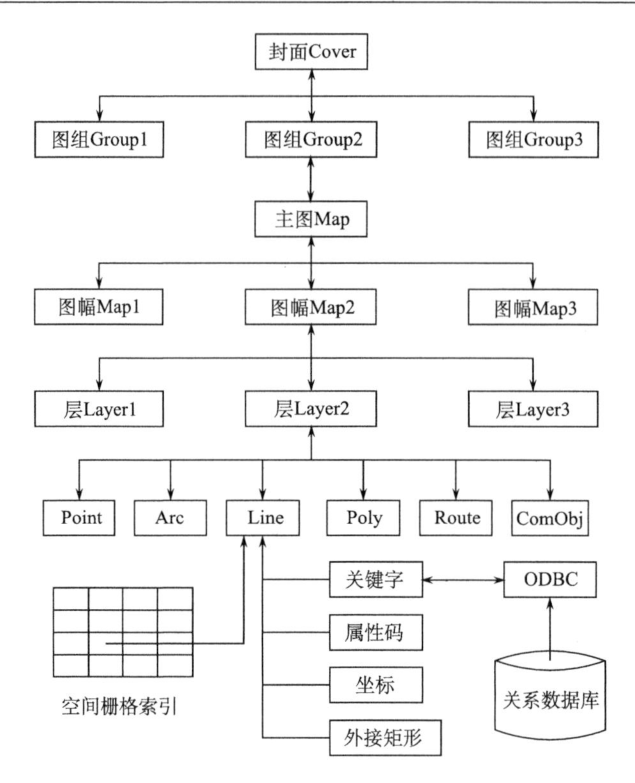

图 8-20　电子地图数据的逻辑结构

为印刷版电子地图或数字式电子地图的印刷版，也可以把它看作目前技术条件下生产印刷地图的中间产品。

电子地图的用途不同，所反映的地理信息和专题内容会有很大的差别。另外，地图资料的差异和所使用工具的不同，也会影响电子地图的设计。但从整体上说，电子地图的设计和制作应遵循一些基本原则，主要包括内容的科学性、界面的直观性、地图的美观性和使用的方便性。电子地图的设计和制作，应重点把握界面设计、图层显示设计、符号与注记设计及色彩设计等几个环节。

（一）界面设计

界面是电子地图的外表，一个友好、清晰的界面对电子地图的使用非常重要。为了使界面设计尽可能简单明了，应增加操作提示以帮助用户尽快掌握电子地图的基本操作，还可以通过智能提示的方式简化操作步骤。

1. 界面的形式设计

用户界面主要有菜单式、命令式和列表式三种。菜单式界面将电子地图的功能按层次全部列于屏幕上，由用户键盘、鼠标或触摸屏等选择其中某项功能执行。菜单式界面的优点是易于学习和掌握，使用便捷，层次清晰，不需大量的记忆，便于探索式学习使用；缺点是相对比较死板，只能层层深入，无法进行批处理作业。命令式界面是用几个有意义的字符所组成的命令来调用功能模板。命令式界面的优点是灵活，可直接调用任何功能模块，可组织成批处理文件，进行批处理作业；缺点是不易记忆，不易全面掌握，给用户使用带来困难。列表式界面是将系统功能和用户的选择列表于屏幕上，用户通过选择来激活不同功能。电子地

图一般常采用菜单式和列表式界面。

2. 界面的显示设计

电子地图应尽可能多地表示地图丰富的内容，因而地图显示区应设计得大一些，通常整个屏幕都是地图，没有其他无关信息，其界面包括工具条、查询区、地图相关位置显示等。点击图上任一位置，则通过与之对应的其他链接地图，来显示该位置的详细信息，以地图图形的方式向读者提供信息。

3. 界面的布局设计

电子地图的界面布局设计是指界面上各功能区的排列位置。一般情况下，为方便电子地图的操作，工具栏宜设在电子地图显示区的上方或下方，图层控制栏和查询区可以设置在显示区的两侧。为了让地图有较大的显示空间，可以将不常用的工具栏隐藏起来，只显示常用的工具栏，以便读者阅读地图。

（二）图层显示设计

在设计和应用时，考虑电子地图的显示区域较小，所以，要进行电子地图有关内容的分层显示，方便读者阅读和使用。对于电子地图的有关内容分层显示，能够根据需要进行相应的控制，不同的图层还可以选择不同的显示和处理方式，使有用的信息得到突出的显示。一般来说，重要的信息先显示，次要的信息后显示。另外，通过程序控制，使某些图层在一定的比例尺范围内显示，即随着比例尺的放大与缩小而自动显示或关闭某些图层，以控制图面载负量，使地图图面清晰易读。

（三）符号与注记设计

电子地图和纸质地图一样，作为客观世界和地理信息的载体，其内容主要是由地图符号来表达。电子地图符号设计对电子地图的表示效果起着决定性影响。在电子地图符号设计中，需要注意以下特点和原则。

1. 基础地理底图符号尽可能与纸质地图符号保持一定的联系

基础地理底图符号与纸质地图符号的联系便于电子地图符号设计和使用，也有利于读者进行联想，如单线河流用蓝色的渐变线状符号表示、高等级道路用双线符号表示等。

2. 符号设计要精确、清晰和形象

精确指的是符号要能准确而真实地反映地面物体和现象的位置，符号本身要有确切定位点或定位线；清晰指的是符号尺寸的大小及图形的细节，要能使读图者在屏幕要求的距离范围内清晰地辨认出图形；形象指的是所设计的符号要尽可能与实地物体的外围轮廓相似，或在色彩上有一定的联系。

3. 符号与注记的设计要体现逻辑性与协调性

逻辑性体现在同类或相关物体的符号在形状和色彩上有一定的联系，如学校用同一形状的符号表示，用不同的颜色区分大专院校和中小学校；协调性体现在注记与符号的设色应尽可能一致或协调，应用近似色，尽量不用对比色，以利于将注记与符号看成一个整体。

4. 符号尺寸设计要考虑视距和屏幕分辨率因素

因为电子地图的显示区域较小，所以符号尺寸不宜过大，符号过大会压盖其他要素，增加地图载负量。但尺寸过小，在一定的视距范围内看不清符号的细节或形状，符号的差别也就体现不出来。

（四）色彩设计

1. 利用色彩来表示要素数量和质量的特征

不同种类的电子地图要素可采用不同的色相来表示，但一幅电子地图所用的色相数一般不应超过 5～6 种。当用同一色相的饱和度和亮度来表示同类不同级别的要素时，等级一般不应超过 6～7 级。

2. 符号的设色应尽量使用习惯用色

这些习惯用色主要有：蓝色表示水系，绿色表示植被，棕色表示山地，红色表示暖流等。

3. 界面设色

电子地图的界面占据屏幕相当一部分面积，它的色彩设计要体现电子地图的整体风格。电子地图内容的设色以浅淡为主时，界面的设色则采用较暗的颜色，以突出地图显示区域，反之，界面的设色应采用浅淡的颜色。界面中大面积设色不宜使用饱和度过高的色彩，小面积设色可以选用饱和度和亮度高一些的色彩，使整个界面生动起来。

4. 面状符号或背景色的设色

面状符号或背景色的设色是电子地图的设色关键，因为面状符号占据地图显示空间的大部分面积，面状符号色彩设计是否成功直接影响整幅电子地图的总体效果。

电子地图的面状符号主要包括绿地、面状水系、居民地、行政区和地图背景色等。绿地用色一般都是绿色，但是亮度和饱和度可以有所变化。面状水系用蓝色，亮度和饱和度可以变化。居民地和行政区的面积较大，其色彩设计也很重要。对空地设色或地图背景进行设色可使电子地图更加生动。

5. 点状符号和线状符号设色

点状符号和线状符号必须以较强烈的色彩表示，使它们与面状符号或背景色有清晰的对比。点状符号之间、线状符号之间的差别主要用色相变化来表示。

6. 注记设色

注记设色应与符号色彩有一定的联系，可以用同一色相或类似色，尽量避免对比色。在深色背景下注记的设色可以浅亮一些，而在浅色背景下注记的设色要深一些，以使注记与背景有足够的反差。若在深色背景下注记的设色用深色时，这时应该给注记加上白边，以保证注记的表示效果。电子地图的设色从总体上讲有两种不同的风格，一种是设色比较浅，清淡素雅；另一种是设色显眼，具有很强的视觉效果。

五、电子地图的出版

在地图生产单位，现代地图生产和出版的最终产品一般有印刷版地图、多媒体光盘版与网络版地图两种类型。印刷版地图先通过获取数字地图数据，再把数字地图变成可视化的电子模拟地图，最终输出四色胶片或印刷纸质地图，其中数字式电子地图只是一个过渡。多媒体光盘版与网络版地图是集图形、图像、视频、音频与文本于一体的地图，内容丰富，信息量大，有很强的可视化与查询功能，是现代数字与电子地图的重要应用形式。

（一）印刷版地图制作系统

印刷版制图实际上是生产纸质印刷地图的一个中间产品，它可以看作纸质地图在计算机屏幕上的显示，与印刷出来的纸质地图在视觉效果上应当是完全一样的，只是有了查询、分析等一些功能。因此，现代印刷版地图的生产与出版技术有着自己的特点。

（二）多媒体光盘版与网络版地图的生产出版系统

多媒体地图将多种信息连接成一个有机整体，具有人性化的操作界面；而网络地图除具有多媒体地图的特点以外，还使地图摆脱了地域和空间的限制，实现了地图产品的全球共享。它们的生产与出版技术也有许多共同点，但也有着各自的技术特点。

思 考 题

1. 什么是数字地图？什么是电子地图？数字地图与电子地图的关系如何？
2. 说明数字地图制图的基本原理。
3. 目前，数字地图制图的方法有哪些？并对每种方法做简要说明。
4. 简述数字地图制图的基本过程。
5. 什么是4D产品？简要说明基于Virtuo-Zo软件的DLG、DEM、DOM数据的制作过程。
6. 说明电子地图的设计内容。

第四篇　地图应用

第九章　地图分析与应用

地图记录着地球上各种事物和现象的位置以及彼此之间的相互关系，从地图上能够直观地了解各种事物的分布，同时能够找出它们之间的规律。目前，随着地图种类和数量的逐渐增加，地图的应用也随之扩大，地图应用的领域不断扩大，信息量也特别丰富。

第一节　地图分析概述

地图分析是地图应用的基础和核心。通过地图分析可以研究各种要素和现象的分布特点和分布规律，以及它们之间的相互联系和相互制约关系，还可以进行区域的综合评价和区域规划。

一、地图分析的概念

地图分析就是将地图对象，通过分析解译地图模型，获取空间信息，采用各种定量和定性的方法，阐明地理环境中自然、人文要素的分布，以及制图对象的时空分布特征和变化规律。地图分析的目的是利用地图提供工作中所需要的各种背景资料，科学数据和理论依据，解决需要解决的各种问题。

地图应用包括地图阅读、地图分析和地图解译三部分。地图分析是地图阅读的深化和继续，没有地图分析就不会有深层次的地图应用。使用地图时，首先是地图阅读，弄清楚地图上的各种符号以及它们所代表的地物类型。其次是地图分析，地图阅读是地图分析的基础，通过地图阅读阶段，能够获得制图对象的一些数量和质量指标，以及区域间的地理差异、各要素之间的相互联系和制图规律，对可能的发展变化做出预测。最后对分析结果做出评价和解释。

二、地图分析的作用

（一）研究各种现象的分布规律

分布规律既含有一种现象分布的一般规律和地域差异，也含有自然综合体和区域经济综合体各要素总的分布规律。在普通地图和专题地图上都可以获得地理现象的分布特征及规律。

普通地图包含自然地理要素和社会经济要素，通过其能够研究要素或者现象的分布特点及规律特征，如水系结构、地形起伏、居民地结构等。专题地图有较为明确的主题，重点较突出，能够专门用来研究专题要素的分布特点以及规律，例如，在土地利用图上分析区域土地利用类型及其分布规律等。

（二）研究各种现象之间的联系

任何事物都有千丝万缕的联系，地图能够反映出各事物之间的依存、制约、渗透等关系。借助地图分析来研究不同现象间的联系是很有效的。例如，分析地震和地质构造图，发现强烈地震经常会出现在活动断裂带曲折较为突出的部位、中断的部位、汇而不交的部位。

（三）研究各种现象的动态变化

对地图的分析能够获取各种现象的动态变化。同一幅动态地图，可以用不同的颜色来表示事物的发展变化，如城市扩张图。一些表示方法也可以表示时间和空间的动态变化，如定位图表法。除此之外，还可以借助不同时间地图的对比分析，通过研究地图上某些现象在不同时期的分布范围和界线、运动方向、运动途径等变量线，获得制图现象的发展变化情况。

三、地图模型的认识

模型被定义为任何现象或过程约定的人工或天然系统，而地图是地理环境的模拟模型，其作为一种有效的工具，方便人们认识、研究和改造地理环境，进而使人们能够不断地发现与利用自然资源，最终促进经济与社会的不断发展。地图模型具有以下特性。

（一）信息论特性

地图模型的信息论特性主要表现在信息存储方式的多样性和信息传输的层次性。前者主要表现在传统地图采用形象符号语言存储空间信息，借用地图说明与文献资料来补充地图的缺点。随着科学技术的发展，开始由形象符号模型转变为数学模型。也就是说，任意的空间信息都能够转变为坐标以及相关特征码的数值，借助相关的数据库结构存储在磁盘或者光盘上，这就是图形数据信息库，也是地图信息的另一种表达形式。后者主要表现在地图信息是分层传输的。符号识别只能获取第一层次一般的地图信息，主要包括制图区内的地物以及分布的地点等。地图分析能够获得第二层次的专门地图信息，主要包括地面形态的特征数据、相关性、相关程度和相关模型等。地图解译能够获得第三层次扩展的地图信息，主要包括二类信息基础上应用多学科知识，解释地理环境信息，获得本质的、规律性的结论，并进行科学推断与预测。

（二）认识论特性

地图模型的认识论表现出多项特性：①直观性，地图将较为复杂的地理环境信息转化成图形，把复杂的地理环境信息进行分类、分级，并借用不同的色彩、尺寸与形状进行分层表示，增强了地理事物的直观性。②可量测性，在地图模型上能够量算某点的坐标，任意两点间的距离、方位，某一区域的面积。③一览性，地图能够揭示宇宙、地球、大洲、大洋、各国以及任何区域空间地理环境诸多要素相互关系的客观规律，使人们能够从宏观上对某一区域进行全局的了解。④概括性，自然界的地理信息是较为复杂烦琐的，地图模型中的地理环境信息，是制图者根据需要简化了的信息，有着较为科学的地图概括性。⑤抽象性，地图是客观世界的图形、数字模型，从根本上改变了地理环境的本来面目，带有一定的抽象性。⑥合成性，地图模型既可以传输单一的环境信息，也可以传输合成的环境信息，合成信息具有更高的科学价值，各类信息的集合也被看作地图信息的合成。⑦几何相似性，地图是按照一定的比例缩小的客观世界的模型，地图上地物的轮廓形状和实地地物在水准面上的垂直投影有着一定的相似性。

第二节　地图分析方法

地图分析的主要技术方法有目视分析法、量算分析法、图解分析法和复合分析法。

一、目视分析法

目视分析法是用图者通过视觉感受和思维活动来认识地图上表示的地理环境的一种方法。目视分析法的优点是简单易行，不管制图区域的大小、制图的内容是否烦琐，多幅地图还是单幅地图，都是适用的，是用图者常用的基本分析方法。

目视分析法可分为单项分析法和综合分析法。单项分析法是将一幅地图的制图对象分解成若干个单一要素或指标逐一分析研究，研究各要素的分布规律，以及制图要素和其他要素之间的相互联系。对于普通地图，在分析时，可先将地图各要素分解成水系、地貌、土壤、植被、交通线、居民地等要素进行分析。综合分析法是应用地图学和其他相关的专业知识将地图上的若干个要素或者指标联系起来进行综合系统分析，以全面认识区域的地理特征。单项分析法与综合分析法相辅相成，单项分析法是综合分析法的基础，在综合分析法的指导下又可以进行单项分析。

目视分析可按照一般阅读、比较分析、综合分析和推理分析的步骤进行。

（一）一般阅读

一般阅读就是通过地图了解一些图幅内的基本地理状况，如制图区域的地理位置、居民地和交通网的分布格局，以及地貌的基本形态特征等。

（二）比较分析

比较分析是在一般阅读的基础上，对地图符号进行比较，认识构成区域地理各要素之间的时空差异。例如，目视分析中国行政区划图，比较每个省份的轮廓形状以及面积的大小。

（三）综合分析

上述的分析都是在地理各要素之间相互独立的情况下进行的分析，这样孤立的分析不能了解事物的本质，也无法看出事物发展变化的原因，只有综合分析才可以解决这些问题。

目视综合分析就是将地图上的各要素和指标联系起来进行系统分析，例如，水系的分布和地理分布有很密切的联系，地理分布制约着水系的分布，水系的分布又反过来影响了地理分布。

（四）推理分析

对地图的可见信息进行全面细致的分析后，地图中有些要素没有表示出来，这时需要用到推理分析方法。推理分析是依据地理要素之间的相互联系、相互制约的关系，利用地图学等多种学科的基本理论和原理对未知事物进行预测。例如，分析地质图、地貌图、植被图，在了解制图区域的岩石、地貌、植被类型后，应用土壤学及相关学科进行推理分析，就可以推断出该区域的土壤类型及成因。

二、量算分析法

地图量算就是在地图上直接或间接量算制图要素，从而获得数量特征的方法。地图量算包括的内容主要有地理要素的坐标、长度、面积、体积、曲率和坡度等。

地图量算的精度受多种因素的影响，主要分为地图系统误差和量测技术系统误差。地图系统误差包括地图的几何精度、地图概括、地图投影、地图比例尺、图纸变形；量测技术系统误差包括量测方法、量测仪器及量测技术水平等。

（一）位置量算

地理要素的空间位置由其特征点的坐标来表达和存储。在二维平面内，点状要素的位置用单独的一对(x, y)坐标来表示，在三维空间中，用(x, y, z)表示；线状要素的位置用坐标串$(x_1, y_1), (x_2, y_2), \cdots, (x_n, y_n)$表示。在三维空间中，线状要素的位置用$(x_1, y_1, z_1), (x_2, y_2, z_2), \cdots, (x_n, y_n, z_n)$表示。面状要素由组成它的线状要素表示。

（二）坐标量算

1. 平面直角坐标量算

如图 9-1 所示，根据地形图上的方里网及其注记，要确定 A 点坐标，就要先确定它所在的方格，从图上读出 A 点所在的方里网格西南角的点的坐标值（X_0=3967km,Y_0=35432km），过待测点 A 作平行于方里网的纵横线的垂直线 AB 与 AC，并量出相应的长度，然后放置到比例尺上计算，得到待测点 A 在此方里网的坐标增量 ΔX 为 0.710km，ΔY 为 0.420km，最后可得 A 点坐标：

$$\begin{cases} X_A = X_0 + AC \\ Y_A = Y_0 + AB \end{cases} \tag{9-1}$$

图 9-1 中，X_A 为 3967.710km，Y_A 为 35432.420km。可知 A 点位于赤道以北 3967.710km，在第 35 带，距 X 轴 432.420km，在中央经线以西 67.580km。反之，已知地面点的直角坐标，可以在图上确定该点的位置。

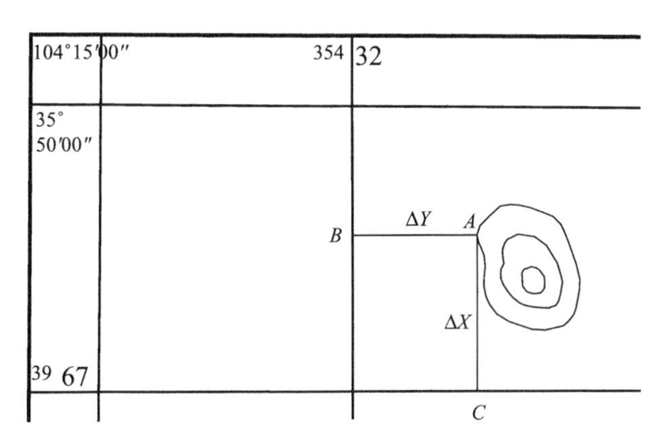

图 9-1　直角坐标量算

2. 地理坐标量算

因为大比例尺地形图上的经纬线近似于直线，所以能够过待测点 A 作平行于经线边和纬线边的直线，分别交经纬网格于 B、C 两点，如图 9-1 所示。如果是在中小比例尺地形图上，需要过待测点 A 分别作经纬线的垂线，构成经纬网格；根据地形图图廓点经纬度注记，确定待测点 A 所在经纬网格西南角点的坐标，具体方法为：先用量脚规量取该点到下面纬线的垂直距离，保持该张度，移动量脚规到西图廓或者是东图廓上来量取，就能够得到相应的长度值；同理量出南图廓或者是北图廓的值。最终将能够测出待测点 A 的地理坐标值。

因为纬度的差异，两幅图有着不同的纬线以及南北图廓的长度，所以在进行量取相应的长度时，需要在与其相邻的纬线和南北图廓上进行量算。当应用正轴等角圆锥投影的 1∶100 万地形图的经纬网格时，尽管仅仅经线为直线，纬线为同心圆弧，但其有着较小的曲率，所以当测定地理坐标的时候，可以将弯曲的纬线视为直线进行量算。假若对精度有着较高的要求，量算时要考虑图纸的伸缩。

（三）方位量算

地形图上某线段的方位角，可由线段端点的直角坐标算出，也可以根据三北方向图量出。方位角是从北方向线开始，顺时针量至某一线段的夹角。由直角坐标计算坐标方位角（图 9-2），求线段 AB 的坐标方位角 α 的步骤如下。

应用直角坐标量算的方法求出线段两端点 A、B 的直角坐标值。

根据线段两端点的直角坐标计算其方位角，计算坐标方位角的公式为

$$\tan\alpha = \frac{Y_B - Y_A}{X_B - X_A} \tag{9-2}$$

其中，α 为 AB 的坐标方位角；(X_A, Y_A)、(X_B, Y_B) 分别为 A、B 点的直角坐标值。

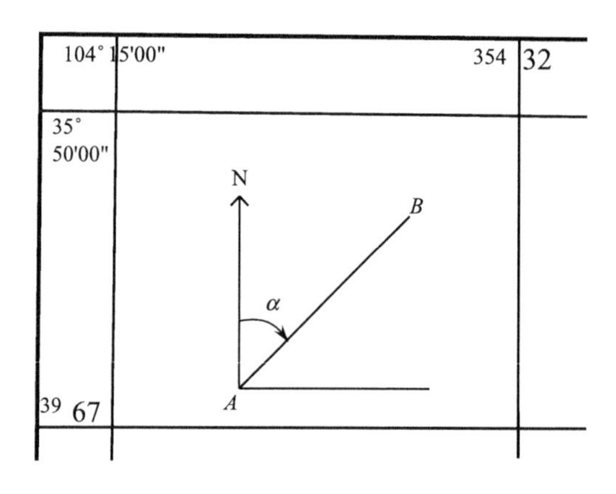

图 9-2　由直角坐标计算坐标方位角

图 9-2 中，也可用量角器得到线段 AB 的坐标方位角 α。具体做法为：过 A 点作纵向方里网线的平行线，用量角器以此线为起始边，顺时针量至 AB 的夹角，即为线段 AB 的坐标方位角 α。

若要求真方位角和磁方位角，按下式计算：

$$\alpha_{磁} = \alpha_{坐} - C \tag{9-3}$$

$$\alpha_{真} = \alpha_{坐} + \gamma \tag{9-4}$$

其中，$\alpha_{磁}$、$\alpha_{真}$、$\alpha_{坐}$ 分别为磁方位角、真方位角、坐标方位角；C 为磁坐偏角，即磁北与坐标北之间的夹角；γ 为子午线收敛角，即真北与坐标北的夹角。

AB 的真方位角和磁方位角也可采用量角器在图 9-2 上直接量取，量取方法与坐标方位角相同。区别之处在于，AB 的真方位角的起始边为过 A 点作东（西）内图廓线（经线）的

平行线；AB 的磁方位角的起始边为过 A 点作磁北、磁南连线的平行线。

（四）距离量算

距离量算通常包括水平、直线和地表三类距离的量算，如图 9-3 所示。直线距离没有较为实际的意义，一般很少考虑。

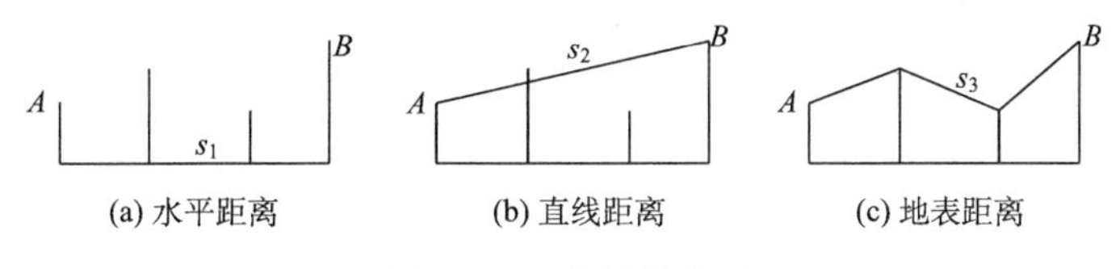

图 9-3　距离量算类别

通常在计算水平距离和地表距离时，可以将鼠标置于数字地图上进行采点，进而计算出两点之间的距离与其轨迹的总距离。

1. 水平距离

水平距离为地形表面上某两点间的最短距离，通常采用两点之间的距离公式来表示，即

$$D=\sqrt{(X_B-X_A)^2+(Y_B-Y_A)^2} \tag{9-5}$$

其中，D 为 A、B 两点间的水平距离；(X_A,Y_A)、(X_B,Y_B) 分别为 A 点、B 点的直角坐标值。

2. 地表距离

地表距离为地形表面上任意两点之间沿着地形的表面之间所表现的距离。计算地形表面距离时，通常先将这两点所处的 DEM 格网范围求出来，其次根据这一范围把两点连接成线段并与 DEM 网格相交（借助线段之间的交点法），然后将求得的交点根据距离始点的距离排序，最后就能够求出任意两个交点之间的近似地表距离。

$$D=\sqrt{(X_B-X_A)^2+(Y_B-Y_A)^2+(H_B-H_A)^2} \tag{9-6}$$

其中，D 为 A、B 两点间的地表距离；(X_A,Y_A)、(X_B,Y_B) 分别为 A 点、B 点的直角坐标值；H_A、H_B 为 A点、B 点的高程。

（五）坡度量算

坡度是指倾斜地面对水平面的倾斜程度。坡度不仅对人们了解地表的起伏状况有着重要意义，还与人类的生产和生活有着密切的关系。在地形图上有

$$\tan\alpha=\frac{h}{D} \tag{9-7}$$

其中，α 为坡度角；D 为两点间的水平距离；h 为两点间的高差。

从式（9-7）中可以看出，坡度角与水平距离和高差之间存在着正切关系。

（六）体积量算

在地形图上，能够根据等高线图形将山体的体积量算出来，同时能够量算出路基、渠道、堤坝等施工中的填挖土方量，量算土地平整过程中平整区域的挖、填的土方量，量算出水库以及矿产的储量等。

1. 横剖面法

横剖面法量算体积的表达式为

$$V=\sum_{i=1}^{n}\frac{d_i}{2}(S_i+S_{i-1}) \tag{9-8}$$

其中，V 为体积；S_i 为各横剖面面积；d_i 为各横剖面间的距离；n 为横剖面的个数；i 为 $1,2,3,\cdots,n$。

2. 等高线法

在相对较小的比例尺地形图中，对体积计算的精度要求较低，可以采用等高线法来计算体积，其公式为

$$V=\frac{h}{2}(F_1+2F_2+\cdots+2F_{n-1}+F_n)+\frac{H-H_n}{3}F_n \tag{9-9}$$

其中，V 为总体积；h 为地形图的等高距；$F_1\sim F_n$ 为从山脚到山顶各等高线层围成的面积；H 为山顶高程；H_n 为山体最高一条等高线高程；F_n 为高程 H_n 的等高线所围成的面积。

三、图解分析法

根据地图所提供的各种数量指标，绘制各种图形、图表，以便于进行地图分析，从而体现出各类要素或现象之间的相互联系和相互制约关系的地图分析法称为图解分析法。常用的图解分析法有以下几种。

（一）剖面图

剖面图可使人们对地图有更深层次的认识。剖面图是一种假想的将地面沿一定方向线垂直切下去，能直观地研究对象的垂直和水平变化规律，可以更直观地分析在某个方向上的地势起伏特征和坡度变化规律。

地形剖面图是绘制剖面图的基础，它的制图步骤为：①在地形图上选择剖面线，可以是直线或者折线；②确定剖面图的水平比例尺和垂直比例尺，为了使地势更加突出，垂直比例尺应该比水平比例尺大很多；③在图纸上绘制出剖面线；④在剖面线的一端作垂线，并根据垂直比例尺绘制标尺，注明高程；⑤注明水平比例尺、垂直比例尺以及剖面线的方向，即得剖面图。地形剖面图如图 9-4 所示。

（二）块状图

在二维平面上表达的三维图形不直观，用图解的方法可将其制成视觉三维立体图，即块状图。根据制作块状图的投影方式可以将其分为两类：轴侧投影块状图和透视投影块状图。

1. 轴侧投影块状图

采用平行光线从高空向地面投影，同一高度的制图物体的图像在任意一处均相等，而矩形网格是以平行四边形的形式出现的。这种方法通常被用来显示地貌和地质之间的关系，这就需要将地形图视为基本的资料，并需要将地质图或地质剖面图作为辅助资料。

2. 透视投影块状图

对于透视投影这类块状图通常采用透视投影方法制作，透视投影是有“灭点”的投影，又有平行透视和成角透视两种，对应着平行透视块状图和成角透视块状图。

平行透视投影是具有一个“灭点”的透视图，通常又被称作一点透视；而矩形投影是具有两个“灭点”的透视图，又被称作两点透视。组成矩形网格的两组平行线投影以后，一组向“灭点”收敛成为直线束，而另一组仍然保持平行的状态。

组成矩形的两组平行线投影后都变成直线束。图块不平行于画面，其两个侧面均和画面构成一定的角度，并向左右两边的“灭点”集中，相同大小的物体遵循远小近大的原则。其绘制的方法相对较为复杂。

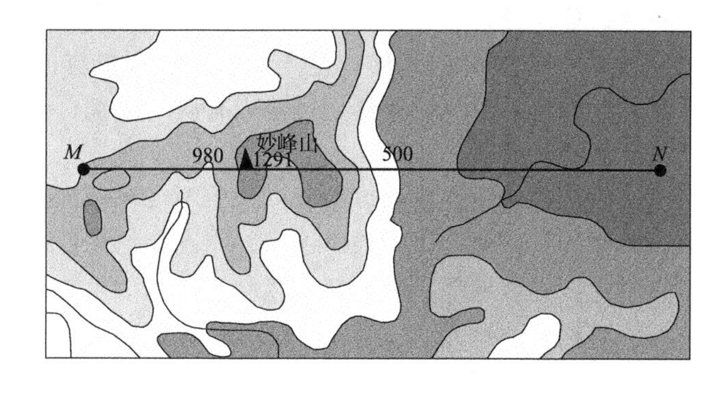

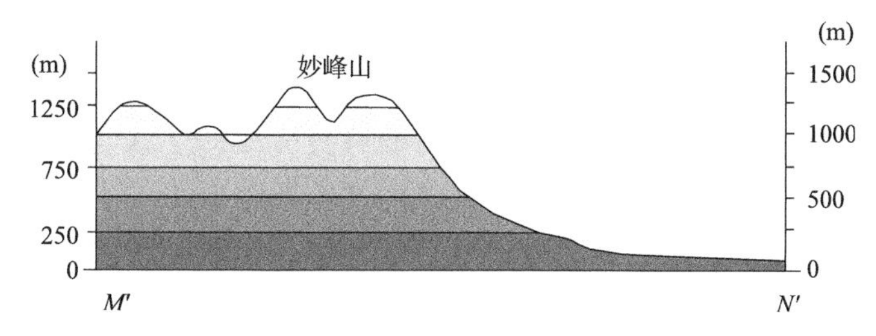

图 9-4　地形剖面图的绘制

（三）地貌切割深度图

地貌形态特征及其与地质岩性、地壳运动、地表侵蚀强度的关系，能够借助地貌切割深度图进行分析。高度图是指定量地描述地表高低的图件，如经常用于表示地表海拔的等高线地形图。相对高度是指两个地点的绝对高度之差。表示某一区域内的高差，被称为起伏度或是切割深度，这类将起伏度表达出来的图形被称为起伏度图或是切割深度图，经常用网格法进行编制。这一编制方法是在等高线形式的地形图或地势图上打网格，或是覆盖网格模片，测定每一网格内最高点与最低点的相对高差，对高差进行分级，对不同等级采用不同的色级或晕线来表示。中、小比例尺地图经常采用这种方法。

四、复合分析法

（一）地图与地图的复合分析

利用地图进行复合分析，主要有三种途径：第一种途径是不同比例尺地图之间的复合。通过对同一地区、同一主题、不同比例尺地图的复合分析，既可以获得要素或现象的宏观分布规律，又可以获得要素或现象在微观上的典型特征和数量指标，即可以为区域综合分析以及区划与规划提供科学的依据。这种复合分析，在地图编制中有着重要意义，可以为地图概括中指标的选取和载负量的确定提供重要参考。第二种途径是不同主题内容地图之间的复合。在探讨和研究要素或现象之间的关系时，首选的方法是应用不同主题的地图进行复合分析，这种复合可以是两幅不同主题地图之间的复合，也可以是多幅不同主题地图之间的复合，通过多幅不同主题地图的复合分析，可以研究自然综合体或区域经济综合体的类型和界线。第三种途径是不同时间序列地图之间的复合。为了研究要素或现象的动态变化，可以对同一区域、不同时期的地图进行复合研究，以便发现变化的趋势、变化速度，并预测预报未来的变化前景。

（二）地图与遥感图像的复合分析

地图与遥感图像同是地球空间信息的载体，是人们认识客观世界的重要工具和信息来源。但是由于两者从内容到形式，从信息的存储到传输均有质的区别，在实际应用中有各自的优缺点。地图与遥感图像复合能够达到相辅相成的效果。

地图与遥感图像的复合，从遥感图像的角度来看，地图不仅可以为遥感图像的定向、定位和专题信息提取提供参考和依据，还可以为遥感图像补充高程信息。从地图角度来看，遥感图像不仅可以为地图修正变化提供地理基础，还可以修正专题信息的图斑界线。

地图与遥感图像的复合通常有两种方式：第一种方式是地形图、地理图与遥感图像复合，这种形式的复合有两个应用目的，分别是利用遥感图像更新地形图上的地理要素、给遥感专题制图制作相匹配的地理基础底图。由于地形图或地理图编制多年，有些地理要素发生变化是很正常的，必须依照现势性强的遥感图像进行修改和更新。为方便地理基础底图与遥感图像准确套合，地理基础底图上的水系应按遥感图像修改或标定。第二种方式是专题图与遥感图像的套合，用专题图做参考和佐证，进行遥感图像的专题解译，或者以遥感图像为依据修改专题内容的位置或界线，并且在此基础上进一步制作专题影像图和专题线划图。

第三节　地 图 应 用

地图是地理信息世界的再现，是人类认识和改造世界的工具。利用地图可以分析地理要素的空间分布特征、时间序列变化，进行地理要素的相关分析、趋势分析、成因与评价分析等。地图作为信息源，在地理研究中有着重要作用。此外，利用地形图进行野外地理考察，并将野外考察内容填绘在图上，是地图应用的重要内容，也是用图者必备的知识和技能。地图的应用主要有以下几方面。

一、对各种要素的分布特点以及规律进行研究

通过分析地图，可以获取和认识各种地理要素或现象的分布规律、分布范围和分布特点等，包括同一要素中某种类型的分布规律和特点，如植被中常绿阔叶林的分布以及黄土高原上黄土地貌的分布等。在进行地图分析时，首先要通过符号识别，认识地图内容的分类、分级以及数量、质量特征与符号的关系。然后从符号的形状、大小、颜色的变化分析各要素的分布位置、范围、数量以及质量等特征，进而解释分布规律形成的原因。

在研究普通地图和专题地图时，可以了解一些要素或现象的地带性分布规律，如地貌的地带性规律和气候的地带性规律。

二、对各种要素之间的相互关系进行研究

自然地理要素和相关的人文社会要素是相互联系和相互制约的，这种现象普遍存在。分析地图，会发现各种地理要素之间也存在一定的关系，包括相互联系和相互制约、相互影响和相互作用的关系。例如，通过对土壤、植被、气候，以及地形的分析，可以发现土壤与植被存在密切的联系，土壤、植被与气候也密切联系，当然地形的高度、坡度对土壤和植被也

有很大的影响。

采用对照比较的方法，可以对普通地图和专题地图加以对比分析，从而可以研究各种现象或要素之间的关系。例如，对照分析植被图、土壤图、气候图等，就可以发现植被和土壤分布受气候影响；同气候图对照，可以看出植被和土壤的水平地带性分布是气候的水平地带性分布造成的。分析各种制图现象间的相互联系和相互制约关系，对地图分析有很大的帮助。

三、对各种要素的动态变化进行研究

利用地图，可以研究各要素或现象的动态变化。有两种地图分析方法：一种是对某一要素或现象不同时期的动态变化进行研究；另一种是对不同时期的同类型、同地区的地图进行比较分析。

第一种方法相对较为简单，例如，在水系变迁图上用不同颜色和不同形状结构的符号来表示不同时期的河流、湖泊以及海岸线的范围和位置，可以得到河流改道、湖泊变迁等的变化信息。第二种方法是对同一地区、不同时期的地图进行比较，研究空间信息在范围、位置、形状等的变化，如研究农作物在不同时期的种植结构变化、居民地的变化规律等。

研究不同时期的同类地图，不仅可以揭示地理方面的预测和预报各制图现象的变化规律，还可以确定动态变化的强度、速度。例如，通过不同时期的环境污染变化图，可以分析环境污染状况的变化。

四、进行预测预报

预测预报的分析与动态变化的研究紧密相关，可在对现象动态变化研究的基础上，对诸多地理现象进行预报预测。依据现象的发生和发展规律来拟定相关模型，能够预测现象在未来的发展趋势。世界上任何事物都有其自身发展的规律，依据采集的数据以及它的变化类型就能够进行预测预报。

预测预报分析主要包含三方面的内容：第一，时间变化的预测预报，如人口分布的预测，气温、降水的变化预测等；第二，空间分布的预测预报，如地下水、矿藏分布，一些地磁现象以及气候现象的表现等；第三，时间空间变化上的预测预报，即对随时间的变化，在空间和状态上都有变化的现象进行预测预报，如天气预报和环境污染的预测预报等。

五、进行综合评价

通过地图进行综合评价，就是采用定性、定量的方法，对各种要素或现象的分布、联系、数量与质量特征，以及动态变化进行综合分析研究，进而做出评价。

进行综合评价的内容有很多，如土地资源的综合评价是对土地的各种要素进行综合分析研究，从而了解土地的生产能力，因为土地的生产能力是衡量土地质量优劣的重要标志；环境质量的综合评价是按照一定的目的，对一个区域的环境质量进行具体的定性和定量的评定，因为这种评价工作通常是在各种单要素评价的基础上综合归纳的，所以称为环境质量综合评价。

综合评价的因素及其指标因评价目的而定。例如，土地资源评价主要选择影响土地质量和生产能力的各种因素；农业自然条件评价选择对农业起主导作用的自然条件及其主要指标。

六、进行区划和规划

区划和规划是地理研究的重要内容之一。区划是根据地域现象特征的一致性和区域现象特征的差异性所进行的地域划分。区划工作始终离不开地图，区划地图往往是利用地图进行区划工作结果的主要表现形式。规划是根据现阶段人们的某种需要对未来的发展提出设想和具体部署。地图也是制定各种规划不可缺少的工具，利用地图进行全国性或区域性经济建设规划，并编制规划地图，能直观地展现今后的发展远景。不管是区划还是规划都与地图有着密切的联系。地图分析既是区划和规划的基础，也是区划和规划的体现。在进行区划时，要明确区划的目的和范围，确定区划的质量和数量指标以及等级系统。在进行规划时，要了解规划区域的内部差异，分析各类资源在数量、质量、结构上的地域差异和分布特点，分析其动态变化。

七、进行国土资源研究

国土是人们赖以生存的物质条件，了解国土资源情况，能够因地制宜地进行国土整治、资源开发利用，发挥地区优势，合理进行生产布局。利用地图进行国土资源研究，可以减少大量的野外考察和统计工作，可以在大范围内对国土进行总体分析和综合研究。

八、地形图的野外应用

地形图的野外应用主要包括：准备工作、地图的外业定向、确定立足点在地形图上的位置、实地对照及新增地面点位，以及地形图野外填图等。

准备工作需要根据对野外的实地考察，依据考察地区的地理位置、范围等收集和选用适当的比例尺，阅读和分析地图，制定合理的野外工作计划。为了保证野外考察的顺利进行，还应考虑野外工作时间、经费、仪器以及工作人员分配等工作。同时根据工作的需要进行地形图阅读和质量评价分析，图件的内容应该符合外业调查区域的客观现状，评价其对使用区域的符合程度等。

地图的外业定向就是要保障地形图的方向与实地方向一致，图上代表各种地物的符号与地面上相应的实物方向一一对应，也就是必须使地形图与实地的空间关系保持一致。野外定向可以采用罗盘仪定向和依据地物定向。罗盘仪定向就是根据地形图上的三北关系，将罗盘刻度盘的北字指向北图廓，并使刻度盘上的南北线与地形图上的真子午线方向重合，然后转动地形图，使磁针北端指到磁偏角值即可。依据地物定向是先在地形图上找到与实地相对应的地物，然后立足该点转动地形图，使线通过图上符号瞄准实地的相应地物，从而使地形图上的地物与实地地物空间位置关系取得一致。

确定立足点在地形图上的位置。在地形图定向之后，就可以依据地貌、地物定点和后方交会法定点来确定自己站立点在图上的位置，依据地貌、地物定点可以观察自己立足点周围有哪些地物，对照地形图上的地物点，从而确定立足点；后方交会法就是先标定地形图方向，将直尺靠在图上的一个地形特征点并瞄准实地相应的地形特征点，在图上描绘其方向线，再用同样的方法描绘另一个地形特征点的方向线，地形图上两条方向线的交点，就是立足点。

实地对照及新增地面点位。完成地形图定向和确定立足点后，便可以根据图上站立点周围的地貌、地物符号，找到实地同名点地貌和地物；或者观察实地地貌和地物来识别图上所采用的线划图形与位置。地图和实地对照一般采用目估法，从右到左、从近到远、从易到难，先识别主要且明显的地貌、地物，然后按其位置关系去识别其他地物、地貌。在地形图上标定地面点的方法有三种，分别为辐射线法、前方交会法和垂支距法。辐射线法是在地图定向和确定站立点位置后，使图形保持不变，过图上站立点向欲定点瞄准和描绘方向线，在描绘方向线上截取、标注该点。前方交会法是利用地形图和地面上两到三个同名点，先后在各点上进行地形图定向、定位后，过定位点分别向欲定点描绘方向线，其交点就是欲定点的位置。垂支距法是根据道路进行地图定向，并在地图上确定站立点位，过站立点位，向欲定点作垂线，在图上截取、标注该点。

地形图野外填图。与实地对照进行读图和填图，读图就是根据地形图上立足点周围的地貌和地物符号与实地对照，找出实地上相对应的地貌和地物实体，再将这些实体附近考察到的其他地物或地貌实体，在地形图上找出它们的符号和位置。如此反复，直到读完。把野外调绘的内容，用符号或文字标绘在地形图上，这个过程称为地形图野外填图。填图的要求是标绘内容要突出、清晰、易懂，做到准确、及时、简明。准确就是标绘的内容位置要准确；及时就是要就地标绘，以免遗忘；简明就是图形正确，线划清晰，注记简练，字迹端正，图面整洁，一目了然。填图过程中，要注意沿途的方位物，随时确定站立点在地形图上的位置、形状和地形图的定向。

九、地图在军事上的应用

地图在军事指挥作战方面的作用是很大的。地图能够提供战区的地形资料，将整个战区的平面图展现在指挥员的眼前，解决了实地视力所不及而又必须统观全局的矛盾，而且使用地图不受时间、地点、天气等条件的限制。从地图上获得兵要资料和数据是十分重要的，而且这个要求随着各军兵种武器装备的不断改进日趋迫切。现地勘察地形是军事指挥员必须进行的战前准备之一，地图是进行现地勘察的工具。现地勘察地形使用地形图主要包括确定站立点、按地图行进和研究地形等几个方面。地图为国防工程的规划、设计和施工提供地形基础，各种国防工程的规划、设计和施工都离不开地形图，特别是大比例尺地形图。地图还可以提供合成军队作战指挥的共同地形基础，近年来编制的协同作战图能给统一的作战指挥提供共同的作战基础，提供统一的位置坐标和高程，以及统一的坐标网和参考系，保障在实施统一作战指挥时，实现时间、地点和战术协同。地图还包含标图和实施图上作业的地图，标图和实施图上作业是地图在军队用途中的重要方面，标图是指挥员组织、实施指挥的一种重要方法，实施图上作业是各军兵种使用地图的一种主要方式。此外，数字地图的出现在军事上也表现出了重大的作用，主要表现为能够提供透明的数字化战场。

思　考　题

1. 什么是地图分析？地图分析的目的是什么？
2. 地图分析的方法有哪些？并对每种方法做简要说明。
3. 如何在地图上进行真方位角、坐标方位角的量算？
4. 以自己所学的专业为例，简述地图的应用。

第五篇　地图前沿

第十章　地图学发展前沿与发展趋势

随着遥感、计算机、互联网等科学技术的飞速发展，无论是数据的来源、地图生产，还是地图的表现形式，都比以往发生了巨大的变革。遥感技术拓宽了地图数据的来源，计算机等科学技术改变了传统的手工制图方法，走向了机助制图，互联网的到来使得地图的表现形式更加多样，获取更加快捷。

第一节　时空大数据时代的地图学

在大数据成为地图学信息源的“数据密集型”科学范式新时代，地图学又站在了新的历史起点上。此时此刻，地图学界理所当然地要思考：时空大数据时代的到来将给地图学带来什么变化？地图学如何迎接大数据时代的挑战和机遇？

一、空间与时间、空间参照与时间参照

（一）空间和时间

哲学上有一个基本观点：空间与时间一起构成运动着的物质存在的两种基本形式。空间指物质存在的广延性；时间指物质运动过程中的持续性和顺序性。空间和时间具有客观性，同运动着的物质不可分割。没有脱离物质运动的空间和时间，也没有不在空间和时间中运动的物质，空间和时间也是相互联系的。现代物理学的发展，特别是相对论证明了空间和时间同运动着的物质有着不可分割的联系。

（二）运动的空间与时间表达

如图 10-1 所示，时间维（*T*）是指地理信息的时间变化，具有时态性，需要有一个精确的时间基准；空间维（*S-XYZ*）是指地理信息具有精确的空间位置或空间分布特征，具有可量测性，需要一个精确的空间基准；属性维（*D*）是指空间维上可加载随时间变化的要素（现象）的各种相关信息（属性信息），具有多维特征，需要有一个科学的分类体系和标准编码体系。

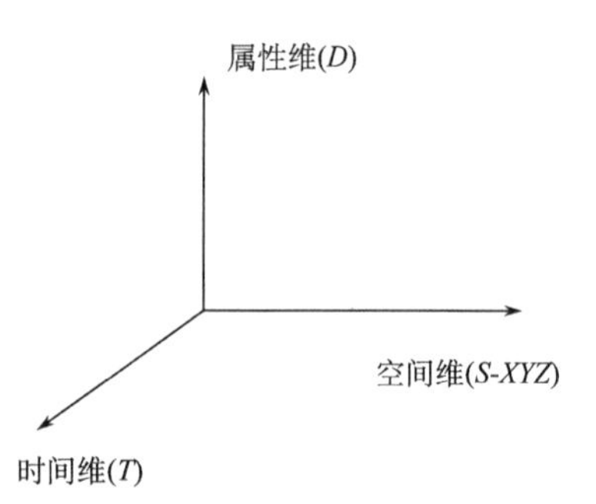

图 10-1　运动的空间与时间表达

（三）空间参照与时间参照

空间参照与时间参照是自然与社会现象的两个基本参照系统，任何事物和任何现象都离不开这两个基本参照。换句话说，空间坐标与时间刻度是标识自然万物与社会现象的两个基本特征。

二、时空大数据

（一）时空大数据概念

时空大数据是指基于统一的时空基准（空间参照系统、时间参照系统），活动（运动变化）于时空中与位置直接（定位）或间接（空间分布）相关联的大数据，即大数据与地理时空大数据的融合。

这样界定时空大数据是基于以下三个事实：世界是物质的，物质是运动的，包括人类活动在内的万事万物的运动变化都是在一定的时间和空间中进行的，而所有的大数据都是世界万事万物运动变化的产物；随着智能感知技术、物联网、云计算技术的发展，各个领域开始了“量化”的进程，这种一切皆可“量化”（数字化）的趋势导致了大规模海量数据的产生，而空间参照与时间参照是大数据的两个基本特征；从可视化角度看，正是因为一切大数据都具有空间参照和时间参照的特征，所以才能直观地为人们提供大数据的空间位置、空间分布和时间标识。

（二）时空大数据的主要类型

1. 时空基准大数据

时空基准大数据如图 10-2 所示。

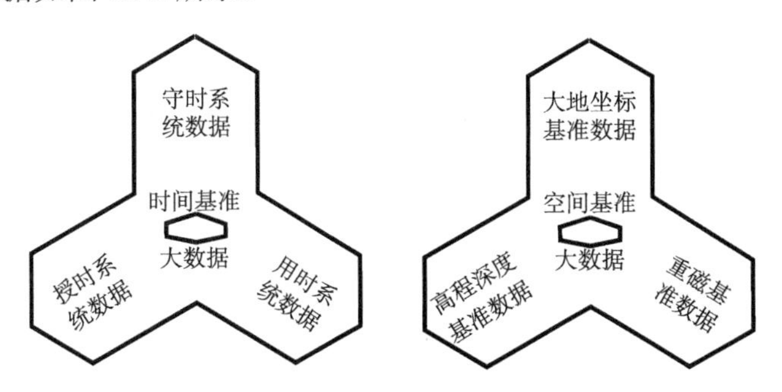

图 10-2　时空基准大数据

2. GNSS 和位置轨迹数据

GNSS 基准站数据：一个基准站 1s 的采集率，一天的数据量约为 70MB（1MB=1024KB），按全国 3000 个基准站计算，则一天的数据总量约为 210GB（1GB=1024MB）。

位置轨迹数据是指通过 GNSS 等测量手段和收集方法获得的用户活动数量，可用于反映用户的位置和用户的社会偏好及相关交通情况等，包括个人轨迹数据、交通轨迹数据、群体轨迹数据、信息流数据、物流轨迹数据、资金流等。位置轨迹数据如图 10-3 所示。

3. 大地测量与重磁测量大数据

大地测量与重磁测量大数据包括大地控制数据、重力场数据和磁场数据。大地控制数据包括天文点数据、GNSS 网数据、水准高程数据和水深数据。重力场数据包括地球重力场模型参数和重力观测点数据、各类卫星重力、航空重力数据和海洋重力数据。

4. 遥感影像大数据

遥感影像大数据包括卫星遥感影像数据、航空遥感影像数据、地面遥感影像数据、地下感知数据、水下声呐探测数据。卫星遥感影像数据包括可见光影像数据、微波遥感影像数据、红外影像数据、激光雷达扫描影像数据。地下感知数据包括地下空间和管线数据。水下声呐探测数据包括水下地形和地貌数据、地物数据。

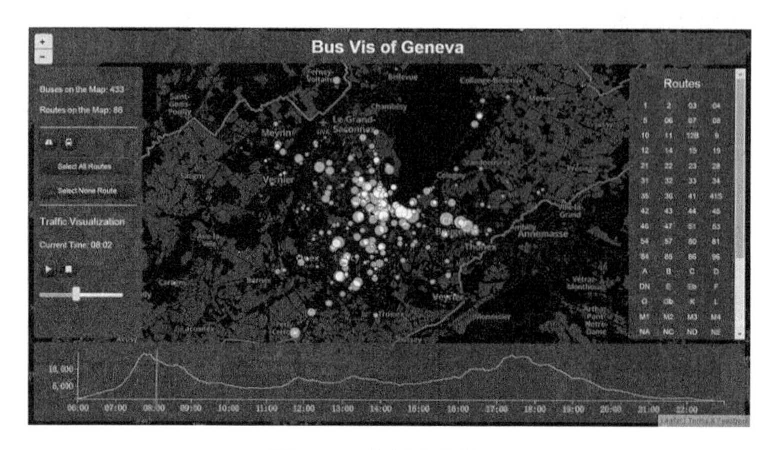

图 10-3　位置轨迹数据

5. 地图数据

地图数据是指各类地图、地图集数据。据不完全统计，全国 1∶5 万数字线划地图（DLG）数据量达 250GB、数字栅格地图（DRG）达 10TB，1∶1 万 DLG 达 5.3TB、DRG 达 350TB。

地图数据中的 DLG 主要为：城市 1∶200、1∶500、1∶1000、1∶2000、1∶5000；各省（自治区、直辖市）1∶1 万；全国 1∶5 万、1∶25 万、1∶50 万、1∶100 万；全球 1∶500 万、1∶1400 万。地图数据还包括 DRG、数字正射影像地图（DOM）、数字高程模型（DEM），国家、省（自治区、直辖市）、市各类（种）地图集、挂图、旅游图等数据。

6. 与时空相关的其他大数据

与时空相关的其他大数据是指具有空间位置特征的随时间变化的数字化文字、图形、图像、声音、视频、影像和动画等媒体数据，包括通信数据、社交网络数据、搜索引擎数据、在线电子商务数据、城市监控摄像头数据、观测台站数据、社会经济人文统计数据、文本数据、时空数据+大数据（各部门、各行业）等。

（三）时空大数据的特征

时空大数据的特征如图 10-4 所示。

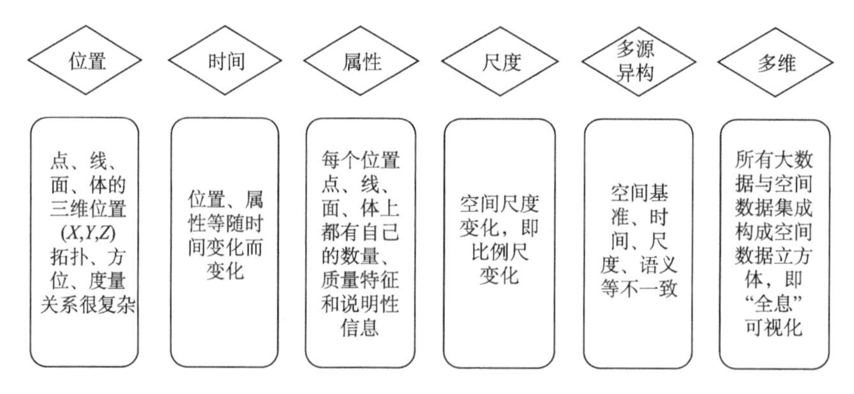

图 10-4　时空大数据的特征

三、时空大数据平台与时空大数据产业化

（一）时空大数据平台构建

时空大数据平台构建如图 10-5 所示。

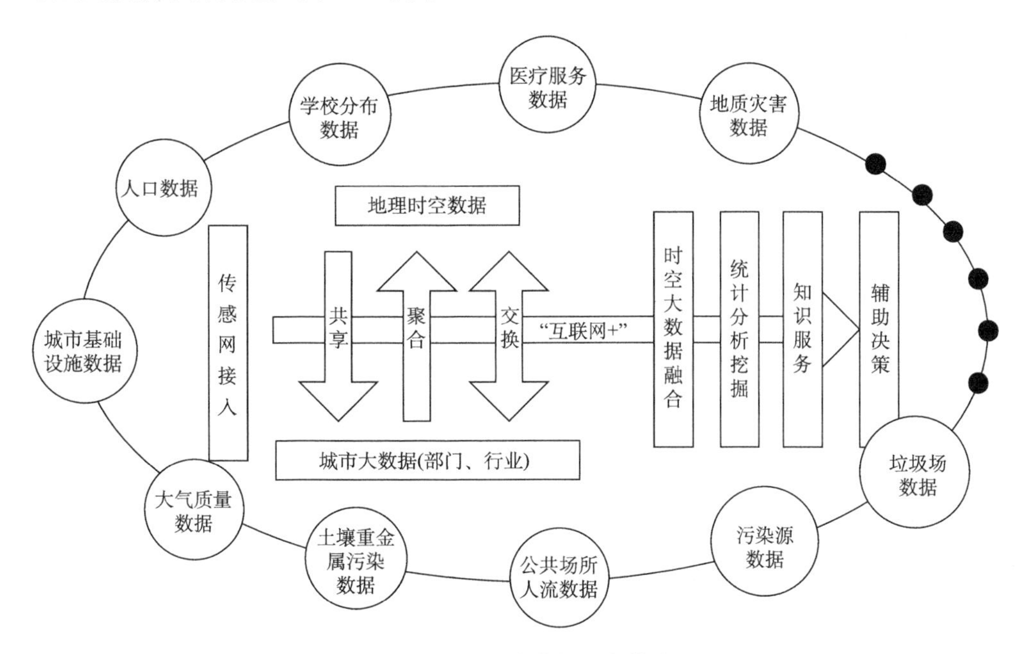

图 10-5　时空大数据平台构建

（二）时空大数据平台完成的工作

时空大数据平台可以完成的工作：①传感器网分类接入；②时空大数据分布式存储和管理；③地理时空数据与各部门（行业）大数据的共享、交换、聚合机制；④多源异构时空大数据融合、统计分析数据挖掘与知识发现；⑤时空大数据可视化；⑥知识服务与辅助决策。

（三）时空大数据产业化面临的问题

时空大数据产业化面临的问题：①论述商业大数据多（受商业利益驱动），研究科学大数据少（科学决策驱动不够）；②研究一般大数据的多，而涉及时空大数据的少，这涉及对大数据与时空大数据本质的认识问题；③研究大数据统计的多，真正研究大数据的挖掘和知识发现的少；④试图掌握大数据的多，而真正应用大数据的少，有的甚至不知道怎么应用大数据；⑤大数据支持系统尚未形成；⑥大数据产品刚刚起步，未形成大数据产业体系（软件产品、软硬件集成产品、数据产品）；⑦数据科学的边界还不够清晰，大数据理论研究薄弱，更未形成大数据理论体系。

（四）时空大数据产业化之路

时空大数据产业化之路主要如下。

1. 构建时空大数据理论体系

围绕时空大数据科学理论体系、时空大数据计算系统与科学理论、时空大数据驱动的颠覆性应用模型探索等开展重大基础研究，构建时空大数据基础理论与方法体系。包括全球时空基准理论、多源异构地理时空大数据集成、融合和同化理论、时空大数据不确定性理论、

时空大数据统计分析模型和大数据挖掘算法、时空大数据可视化理论。

2. 构建时空大数据技术体系

采用产学研用相结合的协同创新模式，围绕时空大数据存储管理、时空大数据智能综合与多尺度时空数据库自动生成及增量级联合更新、时空大数据清洗、数据分析与挖掘、时空大数据可视化、自然语言理解、深度学习与深度增量学习、人类自然智能与人工智能深度融合、信息安全等领域进行创新性研究，形成时空大数据技术体系。包括高精度 GNSS 的全球化和时间系统的精准化技术、地理时空信息智能感知技术、地理时空大数据分布式存储与管理技术、地理时空大数据并行智能处理技术、地理时空大数据挖掘与知识发现技术、地理时空大数据快速可视化技术、地理时空信息智能服务技术等。

3. 构建时空大数据产品体系

围绕时空大数据获取、处理、分析、挖掘、管理、应用等环节，研发时空大数据存储与管理软件、时空大数据分析与挖掘软件、时空大数据可视化软件等产品，提供时空数据与各行各业大数据，领域业务流程及应用需求深度融合的时空大数据解决方案，形成比较健全实用的时空大数据产品体系。

四、时空大数据时代带来的地图学的变化

（一）地图学的时空观

地图学从一开始就是人类活动在一定空间和时间认知世界和改造世界的产物，地图构建地理世界而非复制地理世界，地图学的使命是研究“构建地理世界”的理论方法、技术体系与地图表达复杂地理世界的空间结构和空间关系及时空变化规律。这就决定了地图学的科学、技术和工程的基本属性与地图的科学价值、社会价值、法律价值、文化价值和军事价值。

人类活动本质上就是一种时空行为，世界上的任何事物和任何现象（包括自然和社会人文）的发生、发展和演变，都是在一定的时间和空间进行的，地图学作为表达人类活动和地理环境在时间和空间上的复杂关系的一种独特的研究视角，越来越凸显出其与空间和时间的不可分割性。

地图学是被人们用来认知、管理和治理世界的，能进行时间和空间分析。无论任何时期的地图学都能研究时间序列的预测分析和空间分布规律分析的模型和算法，只不过时空精准度及内容的深度和广度不同。

地图上的万事万物的空间和时间特征及其时空变化作为地图学的主要研究和表达对象，从时间序列（时间尺度）来讲，可以科学地表达过去、现在和将来，即时间序列的延拓；从空间范围来讲，可以科学地表达地球表层（四大圈层）、海洋（海底地形、海洋热带气旋等），乃至月球表面（月球形貌和月球地形）、网络空间等。深空、深地、深海、深蓝等都成了地图学描述和表达的对象，深刻地影响着地图学研究的认识论和方法论。

时空大数据时代的到来，使得地图学对时空框架下运动变化的事物和现象的描述和表达更加科学实用。例如，发病率专题地图的制作，发病率异常区域的确定，该区域及周边其他信息的获取已变得容易，地图已经能够建立特定癌症发病率与特定致癌物质接触程度之间的联系；城市交通监控管理中心的屏幕电子地图上，可以实时动态地表达城市某区域人流状况预测，从而使城市管理者能实时了解某区域的公共安全状况，及时采取预警措施。

（二）地图学的第一要务：大规模海量多源异构数据融合

随着时空大数据时代的到来，地图学的第一要务是大规模海量多源异构数据的融合。主要表现在多类型、多分辨率、多时态、多尺度、多参考系、多语义等特点，客观上带来集成应用的时空大数据不一致、不连续的问题十分突出，给地图制图增加了难度，无法快速为国家重大工程和应急处理提供全球一致、陆海一体、无缝连续的时空大数据服务。因此，如何科学描述、表达和揭示不同类型、不同尺度、不同时间、不同语义和不同参考系统的时空大数据的复杂关系及其相互转化规律，已成为地图学亟待解决的科学技术问题。

（三）地图学科学范式的变化：数据密集型计算范式

以时空大数据密集型计算为特征的地图学科学范式，使地图学完全有必要，也有可能把重点放在时空大数据的智能化深加工方面。主要表现在：①时空大数据多尺度自动变换——多尺度时空大数据自动综合；②时空大数据统计分析和数据挖掘——统计分析模型和数据挖掘算法，解决“时空大数据隐含价值—技术发现价值—应用实现价值”的难题；③时空大数据可视化——主题多变性、强交互性和快速性。

（四）时空信息传输和认知模式的变化

在当今时空大数据时代，捷克人柯拉斯尼（Kolacny）于 1969 年提出的地图信息传输与认知模式如图 10-6 所示，暴露出其局限性。

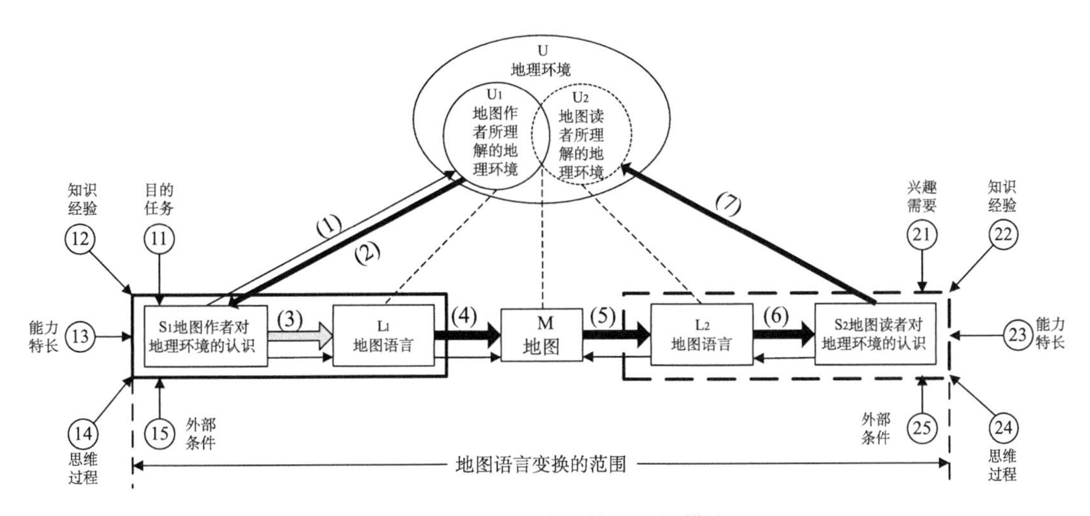

图 10-6　地图信息传输与认知模式

随着全球卫星导航定位系统、天空地海一体化对地观测系统、地理信息系统、机器学习与人工智能、“互联网+”等新兴信息技术的发展，人类对自己赖以生存的时空环境的认识正在由地图空间认知向以现实地理世界为对象，由传感网“感知的地理世界”、“重构的地理世界”和“认知的地理世界”构成的全过程、多模式时空认知综合转变。时空大数据时代的认知模型如图 10-7 所示。

五、地图学理论、技术、品种的变化

地图学理论、技术、品种的变化，如表 10-1 所示。

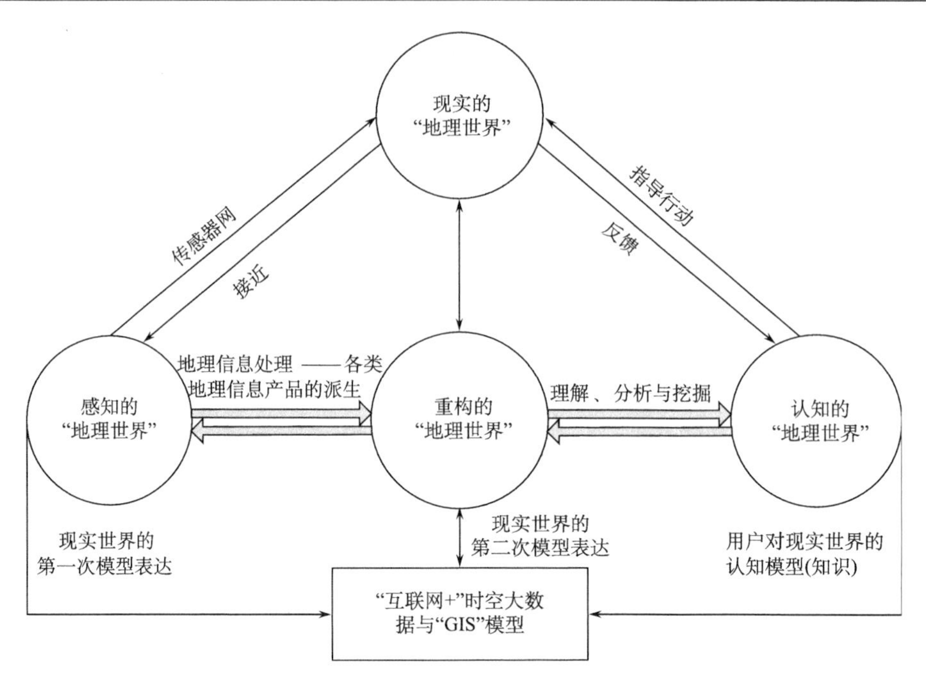

图 10-7　时空大数据时代的认知模型

表 10-1　地图学理论、技术、品种的变化

地图学的理论体系（认识论）	地图学的方法论	地图学的技术体系	地图产品特征
地图哲学——哲学视野下的地图学			
地图学的对立统一规律		数据获取—处理（生产）—应用（服务）	
地图史		一体化	实时动态性
地图学史		专业制图与兴趣者制图并存	主题针对性
地图演化论		基于模型、算法及基于知识的推理	产品定制化
地图文化		基于“综合链”自动综合过程控制与质	内容的复合性
地理本体 Vs 地图本体 Vs 时空信息本体	系统论方法	量评估	表现形式的个性化
地图模型 Vs 时空信息模型	协同论方法	基于机器学习智能制图	应用的广泛化
地图空间认知 Vs 时空信息认知	最优化方法	人类自然智能与计算机人工智能深度融	服务模式的多样化
地图符号学 Vs 地图语言学 Vs 时空信息语言学		合	
地图信息传输模式 Vs 时空信息传输模式			

第二节　三维电子地图

一、三维电子地图概念

三维电子地图是以三维电子地图数据库为基础，按照一定比例对现实世界或其中一部分的一个或多个方面的三维、抽象的描述。网络三维电子地图不仅通过直观的地理实景模拟表现方式为用户提供地图查询、出行导航等地图检索功能，同时集成生活资讯、电子政务、电子商务、虚拟社区、出行导航等一系列服务，为政府机关、企事业单位、商家企业提供宣传互动的快速通道，并以全新的人性化界面表现，为人们的日常生活、网上办事和网络娱乐等活动提供便捷的解决方案，从而生动真实地实现了网上数字城市，让人们真正感受到自己生活在一个信息化的城市里。可以说，网络三维电子地图成为互联网业务发展的新亮点。但是，任何事情都有两面性。网络三维电子地图在给人们带来方便的同时，也给国家安全、社会稳定和人们的隐私等带来威胁，需要制定相应法律、措施来维护。三维电子地图包括实景三维地图和虚拟三维地图。

实景三维地图利用卫星或激光扫描技术获取建筑物的高度、宽度、纹理特征，最终形成三维地图数据文件。实景三维地图是基于实物拍摄、数据抽象采集技术实现的。实景三维地图获取的成本较高，基本上局限于军事或政府部门，普通人群基本上看不到真正的实景三维地图。直到最近几年，搜索引擎大腕 Google 把卫星遥感地图资源和三维电子地图技术以及互联网集合起来，推出 Google Earth 和 Google Maps，将人们带进了一个全新的广阔空间，带给人们栩栩如生、身临其境的体验。另外，国内一些公司也借助于 WebGIS 技术，利用飞艇、飞机和汽车等交通工具，从不同的角度进行拍摄，把整个地区都拍一遍，通过数据库和地图上每个具体地点联系起来，获得这个地区的实景地图。但是，这种方式受交通工具的限制，只有交通工具可以到达的地方才可以进行数据采集，所以实景三维地图给出的信息还是有限的。例如，城市实景地图主要以汽车为交通工具，很多政府机关、科研院所、社区小院无法拍到。但是，实景三维地图吸引人之处不仅仅在于地图本身，呈现方式和软件功能也同样重要。所以，作为本土实景三维地图，更适合国民口味，同样也得到快速发展。

虚拟三维地图是通过人工拍摄获取建筑物的外形，而后将各个孤立的单视角 3D 模型无缝集成，经过虚拟美化处理，形成三维地图数据文件。虚拟三维地图是以现实地理信息为基础，基于 WebGIS 和虚拟现实技术实现的；可以通过任何方式（如采用人工拍照方式采集）获得实际三维的地理信息，通常没有实景三维地图对拍摄的要求高；人们将获得的地理信息进行加工拼接，通过建模的方式加以整理，最后以虚拟现实的方式呈现。

二、三维电子地图的特点

三维电子地图（图 10-8）具有以下特点。

1. 准确实测

卫星影像图作为采集数据的一个蓝本，确保了建筑物的位置准确性和三维美工制作铺设楼房的正确性。由于卫星图并非即时的图片，制作应以实测为准。

2. 高清建模

当今国际流行的多边形建模技术，在保证还原楼房真实形状的同时也能保证制作的速度。在制作楼房时，根据采集照片对楼房的每一部分进行推敲，结合卫星图片制作建筑，制作好建筑后，严格按照卫星图片上建筑的位置对制作好的建筑进行摆放，减少建筑与建筑之间、建筑与地表之间的位置误差。

图 10-8　三维电子地图

3. 精细贴图

对每一栋建筑进行细致的贴图，建筑外墙、

窗体、装饰物的材质来自采集的照片或者精选的素材库，尽量还原建筑的真实外观。

4. 真实渲染

渲染效果非常接近真实的光线跟踪渲染器，使三维地图有着良好的层次感和丰富的色彩，在增强立体层次的时候不会让客户觉得很刺眼，大大提高了产品的友好度，同时根据光线跟踪渲染器的特点对模型、贴图进行优化，使渲染的速度进一步提升，同时不降低产品的效果。

5. 美化环境

按照卫星图片进行环境的布局，对照卫星图片布置草地、树木，同时保证在真实的情况下对环境做美化处理，增强三维地图产品的可看性。

第三节　智 慧 地 图

一、智慧城市概念

智慧城市是运用信息和通信技术手段感测、分析、整合城市运行核心系统的各项关键信息，对民生、环保、公共安全、城市服务、工商业活动等在内的各种需求做出智能响应。其实质是利用先进的信息技术，实现城市智慧式管理和运行，为城市中的人们创造更美好的生活，促进城市的和谐、可持续成长。

随着人类社会的不断发展，未来城市将承载越来越多的人口。目前，我国正处于城镇化加速发展的时期，部分地区“城市病”问题日益严峻。为解决城市发展难题，实现城市可持续发展，建设智慧城市已成为当今世界城市发展不可逆转的历史潮流。

二、智慧地图概念

智慧城市的建设需要智慧地图。一个恰当的比喻：智慧地图是智慧城市在虚拟中的“孪生兄弟”。智慧地图映射了在智慧城市中正在发生的和已经发生的一切。智慧城市对智慧地图的需要分为两种：它们是可描述的，描述已被测量的数值；它们也是“诊断图”，可以显示极端数据，以此来进行更有意义的决策。

智慧地图以多维时空 GIS 平台为基础，以多源、多尺度、多结构的要素图层数据整合为核心，融合云计算、物联网、实时数据采集、模型技术、数据分析、三维仿真等前沿技术，实现对空间数据应用的深层次挖掘，为国情监测、农业估产、森林防火、环境保护、防汛抗旱、城市规划、电信电力设施建设、城市管理等行业应用和公众信息提供可视化的决策支持和信息服务。

智慧地图有两大作用：第一，智慧地图可以重建智慧城市中正在发生的和已经发生过的事情，同时其“诊断性”也可以辅助决策；第二，智慧地图可以预测未来要发生的事情，以更好地建设未来城市。

第四节　全 息 地 图

地图是空间认知的工具，随着社会经济和科学技术的发展，用户需求多样化和个性化趋势日益凸显，用户对服务体验的要求也越来越高，亟须一种更加智能化的新型地图。

这种地图能够实时地获取整合泛在信息，通过大数据分析，不仅能发现事物和对象的空间存在关系，还能发现事物对象间潜在的深层次关系，并在合适的时间、合适的地点，向用户推送最合适的信息，即一种以人为本，充分利用当今信息时代的新技术，并满足用户需求的新型地图。周成虎等于 2011 年提出了全息位置地图的概念。

一、全息位置地图的概念

全息位置地图概念的提出，正是为了适应网络信息时代，信息获取形式多样化、内容丰富化、各种多维时空信息需要动态关联的要求。

周成虎等认为全息位置地图是以位置为基础，全面反映位置本身及与位置相关的各种特征、事件或事物的数字地图，是地图家族中适应当代位置服务业发展需求而发展起来的一种新型地图产品。

与一般的位置地图相比，全息位置地图有两个基本特征：①全息位置地图是语义关系一致的四维时空位置信息的集合；②全息位置地图由系列数字位置地图构成，能够形成多种场景，并以多种方式呈现给用户。

钱小聪等认为，全息位置地图是指在泛在网环境下，以位置为纽带动态关联事物或事件的多时态（multi-temporal）、多主题（multi-thematic）、多层次（multi-hierarchical）、多粒度（multi-granular）的信息，提供个性化的位置及与位置相关的智能服务平台。其宗旨是以“人”为本，根据用户的应用需求，基于位置来集成和关联适宜的地理范围、内容类型、细节程度、时间点或间隔的泛在信息，通过适应于特定用户的表达方式为用户提供信息服务。

泛在网涵盖了传感网、互联网、通信网、行业网等网络系统，它们既是全息位置地图的信息来源，又是其运行环境。泛在信息是在泛在网环境下获取的事物或事件本身及其相关信息（如位置、状态、环境等），涵盖地球表面的基础地理信息、独立地理实体（如建筑物）的结构信息、地理实体间的关联信息、各行业的信息、人的自身及其喜好信息等。泛在信息能够直接或间接地与空间位置相关联，形成描述特定事物或事件等的总体信息。

位置是指现实世界和虚拟环境中特定目标所占用的空间。在现实世界中，位置可以是用地理坐标表达的直接位置，也可以是地名、地址、相对方位和距离关系等表达的相对位置，用以描述地理实体或要素的所在地、社会事件发生地、移动目标的路径等；在虚拟环境下，用 IP 地址、URL、社交网络账户等形式描述用户登录或发布信息的位置等。

泛在信息通过位置进行关联，根据特定应用与需求，选择特定的时态、主题、层次和粒度来描述相关事物或事件的特征。“时态”反映了事物或事件随着时间变化的情形；“主题”是指从不同角度描述事物或事件；“层次”是指基于事物或事件自身的层次或级别的划分来描述其相应层次的特征；“粒度”是指依据用户需求确定的描述事物或事件信息的详细程度。

全息位置地图的“全息”包含两层含义：一是指泛在信息，指以位置为纽带，获取与关联位置相关的各种泛在信息；二是指通过位置全方位表达的各种场景信息，所表达的结果可以是不同观察者的视图，如人类、动物视图或机器视图，主要表达方式包括影像图、三维模型、全景图、激光点云、红外影像，以及其他传感设备获取的多种信息表达形式或它们的融合形式。

二、全息位置地图的组成

全息位置地图实时或近实时地从互联网、传感网、通信网等构成的泛在网中获取泛在信息，这些获取的信息通过语义位置在地图上汇聚关联。全息位置地图的表现形式多样，包含二维矢量、三维场景、全景图、影像地图等多种形式，并且实现室内室外、地上地下一体化。图 10-9 是显示了全息位置地图的概念示意图。

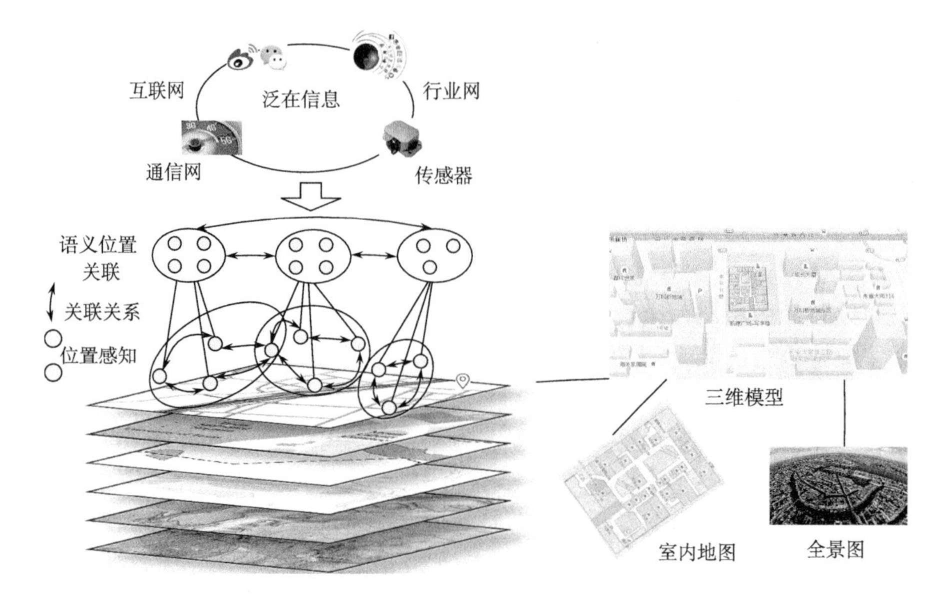

图 10-9　全息位置地图概念示意图

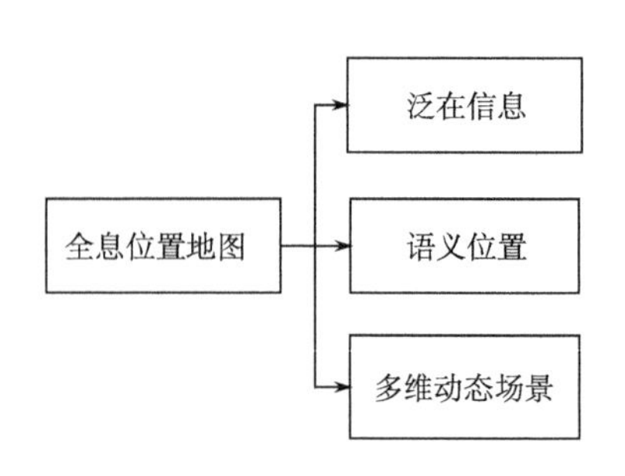

图 10-10　全息位置地图核心组成

全息位置地图强调以位置为核心将泛在信息在多维地图上进行汇聚、关联、分析、传递和表达。泛在信息是全息位置地图最重要的数据源，为全息位置地图提供数据支撑；语义位置作为泛在信息的核心元素，为全息位置地图提供有效的关联手段；多维动态场景应满足泛在信息及空间信息在时间尺度上的变化需求，为全息位置地图提供可靠的表达方式。因此，语义位置作为泛在信息和多维动态场景的关联方式，构成了全息位置地图的三大核心组成部分，如图 10-10 所示。

三、全息位置地图特征

通过对全息位置地图概念的理解，并与现有电子地图比较分析，归纳了全息位置地图实时动态性、语义位置关联、室内外一体化、自适应性和多维时空表达的五大特征（表 10-2）。

表 10-2　全息位置地图与传统电子地图的比较

特征	全息位置地图	传统电子地图
数据类型	地理空间信息叠加专题数据，以及互联网数据、传感网数据等泛在信息	地理空间信息叠加专题数据、多媒体数据
数据的实时性	实时或近实时获取泛在信息	以静态信息为主

续表

特征	全息位置地图	传统电子地图
空间认知	揭示人、事、物之间的深度关联	将相关对象事物以空间坐标形式进行简单地图叠加
组织方式	通过语义位置模型关联各种信息	以传统地理坐标组织，没有考虑语义关系
室内外一体化服务	在室外地图服务基础上提供室内外一体化服务，可应用于室内外一体化导航领域	少数提供局部室内地图服务，室内外一体化表达有限
自适应性	自适应满足用户需求，提供智能化的交互方式	用户操作和阅读地图制定的单一化功能，难以满足用户自适应需求

全息位置地图不是传统电子地图在理论、方法上的简单扩展，而是将其与现代信息技术结合起来的进一步创新，它提供了新的超越传统电子地图的描述人类认知环境和信息的能力，同时可以智能化地表达人们对客观地理空间规律的认知。

四、全息位置地图技术内容

作为一种新型的地图服务平台，全息位置地图的研究尚处于起步阶段，其关键技术内容如图 10-11 所示。

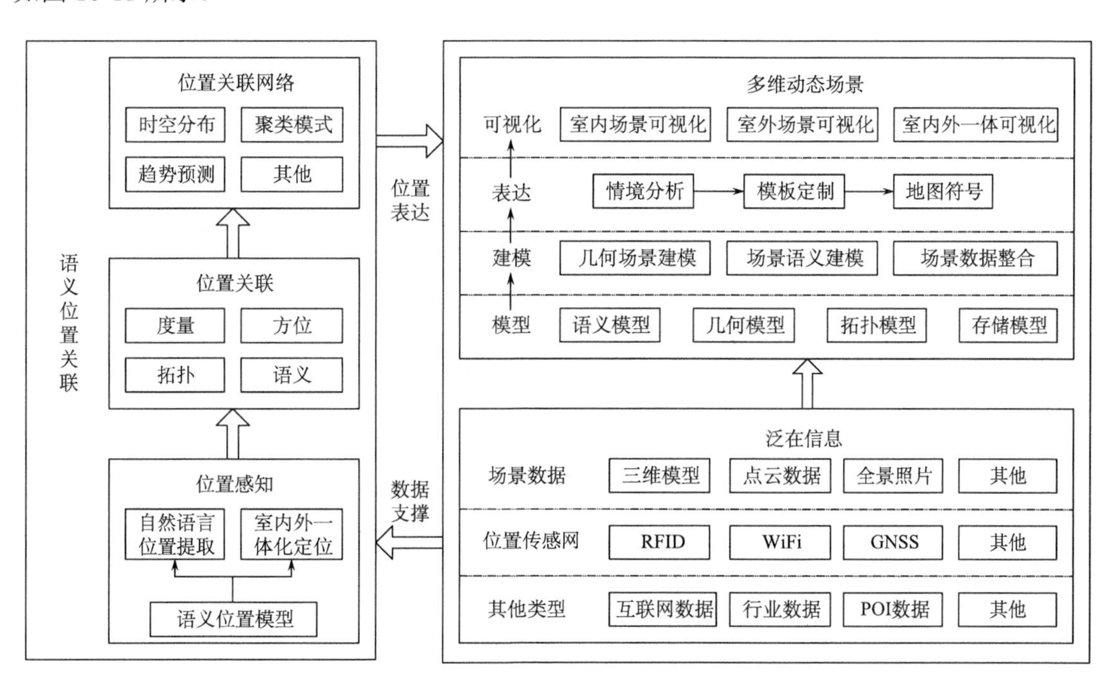

图 10-11　全息位置地图关键技术内容

其中，语义位置关联以语义位置模型为基础，动态感知泛在信息中存在的位置信息，并基于度量、方位、拓扑和语义等简单的位置关联和通过时空分布、聚类模型及趋势预测等方法形成深层次的位置关联网络，实现全方位的语义位置关联。多维动态场景的技术框架则分别从场景模型、建模、表达与可视化几个方面构建，如图 10-12 所示。

图 10-12　泛在信息与三维场景实体的融合

第五节　地图学面临的问题与发展趋势

一、地图学发展面临的主要问题

（一）地理数据获取的现势性

现势性就是地图所提供的地理空间信息要尽可能地反映当前最新的情况。在社会快速发展的新形势下，地形、地貌、地物的变化十分频繁。为保证地形图的现势性，及时反映人文与自然要素的实际变化，必须在已测制完成的地形图上，根据不同情况，按照统一的技术要求，对地面变化了的地理要素进行修测或重测。地形图更新周期越短，现势性就越强。所以数据获取的现势性是目前地图学发展中的一个难题。

（二）制图综合

地图制图者由大比例尺地图缩编成小比例尺地图的过程中，根据地图成图后的用途和制图区域特点，加以概括、抽象的形式反映制图对象的带有规律性的类型特征和典型特点，而将那些对于该图来说是次要的、非本质的地物舍去，这个过程称为制图综合。

制图综合确实是一个非常大的难题，关键的瓶颈在于制图综合的自动化，即计算机代替人工进行制图综合工作。

二、地图学发展的特点

随着科学技术的发展，20 世纪 50 年代地图学开始受到信息论、系统论、传输论等横断学科的影响而跨界于多门学科，现代地图学的概念由此产生，且呈现出了与传统地图学不同的更多新的特点。

（1）现代地图学在理论上结束了传统地图学以经验总结为辅、以地图产品的输出为主要目的的封闭体系，而是形成了以地球系统科学为依据，融合控制论、系统论、信息论等横断学科为一体的跨学科的开放体系。

（2）现代地图学在地图的功能上实现了信息获取的一端向信息的智能化加工和实用的最终产品生成的一端（用户端）转移。随着地图数据库技术、地理信息系统技术、现代野外地面测量技术、GNSS 测量技术、数字摄影测量技术和遥感技术的发展，现代地图学认为地图不只是信息载体，而且是科学深加工后的创新的知识，应该由以往传统地图学中地图是“前端产品”向现代地图学中地图是“终端产品”的观念转移，因为用户不满足于原始的数据材料，迫切需要的是经过深加工、综合集成的精品，这将地图的功能极大地扩展和延伸了。

（3）现代地图学把地图可视化和虚拟现实（visual reality）作为其研究的两大热门技术。继 1986 年科学计算可视化的概念提出后，可视化的理论和技术对地图信息可视表达、分析产生了很大影响，可视化与地图学有机结合产生了地图可视化这门独立的学科。可视化技术给原有的地图学理论带来了新的思维，传统的地图侧重于知识的综合和表示，而科学可视化侧重知识的发掘而不是数据存储，即把注重地图的视觉传输转移到侧重视觉思维和认知分析上。

虚拟现实技术是利用计算机技术为用户提供一种模拟现实的操作环境，使用户可以“进入”地图，实现人机交互。虚拟技术在现代地图学中的主要应用就是虚拟地图。虚拟地图打破了地图作为平面产品为用户提供信息的固有观念，提供了一个虚拟的地理环境，使人可以沉浸其中，并通过人机交互工具进行各种空间地理分析。显然，虚拟技术对现代地图学发展的意义是深远的。

（4）现代地图学的地图产品呈现出品种多样、形式各异、实现手段多样化等的特点。地图产品已经不仅仅是纸质的平面地图，而是出现了电子地图、网络地图、虚拟地图等多种形式，而且随着数字化生产方式的普及，现代地图学更注重获取和传输地图数据，建立大量地图数据库来存储海量数据。

地图学发展过程中出现了一个极其重要的产物——地理信息系统。地理信息系统是一种由计算机硬件、软件、数据和用户组成，用以采集、存储、管理、分析和描述整个或部分地球表面（包括大气层在内）与空间和地理分布有关的空间信息系统。地理信息系统拓展和延伸了地图学的功能，侧重于空间信息的处理和分析，其分析结果具有很强的辅助决策作用。

三、地图学发展的趋势

自 20 世纪 70 年代以来，地图学在理论和技术上都发生了巨大的变革，尤其是在地图制图技术上取得了重大突破。廖克认为，国际地图学在这段时期取得的主要成就为：专题地图进一步拓宽领域并向纵深发展；计算机制图已广泛应用于各类地图生产，多媒体电子地图集与互联网地图集迅速推广；地图学、遥感、地理信息系统相结合已形成一体化的研究技术体系；计算机制图、电子出版生产一体化从根本上改变了地图设计与生产的传统工艺；地图学新概念与新理论的不断探索。

基于这些成就，把握地图学今后的发展方向，对于提高地图学水平具有十分重要的意义。

（一）新世纪地图与地图学方向与任务的调整

地图与地图学经过几十年的迅速发展，已实现从传统手工测绘与制图到全数字化、自动化的根本变革。今后应根据新世纪经济与社会发展新的需求，及时调整地图与地图学的方向和任务。

1. 未来国家基本比例尺地形图的任务主要是采用卫星遥感技术进行更新

地形图中以等高线表示的地形一般不会发生变化，只有水系、居民地、道路网等要素会有一些变化，采用卫星遥感影像技术比较容易进行地形图的更新，而且不同比例尺可以采取相应分辨率的遥感影像进行更新，不必采用逐级比例尺缩编的方法。

2. 未来专题制图的主要任务是为灾害预测预警、生态保护、环境治理、城镇和区域发展规划服务

除重点地区与海域的矿产与石油、天然气资源的继续勘探与填图外，主要是自然灾害预测预报地图、生态环境地图、疾病医疗地图、城市和区域规划地图、人口变化地图、综合经济地图等的编制。

未来在遥感遥测基础上的动态监测与制图将进一步发展，其中包括生态与环境的动态监测与制图、地理国情监测与制图、城市土地利用变化动态监测与制图、山地灾害动态监测与制图等。

3. 已有各类专题地图与地图集的地图数字化并建立相应地图数据库

为适应信息化时代的需要，满足政府各部门、科研单位与高等院校对数字专题地图的需求，充分发挥已出版的各种地图与地图集的作用，提高现有专题地图的使用效益与社会经济效益，有必要对已有的各类专题地图与地图集进行地图数字化并建立相应的地图数据库，使其成为全国自然、经济与环境大数据的重要组成部分。

4. 突发事件应急地图的编制将进一步加强

目前，我国虽已初步建立各类自然灾害的数据库与预警信息系统，以及卫星遥感的动态监测，但仍需扩充地面监测站网，建立突发事件的应急响应系统，包括无人机的实时遥控监测，从而能够实时生成各种应急地图，包括预防各种自然灾害（地震、滑坡、泥石流、洪涝、干旱、台风、海啸等）与各种流行疾病，以及战争之后的损失评估地图和灾后重建规划地图，适时提供给公安武警、交通通信、供水供电、防疫医疗、消防抢险、地震救灾、保险救急等各有关部门，作为抗灾救灾、保险赔偿、流行病防治、居民疏散转移、工程修复、重建家园等的科学依据。

（二）“数字地球”战略与“一带一路”倡议为地图学发展提供新的机遇

“数字地球”战略得到世界各国的高度重视和支持。1999 年由我国发起和组织的“国际数字地球学会”已成为理事会设在北京的常设机构，“国际数字地球会议”也成为两年一届的固定国际学术会议。继在北京召开第一届会议并通过“数字地球北京宣言”以来，已连续召开了八届会议，我国对国际数字地球的发展起了重要推动作用。

中国的“数字地球”战略，在中央各部门和各级政府的积极支持下，已取得了很大进展，全国二分之一以上的省（自治区、直辖市）和 300 个大、中城市及长江、黄河等大河流域都提出并正实施“数字省区”“数字流域”“数字城市”“数字社区”的宏伟计划，各项空间信息基础设施建设、电子政务、电子商务，以及各部门的应用均已取得较大进展和明显成效。

“数字地球”的建立与应用，同地图学有着十分密切的关系。它不仅为地图提供各种信息源，而且数字地图本身就是“数字地球”可视化的重要形式。“数字地球”的显示、分析与应用都离不开地图。因此，应该抓住“数字地球”战略这样一个机遇，发挥地图的功能和作用，同时使地图的内容与表现形式更适应“数字地球”的需求。

由习主席提出的“一带一路”倡议已得到 100 多个国家和国际组织的积极响应，并与 30 多个沿线国家签署了共建合作协议。“一带一路”倡议将促进我国和沿线国家的经济发展，提升我国的国际影响力。

随着“一带一路”倡议的实施，编制反映“一带一路”历史的和现代的路线地图，以及沿线各国的普通地图与各类专题地图，如资源开发利用、基础设施建设、经济转型升级、生

态环境安全、社会发展，以及人口与民族、宗教与民俗、历史与文化、教育与科技等各部门专题地图非常重要，这也是数字地图和互联网地图的艰巨任务，需要同“一带一路”大数据库的建设相结合，各方面专业人员参与，并及早规划、设计和筹备。

（三）大数据、互联网与人工智能时代地图与地图学发展的机遇与挑战

1. 大数据时代

目前，遥感技术已发展到多层面（空间站、多种卫星、飞机等）、多波段光谱、多频率雷达、多时相、全天候、高分辨率（高空间分辨率与高光谱分辨率）的多源遥感数据的空天地一体化观测系统，而且我国已积累了50多年的遥感数据，每天还在不间断地获取大量空天地遥感遥测数据，在此基础上不断生成各种网格地图与矢量地图。同时，还有全国数字化的各种比例尺地形图、地理图与各类专题地图；全国各类普查（包括人口普查、工业普查、第三产业普查、经济普查、农业普查、科技普查等）数据；历年的各类经济与社会（国民经济总量、工业、农业、运输业、商业、外贸、文化、卫生、科技、教育等）的统计数据；全国气象、水文台站长期积累的观测数据等；移动通信中每个人每天产生的位置及动态信息，以及物联网带来的大量信息，数据量极大且内容极其丰富，而且过去无法获得的数据，现在可以轻而易举地得到，如每天人流、车流、物流的实时动态数据，从而有条件通过编制城市汽车的运行实时状况地图，及时解决交通的管理与控制；通过编制企业物流地图，确定货物配送最优路线及对配送车辆的实时监管。

大数据中有相当一部分来源于地图数据，而其他空间数据也比较容易实现地图可视化。通过地图可视化显示事物和现象的空间格局与区域分异及时空动态变化，进而做出分析评价、预测预报、区划布局、规划设计、管理调控。因此，大数据时代地图可视化越来越重要。

2. 近十年来我国互联网发展极其迅速

截至2019年6月，我国网民人数已达8.54亿，手机网民8.47亿，上网人数的比例超过一些发达国家，真正进入了互联网时代，互联网已经成为地图编制与应用的主要平台。

目前，地图互联网已经不局限于地图查询检索，而是提供还原虚拟的真实世界、自定义的样式定制化（根据自身需要定制各种地图）、数据可视化（3D、全景、动画等多种形式）、媒介多样化（PC、手机、智能手表等）等多种服务。在地图形式上，除常规的二维平面“实地图”外，还可制作3D地图、3D动态地图、虚拟现实地图、时空动态地图等。

在地图编绘方式上，将大数据与地理信息系统相结合，为各机关、团体和企业及大众提供在线地图制图平台，可以直接在网上获取信息，利用网络服务工具制作地图，在网上发布。或在网络上获取数据，网下脱机制图，再在网上发布。

地图更加大众化、个性化、智能化、实用化，提高了地图的使用效益。例如，“地图慧”在互联网平台上为广大用户提供大众制图、商业分析与企业服务。它以丰富的地图模块让用户根据表格数据生成各种统计地图；帮助企业分析潜在客户和物流网点选址；帮助企业进行网点管理、区划管理、分单管理、路线规划和车辆监控等。又如，百度地图拥有全球轨迹追踪、存储、查询、纠偏、分析等功能的鹰眼 Web，能帮助每位开发者实时追踪多达1000多万终端，已广泛应用于物流、共享出行、车载硬件、外勤管理和可穿戴设备服务中，已为多家快递公司提供轨迹追踪与管理服务。物流网点可视化管理如图10-13所示，配送路线规划如图10-14所示，地图慧提供的服务项目框如图10-15所示。

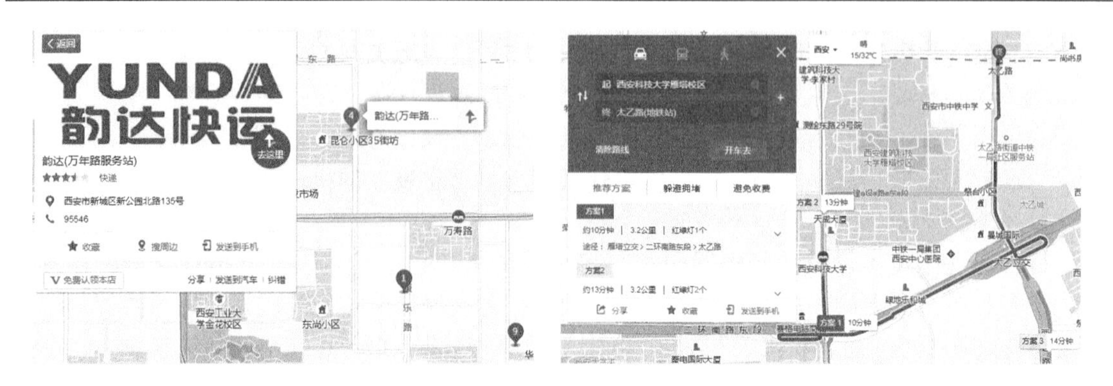

图 10-13　物流网点可视化管理图　　　　图 10-14　配送路线规划图

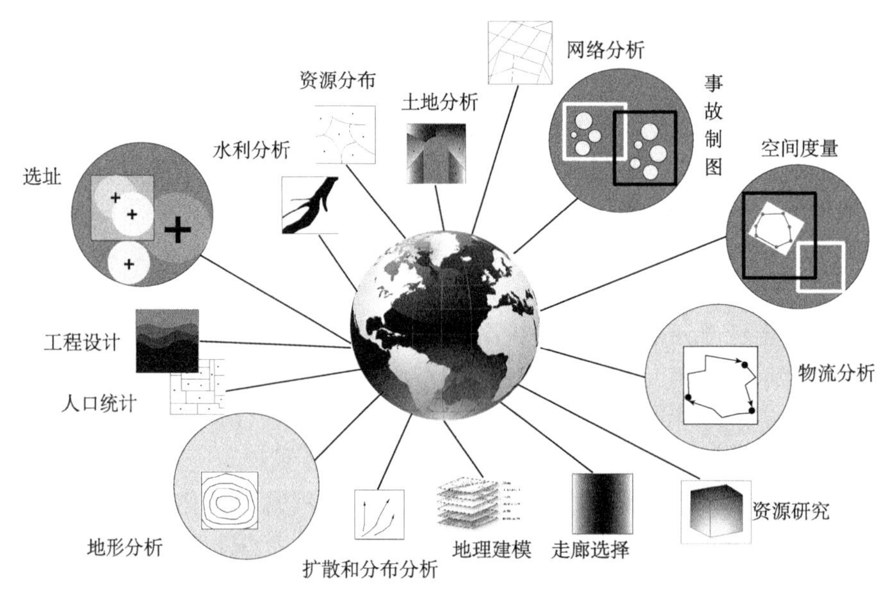

图 10-15　地图慧提供的服务项目框图

再如，百度地图推出基于地图服务的共享单车行业解决方案，向单车行业提供“亿级车辆轨迹管理”“电子围栏”“精细化运维管理”的多维度核心服务。以百度鹰眼加持共享单车为例，可帮助开发者解决车辆停放、精细化运营难题，使人们实时掌握车辆位置（包括亿级车辆轨迹追踪和管理、高性能轨迹搜索能力、监控车辆驶入禁行区或超速运行）。“电子围栏”可规范车辆停放（包括禁停区停放、推荐停车点）。“精细化运维管理”可优化车辆投放。后者基于人群实时热力图的大数据分析产品，帮助行业开发者们了解城市中哪些区域适合投放，哪些区域车辆紧缺需要加大投放，从而优化投放政策，实时客流热力图如图 10-16 所示。

目前，一些大中城市已提出由“数字城市”向“智慧城市”转变的发展目标，而智慧城市需要城市智慧地图，而这又必须先建立城市时空大数据平台，以此平台为城市治理、路网优化、功能规划、应急指挥提供基础的时空信息服务。

同时，可以建立城市交通拥堵监测及预警、重点区域热力预警、商圈活力动态分析等城市公共管理的时空大数据综合系统，提高城市治理和服务的能力与水平。而智慧地图可以先后编制三维时空动态地图、预测预警地图、治理决策地图、指挥监管地图，或采用地学信息图谱的方式，采用时空大数据编制征兆图谱、诊断图谱、实施图谱。

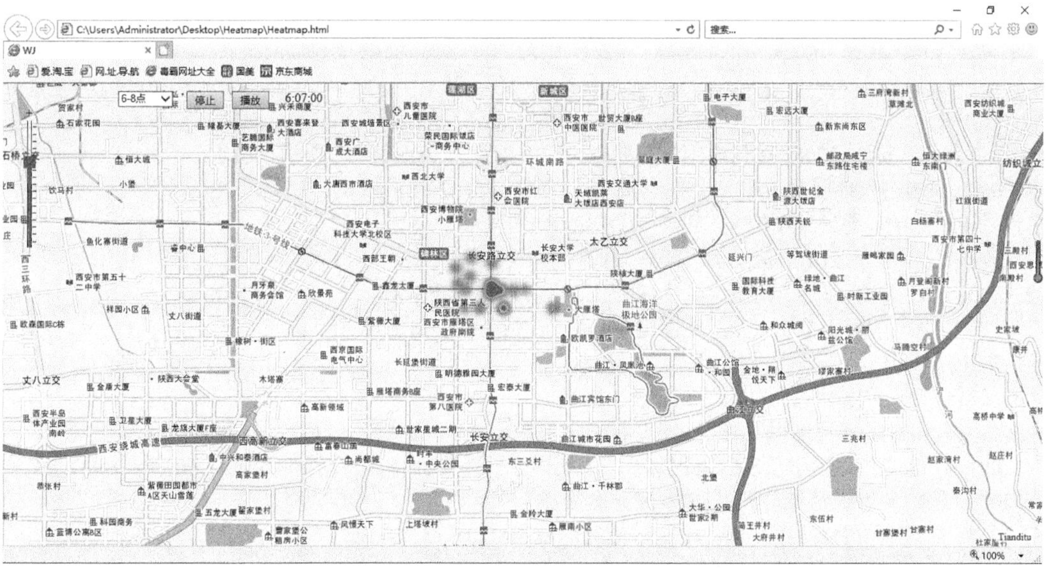

图 10-16　实时客流热力图

综上所述，今后大数据的应用，关键是各类大数据的融合、时空大数据挖掘与知识发现，以及建立各种智能化的应用模型与自动生成各种综合评价、预测预报等专题制图软件。这就需要运用地球科学知识，分析与认识自然和人文现象的分布特点、形成机制与时空动态变化规律。所以，需要各学科专业人员的参与和配合。正如李德仁院士指出的：我们这个行业不缺少地理信息科学家，缺少信息地理科学家，用信息理论和大数据理论来回答人与自然的关系，这是地理科学的本源。

地图学将随着时代的脚步而不断向前发展。目前，国内地图学界学术思想比较活跃，学者们对大数据时代的地图学、自适应地图、虚拟地图、智慧地图、隐喻地图、实景地图、全息地图、时空动态地图等地图新概念、新理论进行了不少探讨，这是非常可喜的现象。

我们相信经过一个时期的实践和探讨，大数据、互联网和人工智能时代新的地图学理论体系一定会建立起来，虚拟地图学、自适应地图学、智慧地图学、全息地图学、互联网地图学等将会成为地图学的新分支。

思　考　题

1. 目前，地图学发展面临的主要问题是什么？
2. 简述地图学的发展趋势。
3. 说明三维电子地图、智慧地图、全息地图的含义。
4. 列出目前地图学的研究热点。

主要参考文献

陈金美, 王慧麟, 安如. 2006. 现代地图学主要理论与方法探析. 现代测绘, 29(1): 10-13.
杜霞. 2003. 中国古代地图及其演变. 枣庄师范专科学校学报, 20(2): 65-69.
何宗宜, 宋鹰. 2015. 普通地图编制. 武汉: 武汉大学出版社.
何宗宜, 宋鹰, 李连营. 2016. 地图学. 武汉: 武汉大学出版社.
胡圣武. 2008. 地图学. 北京: 清华大学出版社, 北京交通大学出版社.
黄仁涛, 庞小平, 马晨燕. 2003. 专题地图编制. 武汉: 武汉大学出版社.
焦健, 曾琪明. 2005. 地图学. 北京: 北京大学出版社.
李天文. 2014. 现代测量学. 2 版. 北京: 科学出版社.
李天文. 2015. GPS 原理与应用. 3 版. 北京: 科学出版社.
廖克. 2001. 中国现代地图学发展的里程碑——中国国家地图集的特点与创新. 地理科学进展, 20(3): 201-208.
廖克. 2003. 地图学的研究与实践. 北京: 测绘出版社.
廖克. 2017. 中国地图学发展的回顾与展望. 测绘学报, 46(10): 1517-1525.
廖克, 喻沧. 2008. 中国近现代地图学史. 济南: 山东教育出版社.
龙毅, 温永宁, 盛业华. 2010. 电子地图学. 北京: 科学出版社.
罗广祥, 田永瑞, 高凤亮, 等. 2002. 现代地图学特点及学科体系. 西安工程学院学报, 24(3): 55-57, 65.
马耀峰, 胡文亮, 张安定, 等. 2004. 地图学原理. 北京: 科学出版社.
马永立. 2006. 地图学教程. 南京: 南京大学出版社.
毛赞猷, 朱良, 周占鳌, 等. 2017. 新编地图学教程. 3 版. 北京: 高等教育出版社.
庞小平, 王光霞, 冯学智, 等. 2016. 遥感制图与应用. 北京: 测绘出版社.
齐清文. 2000. 现代地图学的前沿问题. 地球信息科学, (1): 80-86.
祁向前. 2012. 地图学原理. 武汉: 武汉大学出版社.
宋小春. 2006. AutoCAD2006 实用教程. 北京: 中国水利水电出版社.
孙达, 蒲英霞. 2012. 地图投影. 2 版. 南京: 南京大学出版社.
汤国安, 杨昕, 等. 2012. ArcGIS 地理信息系统空间分析实验教程. 2 版. 北京: 科学出版社.
王光霞, 等. 2014. 地图设计与编绘. 北京: 测绘出版社.
王慧麟, 安如, 谈俊忠, 等. 2009. 测量与地图学. 南京: 南京大学出版社.
王家耀. 2017. 时空大数据及其在智慧城市中的应用. 卫星应用, (3): 10-17.
王家耀, 孙群, 王光霞, 等. 2014. 地图学原理与方法. 2 版. 北京: 科学出版社.
王琪, 张唯, 晁怡, 等. 2012. 地图学教程. 武汉: 中国地质大学出版社.
王琴. 2008. 地图学与地图绘制. 郑州: 黄河水利出版社.
吴金华, 杨瑾. 2011. 地图学. 北京: 地质出版社.
吴信才, 等. 2015. MapGIS 地理信息系统. 2 版. 北京: 电子工业出版社.
闫顺玺, 王晓雷, 张金英, 等. 2015. 地图学. 北京: 冶金工业出版社.
喻沧, 廖克. 2010. 中国地图学史. 北京: 测绘出版社.
袁勘省. 2014. 现代地图学教程. 2 版. 北京: 科学出版社.
张莉. 1997. 地图的基本特征及其应用. 贵州师范大学学报(自然科学版), 15(3): 98-101.
钟业勋, 胡宝清, 乔俊军. 2010. 数学在地图学中的应用. 桂林理工大学学报, 30(1): 93-98.
祝国瑞. 2004. 地图学. 武汉: 武汉大学出版社.
朱欣焰, 呙维, 艾浩军, 等. 2017. 全息位置地图关键技术及应用. 北京: 科学出版社.